W0068625

Kals · Gallenmüller-Roschmann
Arbeits- und Organisationspsychologie
kompakt

Elisabeth Kals · Jutta Gallenmüller-Roschmann

Arbeits- und Organisationspsychologie kompakt

Mit Online-Materialien

Anschrift der Autorinnen:

Prof. Dr. Elisabeth Kals
Dr. Jutta Gallenmüller-Roschmann
Sozial- und Organisationspsychologie
Katholische Universität Eichstätt-Ingolstadt
85071 Eichstätt

Das Werk und seine Teile sind urheberrechtlich geschützt. Jede Nutzung in anderen als den gesetzlich zugelassenen Fällen bedarf der vorherigen schriftlichen Einwilligung des Verlages. Hinweis zu § 52 a UrhG: Weder das Werk noch seine Teile dürfen ohne eine solche Einwilligung eingescannt und in ein Netzwerk eingestellt werden. Dies gilt auch für Intranets von Schulen und sonstigen Bildungseinrichtungen.

Haftungshinweis: Trotz sorgfältiger inhaltlicher Kontrolle übernehmen wir keine Haftung für die Inhalte externer Links. Für den Inhalt der verlinkten Seiten sind ausschließlich deren Betreiber verantwortlich.

2., überarbeitete Auflage 2011

1. Auflage 2009, Beltz Verlag, Weinheim

© Beltz Verlag, Weinheim, Basel 2011
http://www.beltz.de

Lektorat: Andrea Schrameyer
Reihengestaltung: Federico Luci, Odenthal
Umschlagbild: Fotolia, New York, USA
Satz und Bindung: Druckhaus »Thomas Müntzer«, Bad Langensalza
Druck: Beltz Druckpartner, Hemsbach

Printed in Germany

ISBN 978-3-621-27594-1

Inhalt

6 Gruppen und Gruppenarbeit

7 Kommunikation und Information

12 Bedingungen und Wirkungen von Arbeit

13 Arbeitsanalyse

Vorwort

Sie halten einen Überblick über Themen, Methoden und Erkenntnisse der Arbeits- und Organisationspsychologie in den Händen – einen Einstieg in beide Anwendungsdisziplinen. Aufbauend auf dieser Einstiegslektüre möchten wir Sie dazu anregen, sich vertiefend mit dem Feld der Arbeits- und Organisationspsychologie auseinanderzusetzen. Dieses Buch ist die zweite überarbeitete Auflage, in der Ergänzungen vorgenommen und aktuelle Fragen neu aufgegriffen wurden.

Die Arbeits- und Organisationspsychologie befasst sich mit psychologischen Problemen und ihrer Lösung im Arbeits- und Wirtschaftsleben. Sie bietet Theorien und fundierte Erkenntnisse, die helfen, psychologische Herausforderungen in der Arbeitswelt und in Organisationen langfristig und nachhaltig zu meistern. Dazu werden in diesem Buch vorhandene Wissensbestände im Überblick zusammengebracht, Anregungen für die Praxis gegeben und so die Arbeits- und Organisationspsychologie als leistungsstarkes Anwendungsfeld gezeigt. Das Buch richtet sich insofern nicht nur an Studierende der Psychologie oder der Wirtschaftswissenschaften, sondern ebenso an all jene, die psychologische Fragestellungen in der Arbeitswelt und organisationalen Praxis bearbeiten und lösen.

Seit Beginn der Arbeits- und Organisationspsychologie als Wissenschaft hat sich diese zu einem wichtigen Anwendungsfach innerhalb der Psychologie entwickelt. Immer mehr Psychologinnen und Psychologen arbeiten in privaten und öffentlich-rechtlichen Unternehmen. Hinzu kommen Tätigkeiten in klinischen und pädagogischen Einrichtungen (wie Krankenhäuser und Schulen), in denen Grundkenntnisse in der Organisationspsychologie ebenfalls wichtig sind. In all diesen Feldern kann die Psychologie ihre Kompetenzen einbringen, etwa bei der Analyse und Entwicklung von Organisationen, der urteilssicheren Personalauswahl, der Personalentwicklung, dem konstruktiven Umgang mit Konflikten am Arbeitsplatz, der systematischen Analyse und Gestaltung von Arbeitsplätzen und -systemen. Dabei steht die wissenschaftliche und die anwendungspraktische Arbeits- und Organisationspsychologie in einem potentiellen Spannungsfeld: auf der einen Seite die Arbeits- und Organisationspsychologie als Wissenschaft, bei der es vor allem um die Analyse und das Verständnis arbeitsbezogener und organisationaler Prozesse geht, auf der anderen Seite Anforderungen der Praxis, in der schnelle und kostengünstige Lösungen von Problemen erwartet werden.

Die Arbeitswelt unterliegt einem steten Wandel. Statt traditioneller Organisationsformen finden sich zunehmend »moderne« Organisationen mit hoher Flexibilität, Selbstorganisation, flachen Hierarchien und kontinuierlichem Lernen. Neue Informations- und Kommunikationstechnologien verändern viele Branchen grundlegend. Aufgrund dieser raschen Veränderungen in Arbeitswelt und Organisationen sind beim Umgang mit konkreten Fragestellungen in Organisationen oftmals Methoden der Einzelfalldiagnostik anzuwenden: Theorien sind auf den jeweiligen Einzelfall zu beziehen. Die Fragestellung ist auf der Basis dieser Theorien situationsspezifisch zu analysieren. Entscheidungen, z. B. über Personalentwicklungsmaßnahmen, sind aufbauend auf dieser Einzelfalldiagnostik zu fällen und ihre Umsetzung ist zu evaluieren.

Ein solches systematisches Vorgehen vermindert die Gefahr von Fehlentscheidungen erheblich. Es trägt dazu bei, dass verlässliche Lösungen gefunden werden und ist zudem erkenntnisorientiert, da beispielsweise Befunde über das Zustandekommen des Problems und Evaluationsdaten über seine Lösung wieder in die Grundlagenforschung eingespeist werden können. Allerdings ist ein solches Vorgehen – kurzfristig berechnet – zeit- und kostenintensiver als ein praxeologisches

Vorgehen, bei dem schnelle Lösungen gesucht und zumeist ohne große Beteiligung von Mitarbeitern und Betroffenen umgesetzt werden. Schlagen diese fehl, wird rasch nach Alternativen gesucht, über die abermals durch das Management entschieden wird.

Daher ist in der Praxis Überzeugungsarbeit zu leisten, um ein systematisches Vorgehen durchzusetzen, bei dem – wann immer dies möglich und sinnvoll ist – auch die Betroffenen einbezogen werden. Widerstände sind zu überwinden, z. B. seitens des Managements aus Sorge vor zu starken Demokratisierungsprozessen oder auch seitens der Mitarbeiter aus Sorge vor Manipulation oder zusätzlichem Aufwand. Deshalb geht es im vorliegenden Buch immer auch darum, wie sich die wissenschaftlichen Theorien, Methoden und Erkenntnisse im Praxisalltag von Organisationen umsetzen lassen. Es werden Praxisbeispiele genannt und Gegenargumente vorweggenommen (das Vorgehen ist zu teuer, zu langwierig etc.).

Die erneute Auflage eines Lehrbuchs gibt die Gelegenheit, Ergänzungen und Präzisierungen vorzunehmen und Rückmeldungen von Leserinnen und Lesern zur ersten Auflage zu berücksichtigen. Das Buch ist daher an vielen Stellen überarbeitet worden. Dies betrifft insbesondere die Themen Organisations- und Schulentwicklung, Personalentwicklung, Personalauswahl, Mitarbeitergespräch, Arbeitsanalyse und Arbeitsgestaltung.

Das didaktische Grundkonzept des Buches haben wir beibehalten. Es will weiterhin einen schnellen und lesefreundlichen Einblick in Themenfelder der Arbeits- und Organisationspsychologie geben und Studierende zur weiterführenden Lektüre anregen. Auch deshalb verweisen wir in der zweiten Auflage in stärkerem Maße auf Primärquellen.

Die Struktur des Buches ist weiterhin an drei Perspektiven ausgerichtet: Zunächst richtet sich unser Blick aus einer Makroperspektive auf die Organisation insgesamt. Anschließend werden aus einer Mesoperspektive interindividuell bzw. interaktional wirksame Aspekte betrachtet. Zuletzt wenden wir uns mikroperspektivisch der unmittelbaren Begegnung des Individuums mit Aspekten der Arbeit zu. In der ersten Auflage des Lehrbuchs wurde diese Blickrichtung mit dem Bild eines Hauses und dessen Ebenen veranschaulicht. In der zweiten Auflage haben wir Renovierungen und Umbauten in diesem Haus vorgenommen. Geschuldet ist dies vor allem der Durchlässigkeit seiner »Etagen«. Die Themen Personalauswahl und Personalentwicklung sind nun auf der Ebene der individuellen Auseinandersetzung mit der Arbeit angesiedelt. Fragen zur Entwicklung des Individuums in der Organisation werden mit Blick auf die organisationale Sozialisation auf der Ebene des interaktionalen Geschehens dargestellt.

An der Überarbeitung des Buches waren viele Personen beteiligt. Ihnen allen möchten wir an dieser Stelle danken: Manuela Sirrenberg und Markus Müller danken wir für die kollegialen Anregungen, Barbara Bauch und Kathrin Thiel für die unermüdliche Unterstützung, Beate Schulda für die vielen Koordinationsarbeiten und den guten Geist im Hintergrund. Und schließlich danken wir Frau Wahl, die die Neuauflage dieses Buches ermöglicht hat, sowie Frau Schrameyer, die dieses Buch professionell begleitet und lektoriert hat.

München und Eichstätt, Herbst 2010

Elisabeth Kals
Jutta Gallenmüller-Roschmann

Einführung:
Die Arbeits- und Organisationspsychologie als angewandte Wissenschaft

1 Herausforderungen der Arbeits- und Organisationspsychologie

Was Sie in diesem Kapitel erwartet

An der Schwelle zum 21. Jahrhundert haben sich die politischen, ökonomischen und gesellschaftlichen Strukturen in Deutschland grundlegend gewandelt. Gesamtwirtschaftliche Veränderungen wie etwa die Globalisierung stellen Arbeitgeber[1] und Arbeitnehmer vor neue Herausforderungen (Wüstner, 2006). Der informationstechnologische Fortschritt schafft für Anbieter und Nachfrager neue Möglichkeiten und trägt zur Entwicklung neuer Strukturen bei. Der Wandel von der Industriegesellschaft zur Dienstleistungsgesellschaft und der damit verbundene Strukturwandel bergen psychosoziale Implikationen und unternehmerische Herausforderungen: Organisationen verändern ihre Strukturen und Strategien (z. B. Abbau von Hierarchien, Einführung flexibler Projektstellen statt dauerhaft definierter beruflicher Positionen). Die subjektive Sicherheit, einen Arbeitsplatz zu behalten, weicht dem Gebot, lebenslang flexibel, mobil und lernbereit zu sein. Soziale Orientierungsmuster und Werte unterliegen Individualisierungs- und Liberalisierungstendenzen.

Diese grundlegenden Wandlungsprozesse stellen auch neue Anforderungen an die Arbeits- und Organisationspsychologie. Psychologen sind heute zunehmend in zahlreichen Arbeitsfeldern in Wirtschaft, Unternehmensberatung und Verwaltung tätig. Sie tragen dazu bei, die Leistungsfähigkeit und Leistungsbereitschaft von Mitarbeitern und Führungskräften zu erkennen und zu fördern, neue Arbeits- und Organisationsformen zu entwickeln und diese nicht nur nach ökonomischen, sondern auch nach human- und sozialwissenschaftlichen Kriterien zu bewerten und zu gestalten. Das vorliegende Kapitel stellt die Aufgaben und Ziele der Arbeits- und Organisationspsychologie als Wissenschaftsdisziplin sowie die Arbeitsfelder von Psychologen in Unternehmen und Organisationen vor. Es schließt mit einem Überblick über die Struktur des weiteren Buches ab.

1.1 Definition und Abgrenzung der Arbeits- und Organisationspsychologie

Arbeits- und Organisationspsychologie ist die empirische Wissenschaft von der Analyse, Erklärung und Steuerung des individuellen und kollektiven Erlebens und Verhaltens im Kontext von Arbeit und Organisation. Sie entwickelt wissenschaftliche Erkenntnisse und Problemlösungen vorwiegend »vor Ort«. Dazu wird einzelfall- bzw. situationsdiagnostisch vorgegangen und untersucht, unter welchen spezifischen organisationalen Bedingungen sich das jeweilige Problem stellt. Wie lassen sich Leistungsbereitschaft und Leistungsfähigkeit durch die Gestaltung von Arbeitsaufgaben und Arbeitsprozessen nachhaltig unterstützen? Wie kommen stetige, bislang nicht konstruktiv zu lösende Konflikte zwischen Abteilungen zustande (vgl. Hoyos & Frey, 1999b)? Welche Schwachstellen im Arbeitssystem sind für die Entstehung der Konflikte mitverantwortlich, welche Konfliktstile und Kommunikationsmuster können den Konfliktverlauf erklären? Wie lassen sich

---

1 Zur besseren Lesbarkeit des Textes wird im Folgenden jeweils die männliche Form verwendet und auf Männer und Frauen gleichermaßen bezogen.

die Schwachstellen beheben und neue Verhaltensweisen aufbauen? Wie sind Lösungen anhand der Humankriterien zu bewerten (vgl. Abschn. 2.2.2)?

Arbeits-, Betriebs- und Organisationspsychologie. In der Geschichte der Arbeits- und Organisationspsychologie finden sich unterschiedliche Bezeichnungen, die alle für das Anliegen stehen, psychologisches Fachwissen in Organisationen einzubringen. Anfänglich richtete die Betriebspsychologie ihr Augenmerk vor allem auf menschliche Arbeit im Industriebetrieb (→ Taylorismus). Vorrangiges Ziel war es, Arbeitsprozesse zu optimieren und schädliche Arbeitsbedingungen zu identifizieren. Der Gegenstandsbereich der jüngeren Arbeits-, Betriebs- und Organisationspsychologie (ABO-Psychologie) war bereits weiter gefasst und richtete sich allgemeiner auf die Untersuchung und Gestaltung arbeits- und organisationsbezogenen Erlebens und Verhaltens. Heute ist die Bezeichnung ABO-Psychologie in der Fachöffentlichkeit weitgehend von der Bezeichnung Arbeits- und Organisationspsychologie (A&O-Psychologie) abgelöst worden (vgl. auch Fachgruppe Arbeits- und Organisationspsychologie der Deutschen Gesellschaft für Psychologie).

Arbeits- und Organisationspsychologie – ein Teilgebiet der Wirtschaftspsychologie. Aufgrund ihres Gegenstandsbereichs kann Arbeits- und Organisationspsychologie als Teil der Wirtschaftspsychologie dargestellt werden (vgl. zum Überblick Frey et al., 2005; Wakenhut, 1993). Wirtschaftspsychologische Forschung umfasst mikroökonomische und makroökonomische Aspekte. Sie reicht vom Individuum über den Familienhaushalt, die Organisation, den Markt bis hin zur Gesellschaft. Orientiert an den ökonomischen Bereichen Produktion, Distribution und Konsum lassen sich innerhalb der Wirtschaftspsychologie die Psychologie der Arbeit und Organisation, die Psychologie von Tausch, Geld und Wohlfahrt und die Psychologie von Verbrauch, Angebot und Nachfrage unterscheiden (vgl. Abb. 1.1). Wird der Mensch als Produzent oder Dienstleister untersucht, so sind Fragen der Arbeits- und Organisationspsychologie zentral. Aspekte des Konsumverhaltens sind z. B. Gegenstand der Markt- und Werbepsychologie. Themen wie → Wertewandel, Unternehmerpersönlichkeit, Investitionsverhalten oder Steuerwiderstand werden in der Psychologie der Gesellschaftsentwicklung, der Finanz-, Steuer- oder Börsenpsychologie untersucht (Gallenmüller-Roschmann & Maus, 2005).

Abgrenzung der Organisationspsychologie. Inwieweit Arbeits- und Organisationspsychologie voneinander abzugrenzen sind, ist fraglich (zum internationalen Überblick: Chmiel, 2008;

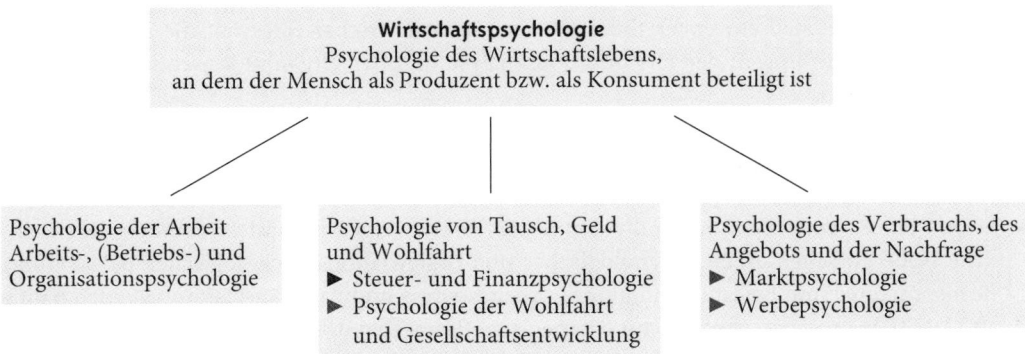

Abbildung 1.1 Einordnung der Arbeits- und Organisationspsychologie in die verschiedenen wirtschaftspsychologischen Teildisziplinen

McKenna, 2006). *Organisations*psychologische Fragestellungen beziehen sich auf die Analyse und Entwicklung von Organisationen und auf das Verhalten und Erleben im Kontext der Organisation insgesamt. *Arbeits*psychologische Fragestellungen zielen dagegen eher auf die Analyse, Bewertung und Gestaltung von Arbeit im engeren Sinn (vgl. Abschn. 2.2.2). Zur Abgrenzung der beiden Forschungs- und Anwendungsbereiche finden sich drei Positionen:

(1) Die erste Position besagt, dass die Arbeitspsychologie als Teil der Organisationspsychologie zu betrachten ist. In entsprechenden Grundlagenwerken zur Organisationspsychologie (z. B. Nerdinger et al., 2008; Schuler & Sonntag, 2007; von Rosenstiel, 2007; von Rosenstiel et al., 2005, Gebert & von Rosenstiel, 2002) werden auch arbeitspsychologische Ansätze und Befunde beispielsweise zur Arbeitsanalyse und Arbeitsgestaltung referiert.

(2) Hacker (1998) schließt unter dem Begriff der allgemeinen Arbeitspsychologie organisationspsychologische Anliegen mit ein. Die Organisationspsychologie wird als Teil der Arbeitspsychologie dargestellt. Zimolong und Konradt (2006) beziehen Fragen der Gruppenarbeit, der Organisationsgestaltung und der Dienstleistung in den Kontext der arbeitspsychologisch ausgerichteten Ingenieurpsychologie ein. Auch Kleinbeck und Schmidt (2010) rechnen organisationspsychologische Themen wie Fragen des Feedbackverhaltens und der Sozialisation durch Arbeit zum Bereich der Arbeitspsychologie.

(3) Die Grenzen zwischen Arbeits- und Organisationspsychologie sind in Theorie und Praxis fließend. Führt man beispielsweise auf organisationaler Ebene Gruppenarbeit ein, so hat dies auch Auswirkungen auf die Arbeitsgestaltung, da Einzelarbeitsplätze in Gruppenarbeitsplätze umgewandelt werden müssen (vgl. Kap. 6). Eine Abgrenzung der Gegenstandsbereiche von Arbeits- und Organisationspsychologie gelingt daher nur perspektivisch (vgl. Abschn. 1.1, Abb. 1.3). Aus organisationspsychologischer Perspektive interessiert, wie sich organisationale Bedingungen unter dem Aspekt der Interaktion auf Erleben und Verhalten auswirken. Zur Erklärung wird häufig auf Theorien der Sozialpsychologie zurückgegriffen. Aus organisationspsychologischer Perspektive werden heute nicht mehr nur das Erleben und Verhalten im Industriebetrieb, sondern auch in anderen Organisationen untersucht. Aus arbeitspsychologischer Perspektive gerät eher das individuelle Erleben und Verhalten am einzelnen Arbeitsplatz in den Mittelpunkt des Interesses. Obgleich sich klassische arbeitspsychologische Tätigkeiten auf die Untersuchung der Erwerbsarbeit beschränken, können auch nicht oder weniger formal organisierte Arbeitätigkeiten wie die Familienarbeit, ehrenamtliche Arbeit oder Eigenarbeit zum Gegenstand arbeitspsychologischer Betrachtung gezählt werden.

Das vorliegende Buch folgt dieser dritten Position, obgleich der Schwerpunkt auf der Organisationspsychologie liegt:

▶ Zunächst richtet sich ein erster theoretischer und empirischer Blick auf die Merkmale der Organisation, auf Fragen der Organisationsanalyse und der Organisationsentwicklung (OE) (Kap. 2–4).

▶ Fragestellungen der interindividuellen Interaktion in der Organisation wie z. B. Führung, Kommunikation, Kooperation und Sozialisation werden aus organisationspsychologischer Perspektive dargestellt (Kap. 5–9).

▶ Fragen der Passung zwischen Individuum und Arbeit zeigen besonders deutlich die inhaltliche Nähe zwischen arbeitspsychologischer und organisationspsychologischer Betrachtung. Beanspruchung und Belastung, Eignung, Arbeitsanalyse und Arbeitsgestaltung werden häufig als klassische *arbeits*psychologische Themen angeführt (Kap. 10–14). Die Auseinandersetzung mit Fragen der Motivierung, der Autonomie, der Personalentwicklung (PE) und Personalauswahl erfolgt sowohl aus arbeits- als auch organisationspsychologischer Perspektive. Die Darstellung der Arbeitsanalyse und der Arbeitsgestaltung konzentriert sich hier ebenfalls auf beide Perspektiven. Technische und ingenieurwissenschaftliche Fragestellungen werden nur am Rande berücksichtigt.

▶ Fragen des Wissenschaftstransfers werden in Kapitel 15 angesprochen.

1.2 Arbeits- und Organisationspsychologie als Anwendungsfach

Inhalte. Die Arbeits- und Organisationspsychologie ist ein Anwendungsfach (vgl. zum Überblick Hoyos & Frey, 1999; Kirchler, 2008; Nerdinger, Blickle & Schaper, 2008; Schuler & Sonntag, 2007, Spieß & Rosenstiel, 2010). Sie entwickelt Theorien und bezieht bereits existierende Theorien anderer Disziplinen auf den Kontext von Arbeit und Organisationen. Allerdings gibt es wenige genuin organisationspsychologische Modelle oder Theorien – es handelt sich überwiegend um Anwendungen und Spezifikationen von bestehenden psychologischen Theorien, die auf Arbeits- und Organisationskontexte übertragen werden. Dabei kommt das gesamte psychologische Theorien-, Methoden- und Interventionsrepertoire zum Einsatz (vgl. Tab. 1.1).

Bedeutung anderer psychologischer Fächer. Die Arbeits- und Organisationspsychologie weist zahlreiche Bezüge zu den anderen Grundlagenfächern der Psychologie auf (vgl. Abb. 1.2), die Impulse zu weiterführender eigenständiger Theorieentwicklung im Anwendungskontext in sich bergen:

▶ Sozialpsychologie. Beispielsweise werden Erkenntnisse der Konflikt- und Gerechtigkeitsforschung auf Konflikte am Arbeitsplatz und in Organisationen angewandt (Konfliktmediation). Dabei wird z. B. auch über Mythen der Wirtschaftsmediation aufgeklärt (vgl. Kap. 8). Die sozialpsychologische Forschung stellt u. a. Erkenntnisse über Gruppenprozesse zur Verfügung, die für die Analyse und Gestaltung von Gruppen- und Teamarbeit relevant sind (vgl. Kap. 6).

▶ Entwicklungspsychologie. Erkenntnisse der Sozialisations- und Trainingsforschung werden u. a. in Konzepten des lebenslangen Lernens und der lernenden Organisation in der Arbeits- und Organisationspsychologie aufgegriffen.

▶ Allgemeine und Experimentelle Psychologie. Beispielsweise tragen Forschungsarbeiten zu Wahrnehmungs- und Aufmerksamkeitsprozessen dazu bei, Empfehlungen zur Optimierung von Arbeitssystemen und Arbeitsplätzen zu formulieren. Modellvorstellungen und Befunde der allgemeinen Motivations- und Emotionstheorien werden in der Arbeits- und Organisationspsychologie auf die Themen Arbeitsmotivation und -zufriedenheit und Fragen der Mitarbeitermotivierung und Mitarbeiterzufriedenheit übertragen (vgl. Kap. 12).

▶ Methodenlehre und Diagnostik. Es werden Forschungspläne und Evaluationsdesigns zur Verfügung gestellt, die die Validität und den Erfolg organisationaler Maßnahmen bemessen lassen. Im Bereich der Personaldiagnostik sollen diagnostische Verfahren eine möglichst wenig fehleranfällige Zuordnung von Person und Arbeitsaufgabe gewährleisten (vgl. Kap. 10).

▶ Differentielle Psychologie bzw. Persönlichkeitspsychologie. Aus organisationspsychologischer Perspektive interessiert hier, ob und wie Persönlichkeitsmerkmale mit spezifischen beruflichen Anforderungen korrelieren.

▶ Biologische Psychologie, psychophysiologische Psychologie und Neuropsychologie. Ergebnisse der Stress- und Copingforschung werden in der arbeits- und organisationspsychologischen Forschung auf spezifische Settings von Arbeit und Organisation bezogen. Ein Ergebnis arbeits-, organisations-, bio- und gesundheitspsychologischer Forschungsarbeiten ist beispielsweise das Work-Life-Balance-Konzept (vgl. Kap. 12).

Tabelle 1.1 Bedeutung der psychologischen Grundlagen- und Anwendungsfächer für spezifische Fragestellungen in der Arbeits- und Organisationspsychologie. Eine Auswahl einschlägiger Forschungsbereiche mit beispielhaften Anwendungen in der Arbeits- und Organisationspsychologie wird außerdem dargestellt

Grundlagen- und Anwendungsfächer	Forschungsbereiche	Anwendungsfelder in Arbeits- und Organisationspsychologie
Sozialpsychologie	▶ Konfliktforschung ▶ Gruppenprozesse	▶ Gruppenarbeit, Umstrukturierungsmaßnahmen ▶ Inner-, zwischen-, überbetriebliche Konflikte, Mobbing ▶ Einstellungsänderung, Identifikation ▶ Führungsverhalten ▶ Organisationsentwicklung
Entwicklungspsychologie	▶ Lernprozesse	▶ Lebenslanges Lernen
Experimentelle und Allgemeine Psychologie	▶ Wahrnehmungs-, Aufmerksamkeitsprozesse ▶ Motivation, Emotion	▶ Optimierung von Arbeitsaufgaben, Arbeitsprozessen, Arbeitsplätzen und Arbeitssystemen ▶ Arbeitsmotivation, -zufriedenheit
Methodenlehre/Diagnostik	▶ Statistik und Evaluation ▶ Leistungsdiagnose ▶ Persönlichkeitsdiagnose	▶ Marktforschung ▶ Organisationsdiagnostik ▶ Eignungsdiagnostik, Personalauswahl ▶ Evaluation von Maßnahmen und Erfolg
Persönlichkeitspsychologie, Differentielle Psychologie	▶ Persönlichkeit	▶ Personalauswahl ▶ Personalführung ▶ Personalentwicklung (PE)
Biologische Psychologie/ Psychophysiologie	▶ Stress ▶ Beanspruchung	▶ Stressprävention ▶ Gesundheitsförderung ▶ Work-Life-Balance
Pädagogische Psychologie	▶ Bedingungen und Methoden des Lehrens und Lernens	▶ Aus- und Weiterbildung, lebenslanges Lernen ▶ Interventions- und Trainingsmethoden in der PE
Klinische Psychologie	▶ Sucht ▶ Stress	▶ Sucht-, Alkoholismusprävention ▶ Stressmanagement, Entspannung ▶ Work-Life-Balance

Obgleich in der Arbeits- und Organisationspsychologie in zahlreichen Fällen auf Modelle und Forschungsbefunde der psychologischen Grundlagenfächer zurückgegriffen wird, erfordert der spezifische Kontext der Organisationsforschung zusätzliche, spezifische Erkenntnisse und eigene Theorieentwicklung. Anders als in der Grundlagenforschung ergibt sich aus der Anwendungsspezifität der Organisationspsychologie oft eine gewisse Singularität ihrer Erkenntnisse. Ein Beispiel soll dies verdeutlichen.

Personale Führung dient der Steuerung und Motivierung von Verhalten. Erklärungsgrundlage bieten Führungstheorien, Motivations- und Handlungstheorien (vgl. Kap. 5). Empirische Forschungsergebnisse zum Führungsstil in einer bestimmten Führungsebene eines bestimmten Unternehmens entsprechen oftmals nur mäßig den Ergebnissen der Grundlagenforschung aus dem sozialpsychologischen Labor. Insbesondere können sie nicht unbesehen auf andere Organisationen generalisiert werden. Dennoch sind auch die Forschungsergebnisse der Arbeits- und Organisationspsychologie nicht als beliebig zu betrachten. Besonders die organisationspsychologische Forschung bedarf oftmals offenerer Methoden und eigener Modelle, die den Systemcharakter des untersuchten Bedingungsgefüges besser abbilden können, als dies in der klassischen Grundlagenforschung der Fall ist.

Neben Klinischer Psychologie und Pädagogischer Psychologie zählt die Arbeits- und Organisationspsychologie zu den drei großen, traditionellen Anwendungsfächern der Psychologie. Die Arbeits- und Organisationspsychologie profitiert auch vom Austausch mit diesen beiden Nachbardisziplinen (vgl. Abb. 1.2):

▶ Von der Pädagogischen Psychologie, die z. B. Interventionsmethoden zur Personalentwicklung bereitstellt, die in der Praxis dann den jeweiligen Rahmenbedingungen der Organisation anzupassen sind (Kap. 11). Beispiele wären hier Trainings zu Kommunikation (Kap. 7), zur Konfliktlösung (Kap. 8) und zu positivem Verhalten (Kap. 12). Die organisationspsychologische Perspektive reicht hierbei von der persönlichen Entwicklung des Individuums bis zur strategischen Personalentwicklung.

▶ Von der Klinischen Psychologie, die z. B. Konzepte zur Suchtprävention zur Verfügung stellt, deren Relevanz sich in der Arbeitswelt vor allem am Beispiel der betrieblichen Alkoholismusprophylaxe zeigt. Beiträge der Klinischen Psychologie werden in der arbeits- und organisationspsychologischen Forschung und Praxis vor allem auch dann relevant, wenn Fragen der Stressbewältigung oder Fragen der Arbeitsgestaltung für »leistungsgewandelte« Mitarbeiter bearbeitet werden.

Abbildung 1.2 Interdisziplinäre Vernetzung der Arbeits- und Organisationspsychologie. Die Arbeits- und Organisationspsychologie hat, als eines der drei psychologischen Anwendungsfächer, sowohl zu den anderen Anwendungsfächern (Klinische und Pädagogische Psychologie) als auch zu psychologischen Grundlagenfächern enge Bezüge

Berufsfeld von Arbeits- und Organisationspsychologen. Seit den 1980er Jahren nimmt die Bedeutung der Arbeits- und Organisationspsychologie als praktisches Berufsfeld stetig zu. In großen Unternehmen wird heute oftmals der Qualität des Personalmanagements wettbewerbsentscheidende Bedeutung beigemessen (vgl. Kap. 11; Frey, 2004). Eine große Zahl von Arbeits- und Organisationspsychologen ist daher im Bereich der Personalarbeit bzw. des Personalservice, in der Personalauswahl und in der Personalentwicklung tätig. Weitere Arbeitsfelder betreffen die Analyse und Gestaltung der Arbeit sowie die Begleitung von Organisationsentwicklungsmaßnahmen (vgl. Kap. 4, 13 und 14).

> **!**
>
> Die Arbeits- und Organisationspsychologie greift in zahlreichen Fällen auf Modelle und Forschungsbefunde der psychologischen Grundlagenfächer, der Ökonomie und der Soziologie zurück. Dennoch erfordert ihr spezifischer Gegenstandsbereich auch eigenständige Theorieentwicklung und Forschung. Da die Arbeitswelt von raschen und grundlegenden Wandlungsprozessen geprägt wird, ist der Gegenstandsbereich der Arbeits- und Organisationspsychologie sehr heterogen. Die Anwendungsspezifität organisationspsychologischer Forschungsarbeiten führt zudem oft dazu, dass Forschungsergebnisse wenig oder nur eingeschränkt generalisierbar sind (vgl. Abschn. 1.3).

1.3 Gesellschaftspolitische und organisationale Veränderungen

Gesellschaftliche Veränderungen. Große Trends bestimmen den Hintergrund für die aktuellen Veränderungen der Arbeitswelt in Deutschland:

(1) Die demografische Entwicklung (höhere Lebenserwartung, Geburtenrückgang) führt zu besonderen gesellschaftlichen Herausforderungen: Alter(n)s- und familiengerechte Arbeitsgestaltung wird bedeutsamer, Leistungsfähigkeit und Motivation müssen langfristig über die Lebensspanne erhalten werden, kontinuierlich-lebenslange Qualifizierung wird erforderlich.

(2) Schwindende Ressourcen und Klimawandel erfordern nachhaltiges Wirtschaften: In der Erwerbsarbeit gewinnt der Dienstleistungssektor an Bedeutung. Ressourcensparende Produktionsprozesse und Produkte werden entwickelt. Innovationen erfordern flächendeckend bessere Bildung. Die Technologisierung wird ergänzt um die biotechnologische Revolution.

(3) Die Arbeitnehmerstruktur verändert sich: Der Anstieg der Erwerbstätigkeit von Frauen, die Zunahme geringfügiger Beschäftigungsverhältnisse, die wachsende Zahl der Arbeitnehmer mit Migrationshintergrund und der zunehmende Bedarf an Nachwuchskräften und Spezialisten kennzeichnen den Arbeitnehmermarkt der Gegenwart.

(4) Die Globalisierung schafft neuen Wettbewerb: Viele Menschen erfahren durch die globale Vernetzung die Chance zu Wohlstand und Freiheit oder die Risiken des Standortnachteils. Der Wettbewerb um Schlüsseltechnologien nimmt zu. China positioniert sich als globale Wirtschaftsmacht.

Organisationale Veränderungen. Branchenspezifisch lassen sich außerdem organisationale Veränderungen aufzeigen, die tiefgreifende psychosoziale Implikationen in sich bergen (vgl. Hoyos & Frey, 1999b; Weinert, 2004). Merkmale traditioneller Organisationen werden zunehmend zugunsten moderner Organisationen verdrängt, die sich vor allem durch kontinuierliche Veränderungen, extreme Wettbewerbsorientierung, flexible, wechselnde Projektaufgaben anstelle dauerhaft definierter beruflicher Positionen kennzeichnen (vgl. Abschn. 3.3.2). Die Hierarchien sind oftmals flach. Mit Blick auf die Rentabilität des Unternehmens werden Maßnahmen des → Outsourcings durchgeführt und somit die unternehmerische Einheit von der Produktentwicklung bis zum Vertrieb aufgehoben. All dies führt dazu, dass lebenslanges Lernen und Stressmanagement mit einem hohen Bedarf an Fort- und Weiterbildung auf der persönlichen Ebene ebenso notwendig sind wie ein effizientes Wissensmanagement auf organisationaler Ebene. Dies beinhaltet insbesondere einen Wissenstransfer, der aufgrund der demographischen Entwicklung besonders notwendig erscheint.

Wie sich die gesellschaftlichen und gesamtwirtschaftlichen Veränderungen im persönlichen Arbeits- und Lebensalltag widerspiegeln, illustrieren die Beispiele in Tabelle 1.2.

Tabelle 1.2. Illustration der veränderten Arbeits- und Lebensbedingungen in Deutschland in der Mitte des 20. Jahrhundert und zu Anfang des 21. Jahrhunderts

Mitte des 20. Jahrhunderts	Beginn des 21. Jahrhunderts	Gesellschaftliche Veränderungen
Johann S., Industriearbeiter und Nebenerwerbslandwirt, 48 Jahre alt, ist verheiratet und hat fünf Kinder. Seine Frau kümmert sich um Kinder und Haushalt sowie um einen Teil der Landwirtschaft.	Stefan B., 48 Jahre alt, geschieden, hat in zweiter Ehe ein zweijähriges Kind. Weitere Kinder sind nicht geplant, seine Frau arbeitet seit einem Jahr wieder als Buchhalterin. Das Kind wird in der Kinderkrippe versorgt.	▶ Die Erwerbstätigkeit von Frauen ist von rund 30 % auf rund 60 % gestiegen, allerdings liegt die Quote teilzeiterwerbstätiger und geringfügig beschäftigter Frauen weit über der von Männern (Destatis, 2008). ▶ Die Geburtenrate ist etwa um die Hälfte gesunken.
Johann S. arbeitet in einem Fertigungsbetrieb für Metallwaren. Der Betrieb ist der Hauptarbeitgeber am Ort. Er hat den Betrieb noch nie gewechselt und rechnet damit, dort bis zur Rente zu arbeiten. Er wohnt im Elternhaus seines Vaters, das er von diesem geerbt hat.	Stefan B. arbeitet als Computertechniker in einem Unternehmen, das 50 km von seinem Wohnort entfernt ist. Er hat seinen Arbeitsplatz bereits sechsmal gewechselt und ist dafür insgesamt viermal umgezogen. Zurzeit wohnt die Familie in einer kleinen Mietwohnung.	▶ In Land-, Forstwirtschaft und Fischerei (primärer Sektor) sind nur noch rund 2 %, im sekundären Sektor (produzierendes Gewerbe) noch rund 26 % und im tertiären Sektor (Dienstleistung) bereits rund 72 % der Erwerbstätigen beschäftigt (Destatis, 2008). ▶ Mobilität betrifft nicht nur Pendler zwischen Wohn- und Arbeitsort. Im Schnitt zieht jeder Einwohner siebenmal im Leben um.
Arbeit ist für Johann S. Pflichterfüllung. Samstagsarbeit ist für ihn selbstverständlich, obwohl 1956 begleitet vom Spruch »Samstags gehört Vati mir« die Fünftagewoche durchgesetzt wurde. Jeden Sonntag geht Johann S. mit seiner Familie zur Kirche.	Stefan B. arbeitet wöchentlich 37,5 Stunden. Er erwägt, aus der Kirche auszutreten. Kirche und Glauben spielen in seinem Leben kaum eine Rolle. Sein Kind hat er dennoch taufen lassen.	▶ Die durchschnittliche Arbeitszeit hat sich verringert. ▶ Zunehmend zeigt sich eine Entkirchlichung des Lebens: Rund 1/6 der Westdeutschen und rund 2/3 der Ostdeutschen sind konfessionslos (Destatis, 2008).

Gesellschaftspolitischer Wandel verändert Organisationen. Noch vor einigen Jahrzehnten wurde Berufstätigkeit und Mutterschaft gesellschaftspolitisch als miteinander unvereinbar bewertet. Mittlerweile ist es Ziel politischer Programme, diese Rollen in Einklang miteinander zu bringen und die »doppelte Sozialisation von Frauen« zu ermöglichen. Dies erfordert psychologische Veränderungen, wie z. B. die gesellschaftliche Akzeptanz arbeitender Mütter. Mit diesem Spannungsverhältnis von Beruf und Familie befassen sich viele Studien zur Genderforschung (vgl. Leitner et al., 2004). Ein OECD-Vergleich zeigt, dass vor allem die Erwerbsbeteiligung kinderloser Frauen in Deutschland inzwischen erheblich zugenommen hat, die Erwerbsbeteiligung von Müttern mit mehreren Kindern jedoch deutlich geringer als in vergleichbaren Staaten ist. Insgesamt verweist der Anstieg der Erwerbsbeteiligung der Frauen auch darauf, dass in Deutschland Teilzeitarbeit und geringfügige Beschäftigungsverhältnisse für die Vereinbarkeit von Familie und Beruf an Bedeutung gewonnen haben (vgl. Cornelißen, 2005). Darüber hinaus werden strukturelle Maßnahmen gefordert wie etwa Flexibilisierung von Arbeitszeiten, Angebot von Teilzeitarbeit, Ausbau guter und zuverlässiger Kinderbetreuung, die nicht nur städtischen und privaten Trägern überlassen bleibt, sondern auch betriebliche Angebote umfasst (z. B. zeitlich flexible Betriebskindergärten).

1.4 Rück- oder Ausblick auf einen Wertewandel?

Werte sind Vorstellungen von Wünschenswertem und kennzeichnen eine einzelne Person oder eine Gruppe. Sie stellen Orientierungsmuster zur Verfügung und beeinflussen die Auswahl zugänglicher Mittel und Ziele von Handlungen. Aufgrund ihres relativ hohen Abstraktionsniveaus sind sie nicht gegenstandsbezogen – Werte wie Freiheit, Gleichheit, Gerechtigkeit können sich auf unterschiedliche Inhaltsfelder beziehen (vgl. von Rosenstiel, 2007). In der organisationalen Praxis spielen Werte eine wichtige Rolle: Ihnen kommt eine grundlegende Orientierungs- bzw. Steuerungsfunktion zu. Sie unterstützen die Identifikation mit der Organisation und erleichtern die Ausrichtung auf ein gemeinsames Ziel. Sie bestimmen, wie eine Organisation aufgestellt ist, welche Ziele sie mit welcher Gewichtung verfolgt, wie mit Konflikten umgegangen wird, welche Personalentscheidungen bei knappen Ressourcen gefällt werden, wie sich die Organisation nach außen darstellt, welche Kultur sie verfolgt etc. In der Debatte um den Wertewandel in der Gesellschaft werden unterschiedliche Positionen vertreten. Ausgelöst durch die Veröffentlichung »Die stille Revolution« von Inglehart (1977) wird seit den 1970er Jahren von einem Wandel von materialistischen zu postmaterialistischen Werten gesprochen (vgl. Duncker, 2000). Klages stellt dieser Position ein Konzept der »Wertesynthese« (1984) entgegen, in dem er davon ausgeht, dass die Individualisierungstendenzen der Moderne nicht unumgänglich zu Selbstentfaltungswerten anstelle von Pflicht- und Akzeptanzwerten führen, sondern eine Neigung zur Wertesynthese begünstigen. Für diese Neigung zur Wertesynthese sprechen auch die Ergebnisse der Shell-Jugendstudien. In der aktuellen Diskussion um den Wertewandel stehen Forderungen nach mehr Eigenverantwortung der Bürger und stärkerem gemeinwohlorientierten Handeln im Vordergrund (Mandel, 2007; Roßteutscher, 2004).

Trends des Wertewandels
► Wertepluralismus und Wertkonflikte
► Individualisierung und Selbstverwirklichung
► Wertschätzung von Autonomie und Gleichberechtigung
► Säkularisierung aller Lebensbereiche, Rückgang von Kirchenbindung
► Tendenz zu Enttraditionalisierung und »neuem Wertkonservativismus«

- ▶ Wertschätzung von Mobilität und Regionalität
- ▶ Vielfalt an Familien- und Lebensformen, Entkoppelung von Ehe und Elternschaft, Wandel der Sexualmoral
- ▶ Pragmatische Wertesynthese aus traditionellen (z. B. Sparsamkeit, Selbstdisziplin, Bindung) und modernen Werten (Selbstverwirklichung, Freiheit, Toleranz)
- ▶ Skepsis gegenüber tradierten ökonomischen und technologischen Leitwerten, Wertschätzung

immaterieller Werte (z. B. Natur, Lebensqualität, Nachhaltigkeit)
- ▶ Vergemeinschaftung von Wissen und Bildung
- ▶ Wertschätzung von Solidarität und Gemeinschaft, Wertschätzung humanitärer Projekte
- ▶ Suche nach Sinn, Spiritualität und ethischer Rechtfertigung

(vgl. Deutsche Shell, 2006; Klages, 2001; Klein, 2003; Opaschowski, 2006; Petersen & Mayer, 2005)

Ursachen des Wertewandels

In der Diskussion um ursächliche Bedingungen des Wertewandels wurden der Wohlstandshypothese und der Bildungshypothese besonders viel Aufmerksamkeit geschenkt (vgl. zusammenfassend Neuberger, 1994).

Wohlstandshypothese. Sie besagt, dass die westlichen Gesellschaften zwischen 1950 und 1980 einen Wohlstandsschub erfahren haben, der sich zum Teil an einer Verdreifachung des Einkommens innerhalb einer einzigen Generation zeigt (vgl. Wiendieck, 1994). Während die Kriegs- und Nachkriegsgeneration noch weitgehende materielle Notlagen erfahren hat, kann sich die »Wohlstandsgeneration« vor allem mit anderen Lebensthemen befassen.

Bildungshypothese. Sie geht von den Auswirkungen des »Bildungsschubes« aus. Während Anfang der 1950er Jahre nur etwa 5 % eines Jahrgangs die Schule mit der (Allgemeinen) Hochschulreife abschloss, ist es heute bereits etwa ein Drittel. Postmaterialistische Werthaltungen, die die eigene Autonomie betonen, finden sich besonders häufig bei höherer formaler Bildung.

Auswirkungen des Wertewandels. Welche Werte wirken sich auf Wirtschaft und Arbeit aus? Unterliegen Werte tatsächlich Veränderungen und inwiefern haben diese Veränderungen einen Effekt auf den Unternehmens- und Arbeitsalltag? Im Zuge des Wertewandels haben bestimmte Werte augenscheinlich an Bedeutung verloren, andere dagegen an Bedeutung gewonnen. Als Beispiel mag hier die Arbeitsmoral dienen. Zwar hat der Wert der Arbeit nicht generell an Bedeutung verloren – vor allem nicht angesichts hoher Arbeitslosigkeit –, allerdings finden sich in der Bevölkerung differenzierte arbeitsbezogene Wertorientierungen wie Leistungs-, Karriere- oder Freizeitorientierung. Auch die Wertigkeit von Arbeit selbst wird differenziert betrachtet: Sie dient der materiellen Existenzsicherung, aber auch der Selbstverwirklichung und Sinnstiftung (von Rosenstiel, 2007). Die Ergebnisse der empirischen Werteforschung weisen auf einen Wandel von Fügsamkeits- und Unterordnungswerten zu Selbstentfaltungswerten hin, der durchaus mit Eigenverantwortung, sozialer Kooperation und Toleranz vereinbar ist.

Auswirkungen des Wertewandels auf die Unternehmensführung

Nicht zuletzt das Bemühen um ein nachhaltiges Ressourcenmanagement birgt erhebliche Konsequenzen für den aktuellen unternehmerischen Wandel. Nachhaltige Unternehmensführung gilt als ein wichtiger Indikator für den Unternehmenserfolg. Dies bedeutet, unterschiedliche Kriterien miteinander in Einklang zu bringen:
(1) Kriterien der Ökonomie (economic efficiency)

▶

(2) Kriterien der Ökologie (environmental excellence)

(3) Kriterien der Sozialverträglichkeit (social responsibility)

Diese Kriterien der Nachhaltigkeit beziehen auch zukünftige Generationen mit ein – etwa unter dem Stichwort der Generationengerechtigkeit. Es existieren Verschiebungen zwischen denjenigen Bevölkerungsgruppen, die von der modernen Wirtschaftsentwicklung profitieren, und jenen, die den resultierenden ökologischen Belastungen und Gefährdungen ausgesetzt sind (vgl. Pawlik, 1991). Beispielsweise werden zukünftige Generationen Gefahren des Treibhauseffekts ausgesetzt, die sich aus einem hohen Lebensstandard der jetzigen Generation ergeben (zeitliche Verschiebung). Menschen in Entwicklungsländern kämpfen aufgrund des »Mülltourismus« mit Problemen des Wohlstandsmülls, obgleich sie nie am Wohlstand teilgehabt haben (geographische Verschiebung). Wie ist mit diesen zeitlichen und geographischen Verschiebungen umzugehen? Welches Prinzip ist zur Lösung der ökologischen Probleme anzuwenden (z. B. Kooperations-, Vorsorge-, Verursacher-, Solidar- oder Gemeinlastprinzip)?

Ein erneuter Wertewandel? Der Wertewandel wird in der soziologischen Forschung vor allem als ein Phänomen der 1970er und 1980er Jahre beschrieben. Allerdings wird diskutiert, dass durch das Ende der »fetten Jahre« erneut ein Wandel der Wertorientierungen eintreten könnte, in dessen Mittelpunkt die Auseinandersetzung mit Fragen der Nachhaltigkeit, der sozialen Verantwortung und der kulturellen Diversität steht.

1.5 Resultierende Aufgaben der Arbeits- und Organisationspsychologie

Aufgrund der gesellschaftlichen, wirtschaftlichen und organisationalen Veränderungen werden die Bedeutung der Arbeits- und Organisationspsychologie und der Bedarf an gut ausgebildeten Arbeits- und Organisationspsychologen in Zukunft voraussichtlich steigen. Aus den geschilderten Veränderungen resultieren zahlreiche Fragestellungen, zu deren Klärung und Lösung die Arbeits- und Organisationspsychologie beitragen kann. Einige Beispiele:

► Wie wirken sich ökonomische und organisationale Veränderungen auf konkrete Arbeitsbedingungen aus? Wie können Arbeitsplätze und Fertigungsbereiche vor Ort analysiert und Schwachstellen vermieden werden?

► Wie ist mit dem Problem der Arbeitslosigkeit umzugehen? Was ist ein gerechter Umgang mit dem knappen Gut Arbeit? Wie ist das Problem der Individualisierung von Arbeitslosigkeit zu lösen?

► Wie sind Konflikte am Arbeitsplatz und in Organisationen zu behandeln? Wie lässt sich Wirtschaftsmediation als kooperative Konfliktlösung fördern und etablieren?

► Wie können Anforderungen an ein lebenslanges Lernen erfüllt werden?

► Wie können technische Umwelt- und Arbeitsbedingungen den Bedürfnissen älterer Arbeitnehmer entsprechen?

► Wie lassen sich die gestiegenen Anforderungen an die familiäre und institutionalisierte Bildung bewältigen, die sich nicht nur auf Kindergarten und Schule beschränken, sondern die gesamte Lebensspanne umfassen?

► Wie sind die zunehmenden Erschwernisse der Vereinbarkeit von Beruf und Familie aufzufangen?

► Welche Erkenntnisse und Empfehlungen hält die Gerontopsychologie für eine immer älter werdende Gesellschaft mit sozialen Spannungen zwischen Jung und Alt bereit? Inwiefern kann die Arbeits- und Organisationspsychologie diese Erkenntnisse auf die Arbeitswelt und auf eine alterns- und altersgerechte Arbeitsgestaltung übertragen?

▶ Wie lässt sich in unterschiedlichen Arbeitskontexten und zunehmender Deregulierung Work-Life-Balance herstellen (vgl. Engelbrech, 2004)?

1.6 Ziele und Struktur des Buches

Ziel dieses Buches ist es, einen Überblick über die Forschungs- und Arbeitsfelder der Arbeits- und Organisationspsychologie zu geben. Es wird gezeigt, dass dies ein spannendes Arbeitsfeld mit hohem Zukunftspotential für angehende Psychologen, aber auch für Vertreter von Nachbardisziplinen ist. Dabei erscheint die Arbeits- und Organisationspsychologie auf den ersten Blick als heterogenes Feld, das verschiedene mehr oder weniger miteinander vernetzte Aufgaben- und Themenfelder umfasst. Abbildung 1.3 sowie die folgende Aufstellung zeigen, welcher Struktur das vorliegende Buch folgt.

▶ **Teil I.** Auf einer ersten, organisationalen Ebene wird die Analyse und Steuerung der Organisation als Gesamtsystem betrachtet.

▶ **Teil II.** Auf einer zweiten, interindividuellen Ebene stehen die Interaktion des Individuums mit der Organisation und die organisational vermittelten Interaktionen im Mittelpunkt der Betrachtung.

▶ **Teil III.** Eine dritte, individuelle Betrachtungsebene widmet sich dem Verhalten und Erleben des Individuums am jeweiligen Arbeitsplatz.

Die Unterscheidung dreier Ebenen geschieht zur strukturierten Darstellung miteinander vernetzter Themenkomplexe. Die folgenden Kapitel beleuchten daher Themen der Arbeits- und Organisationspsychologie aus organisationaler, interindividueller und individueller Perspektive. Dem Thema der Forschung und evaluierten Praxis ist das Schlusskapitel gewidmet.

Forschung und Praxis verbinden. Die Überwindung der Kluft zwischen Forschung mit profundem theoretischen Wissen und einem eher praxeologischen Vorgehen in Arbeitskontexten stellt die Arbeits- und Organisationspsychologie vor besondere Herausforderungen (Kap. 15). Forschung und Praxis sind auf individueller, interindividueller *und* organisationaler Ebene zu verbinden. Dies umfasst die Notwendigkeit, das eigene Vorgehen in der Praxis kritisch zu reflektieren (Qualitätssicherung praktischer organisationspsychologischer Maßnahmen). Arbeits- und organisationspsychologische Forschung ist zudem aus den konkurrierenden Blickwinkeln der → internen und → externen Validität (Qualitätssicherung organisationspsychologischer Forschung) zu betrachten: Grundlagenforschung ist so aufzubereiten und zu kommunizieren, dass sie zur Lösung von Praxisproblemen hilfreich ist. Interventionsforschung ist methodisch und inhaltlich so zu gestalten, dass aus ihr Schlüsse zur Problemlösung und idealerweise auch zur Mehrung des Grundlagenwissens gezogen werden können. Dies setzt eine hinreichende → interne Validität, aber auch eine umfassende Evaluation voraus.

Abbildung 1.3
Arbeits- und organisationspsychologische Themen im Überblick. Es werden drei Betrachtungsebenen unterschieden: (I) organisationale, (II) interindividuelle und (III) individuelle Ebene. Die einzelnen Buchkapitel sind den Ebenen zugeordnet. In Kapitel 1 wird zudem ein übergeordneter Blick auf die Arbeits- und Organisationspsychologie geworfen. In Kapitel 15 werden Forschung und Praxis integriert

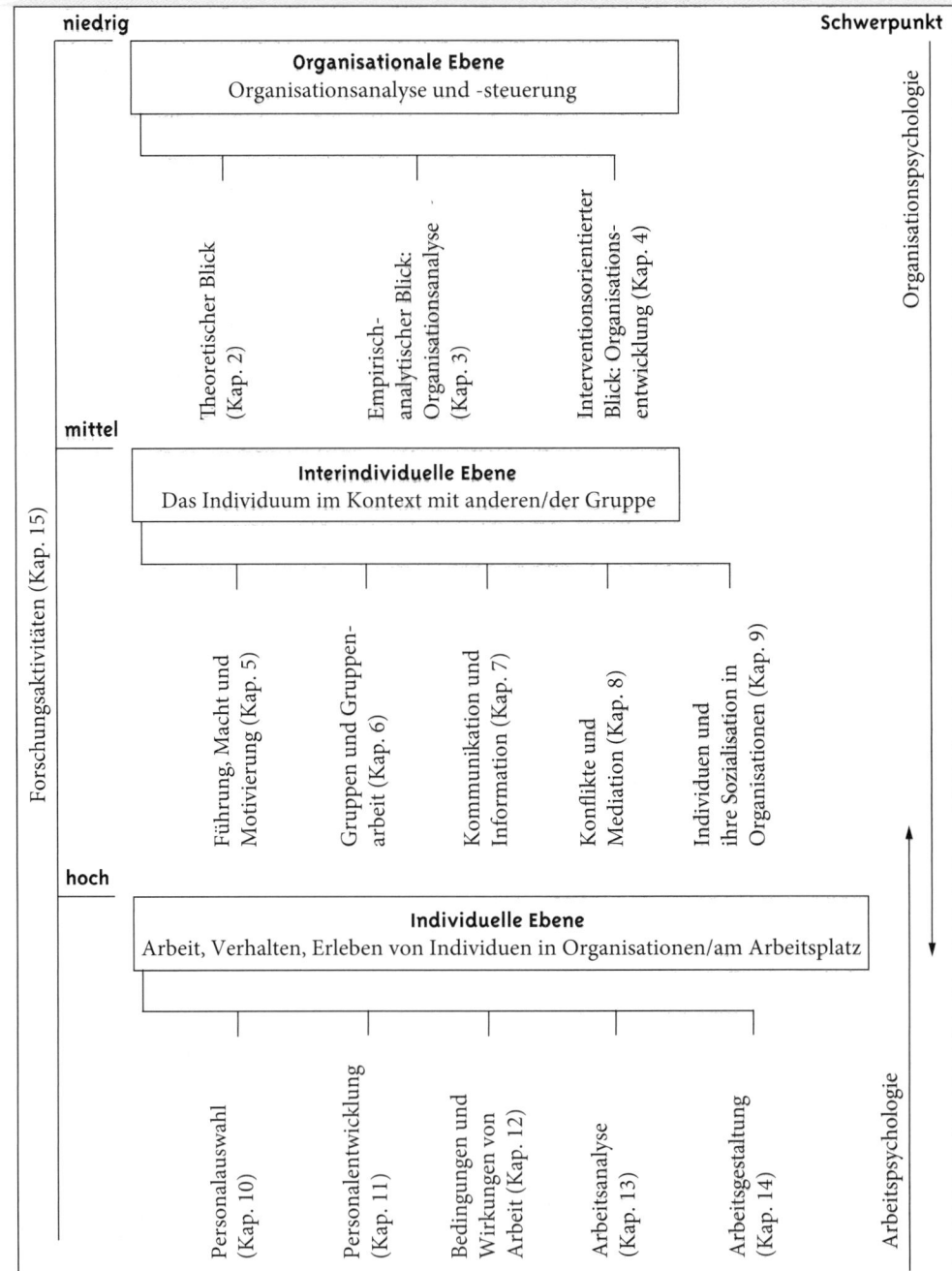

Herausforderungen der Arbeits- und Organisationspsychologie (Kap. 1)

niedrig · Schwerpunkt

Organisationale Ebene
Organisationsanalyse und -steuerung

Theoretischer Blick (Kap. 2)

Empirisch-analytischer Blick: Organisationsanalyse (Kap. 3)

Interventionsorientierter Blick: Organisationsentwicklung (Kap. 4)

mittel

Interindividuelle Ebene
Das Individuum im Kontext mit anderen/der Gruppe

Führung, Macht und Motivierung (Kap. 5)

Gruppen und Gruppenarbeit (Kap. 6)

Kommunikation und Information (Kap. 7)

Konflikte und Mediation (Kap. 8)

Individuen und ihre Sozialisation in Organisationen (Kap. 9)

hoch

Individuelle Ebene
Arbeit, Verhalten, Erleben von Individuen in Organisationen/am Arbeitsplatz

Personalauswahl (Kap. 10)

Personalentwicklung (Kap. 11)

Bedingungen und Wirkungen von Arbeit (Kap. 12)

Arbeitsanalyse (Kap. 13)

Arbeitsgestaltung (Kap. 14)

Forschungsaktivitäten (Kap. 15)

Organisationspsychologie

Arbeitspsychologie

Vernetzung der Motivation

Organisationen sind zweckrationale Gebilde. Sie sind darauf ausgerichtet, dass die Mitglieder sich an der Erfüllung der organisationalen Ziele beteiligen und damit ihre eigentliche Aufgabe erfüllen. Dazu ist das Thema der Motivation auf allen drei Ebenen angesiedelt:

▶ Auf organisationaler Ebene sind Motivation und Kommunikation Leitthemen der Organisationspolitik: Sie sind Teile von Organisationskultur und -klima (vgl. Abschn. 3.4).

▶ Auf interindividueller Ebene ist die Frage der Motivierung von Mitarbeitern eines der zentralen Themen von Führung (inkl. Einsatz von Anreizsystemen) und Macht. Welches Führungsverhalten und/oder welche Führungseigenschaften versprechen unter welchen Bedingungen Führungserfolg? Was ist am besten geeignet, um Mitarbeiter zu motivieren (vgl. Abschn. 5.2, 5.3)?

▶ Auf individueller Ebene zählt schließlich das Thema der Leistungs- und Arbeitsmotivation zu den zentralen Themen der Arbeitspsychologie (vgl. Abschn. 12.1).

Vernetzung von Gruppenarbeit

▶ Die Einführung von Gruppenarbeit erfolgt in der Regel im Zuge technologischer und gesellschaftlicher Entwicklungsprozesse (vgl. Kap. 4).

▶ Auf interindividueller Ebene sind Prozesse der Gruppenbildung (teambuilding) und Prozesse der Gruppenentwicklung zu berücksichtigen. Gruppenarbeit ist mitarbeiter- und aufgabenorientiert umzusetzen (vgl. Kap. 6).

▶ Auf individueller Ebene sind (Schlüssel-)Qualifikationen und Fähigkeiten zur Kooperation in Gruppen mitzubringen, um Gruppenarbeit → effizient werden zu lassen; Qualifikationen und Fähigkeiten werden zu einem erheblichen Teil in Sozialisationsprozessen erlernt und gefestigt (vgl. Kap. 9 und 11).

Systemisch denken. Die Verbindung der drei Darstellungsebenen erfordert ein systemisches Denken. Für den praktisch tätigen Arbeits- und Organisationspsychologen finden sich auf allen Ebenen »Hebel« für Änderungsprozesse, die aber koordiniert zu bewegen sind (vgl. Abschn. 4.3).

1.7 Kernpunkte und Übungsaufgaben

Kernpunkte

▶ Arbeits- und Organisationspsychologie beschäftigt sich als empirische Wissenschaft mit der Analyse, Erklärung und Steuerung individuellen und kollektiven Erlebens und Verhaltens in Arbeitskontexten und Organisationen. Sie nimmt damit eine psychologische Sicht auf die Arbeitswelt statt einer rein technisch-strukturellen Perspektive ein.

▶ Die Disziplin gewinnt als Anwendungsfach zunehmend an Bedeutung. Wichtige Arbeits- und Anwendungsfelder sind die Personalauswahl, die Leistungsbeurteilung, die Personalentwicklung, die Mitarbeiterführung, die Arbeitsanalyse und Arbeitsgestaltung sowie die Organisationsdiagnose und die Organisationsentwicklung. Die Aufgaben sind heterogen, neue Arbeitsfelder (wie die Wirtschaftsmediation) werden erschlossen.

▶ Die Arbeits- und Organisationspsychologie ist als Wissenschaft und als Praxeologie mit der Pädagogischen Psychologie und der Klinischen Psychologie sowie mit den psychologischen Grundlagenfächern vernetzt. Oftmals greift die Arbeits- und Organisationspsychologie auf Modelle und Wissensbestände von Grundlagenfächern zurück und wendet diese spezifisch auf den Arbeitskontext an (vgl. Kap. 12).

▶ Die Bedingungen in der Arbeitswelt und in Organisationen unterliegen einem steten Wandel. Für diesen Wandel »vor Ort« sind große gesellschaftspolitische und wirtschaftliche Veränderungen verantwortlich. Der Bedarf an gut ausgebildeten Arbeits- und Organisationspsychologen wird in Zukunft – auch aufgrund der raschen Veränderungen – weiter steigen.

Übungsaufgaben

▶ Welche Aufgabenfelder deckt die Arbeits- und Organisationspsychologie in der Praxis ab?

▶ Welche inhaltlichen Überschneidungen bestehen zwischen der Arbeits- und Organisationspsychologie und anderen psychologischen Grundlagen- und Anwendungsfächern in Forschungsfragen?

▶ Welche gesellschaftspolitischen und wirtschaftlichen Faktoren sind dafür verantwortlich, dass die psychologische Perspektive in der Arbeitswelt zunehmend an Bedeutung gewinnt?

Weiterführende Literatur

Strukturwandel: Müller-Jentsch (2007); Richter (2005).
Work-Life-Balance: Esslinger & Schobert (2007).
Standortbestimmung der Arbeits- und Organisationspsychologie:
Blickle & Witzki (2006); Spieß & Rosenstiel (2010).

Teil I
Organisationale Ebene

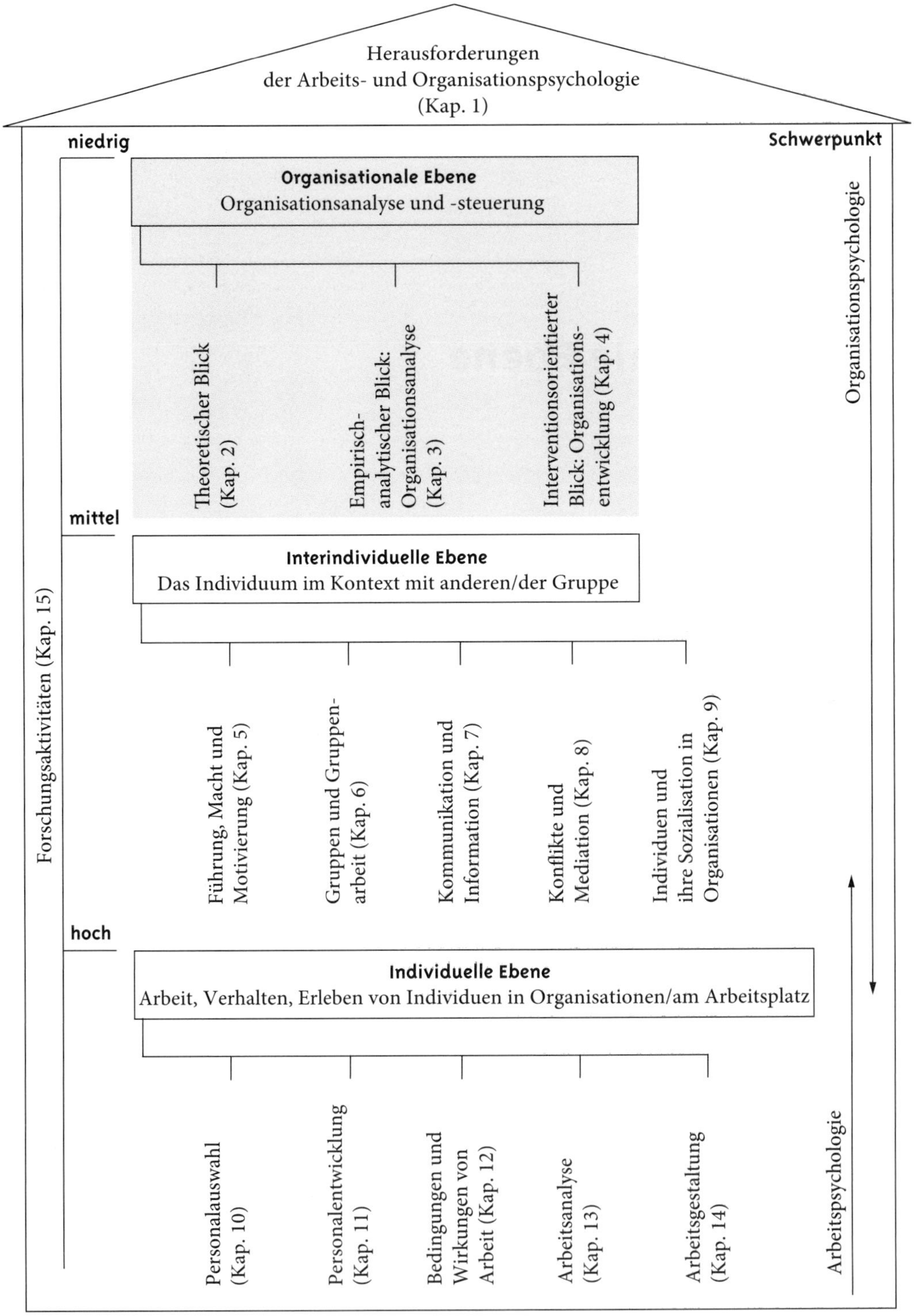

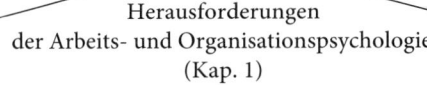

Herausforderungen
der Arbeits- und Organisationspsychologie
(Kap. 1)

niedrig

Schwerpunkt

Organisationale Ebene
Organisationsanalyse und -steuerung

Theoretischer Blick (Kap. 2)

Empirisch-analytischer Blick: Organisationsanalyse (Kap. 3)

Interventionsorientierter Blick: Organisationsentwicklung (Kap. 4)

Forschungsaktivitäten (Kap. 15)

Organisationspsychologie

mittel

Interindividuelle Ebene
Das Individuum im Kontext mit anderen/der Gruppe

Führung, Macht und Motivierung (Kap. 5)

Gruppen und Gruppenarbeit (Kap. 6)

Kommunikation und Information (Kap. 7)

Konflikte und Mediation (Kap. 8)

Individuen und ihre Sozialisation in Organisationen (Kap. 9)

hoch

Individuelle Ebene
Arbeit, Verhalten, Erleben von Individuen in Organisationen/am Arbeitsplatz

Personalauswahl (Kap. 10)

Personalentwicklung (Kap. 11)

Bedingungen und Wirkungen von Arbeit (Kap. 12)

Arbeitsanalyse (Kap. 13)

Arbeitsgestaltung (Kap. 14)

Arbeitspsychologie

2 Theoretischer Blick auf Organisationen

Was Sie in diesem Kapitel erwartet

Organisationen, die nach Prinzipien der Zweckrationalität bestimmte Ziele erfüllen sollen, tun dies unter Zuhilfenahme von strukturellen Ordnungsmerkmalen. Hierzu gehören sowohl das Tayloristische Prinzip der Arbeitsteilung als auch jenes der Hierarchie.

Auf den ersten Blick scheinen daher Fragen, die die optimale Strukturierung und Ordnung von Organisationen betreffen, primär technisch-betriebswirtschaftlicher Art zu sein: Was sind die optimalen technischen Abläufe? Wie kann man Zweck-Mittel-Relationen zur Erreichung der Ziele durch Prinzipien der Kostensenkung und Output-Erhöhung optimieren? Auf den zweiten Blick wird jedoch deutlich, dass sich alle organisatorischen Maßnahmen auf der Ebene individuell zu leistender Arbeit und damit auf der Ebene des Erlebens und Verhaltens konkretisieren. Strukturfragen betreffen daher nicht nur die formale, sondern immer auch die informale Verhaltenssteuerung – sie sind psychologisch relevant. Obgleich Psychologen nur selten als Entscheidungsträger im Management von Unternehmen anzutreffen sind, könn(t)en sie wichtige Beiträge und Hilfen zur Entscheidungsfindung liefern. Im folgenden Kapitel wird daher ein theoretischer Blick auf Organisationen und deren strukturelle Merkmale geworfen. Die Organisation wird zunächst als formales und soziales Gebilde beschrieben und dann in institutioneller, instrumenteller und interaktionaler Hinsicht dargestellt. Abschließend werden psychologische Fragestellungen vorgestellt, die den Stellenwert impliziter Persönlichkeitstheorien bzw. spezifischer Menschenbildannahmen und Organisationsmetaphern betreffen.

2.1 Was ist (k)eine Organisation?

Hier geht es um die Frage, was eine Organisation ausmacht. Dazu werden zunächst gemeinsame Bestimmungsstücke von Organisationen definiert (Abschn. 2.1.1), um anschließend Organisationen aus dem Blickwinkel einer Institution, eines Instruments und einer Interaktion zu betrachten (Abschn. 2.1.2). Auf der Basis dieser Überlegungen kann dann auch der Frage nachgegangen werden, was man nicht als Organisation bezeichnen kann (Abschn. 2.1.3).

2.1.1 Gemeinsame Bestimmungsstücke

In der modernen Welt ist der Mensch von Geburt bis Tod in Organisationen eingebunden. Er gestaltet diese mit und wird durch sie sozialisiert: Geburt im Krankenhaus, Besuch von Kinderkrippen, Kindergärten, Schulen, Mitgliedschaften in Vereinen, Ausbildung in Betrieben, Studium an Universitäten, Arbeit in und für Organisationen (z. B. Wirtschaftsunternehmen), Leben in Altersheimen, Sterben in Krankenhäusern oder Hospizen.

Was haben all diese Organisationen gemeinsam? Organisationen sind soziale Gebilde. Wir verfolgen mit ihnen dauerhaft ein Ziel und versuchen, das Verhalten der Organisationsmitglieder kollektiv an ein Ziel angemessen auszurichten. Die formale Struktur der Organisation und formale Steuerungsstrategien sollen dieser Ausrichtung und Steuerung dienen (vgl. Kieser & Kubicek,

1992). Den in der Organisationsforschung diskutierten Definitionen zum Begriff Organisation sind folgende Komponenten gemeinsam:

(1) Mit dem Begriff der Organisation wird ein soziales Gebilde beschrieben,
(2) das auf eine bestimmte Dauer angelegt ist,
(3) eine formale Struktur (Arbeitsteilung, Koordination) aufweist, mit deren Hilfe
(4) die Aktivitäten der Mitglieder auf gemeinsame Ziele ausgerichtet werden sollen.
(5) Als soziale Gebilde weisen Organisationen neben ihrem intendierten formalen auch ein nicht immer intendiertes, informales Regelsystem auf.

Institutionell vs. instrumentell. Den Definitionen liegt zumeist ein institutioneller Organisationsbegriff zugrunde. Das soziale Gebilde bzw. das Unternehmen ist eine Organisation, in der die koordinierten Tätigkeiten fünf Dimensionen entsprechend strukturiert sind:

(1) Formalisierung
(2) Arbeitsteilung bzw. Spezialisierung
(3) Koordination
(4) Konfiguration bzw. Hierarchie
(5) Kompetenzverteilung bzw. Verantwortung

Dieser institutionelle Organisationsbegriff kann vom instrumentellen Organisationsbegriff abgegrenzt werden (das soziale Gebilde bzw. das Unternehmen *hat* eine Organisation) (vgl. Reichwald & Möslein, 1999).

Profit-Organisation vs. Non-Profit-Organisation. Non-Profit-Organisationen (NPO) sind Organisationen, die nicht auf Gewinn ausgerichtet sind, wie etwa öffentliche Verwaltungen, öffentliche Unternehmen, Kirchen, Parteien, gemeinnützige Vereine, (Zweck-)Verbände, Stiftungen, Wohlfahrtsorganisationen oder Service-Clubs. Non-Profit-Organisationen sind in der Regel explizit geschaffen, um einen bestimmten Zweck (Sachzieldominanz) im Kulturbereich, im Bildungs- und Erziehungswesen, im Gesundheitswesen, im Sozialwesen, im gemeinnützigen Wohnungsbau, in der Entwicklungsarbeit, in der Katastrophenhilfe oder in der politischen Arbeit zu leisten. Auch die erwirtschafteten Gewinne unterliegen dieser Zweckbindung und dürfen nicht an die Mitglieder ausgeschüttet werden. Die Organisationen weisen einige formale Besonderheiten auf: eine differenzierte Personalstruktur (Hauptamtliche, Ehrenamtliche und Freiwillige) stellt besondere Anforderungen an Personalführung, Mitarbeitermotivierung und Personalentwicklung. Oftmals führt das Prinzip der Bedarfsdeckung dazu, dass private oder öffentliche Zuschussfinanzierungen (Fundraising) notwendig sind. Werbungs- und Verwaltungskosten müssen besonders gering gehalten werden. Vor allem die Leitungsstruktur einer NPO ist geprägt von Schnittstellen zwischen hauptamtlicher Geschäftsführung und ehrenamtlichem Vorstand (vgl. Helmig & Purtschert, 2006).

2.1.2 Verschiedene Blickwinkel auf Organisationen

Wiendieck (1993, 1994) beschreibt drei verschiedene Blickwinkel auf Organisationen (vgl. Abb. 2.1). Organisationen können als Institutionen wie z. B. Krankenhäuser, Schulen, Parteien, Behörden betrachtet werden. Jede Organisation besitzt eine materiell sichtbare Struktur und verfolgt bestimmte Zwecke. Sie kann als Institution, als Instrument und als Interaktionssystem betrachtet werden.

Organisation als Institution. Organisationen können als Institutionen wie z. B. Krankenhäuser, Schulen, Parteien, Behörden betrachtet werden. Das institutionelle Organisationsverständnis

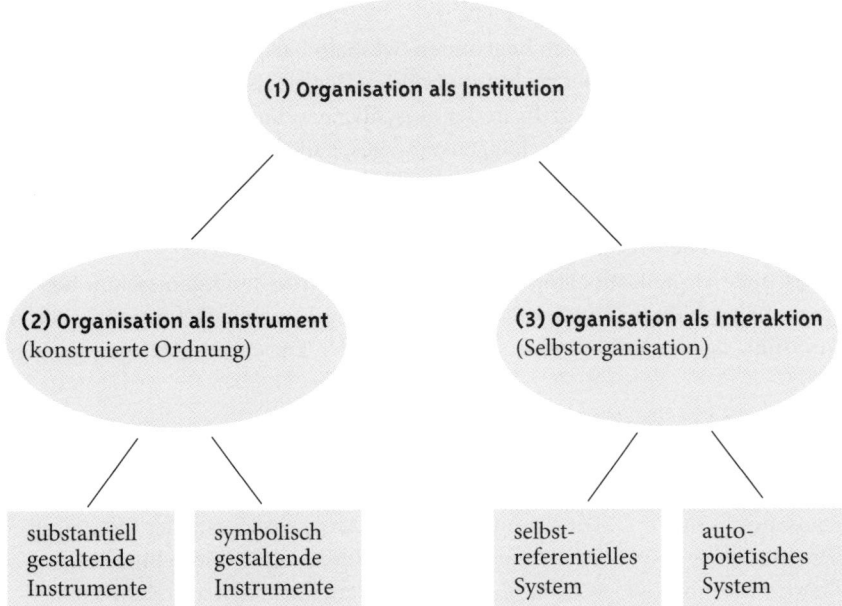

Abbildung 2.1 Organisation als Institution, Instrument und Interaktion (nach Wiendieck, 1993)

richtet sich auf die organisatorische Strukturierung, die formale Ordnung und den Zweck einer Organisation. Beschrieben werden die Funktionen der geplanten Strukturen und Abläufe, darüber hinaus aber auch die ungeplante Entstehung und Veränderung von Strukturen, Abläufen und Zielen. Anders als bei einer ausschließlich instrumentellen Sichtweise werden auch dysfunktionale »Störungen« beschrieben und erklärt.

Organisation als Instrument. Die Organisation als Instrument betrachtet stellt eine konstruierte Ordnung dar (z. B. durch Anweisungen, Vorschriften, Pläne, Verträge). Diese Ordnung dient dazu, das Verhalten des Menschen innerhalb einer Institution auf ein übergeordnetes Ziel hin zu steuern. Dabei werden substantiell und symbolisch gestaltende Instrumente unterschieden (z. B. symbolisierte Macht in Chefbüros). Der instrumentelle Organisationsbegriff richtet sich vor allem auf Gestaltungsfragen. Strukturentscheidungen werden durch Experten getroffen, dysfunktionale Prozesse werden nicht betrachtet.

Organisation als Interaktion. Organisation als Interaktionssystem betrachtet stellt die Selbstorganisation der Organisation in den Mittelpunkt der Betrachtung. Die bestehende Ordnung gilt nicht als konstruiert, sie entwickelt sich vielmehr durch instrumentelle Regeln und Interaktionen der Personen. Das Konzept der Selbstorganisation geht zurück auf die Beschreibung biologischer Vorgänge und wurde durch Luhmann auf soziale Systeme übertragen (vgl. Luhmann, 1987). Es werden selbstreferentielle von autopoietischen (lebenden und sich durch Reproduktion selbst erhaltenden) Systemen unterschieden. Selbstreferenz meint die Selbstbeobachtung: Das System erkennt innere Veränderungen und aktiviert damit Prozesse der Selbsterhaltung. Die Organisation wird als ein lebendes System gesehen, das im Austausch mit der Umwelt steht, sich aber als eigenständiges System letztlich selbst erhält.

2.1.3 Abgrenzung

Mithilfe der genannten Definitionen lässt sich begründen, weshalb beispielsweise ein Unternehmen eine Organisation ist, eine Familie aber nicht unter diesen Begriff fällt. Dennoch nimmt die Frage der Abgrenzung des Organisationsbegriffs in der einschlägigen Literatur breiten Raum ein (vgl. von Rosenstiel, 2007): Gehört ein juristisch eigenständiges Zulieferungsunternehmen noch zur Organisation, wenn es seinen Produktionsstandort auf dem Werksgelände des Unternehmens hat? Gehört ein Profitcenter, das als ausgegliederte Einheit nicht nur das Unternehmen, sondern auch Konkurrenzunternehmen beliefert, noch zur Organisation selbst?

Darüber hinaus gibt es neue Organisationsformen wie etwa die virtuelle Organisation, bei der sich ebenfalls die Frage stellt, ob diese Organisationsform noch traditionelle Definitionskriterien von Organisationen erfüllt, da sie den definitorischen Aspekt der Dauerhaftigkeit des sozialen Gefüges relativiert.

Die virtuelle Organisation. Virtuelle Unternehmen sind weniger dauerhafte, flüchtigere Gebilde. Unter dem Sammelbegriff der virtuellen Organisation werden unterschiedliche Unternehmensformen zusammengefasst – einige Beispiele (vgl. Weinert, 2004):

▶ Die Herstellung bestimmter Produkte und Dienstleistungen ist nach außen vergeben (→ Outsourcing, wie es z. B. in der Automobilbranche üblich ist)
▶ Mitarbeiter arbeiten von zuhause aus mithilfe moderner Medien (Internet, E-Mail etc.) für die jeweilige Organisation (»Telecommuting«)
▶ Mitarbeiter sind an verschiedenen Orten beschäftigt (z. B. in einer offenen Verbundorganisation, bei der Übersetzungsleistungen durch unterschiedliche

Fachübersetzer im jeweiligen Land übernommen werden

Die wesentlichen Charakteristika virtueller Organisationen sind somit (vgl. Reichwald & Möslein, 1999):

▶ Modularität (modulare Einheiten als relativ kleine, überschaubare Systeme mit dezentraler Entscheidungsstruktur)
▶ Heterogenität (Organisationsmitglieder beschränken sich auf Kernkompetenzen und weisen unterschiedliche Leistungsprofile auf)
▶ Räumliche und zeitliche Verteiltheit der Arbeit (ermöglicht durch die neue Informations- und Kommunikationstechnologie)

2.2 Psychologische Fragestellungen auf organisationaler Ebene

In der psychologischen Forschung und Praxis können Organisationen aus dem Blickwinkel der Gerechtigkeitsfragen (Abschn. 2.2.1), der Gestaltungfragen (Abschn. 2.2.2) sowie der Fragen ihrer psychologischen Wirksamkeit (Abschn. 2.2.3) betrachtet werden.

2.2.1 Fragen der Gerechtigkeit

Der Aufbau von Organisationen wird oftmals unhinterfragt als gegeben hingenommen. Mit grundlegenden Entscheidungen über diesen Aufbau (Geschäftsform, Arbeitsteilung, Macht- und Entscheidungsstrukturen) treten bereits in der Gründungsphase einer Organisation und in der späteren alltäglichen Arbeit Gerechtigkeitsfragen auf (vgl. Scholl, 2007).

(1) Das Verteilungsproblem: Wie werden resultierende Rechte und Pflichten (normative Ebene), Gratifikationen und Beiträge (inhaltliche Ebene) und Anreize und Belastungen (subjektive Ebene) unter den Organisationsmitgliedern verteilt?

(2) Das Herrschaftsproblem: Wer disponiert die Ressourcen und die Aktivitäten der Mitglieder von Organisationen? Nach welchen Kriterien werden Entscheidungen gefällt? Wie werden Entscheidungsrechte festgelegt?

Verteilung. Die erste Fragestellung betrifft die → Verteilungsgerechtigkeit und somit die Frage der fairen Verteilung von Rechten und Gratifikationen, aber auch von Belastungen und Pflichten (vgl. Kap. 8). Sie wird hier auf den Kontext der Organisation angewandt – dabei stehen verschiedene Prinzipien in Konkurrenz (etwa Leistungsprinzip, Gleichheitsprinzip, Prinzip der Bedürftigkeit, der Leistungsfähigkeit, der Seniorität, des Besitzstandes, des Alters, des Status etc.).

Verfahren. Die zweite Frage berührt die → Verfahrensgerechtigkeit. Es geht primär um den Prozess der Entscheidungsfindung und somit um die Frage, wie darüber zu entscheiden ist, wie Ressourcen, aber auch Pflichten und Belastungen in Organisationen zu verteilen sind. Die Prinzipien von Leventhal (vgl. Leventhal, 1976, 1980) treffen Aussagen darüber, wann ein Verfahren als gerecht zu bewerten ist (vgl. Kap. 8) – sie können nicht nur auf Konflikte in Organisationen, sondern auch auf grundsätzlich konfliktbehaftete Fragen in Organisationen angewendet werden (z. B. organisationale Struktur, Verteilung von Gratifikationen).

Vor allem das Herrschaftsproblem wird in historischen Ansätzen angesprochen, die bis heute relevant sind. Hierzu zählen die Arbeiten von Max Weber. Insbesondere sein Werk »Wirtschaft und Gesellschaft« (Weber, 1921) legt den Grundstein für sein bürokratisches Organisationskonzept und seine Ideen zur Herrschaftsstabilisierung.

2.2.2 Fragen der Gestaltung

Aufgrund des globalen Wandels und des damit einhergehenden immer stärker werdenden Konkurrenzkampfes durchlaufen viele Organisationen (in diesem Fall speziell Unternehmen) grundlegende Veränderungsprozesse: Unternehmen werden zu Global Playern, indem sie sich zu Großkonzernen zusammenschließen. Standortvorteile werden optimiert. Es werden dabei u. a. verfügbare Ressourcen, Lohn(neben)kosten, Subventionen und steuerliche Auflagen von Arbeits-, Gesundheits- und Umweltschutz berücksichtigt. Dies führt zu verändertem Aufbau und Ablauf in Organisationen. Statt stabilen Linien- und Stablinienorganisationen finden sich zunehmend flexible und sich zeitlich verändernde Organisationsformen der Projektorganisation, des Netzwerkdesigns oder auch der Clanorganisation (vgl. von Rosenstiel, 2007).

Mikro-, Meso-, Makroebene. Reichwald und Möslein (1999) unterscheiden in Anlehnung an Picot drei Ebenen, die für den Aufbau von Organisationen grundlegend sind:
(1) Mikroebene mit der Arbeitsorganisation (z. B. Gruppenkonzepte)
(2) Mesoebene mit der Unternehmensstruktur (z. B. Zentralbereiche)
(3) Makroebene mit der Wertschöpfungskette (z. B. Kooperationen, Outsourcing, Allianzbildungen)

Auf allen drei Ebenen werden Entscheidungen über Aufgabenteilungen und Koordinationen gefällt. Einige Beispiele (vgl. Reichwald & Möslein, 1999):

▶ **Mikroebene.** Welche Aufgaben sind voneinander abzugrenzen? Welche sind in organisatorische Einheiten zusammenzufassen? In welcher Form (z. B. Einzel- oder Gruppenarbeitsplätze) werden die Aufgaben bewältigt? Wie sind Einheiten miteinander verbunden, und wie sind Schnittstellen gestaltet, um Informations- und Kommunikationsprozesse zu optimieren?

▶ **Mesoebene.** Nach welchen Prinzipien werden Handlungs-, Weisungs- und Entscheidungsrechte festgelegt? Werden Formen der Zentralisierung oder der Dezentralisierung gewählt? Wie sind Führungsanreize und Controllingsysteme zu gestalten, einzuführen und zu kontrollieren? Welche Infrastrukturen der Informations- und Kommunikationspolitik werden installiert? Mittels welcher Maßnahmen und Organe werden Fehlinformationen und Fehlkommunikationen aufgedeckt und korrigiert?

▶ **Makroebene.** Wie werden strategische unternehmenspolitische Entscheidungen gefällt? Welche Fusionen oder Allianzbildungen werden eingegangen? Wie wird über wirtschaftsethische Fragen (z. B. bei Standortwahlen) entschieden? Welche gemeinsamen Wertmaßstäbe liegen der Organisation zugrunde? Wie bedeutsam sind ökonomische Kriterien im Vergleich zu Humankriterien?

Humankriterien und ökonomische Kriterien. Sachverhalte und Entscheidungen in Organisationen können anhand unterschiedlicher Kriterien erfolgen. Vereinfachend lassen sich dabei Humankriterien von ökonomischen Kriterien unterscheiden. Zu den ökonomischen Kriterien gehören ergebnisbezogene Kriterien wie die → Effektivität (Zielerreichungsgrad), die Produktivität (Output-Input-Verhältnis) und die → Effizienz (Wirtschaftlichkeit, Kosten-Nutzen-Verhältnis). Die Humankriterien betreffen Fragen der Lebensqualität im Arbeitsleben. Neuberger zeigt mit einer Konzeptualisierung der Humankriterien, welch weiten Bogen deren einzelne Aspekte spannen (vgl. Neuberger, 1994): Würde, Sinn, Gerechtigkeit, Sicherheit, Orientierung, Gesundheit, Autonomie, Kontakt, Privatsphäre, Entfaltung, Leistung, Konfliktregelung, Anerkennung, Schönheit. Dass eine solch weite Konzeptualisierung rasch zu Problemen führt, liegt auf der Hand. Wie kann etwa Würde operationalisiert werden? Welche psychologischen Merkmale sind geeignet, um Schönheit zu bemessen?

In der arbeitswissenschaftlichen Literatur besteht inzwischen Konsens hinsichtlich eines Kriterienkatalogs zur Bewertung »humaner« Arbeit (vgl. Frieling & Sonntag, 1999; Hacker, 1999), zwischen denen insofern Abhängigkeit besteht, als zuerst die Kriterien der unteren Ebene erfüllt sein müssen, bevor sich die Kriterien der oberen Ebene erfüllen lassen:

▶ Schädigungslosigkeit und Erträglichkeit in physiologischer Hinsicht
▶ Ausführbarkeit der Arbeit hinsichtlich der Operationen mit Werkzeugen und Maschinen
▶ Zumutbarkeit und Beeinträchtigungsfreiheit hinsichtlich der Arbeitsaufgaben und der Arbeitsumgebung
▶ Persönlichkeitsförderlichkeit und Zufriedenheit hinsichtlich der produktiven Funktionen insgesamt
▶ Sozialverträglichkeit der Arbeit hinsichtlich kooperativer und partizipativer Erfordernisse
▶ Gesellschafts- und Umweltverträglichkeit hinsichtlich kultureller und ethischer Fragen

Humankriterien und ökonomische Kriterien schließen einander nicht aus: So können z. B. Risikoarbeitsplätze anhand des Kriteriums der Arbeitssicherheit, des Gesundheits- oder Umweltschutzes bewertet werden. In der Praxis nehmen bei diesen Zielsetzungen häufig biopsychologische und ergonomische Fragen großen Raum ein (vgl. von Rosenstiel, 2007). Wie müssen Arbeits- und Pausenzeiten verteilt werden, damit man die relativ geringste Ermüdung und die relativ beste Erholung erreicht? Wie lässt sich Arbeit an physiologisch bedingte Schwankungen der Leistungsfähigkeit anpassen (z. B. an den menschlichen Tagesrhythmus)? Wie lassen sich durch Regulierung äußerer Bedingungen (wie Licht, Lärm, Temperatur, Luftfeuchtigkeit) subjektives Wohlbefinden maximieren sowie Arbeitsleistungen optimieren? Wie lässt sich die Sicherheit am Arbeitsplatz gewährleisten? Inwiefern ökonomische Kriterien und Humankriterien in der Praxis miteinander in Einklang zu bringen sind, wird kontrovers diskutiert. Gleichwohl gibt es Beispiele aus Unternehmen, in denen dies auf unterschiedlichen Ebenen gelingt. Im Zuge der Diskussion um nachhaltiges Wirtschaften gewinnen auch die Humankriterien zur Gestaltung von Arbeit und Organisation erneut Bedeutung.

2.2.3 Fragen der psychologischen Wirksamkeit

Die wissenschaftliche Betrachtung des Gegenstands »Arbeit und Organisation« erfolgt aus unterschiedlichen Perspektiven (Psychologie, Soziologie, Wirtschafts- und Politikwissenschaft, Ergonomie, Arbeitsmedizin, Biologie, Physiologie etc.). Oftmals scheint es so, als ginge es um rein technisch-ökonomische Fragestellungen. Ein technisch optimaler Arbeitsablauf ist jedoch nur dann in seinem Ergebnis optimal, wenn auch Fragen der Arbeitsmotivation, Arbeitsbelastung und Belastbarkeit, Arbeitskontrolle etc. berücksichtigt werden (vgl. Kap. 12). Theoretische Modelle der Organisationsforschung stammen vor allem aus betriebswirtschaftlichen und soziologischen Schulen (vgl. z. B. Kieser & Kubicek, 1992). Die Beiträge der Psychologie zur Organisationsforschung sind dagegen vor allem empirisch ausgerichtet. Sie beschränken sich nicht auf die Untersuchung inter- oder individueller Prozesse, sondern befassen sich auch mit systemischen Aspekten und Prozessen der Intergruppenebene.

Mangelnde Präsenz der Organisationspsychologie. Fragen der organisationalen Struktur werden zumeist erst dann zu einem Thema der Psychologie, wenn es Probleme bei der Umsetzung von formalen Steuerungsstrategien oder mit der Wirkung der Strukturen auf Verhalten und Erleben gibt (vgl. von Rosenstiel, 2007). Idealerweise sollten psychologische Erkenntnisse aber schon bei der Planung und Gründung von Organisationen einbezogen sein. Entscheidungen hinsichtlich Spezialisierung, Koordination, Konfiguration, Entscheidungsdelegation und Formalisierung würden so nicht nur aus betriebswirtschaftlich-technischer Perspektive, sondern auch mit psychologischer Expertise begründet und bewertet werden (vgl. Kieser & Kubicek, 1992). Grundlage für eine theoriegeleitete psychologische Analyse liefern u. a.

▶ Motivations- und Handlungstheorien,
▶ Theorien zur Analyse und Bewältigung von Stress und Belastungen am Arbeitsplatz,
▶ Modelle der Kommunikation und Interaktion,
▶ Rollentheorien,
▶ Konfliktforschung und Gruppendynamik,
▶ Führungstheorien,
▶ Modelle des Arbeitshandelns und der psychologischen Arbeitsstrukturierung gestützt u. a. auf Erkenntnisse der Ergonomie, der Sozialpsychologie, der Allgemeinen Psychologie und der Arbeits- und Organisationspsychologie.

2.3 Menschenbildannahmen

Jedem wissenschaftlichen und praktischen Handeln in Organisationen liegen Menschenbildannahmen zugrunde, die wie subjektive Persönlichkeitstheorien implizit das eigene Verhalten beeinflussen und daher reflektiert werden sollten.

Mechanismus vs. Organismus. Das Mechanismus- und das Organismusmodell bilden grundlegend zwei unterschiedliche Sichtweisen über das Wesen des Menschen ab: Im Mechanismusmodell ist der Mensch vorwiegend passiv und von außen gesteuert vorgestellt. Zugrunde liegen behavioristische Annahmen, in denen der Mensch auf gegebene Reize reagiert. Im Organismusmodell wird der Mensch hingegen als aktiv gestaltendes Wesen abgebildet. Er ist zur Selbstreproduktion und Selbstorganisation fähig. Am Menschenbild des autonomen, handlungsfähigen Menschen ist u. a. die Humanistische Psychologie ausgerichtet (vgl. Abschn. 2.5). Ausgehend von diesen mechanistischen und organismischen Grundannahmen lassen sich vier prototypische Menschenbilder unterscheiden (vgl. zum Überblick Kirchler et al., 2005; Spieß, 2005):

(1) Das Menschenbild der ökonomischen Rationalität (economic man bzw. homo oeconomicus)
(2) Das Menschenbild der sozialen Orientierung (social man)
(3) Das Menschenbild des nach Selbstverwirklichung strebenden Menschen (self-actualizing man)
(4) Das Menschenbild des flexiblen und komplex agierenden Menschen (complex man)

Das Menschenbild der ökonomischen Rationalität. Der Mensch gilt als passiv-reaktiv. Er ist extrinsisch motivierbar, Eigeninitiative sieht das Modell nicht vor. Verhalten orientiert sich am Prinzip der Gewinnmaximierung und Leistung wird nur dann erbracht, wenn der geforderte Einsatz der eigenen Gewinnmaximierung dient. Liegt dieses Menschenbild einer Management- und Organisationsstrategie bzw. -entscheidung zugrunde, so folgt daraus die Anwendung klassischer Managementfunktionen, wie sie etwa in der administrativen Managementlehre beschrieben werden (Planen, Organisieren, Kontrollieren, etc.). Da auf die Annahme intrinsischer Motivation verzichtet wird, müssen extrinsische Anreize vorgegeben werden. Vertreter der »Bounded Rationality« wie March und Simon (1958) üben früh Kritik an den (kognitions-)psychologischen Implikationen des homo oeconomicus (vgl. auch Simon, 1976). Ein Mensch, der den geschilderten Annahmen entspräche, müsste unbegrenzt und erschöpfend alle relevanten Informationen suchen, wahrnehmen und verarbeiten können. Er müsste rational Handlungsalternativen im Sinne der Gewinnmaximierung frei von Emotionen gegeneinander abwägen können. Menschliche Informations- und Wahrnehmungsprozesse unterliegen jedoch vielfältigen Gesetzmäßigkeiten – der Mensch ist nur zu »eingeschränkter« Rationalität befähigt.

Das Menschenbild der sozialen Orientierung. Der Mensch gilt als aktiv-reaktiv. Er ist vorrangig extrinsisch motivierbar, im Mittelpunkt steht allerdings das Bedürfnis nach sozialer Zuwendung und Anerkennung. Verhalten orientiert sich am Prinzip der Satisfizierung, d. h., der Mensch strebt nach subjektiver Zufriedenheit. Dieses Menschenbild liegt der Human-Relations-Bewegung zu Grunde (vgl. Abschn. 2.5), es widerspricht der Annahme der ökonomischen Rationalität. Als Management- und Organisationsstrategie leitet Mayo u. a. den Einsatz sozialer Zuwendung und Anerkennung und die Förderung von Gruppen ab (vgl. Mayo, 1933).

Menschenbild des nach Selbstverwirklichung strebenden Menschen. Der Mensch gilt als aktiv-autonom, er ist fähig zur Selbstkontrolle. Das Streben nach Selbstverwirklichung gilt als genuin menschlicher Antrieb. Als Strategien für das Management folgt, dass die intrinsische Motivation im Interesse der Organisation zu unterstützen und das Streben nach Autonomie zur gemeinsamen Zielerreichung zu nutzen ist, etwa durch herausfordernde Aufgabengestaltung, durch das Überlassen angemessener Handlungsspielräume, durch die Möglichkeit zu Partizipation und Mitbestimmung oder durch Identifikationsangebote. Vorrangige Aufgabe der Führungskraft ist es, Mitarbeiter zu fördern und weniger, sie zu kontrollieren.

Menschenbild des flexiblen und komplex agierenden Menschen. Er kann sich auf neue Situationen flexibel einstellen und ist wandlungs- und lernfähig. Managementstrategien der lernenden Organisation korrespondieren mit diesem Menschenbild. Geeignete Führungsinstrumente setzen am Bedürfnis des Mitarbeiters an, sich weiterzuentwickeln und Neues zu erschließen. Arbeitsaufgaben und organisationale Umwelten sollen Lernchancen eröffnen, individuelle Entwicklung und organisationale Entwicklung erfolgen im Idealfall gemeinsam.

!

Menschenbildannahmen sind tief verankerte, vom jeweiligen »Zeitgeist« abhängige Überzeugungen, die Schlussfolgerungen auf die Handlungsmotive des Menschen zulassen. Diesbezüglich sind sie mit impliziten Persönlichkeitstheorien vergleichbar. Heute sprechen die empirische Forschung und die Vielfalt und Dynamik von Alltagserfahrungen dafür, von komplexen, multiplen Handlungsmotiven auszugehen: Neben dem Streben nach dem eigenen Nutzen stehen weitere Motive, wie das Streben nach sozialer Zuwendung und Anerkennung, das Streben nach Gerechtigkeit und Verantwortung sowie das Streben nach Selbstverwirklichung und Entwicklung im Vordergrund. Der Annahme, dass die Maximierung des eigenen Nutzens das dominante Motiv menschlichen Handelns sei, stehen heute gewichtige theoretische und empirische Argumente gegenüber.

2.4 Organisationsmetaphern

Auf der Basis der Menschenbildannahmen werden Organisationen mithilfe von Metaphern beschrieben. Während sich Menschenbildannahmen auf Grundannahmen über den Menschen beziehen, umfassen die Metaphern Grundannahmen über das Funktionieren von Organisationen. Scholl (2007) formuliert acht Organisationsmetaphern, die im Folgenden dargestellt werden.

Maschinenmetapher. Bei dieser am meisten verbreiteten Metapher ist die perfekte Organisation eine Maschine. Mitarbeiter werden als Rädchen im Getriebe betrachtet. Diese Vorstellung geht zurück auf die Zeit der Industrialisierung und der Trennung von Hand- und Kopfarbeit. Die Metapher hat Bezüge zum Taylorismus, da auch Taylor davon ausging, dass die Abläufe industrieller Fertigungsarbeit ähnlichen Gesetzen folgen wie Teile einer Maschine.

Bedürfnismetapher. Es werden Bedürfnisse nach sozialem Kontakt, sozialer Anerkennung und Selbstverwirklichung betont. Das zugrunde liegende Menschenbild ist der sozial orientierte Typus. Psychologische Grundlage ist u. a. die Bedürfnishierarchie von Maslow (vgl. Abschn. 12.1, Abb. 12.2). Die Bedürfnismetapher steht somit in Konkurrenz zur Maschinenmetapher, da dem Menschen komplexere und höhere Motive zugeschrieben werden. Diese Metapher hat vor allen Dingen motivationspsychologische Forschung in der Arbeits- und Organisationspsychologie hervorgebracht, etwa zur Arbeitszufriedenheit und -motivation (vgl. Abschn. 12.1 und 12.2), zur Führung und Partizipation (vgl. Kap. 5).

Problemlösungsmetapher. Die Tätigkeit in Organisationen wird als Strom von Lern- und Problemlösungsaktivitäten beschrieben, die arbeitsteilig anzugehen sind. Ziele werden festgelegt und spezifiziert, und es wird geplant, wie sie sich realisieren lassen. Analysiert werden analoge und unterschiedliche Prozesse individueller Problemlösestrategien wie auch Strategien zur Problemlösung auf organisationaler Ebene.

Politikmetapher. Es wird davon ausgegangen, dass Konfliktaustragung in Unternehmen derjenigen in der staatlichen Politik ähnelt. Daher werden Konfliktaustragungen in Unternehmen als Mikropolitik bezeichnet. Ähnlich wie in der großen Politik gibt es auch in Organisationen verschiedene Verfassungen und Verfassungswirklichkeiten. Es gibt Interessenskonflikte sowie Strategien, eigene Interessen gegenüber anderen Interessen durchzusetzen. Das Herrschafts- und Verteilungsproblem spielt hier eine zentrale Rolle. Fragen des Umgangs mit Konflikten (vgl. Kap. 8) und der Ausübung von Macht (vgl. Kap. 5) werden daher auch aus gerechtigkeitspsychologischer Sicht analysiert.

Organismusmetapher. Organisationen werden als offene Systeme beschrieben, die im ständigen Austausch mit der Umwelt stehen und dabei trotzdem ihre Eigenart bewahren. Bei dieser biologischen Metapher werden Arbeit und Kapital als Energiepotentiale begriffen. Den Input liefern Informationen aus der Umwelt. Sie werden in Güter und Dienstleistungen von höherem Wert transformiert und in direktem oder indirektem Tausch gegen benötigten Input abgegeben.

Kulturmetapher. Organisationen werden als Mikrogesellschaften mit eigener Kultur verstanden. Diese Kulturen sind durch ihre Einbettung in eine gesamtgesellschaftliche Kultur geprägt. Es stehen gemeinsame Interpretationen, kollektive Werte und Normen, aber auch sinnstiftende Mythen und Rituale der jeweiligen Organisation im Vordergrund. Theoretischen Hintergrund bietet der symbolische Interaktionismus nach Mead. Der Mensch hat dabei eine aktive Rolle. Durch Interaktion und Interpretation wird die soziale Realität in Organisationen konstruiert, was im Wechselspiel von symbolischen und materiellen Aktivitäten geschieht.

Kostenmetapher. Die Transaktion und somit der Austausch materieller oder immaterieller Güter wird nach den jeweiligen Kosten beurteilt. Diese Transaktionskostentheorie ist eng verwandt mit austauschtheoretischen Konzepten der Sozialpsychologie.

Ausbeutungsmetapher. Es werden Zusammenhänge zwischen Personen, Organisationen und Gesellschaft verdeutlicht. Dabei werden Gefahren von Organisationen in modernen Gesellschaften in den Vordergrund gestellt, etwa dass für die Gewinnmaximierung im Kontext sozialer Dilemmata schädliche Nebeneffekte in Kauf genommen werden (wie Umweltverschmutzung, Gesundheitsgefährdungen). Angewandt wird diese Metapher etwa bei der Kritik der Global Player, die Standortvorteile oder unterschiedliche Umweltauflagen, Lohnnebenkosten, Steuerrechte etc. in anderen Ländern nutzen, um als multinationale Konzerne ihre Produktion in jene Länder zu verlagern, in denen die jeweiligen rechtlichen und finanziellen Bedingungen am günstigsten sind.

!

Auch die Begründung unterschiedlicher Management-, Organisations- und Führungsstrategien unterliegt dem Einfluss spezifischer Menschenbildannahmen. Je nachdem, ob der Mensch als passives Opfer oder aktiver Gestalter seiner Umwelt gesehen wird, sind andere Strategien notwendig, um individuelles Verhalten zu beeinflussen, um zu motivieren und zu führen. Trotz vielfältiger Anleihen an diese verhaltenswissenschaftlichen Erkenntnisse sind betriebswirtschaftliche Führungsideologien auch heute noch oftmals vom Menschenbild des homo oeconomicus – im Sinne einer wenig hinterfragten Grundmaxime – geprägt.

Organisationspsychologische Forschung und Praxis sind zwar wissenschaftlichen Prinzipien verpflichtet, finden jedoch nicht in einem wertfreien Raum statt. Daher sind implizite Annahmen über Organisationsmetaphern und Menschenbildannahmen zu reflektieren und transparent zu machen. Die Reflektion betrifft sowohl eigene Annahmen als auch das Hinterfragen der Annahmen von Kooperationspartnern, etwa in Wirtschaftsunternehmen. Dadurch können Gefahren einseitiger Annahmen begrenzt werden (wie die des schleichenden Siegeszuges des homo oeconomicus, der seinen eigenen Nutzen in jeder Situation maximiert). Welche schädlichen Auswirkungen diese Annahmen beispielsweise im Kontext der Konfliktentwicklung und -austragung haben können, wird noch gezeigt (vgl. Kap. 8).

2.5 Theoretische Strömungen und Organisationstheorien

Überblick über Organisationstheorien

Welchem Zweck dienen Organisationstheorien? Nach Scherer (2001) erklären sie, wie Organisationen entstehen, bestehen und funktionieren. Indirekt dienen die Theorien somit der Verbesserung der organisationalen Praxis. Organisationstheorien können auf unterschiedliche Ziele ausgerichtet sein, z. B. auf die Anwendung von Methoden, die analytische Beschreibung einer bestimmten Organisation, gestalterische Empfehlungen für Organisationen etc. Es finden sich unterschiedliche Einteilungen von Organisationstheorien (vgl. zum Überblick Scherer, 2001):

▶ Mikro-, Meso- und Makrotheorien der Organisation: Bei der Mikrotheorie bezieht sich die Theorie auf das Verhalten von Individuen in Organisationen, bei der Mesotheorie auf ganze Organisationseinheiten und ihre Strukturen, bei der Makrotheorie auf Beziehungen zwischen Organisationen.
▶ Unter welcher theoretischen Perspektive wird der jeweilige Teilaspekt beleuchtet?
▶ Unter Anwendung welcher Methode findet die Forschung statt?
▶ Was ist der Zweck der Forschungstätigkeit?

Reichwald und Möslein (1999) unterscheiden fünf Gruppen von Organisationstheorien: (1) historische, (2) humanorientierte, (3) systemorientierte, (4) institutionsökonomische sowie (5) wettbewerbsstrategische Ansätze.

Historische Ansätze. Sie umfassen z. B. das Bürokratiemodell von Weber (1921, 1922) und das Scientific Management von Taylor (1911). Gemeinsam mit dem administrativen Organisationsansatz von Fayol (1918) gelten sie als Wegbereiter der heutigen Organisations- und Managementlehre. Leitidee ist die der Rationalisierung und der → Effizienz im Sinne der Maschinenmetapher (vgl. Abschn. 2.4). Soziale Bedürfnisse und zwischenmenschliche Beziehungen werden weitgehend ausgespart.

Humanorientierte Ansätze. Sie werden in motivationsorientierte und verhaltenswissenschaftlich orientierte Ansätze unterschieden. Zu den motivationsorientierten Ansätzen gehören der Human-Relations-Ansatz, die humanistische Theorie von McGregor (1960), die partizipative Theorie von Likert (1961), die Theorie von Argyris (1957, 1990) sowie der Human-Resource-Ansatz. In diesen Ansätzen wird die Rolle sozialer Bedürfnisse, zwischenmenschlicher Beziehungen, informeller Strukturen und motivationaler Prozesse betont. Bei den verhaltenswissenschaftlichen Ansätzen stehen Entscheidungsprozesse und Lernprozesse im Vordergrund. Zu diesen Ansätzen können die verhaltenswissenschaftliche Entscheidungstheorie wie das Carbage Can Model von Cohen et al. (1972) und die Theorie des sozialen Lernens nach Luthans (1985) gezählt werden. Über eine technisch-instrumentelle Rationalität hinaus werden auch sozio-emotionale Faktoren mit einbezogen, womit eine Abkehr vom mechanistischen Menschenbild stattfindet. Dabei fließt die Vielfalt neuerer sozialpsychologischer Erkenntnisse ein.

Situativer Ansatz. Im Mittelpunkt des situativen Ansatzes steht die Passung von Organisationsstruktur und situativem Kontext. In den empirischen Analysen der Aston-Gruppe werden beispielsweise Korrelationen zwischen situativen Merkmalen, strukturellen Merkmalen und Verhaltensmerkmalen untersucht, um Empfehlungen zu begründen, wie eine Organisation effizient zu gestalten ist (vgl. Kieser & Ebers, 2006).

Systemorientierte Ansätze. Systemtheoretische Ansätze bauen auf Erkenntnissen von Kybernetik, Systemtheorie und Konstruktivismus auf. In den Ansätzen der technologischen Systemtheorie werden Organisationen als kybernetische Regelkreise und als offene bzw. sich selbst organisierende Systeme verstanden. Auf der Basis des soziotechnischen Systemansatzes (→ Tavistock-Gruppe, vgl. Abb. 2.2) beispielsweise werden Probleme in Organisationen sowohl in technischer als auch sozialer Hinsicht betrachtet. Die zentrale Frage der systemtheoretischen Ansätze lautet: Welche Faktoren bringen unter welchen Bedingungen im Zusammenspiel welches Problem hervor, und wie lässt sich dieses Problem nachhaltig lösen (vgl. auch Spieß, 2005; Ulich, 2005)? In den Ansätzen der phänomenologischen (funktionalistischen) Systemtheorie dagegen werden Organisationen als Sozial- bzw. Sinnsysteme (z. B. organisationale Selbsteinbindung, Rollentheorien) verstanden. Im Mittelpunkt des rollentheoretischen Ansatzes von Katz und Kahn (1978) beispielsweise stehen die Sozialisation und das Rollenverhalten der Organisationsmitglieder. In den evolutionstheoretischen Ansätzen wie z. B. im St. Gallener Modell werden die Grundannahmen evolutionärer Prozesse zur Erklärung bzw. Gestaltung organisationaler Systeme herangezogen (vgl. Malik, 2009).

Institutions-ökonomische Ansätze. Sie lassen sich unterscheiden in Property-Rights-Theorie, Transaktionskostentheorie und Principal-Agent-Theorie. Diese Ansätze stellen die Organisation in den Kontext des Marktes. Bei der Property-Rights-Theorie stehen die situationsgerechte Spezifizierung und Verteilung von Handlungs- und Verfügungsrechten im Mittelpunkt. Die Transakti-

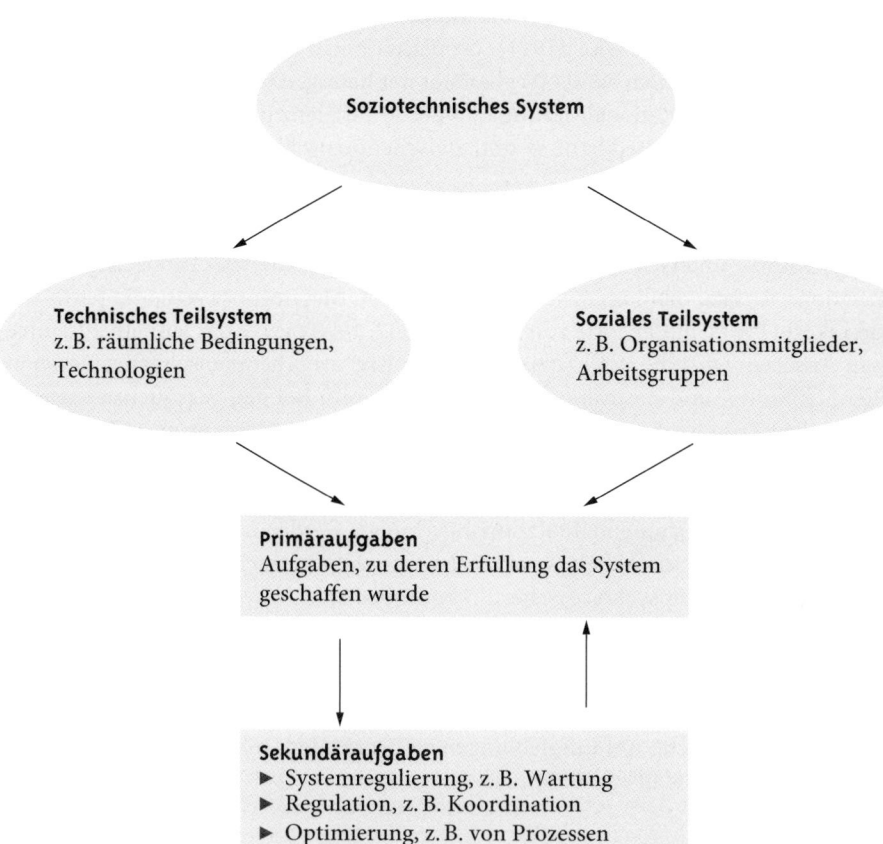

Abbildung 2.2
Der soziotechnische Systemansatz unterscheidet zwischen technischem und sozialem Teilsystem (nach Antoni, 1996). Das soziotechnische System dient insgesamt der Bewältigung der Primäraufgaben, zu deren Erfüllung das System geschaffen wurde. Die Erfüllung von Sekundäraufgaben dient der Systemerhaltung, der Regulation und Optimierung des Gesamtsystems

onskostentheorie macht Aussagen über eine aufgabenbezogene Minimierung von Koordinationskosten. Die Principal-Agent-Theorie dient einem möglichst optimalen Vertragsdesign zwischen Auftraggeber und Auftragnehmer.

Wettbewerbsstrategische Ansätze. Sie dienen vor allem der praktischen Organisationsgestaltung und umfassen konkrete Gestaltungskonzepte für die Ausrichtung von Organisationen und Unternehmen, etwa im internationalen Standortwettbewerb. Dabei werden unterschiedliche Strategien fokussiert, wie etwa die Konzentration auf Kernkompetenzen. Beispielsweise konzentriert sich ein Hersteller von Sportartikeln auf Design, Logistik, Marketing und Vertrieb. Die gesamte Herstellung erfolgt mit Blick auf Wettbewerbsvorteile bei unabhängigen Produktionsfirmen an kostengünstigen Standorten.

Ausgewählte Einzeltheorien

Es seien zwei Einzeltheorien exemplarisch vorgestellt, die innerhalb der Arbeits- und Organisationspsychologie besonders häufig diskutiert werden und entgegengesetzte Menschenbildannahmen vertreten (vgl. Holling & Müller, 2004): die humanistische Theorie nach McGregor (1960) und die normative Entscheidungstheorie.

Humanistische Theorie nach McGregor. Sie gehört zu den humanorientierten Ansätzen und unterscheidet die Theorien X und Y. Bei der Theorie X wird der Mensch als träge, arbeitsscheu und ohne Ehrgeiz beschrieben. Er muss durch positive oder negative Sanktionen zur Arbeit angehalten werden. Er übernimmt ungern Verantwortung, sucht eher nach Führung. Der Führungsstil, der ihm entspricht, umfasst Lenkung und Kontrolle durch Autorität. In der Theorie Y lässt sich der Mensch hingegen durch selbstgesetzte Ziele motivieren und lenken, und unter bestimmten Bedingungen sucht er nach Verantwortung. Der entsprechende Führungsstil zielt auf Integration und Selbstkontrolle ab. Der Vorgesetzte übernimmt die Rolle des Beraters und Experten. Die Überlegenheit der Theorie Y gegenüber der Theorie X begründet McGregor u. a. mit der Motivationstheorie von Maslow (vgl. Abschn. 12.1).

Normative Entscheidungstheorie. Rationalitätstheoretische Ansätze beschränken sich auf die Analyse und Erklärung des Entscheidungsverhaltens (vgl. Abschn. 8.5). Angewandt auf Organisationen und ausgehend von den Annahmen der »bounded rationality« sind Entscheidungssituationen in der Organisation so zu gestalten, dass sie ausreichend kontrollierbar und steuerbar sind, um produktives und effizientes Arbeiten sicherzustellen. Unter der Berücksichtigung der begrenzten Rationalität des Individuums sollen (normative) Voraussetzungen für »rationales«, dem Ziel angemessenes Verhalten geschaffen werden:

▶ Da Organisationsmitglieder nur begrenzt in der Lage sind, die Vorteile von Handlungen nach ökonomischen Wertmaßstäben sachgerecht und zeitnah zu beurteilen, sollen Informationen und Expertisen angemessen zur Verfügung gestellt werden.

▶ Da sie nur unzureichend in der Lage sind, die lohnendste Handlungsalternative zu erkennen und auszuführen, sollen angemessene Entscheidungsregeln und Entscheidungsverfahren zur Verfügung gestellt werden.

In der normativen Entscheidungstheorie der Führung ist es daher Aufgabe der Führungskraft, Entscheidungen über den Partizipationsgrad der Mitarbeiter so abzusichern, dass die Wahl einer zufriedenstellenden Handlungsalternative wahrscheinlich ist. Auch im Garbage Can Model von Cohen et al. (1972) der organisationalen Entscheidung ist es Aufgabe der Führungskraft, zufällige Einflüsse möglichst zu kontrollieren und Situationen (z. B. Arbeitssitzungen) entscheidungsgünstig zu gestalten. Grundsätzlich sollen subjektiv kalkulierbare Vorgaben dazu beitragen, Entscheidungssituationen vorzustrukturieren und Organisationsprinzipien wie etwa Arbeitsteilung und Standardisierung zu begründen.

> **!**
>
> Innerhalb der Arbeits- und Organisationspsychologie sind vor allem humanistische und systemtheoretische Ansätze – hier vor allem die soziotechnische Systemtheorie – sowie Annahmen der verhaltenswissenschaftlichen Entscheidungstheorie von Bedeutung. Institutionsökonomische und wettbewerbsstrategische Ansätze spielen nur eine untergeordnete Rolle.

2.6 Kritische Reflexionen und Visionen

Organisationen bzw. Unternehmen stehen ständig vor neuen Herausforderungen und müssen sich verändern, um konkurrenzfähig zu bleiben. Auf allen Ebenen wird zunehmend Flexibilität erforderlich. Auf Unternehmensebene werden z. B. → Lean Management, → Total Quality Management (TQM) oder virtuelle Organisationsformen eingeführt. Auf der Ebene der Gruppe werden neue, innovative Konzepte der Gruppenarbeit umgesetzt. Auf der Ebene des Individuums ist lebenslanges soziales und fachliches Lernen notwendig. Erwerbsbiographien verlaufen nicht mehr linear, sondern fragmentiert: Der Arbeitnehmer der Gegenwart verändert sich zum »Arbeitskraftunternehmer« (nach Pongratz & Voss, 2003).

Idealtypisches Vorgehen. Die Einführung von Gruppenarbeit hat in der Praxis immer wieder zu Schwierigkeiten geführt, v. a. dort, wo sie auf Bereiche der Fertigung beschränkt war, Erwartungskonflikte über Entscheidungsspielräume bestanden haben und ihre Einführung von wirtschaftlichen Problemen begleitet war. Die Beschränkung einer Intervention in Organisationsprozesse auf der Ebene des Arbeitsplatzes ist freilich weder theoretisch noch empirisch sinnvoll. Unternehmen integrieren Gruppenarbeit daher zunehmend in umfassendere Konzepte, wie z. B. das Lean Management oder das Total Quality Management. Angesichts des Veränderungsdrucks stellt sich die Frage nach begründeten Leitlinien und systematischem Vorgehen. Idealtypisch würden Entscheidungen auf organisationaler Ebene drei Schritte umfassen (vgl. Abb. 2.3):
(1) Eine theoretische Durchdringung des Gegenstandsfeldes
(2) Eine empirische Analyse des Gegenstandsfeldes
(3) Entsprechende Interventionsentscheidungen, die schlüssig durch theoretische Überlegungen und empirische Befunde gestützt werden und systematischer Evaluation unterliegen

Mangelnde Stringenz zwischen Theorie, Analyse und Intervention. Für die geringe Vernetzung von theoretischen Überlegungen, empirischen Analysen und interventionsorientierten Entscheidungen gibt es eine ganze Reihe von Gründen, die vor allem die Komplexität des Gegenstandsfeldes, die Unterschiedlichkeit der Theorien und die Unterschiedlichkeit der Zielsetzungen betreffen.
▶ Es ist etwas anderes, ob die ideale Funktionalität von Produktionsabläufen theoretisch beschrieben wird oder ob konkrete Gestaltungs- und Finanzierungsentscheidungen z. B. zur Einführung von Gruppenarbeit getroffen werden müssen.
▶ Gegen ein systematisch integratives Vorgehen von theoretischer Forschung einerseits und praktischem Vorgehen im Unternehmensalltag andererseits werden zahlreiche Einwände erhoben (zu teuer, zu aufwändig, zu wenig Methodenexpertise etc.).

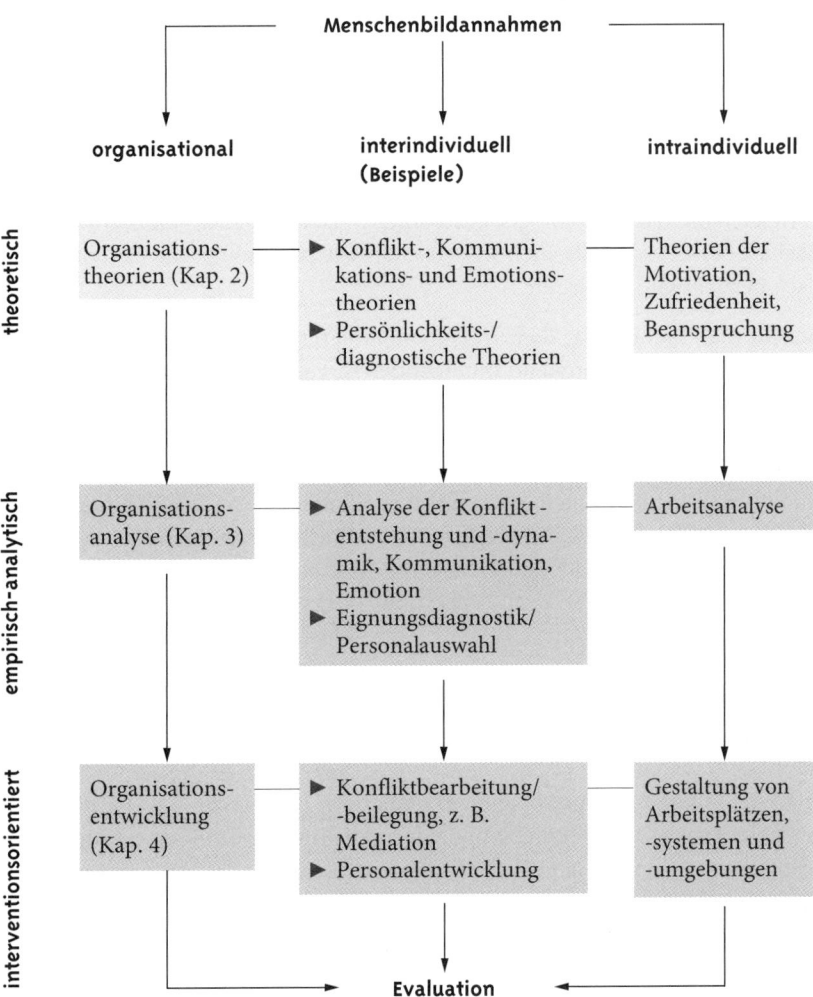

Abbildung 2.3 Idealtypisches Vorgehen von Interventionen in Organisationen, bei dem theoretische, empirisch-analytische und interventionsorientierte Aufgaben systematisch aufeinander aufbauen und die organisationale, interindividuelle und individuelle Ebene miteinander verbunden sind. Gemeinsam ist allen drei Ebenen die Reflexion von Menschenbildannahmen sowie die Evaluation der Interventionsmaßnahme

▶ Disziplinäre Traditionen der Psychologie und ihrer Nachbardisziplinen – und im Gegenstandsfeld »Arbeit und Wirtschaft« vor allem der Betriebswirtschaft – stellen besondere Herausforderungen an die interdisziplinäre Zusammenarbeit.

Mangel an integrativen Theorien. Es findet sich kein Ansatz, der diese drei Aspekte stringent miteinander verbindet. Im vorherrschenden Theoriepluralismus ignorieren sich Theorien oftmals wechselseitig. Sie erklären nur singuläre Aspekte von Phänomenen in Organisationen. Ein interdisziplinärer Austausch zwischen psychologischen, marktanalytischen, betriebswirtschaftlichen, soziologischen und kulturanthropologischen Ansätzen findet sich nur dort, wo dieser Mangel selbst zum Thema gemacht wird (Spieß, 2005).

Analyse und Intervention. Organisationsanalysen zeigen die Folgen dieser Heterogenität organisationaler Theorien. Es fehlt ein integratives Rahmenmodell, aus dem sich Ist-Analysen stringent ableiten ließen. In der Praxis orientieren sich Analysen häufig nur vage an theoretischen Annahmen, sodass ausschließlich zielorientiert situationsbedingte Arbeitsmodelle entwickelt werden. Entsprechend werden auch Interventionen selten theoretisch und empirisch stringent begründet. Stattdessen ist auch hier ein praxeologisches Vorgehen zu beobachten, bei dem sowohl vorhandene theoretische Überlegungen als auch wissenschaftlich-psychologische Erkenntnisse nicht oder nur eklektisch berücksichtigt werden.

Folgerungen für die Psychologie. Es wird keinem integrativen Rahmenmodell gelingen, die verschiedenen Zielsetzungen erschöpfend miteinander zu verbinden, die unterschiedlichen Gegenstandsfelder ausreichend zu integrieren und die Vielfalt aller relevanten Faktoren zu berücksichtigen. Dennoch wäre es möglich, die genannten Aspekte bezogen auf eine konkrete Praxisfrage direkt aufeinander zu beziehen. Dabei kann die Psychologie wichtige Beiträge leisten. Durch eine gute Planung werden Fehlentscheidungen mit ihren Folgekosten und Reibungsverlusten verringert (finanzielle Verluste, Motivationsverluste der Mitarbeiter etc.). Die notwendige Expertise (Theoriewissen, Methoden- und Evaluationskenntnisse etc.) liegt in der Arbeits- und Organisationspsychologie vor.

2.7 Kernpunkte und Übungsaufgaben

Kernpunkte

▶ Der Begriff der »Organisation« scheint auf den ersten Blick recht klar definiert zu sein: Organisation ist ein soziales Gebilde mit Mitgliedern, die über koordinierte Tätigkeiten festgelegte Ziele verfolgen. Auf den zweiten Blick wird jedoch deutlich, dass aufgrund neuer Organisationsformen oftmals Unklarheit darüber besteht, ob ein bestimmtes soziales Gebilde (wie die virtuelle Organisation) noch eine Organisation darstellt oder nicht.

▶ Organisationen können als Institution, Instrument oder Interaktion betrachtet werden. Bei allen Blickwinkeln auf Organisationen leistet die Psychologie wichtige Beiträge, etwa zu Fragen der → Verteilungs- und → Verfahrensgerechtigkeit sowie der Gestaltung von Organisationen und ihrer psychologischen Wirksamkeit.

▶ Wissenschaftlichem und praktischem Handeln in Organisationen liegen Menschenbildannahmen zugrunde, die sich voneinander unterscheiden und die praktische Auswirkungen auf Management- und Organisationsstrategien haben. Auch hier kann die Psychologie, zusammen mit Nachbardisziplinen wie der Soziologie, wichtige Beiträge zur Analyse und Klärung der oftmals implizit wirkenden Annahmen leisten.

▶ Auf der Basis der Menschenbildannahmen werden Organisationsmetaphern und theoretische Strömungen formuliert. Sie beschreiben, wie Organisationen und ihre Mitglieder funktionieren (z. B. die humanistische Theorie von McGregor) und wie sich Handeln (z. B. in Entscheidungssituationen) erklären lässt (z. B. die Rationalitätstheorie). Diese und weitere Theorien sollten explizit Grundlage für Handeln in Organisationen sein.

▶ Entsprechend lässt sich ein idealtypisches Vorgehen zur Lösung von Praxisproblemen in Organisationen beschreiben. Dieses wird in den nachfolgenden Kapiteln noch oft auf spezifische Fragestellungen angewendet. Es unterscheidet fünf Schritte:

(1) Ausgangspunkt ist die Reflexion des zugrunde liegenden Menschenbildes.

(2) Darauf baut die gewählte Theorie auf.

(3) Es folgt eine theoriegeleitete, empirische Analyse der Situation.

(4) Das Ergebnis dieser Analyse begründet die Auswahl und Umsetzung von Maßnahmen und Strategien zur Lösung des Problems,

(5) deren Wirksamkeit schließlich zu evaluieren ist.

▶ In der Praxis findet sich oftmals eine Kluft zwischen theoretischem, empirisch-analytischem und interventionsorientiertem Vorgehen. Dafür ist eine Reihe von Ursachen verantwortlich (z. B. Komplexität des Gegenstandsfeldes, Unterschiedlichkeit von Theorien und Zielsetzungen). Die Psychologie besitzt aber das Potential, diese Kluft in der Praxis zu überwinden.

Übungsaufgaben

▶ Erläutern Sie soziale Gebilde, die je nach Blickwinkel eine Organisation darstellen könnten oder nicht.

▶ Welche inhaltlichen Beiträge kann die Psychologie auf organisationaler Ebene leisten?

▶ Beziehen Sie zu den verschiedenen Menschenbildannahmen, Organisationsmetaphern und theoretischen Strömungen der Organisationsforschung kritisch Stellung. Begründen Sie an einem von Ihnen gewählten Beispiel mit fiktiven Rahmenbedingungen eigene Präferenzen für theoretische Vorannahmen.

▶ Welche Einwände werden in der Praxis gegen ein systematisches Vorgehen von Theorie über Analyse bis zur Interventionsentscheidung vorgebracht? Wie könnte man diese entkräften?

Weiterführende Literatur

Organisationstheorien: Kieser & Ebers (2006).
Integrative Sicht: Spieß (2005).

3 Empirisch-analytischer Blick: Organisationsanalyse

Was Sie in diesem Kapitel erwartet

Was sind Anlässe für Organisationsanalysen? Ein Beispiel: In einer Druckerei wurde eine neue Drucktechnik eingeführt. Obgleich die anfänglichen technischen Probleme mittlerweile überwunden sind, haben die Mitarbeiter Probleme mit der Anwendung des Systems. Zudem erscheinen frühere Gruppierungen von Arbeitsplätzen als nicht mehr sinnvoll. Die Frage steht im Raum, ob und wie die Struktur der Druckerei verändert werden muss. Die Geschäftsführung entscheidet, zur Planung dieser Entscheidungen eine Organisationsanalyse durch externe Psychologen bzw. Arbeitsanalytiker durchführen zu lassen. Im Rahmen dieser Analyse sind folgende Kernfragen zu beantworten: Wie ist die Organisation aufgebaut? Welche Auswirkungen haben formale Schlüsselelemente von Organisationen auf ökonomische und Humankriterien, welche auf das Erleben und Verhalten der Organisationsmitglieder? Wie sollte die Organisation entsprechend welcher Kriterien optimal aufgebaut sein? Um Antworten auf diese Fragen zu geben, sind Organisationen als Instrumente mit ihren grundlegenden Struktur- und Designmerkmalen empirisch zu untersuchen. Entsprechende Methoden und Techniken werden nachfolgend vorgestellt, wobei auch übergeordnete Strukturelemente von Kultur und Werten von Organisationen berücksichtigt werden.

3.1 Empirische Erfassung von Organisationen

In diesem Kapitel werden unterschiedliche Fragen beantwortet: Was bedeuten die Begriffe der Organisationsanalyse und -diagnostik (Abschn. 3.1.1)? Welche Ziele verfolgen organisationsanalytische Erhebungen, und welche Fallstricke sind bei diesen Untersuchungen zu beachten (Abschn. 3.1.2)? Welcher Methoden kann man sich bei der Durchführung der Untersuchungen bedienen (Abschn. 3.1.3)? Welche Befunde liefern empirische Studien (Abschn. 3.1.4)?

3.1.1 Organisationsanalyse und Organisationsdiagnose

Organisationsanalyse. Die Organisationsanalyse dient dem Ziel, vorhandene Organisationsprobleme aufzudecken und Änderungen zur Lösung der Probleme in der Organisation vorzubereiten (vgl. Büssing, 2007). Die Organisationsanalyse ist disziplinär durch organisationssoziologische, betriebswirtschaftliche oder auch verhaltenswissenschaftliche Ansätze geprägt.

Organisationsdiagnostik. Die Organisationsdiagnose zielt darauf ab, unter psychologischer Perspektive zu diagnostizieren, was Mitglieder in Organisationen erleben und wie sie sich verhalten. Ziel ist es, Regelhaftigkeiten im intra- und interindividuellen Erleben und Verhalten zu erkennen, zu erklären und zu prognostizieren (vgl. Büssing, 2007). Die Organisationsdiagnostik geht dabei systematisch vor und fußt auf psychologischen Theorien. Empirisch basiert sie auf der methodischen Vielfalt der Organisationsforschung. Die verwendeten Theorien und Verfahrensweisen entsprechen denjenigen, die in der allgemeinen Diagnostik bzw. in der empirischen Sozialforschung insgesamt angewendet werden – jeweils mit spezifischem Bezug auf den Kontext der Organisationen (vgl. zum Überblick Kühlmann & Franke, 1989).

Je nach disziplinärer Ausrichtung wird von Organisationsdiagnose oder von Organisationsanalyse gesprochen, ohne die Begriffe klar voneinander abzugrenzen. Letztlich ist die Organisationsdiagnose der psychologische Teilbereich der Organisationsanalyse. In der Praxis ist der Sprachgebrauch durch die betriebswirtschaftliche Perspektive beherrscht. Daher dominiert hier der Begriff der Organisationsanalyse.

3.1.2 Ziele und Fallstricke empirischer Erhebungen

Ziele. Organisationsanalysen bzw. -diagnosen dienen dazu, organisationale Strukturen, Kommunikations- und Interaktionsprozesse analytisch zu beschreiben, organisatorische Schwachstellen zu identifizieren und organisationale Gestaltungsmaßnahmen zu evaluieren. Organisationsdiagnosedaten sind für unterschiedliche Gruppen interessant (vgl. Büssing, 2007):

(1) Organisationsmitglieder (Mitarbeiter, Management etc.) finden u. a. Hilfe bei Arbeitsplatz- und Personalentscheidungen, bei Vorbereitung und Durchführung von Organisationsentwicklungs-Maßnahmen, bei der Organisationsdiagnose als Teil der Programmevaluation, bei der Verteilung von Ressourcen.

(2) Externe Parteien, die an der Organisation interessiert sind (z. B. Eigentümer, Aktionäre, sonstige Gesellschafter), finden in Organisationsdaten die Grundlage für Investitionsentscheidungen oder auch eines Berichtswesens über Arbeitsplatzbedingungen, Unfallgefahr etc.

(3) Wissenschaftlern dienen die Daten dazu, Theorien und Methoden zu validieren und weiterzuentwickeln (Schwerpunkt: Entwicklung multimodaler Erhebungstechniken).

Fallstricke. Auf organisationaler Ebene sind die Variablen komplex (vgl. Abb. 3.1). Dies erschwert empirische Erhebungen, sodass auf dieser obersten Ebene vergleichsweise wenige empirische Studien zu finden sind. Empirische Erhebungen auf organisationaler Ebene kämpfen mit folgenden Schwächen:

▶ Es werden zu wenige Variablen berücksichtigt – sinnvoll ist es, neben organisationalen Variablen weitere Strukturebenen (z. B. Person, Gruppe und Umwelt) einzubeziehen.

▶ Nicht die objektive Situation, sondern ihre subjektive Wahrnehmung ist entscheidend. Die Versuchspläne vereinfachen daher z. T. die komplexe Realität zu stark.

▶ Es mangelt an theoretischen Modellen, aus denen sich psychologische Wirksamkeitshypothesen ableiten ließen.

▶ Die Stichprobe ist oftmals eingeschränkt. In der Mehrzahl der bisherigen Studien wurden zum Großteil Arbeiter untersucht.

▶ Die empirische Forschung wird von Querschnittsstudien statt prospektiven Längsschnittstudien dominiert.

▶ Das eingesetzte Methodenspektrum ist eingeschränkt. Reaktivitätseffekte sind zu kontrollieren, etwa durch den Einsatz nicht-reaktiver Messverfahren oder Rollenspiele (vgl. Holling & Müller, 2004). Bei qualitativer Forschung sollten explorative Techniken eingesetzt werden, z. B. Methoden der objektiven Hermeneutik, bei der grundsätzliche »Offenheit« gegenüber dem Untersuchungsobjekt besteht, indem beispielsweise der Befragte in qualitativen Interviews von sich aus Themen ansprechen kann (Bungard, 2007).

Organisation

Werte und Normen
- Konformität
- Rationalität
- Vorhersagbarkeit/Planbarkeit
- Unpersönlichkeit
- Loyalität
- Orientierung
- ...

Strukturkomponenten
- Größe
- Zentralisierung von Entscheidungen
- Konfiguration
- Spezialisierung
- ...

Prozesskomponenten
- Führung
- Kommunikation
- Konfliktlösung/Mediation
- Selektion
- Macht
- ...

Kontext- und Umweltkomponenten
- Technologien
- Methoden
- Ressourcen
- Organisationsverfassung
- Physiologische Merkmale
- Arbeits-, Umwelt-, Gesundheitsschutz
- ...

Abbildung 3.1 Überblick über die Variablen, die bei empirischen Forschungen auf organisationaler Ebene zu berücksichtigen sind und die als Untersuchungs-, Stör- oder Kontrollvariablen untersucht werden (nach Weinert, 2004)

▶ Forschung und erwünschte Befunde stehen in der Gefahr, für wirtschaftspolitische Interessen instrumentalisiert zu werden. Dazu werden beispielsweise Organisationsentwicklungs-Maßnahmen nicht mit den wirtschaftlichen Interessen verteidigt, die letztendlich hinter den Entscheidungen stehen. Stattdessen werden wissenschaftliche Rechtfertigungen als Scheinargumente herangezogen.

3.1.3 Methoden der Organisationsanalyse und Organisationsdiagnostik

Organisationsdiagnostik lässt sich unterscheiden in (1) Strukturdiagnostik, (2) Prozessdiagnostik und (3) integrative Diagnoseansätze.

(1) Struktur: Die Strukturdiagnostik ist die dominante Vorgehensweise. Ziel ist es beispielsweise, Zusammenhänge zwischen Strukturmerkmalen und unterschiedlichen → Kriteriumsvariablen (z. B. → Effizienz, Wohlbefinden, Fluktuation) aufzuzeigen.

(2) Prozess: Bei der Prozessdiagnostik ist die Organisationsdiagnose kein einmaliger Vorgang der Datengewinnung, sondern ein mehrstufiger Prozess, bei dem Veränderungen festgestellt werden. Es werden beispielsweise Kommunikation, Interaktionen, soziale Handlungskontexte sowie Wechselwirkungen zwischen strukturellen, situativen und Erlebens- und Verhaltensvariablen diagnostiziert (Büssing, 2007).

(3) Integration: Beim integrativen Diagnoseansatz werden alle Variablen umfassend betrachtet (z. B. Individuen, Gruppen, Abteilungen, Bereiche, Gesamtorganisationen). Dabei werden

nicht nur Haupteffekte, sondern auch Wechselwirkungen zwischen den Variablen berücksichtigt. Beispiele sind der soziotechnische Systemansatz (vgl. Abschn. 2.5, Abb. 2.2) sowie der Ansatz von van de Ven und Ferry (s. u.).

Methoden und Daten. Es lassen sich drei Methodenebenen der Organisationsdiagnostik bzw. -analyse unterscheiden (Büssing, 2007): (1) Datenerhebung, (2) Datenverarbeitung und -auswertung, (3) diagnostische Urteilsbildung und Begutachtung (Ergebnisevaluation und -darstellung). Als Datenquellen werden u. a. genutzt (vgl. von Rosenstiel, 2007; Büssing, 2007): Analyse von Dokumenten und Statistiken, Befragung von Experten, Vorgesetzten und Mitarbeitern, Beobachtungen (z. B. von Sitzungen, Gruppengesprächen), Analyse von Interaktionen.

Organisationsdiagnostik nach van de Ven und Ferry

Van de Ven und Ferry (1980) haben ein Instrument der integrativen Organisationsdiagnostik entwickelt, das heute als Klassiker gilt: das Organization Assessment Instrument (OAI; vgl. Büssing, 2007). Es basiert auf einem komplexen Integrationsmodell. In der überarbeiteten Fassung bietet das Instrument vier Hauptmodule (das gesamte Messinstrumentarium umfasst mit allen Skalen mehr als 100 Seiten):

(1) Arbeitsplatzebene (job design module): Es umfasst u. a. Merkmale einzelner Arbeitsplätze, Arbeitszufriedenheit, Motivationen und Gehalt, Variablen der Arbeitsbedingungen sowie individuelle Merkmale (z. B. bezogen auf die Berufsbiographie). Beispielfrage zur Messung von Arbeitsplatzspezialisierung: »Beschreiben Sie Ihren Arbeitsplatz, indem Sie alle verschiedenen Aufgaben und Arbeitstätigkeiten nennen, die Sie in einer normalen Arbeitswoche ausüben« (Frage mit offener Antwortmöglichkeit).

(2) Abteilungs- und Gruppenebene (Organizational unit design module): Dieses Modul berücksichtigt auf Abteilungs- bzw. Gruppenebene u. a. strukturelle Merkmale, zwischenmenschliche und formale Beziehungen der Mitglieder einer Einheit sowie die wahrgenommene Leistungsfähigkeit der Einheit. Beispielfragen zur Messung der Leistungsfähigkeit der Einheit (z. B. Abteilung, Arbeitsgruppe):

(a) »Welches sind die drei wichtigsten Kriterien zur Bewertung der Leistungsfähigkeit Ihrer Einheit?« (Offenes Antwortformat mit zusätzlich anzugebenem Rang der Wichtigkeit des Kriteriums von 1 bis 3)

(b) »Wie viel Prozent der jeweiligen Zielvorgaben hat Ihre Einheit im letzten Jahr erreicht?« (Prozentzahlangabe von 0 bis 100 %)

(3) Inter-Gruppen-Ebene (interunit relations module): Mithilfe dieses Moduls werden u. a. Abhängigkeiten, Koordination und Kontrolle zwischen organisationalen Einheiten und organisationalen Positionen untersucht. Beispielfrage zur Messung der Abhängigkeiten der Einheiten (z. B. Abteilung, Arbeitsgruppe) untereinander: »Inwiefern benötigt Ihre Einheit die Beratung, Ressourcen oder Unterstützung von einer anderen Einheit, um ihre Ziele und Verantwortlichkeiten zu erfüllen?« (Fünfstufige Antwortskala von »überhaupt nicht« bis »sehr stark«).

(4) Organisationale Ebene (makro-organization design module): Es werden gesamtorganisationale Merkmale erfasst (z. B. Struktur- und Designmerkmale). Es wird u. a. ein Organigramm erstellt, das die Gesamtstruktur der Organisation aufführt. Dazu werden Variablen wie Größe der Organisation, Hierarchieebenen, Kontrollspannen, Anzahl unterschiedlicher Einheiten berücksichtigt.

3.1.4 Befunde

Überblick. Es gibt wenig aktuelle Forschung. Die Forschungsbefunde sind komplex, daher sind nur wenige holzschnittartige Aussagen möglich. In den traditionellen empirischen Studien zu Organisationsstrukturen dienen die Strukturdimensionen von Organisationen als unabhängige Variablen. Als abhängige Variablen werden Abstinenz und Krankenstand, Fluktuation, Einstellungen, Arbeitszufriedenheit, Motivation etc. gewählt. Der wichtigste Faktor der Strukturdimension ist die Größe der Arbeitsgruppe, der Abteilung oder des Bereichs. In der Tendenz besteht in kleineren Abteilungen und Einheiten – unabhängig von der Gesamtgröße der Organisation – eine größere Zufriedenheit der Mitarbeiter. Weitere Befunde sind abhängig von den spezifischen Rahmenbedingungen sowie den berücksichtigten Variablen. Dies zeugt von der Komplexität der Variablen (vgl. zu Detailbefunden Weinert, 2004).

Forschungsbeispiel Aston-Gruppe. Eine der historisch bedeutsamsten Forschungsarbeiten stammt von der interdisziplinär arbeitenden Aston-Gruppe (vgl. zum Überblick Büssing, 2007; Kieser & Kubicek, 1992; von Rosenstiel, 2007). Sie verfolgte einen integrativen Diagnoseansatz und begründete damit eine methodisch fundierte Organisationsanalyse. Ihr Ziel war es, Organisationsstrukturen entsprechend üblicher methodischer Standards und gängiger statistischer Verfahren zu messen. Dazu analysierte sie eine Vielzahl von Organisationen. Grundlage war ein integratives Organisationsanalysemodell, das sowohl Strukturmerkmale als auch Erlebnis- und Verhaltensmerkmale der Organisationsmitglieder sowie situative Bedingungen berücksichtigte. Dies führte zu 64 Beobachtungskategorien, aus denen sich faktorenanalytisch vier Faktoren ergaben:

(1) Strukturierung der Tätigkeit (z. B. Standardisierung, Spezialisierung, Formalisierung)
(2) Konzentration der Autorität (Zentralisierung)
(3) Linienkontrolle (Prozentsatz der Vorgesetzten in der Linie)
(4) Relative Bedeutung der Hilfsfunktionen (Prozentsatz der Verwaltungsangestellten)

3.2 Ablauf der Organisationsdiagnose

Beispiel

In einem Automobilzulieferungsbetrieb mit etwa 1.000 Mitarbeitern taucht ein akutes Problem auf, weil aufgrund verschärfter Wettbewerbsbedingungen die Preise der Produkte gesenkt und gleichzeitig die Qualität der Produkte gesteigert werden muss. Um notwendige Veränderungsmaßnahmen zu planen, wird eine Organisationsdiagnose durchgeführt. Es werden u. a. erfasst: derzeitige Arbeitsabläufe in der Produktion, Ablauf und Aufbau der Organisation, Kommunikationsstrukturen, Führungsstile, Motivationslagen, Arbeitszufriedenheiten, Organisationskulturen. Im Sinne eines abgestuften Verfahrens wird mit eher unstrukturierten qualitativen Datenerhebungen begonnen, wobei nur eine kleinere Anzahl von Mitarbeitern eingeschlossen wird. Auf der Basis dieser Vorabinformationen werden stärker strukturierte Messverfahren entwickelt und an einer größeren Zahl von Mitarbeitern eingesetzt (Bungard et al., 1996).

Bungard et al. (1996) nennen folgende Schritte der Organisationsdiagnose (das Praxisbeispiel ist in mehrerer Hinsicht repräsentativ, vgl. Tab. 3.1):
(1) Begehung des Werkes mit Vertretern der Werksleitung
(2) Auswertung vorliegender Daten (z. B. Entwicklung des Produktionsvolumens über die Zeit)

(3) Durchführung explorativer unstrukturierter Interviews mit Vertretern der Werksleitung, Abteilungsleitern, Meistern, Mitarbeitern

(4) Entwicklung eines standardisierten Fragebogens bzw. Interviewleitfadens

(5) Einsatz dieses Instruments in Form einer schriftlichen Befragung oder eines standardisierten Interviews mit Meistern, Schichtführern, Gruppenführern sowie einer repräsentativen Stichprobe der Gesamtbelegschaft

(6) Zusätzliche Befragung der Leiter und ausgesuchter Mitarbeiter indirekter Bereiche (z. B. aus Qualitätssicherung, Instandhaltung, Betriebstechnik) anhand bereichsspezifischer Fragebogeninstrumente

Dieses Beispiel illustriert, wie bei der Organisationsdiagnose ökonomisch und dennoch mit großem Informationsgewinn vorgegangen werden kann: Bereits bestehende Daten werden systematisch genutzt. Aufwändige explorative Verfahren werden mit kleinen Stichproben durchgeführt, bevor standardisierte Instrumente auf der Basis relativ gut abgesicherter Hypothesen entwickelt und breit eingesetzt werden. Zusätzliche Detailfragen werden mit den jeweiligen Experten geklärt. Auf psychologischer Ebene hat dieses Vorgehen den Vorteil, dass alle Beteiligten einbezogen, aber dennoch Hierarchien und Fachkompetenzen berücksichtigt werden.

Tabelle 3.1 Reflexion des Praxisbeispiels

+	−
Auslöser für die Durchführung von Organisationsdiagnosen sind zumeist akute Probleme, die schnelles Handeln erfordern.	Es fehlt die theoretische Basis (z. B. ein Rahmenkonzept), sodass das Vorgehen oftmals praxeologisch bleibt.
Es wird mithilfe eines methodisch abgestuften Verfahrens versucht, viele Informationsquellen einzubeziehen.	Auf existierende Instrumente wird unzureichend zurückgegriffen.

3.3 Beschreibung von Organisationen: Aufbau und Design

Bei der heutigen Beschreibung von Organisationen greift man auf das Ursprungskonzept von Max Weber zurück. So finden sich Prinzipien wie Spezialisierung, Standardisierung, Formalisierung, Zentralisierung oder Konfiguration bereits in Webers Werk »Wirtschaft und Gesellschaft« (1921, vgl. Abschn. 2.2.1). Diese werden heute als Schlüsselelemente bezeichnet und diskutiert (Abschn. 3.3.1) und bilden noch immer die Grundlagen traditioneller und auch mancher moderner Organisationsformen (Abschn. 3.3.2).

3.3.1 Schlüsselelemente

Die Organisationslehre befasst sich mit zwei zentralen Problembereichen (vgl. Abb. 3.2): (1) der Differenzierung und (2) der Integration. Ingenieurwissenschaftliche Ansätze beschäftigen sich schwerpunktartig mit Fragen der Arbeitszerlegung (Differenzierung), sozialpsychologische Ansätze hingegen mit Fragen der personalen Integration. In systemischen Ansätzen werden beide Aspekte des Organisationsproblems integrativ betrachtet (vgl. Staehle et al., 1999).

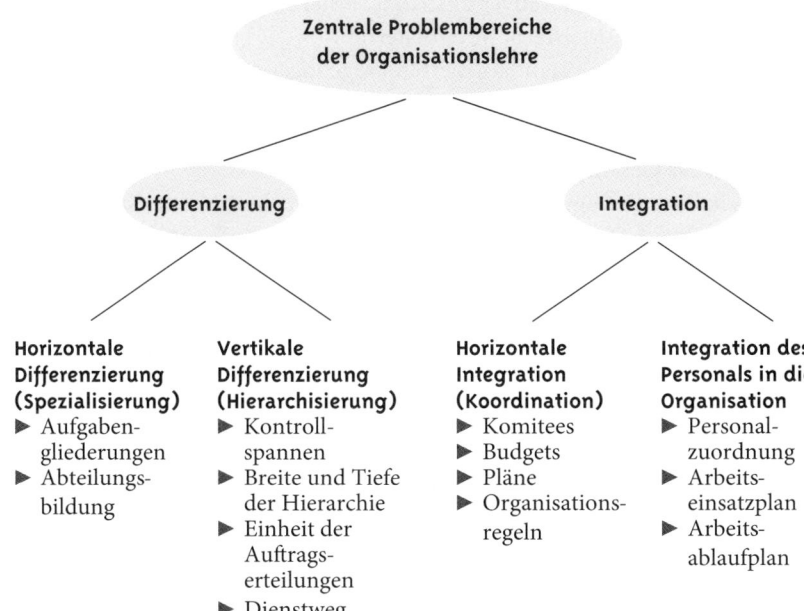

Zentrale Problembereiche der Organisationslehre

Differenzierung

Integration

Horizontale Differenzierung (Spezialisierung)
- Aufgaben-gliederungen
- Abteilungs-bildung

Vertikale Differenzierung (Hierarchisierung)
- Kontroll-spannen
- Breite und Tiefe der Hierarchie
- Einheit der Auftrags-erteilungen
- Dienstweg

Horizontale Integration (Koordination)
- Komitees
- Budgets
- Pläne
- Organisations-regeln

Integration des Personals in die Organisation
- Personal-zuordnung
- Arbeits-einsatzplan
- Arbeits-ablaufplan

Abbildung 3.2 Differenzierung und Integration als zentrale Problembereiche der Organisationslehre (in Anlehnung an Staehle et al., 1999)

Scholl (2007) fasst folgende Grundkonzepte zusammen, die zur Beschreibung von Organisationen in der Literatur am häufigsten verwendet werden:

(1) Organisationsziele
(2) Organisationsverfassung
(3) Organisationsstruktur
(4) Organisationsform
(5) Technologie
(6) Organisationskultur

Organisationsziele. Organisationen lassen sich anhand ihrer Ziele voneinander abgrenzen, z. B. durch Geselligkeitsziele (Schützenverein), Einwirkungsziele (Schulen) und Leistungsziele (Unternehmen).

Organisationsverfassung. Die Machtverteilung wird anhand von Verfassungen geregelt, etwa Aktiengesellschaften (AG), Gesellschaften mit beschränkter Haftung (GmbH), Genossenschaften, offene Handelsgesellschaften (OHG) usw. Neben gesetzlichen Regelungen gibt es auch freigesetzte oder vereinbarte Besonderheiten von Organisationsverfassungen (z. B. private Kindergärten). Die Organisationsverfassung hat einen starken Einfluss auf die Organisationskultur.

Organisationsstruktur. Die Organisationsstruktur leitet das Verhalten der Organisationsmitglieder. Im Zentrum steht dabei die Arbeitsteilung (vgl. Abb. 3.3). Sie umfasst Spezialisierung und Koordination. Die Spezialisierung als Rollenspezialisierung entspricht dem → Taylorismus. Sie dient häufig als Vorstufe der Automatisierung. Spezialisierung kann auch bedeuten, dass Aufgaben von Spezialisten übernommen werden, indem z. B. Strategieentscheidungen von Planungsstäben vorbereitet werden. Die Koordination als Gegengewicht zur Spezialisierung unterscheidet vier Grundformen:

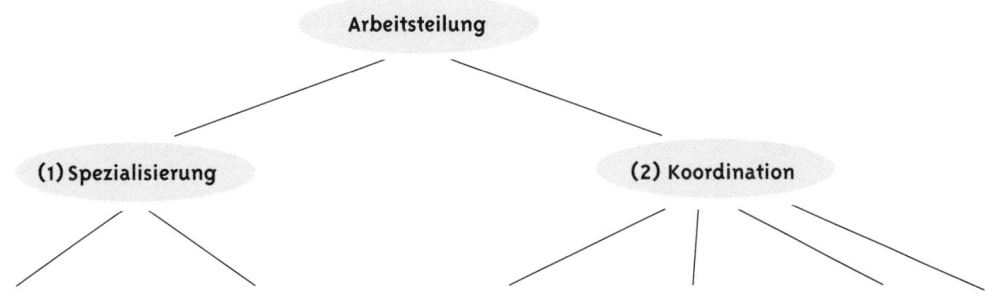

Abbildung 3.3 Elemente der Arbeitsteilung (nach Scholl, 2007). Man kann bei der Arbeitsteilung nach Spezialisierung und Koordination unterscheiden, die weiter aufgeschlüsselt werden können

(1) Die Weisung als Kernelement einer hierarchischen Koordination und
(2) die Selbstabstimmung als nicht-hierarchische, dezentrale Koordination; beide basieren auf persönlicher Kommunikation, während
(3) Programme und
(4) Pläne eher unpersönliche Koordinationsmittel sind (vgl. ausführlich zur Spezialisierung und Koordination Kieser & Kubicek, 1992).

Organisationsform. Die Organisationsform beschreibt das Stellengefüge einer Organisation. Es wird zwischen vertikaler und horizontaler Gliederung unterschieden: Gliederungstiefe (Anzahl hierarchischer Ebenen), Leitungsspanne (Anzahl der Stellen, die den Führungspersonen direkt unterstellt sind), Stellenrelationen (Zahlenverhältnis der Führenden zu den Ausführenden) und Organisationsdesign (Einlinien- und Mehrliniensysteme) (vgl. Abschn. 3.3.2).

Technologie. Dieses Schlüsselelement umfasst Art und Kontext des Technikeinsatzes. Kriterien zur Klassifikation: Auflagenhöhe (Einzel-, Serien- und Massenfertigungen), Art der Aufstellung (Werkstatt-, Reihen-, Fließ- sowie Prozessfertigung), Automatisierungsgrad (Handarbeit, Mechanisierung, Automatisierung).

Organisationskultur. Die von den Mitgliedern in Organisationen geteilten Grundannahmen, Werte und Normen nennt man Organisationskultur. Sie beeinflussen die Gestaltung und die Wahrnehmung von Prozeduren, Strategien und Strukturen (vgl. Scholl, 2007). Aufgrund der Bedeutsamkeit dieses Schlüsselelements wird es noch ausführlicher zu behandeln sein.

3.3.2 Strukturen traditioneller und moderner Organisationen

Die Strukturen von Organisationen lassen sich anhand der genannten Schlüsselelemente beschreiben (vgl. Abschn. 3.3.1). Besonders wichtige Dimensionen einer Organisation sind dabei (vgl. Weinert, 2004):
(1) Anzahl der Mitarbeiter und der Gruppen
(2) Hierarchiesystem
(3) Größe der Teilsysteme, z. B. der Bereiche und Abteilungen
(4) Anzahl der Organisationsebenen
(5) Zentralisierung oder Dezentralisierung

(1) Idealtyp des Einliniensystems

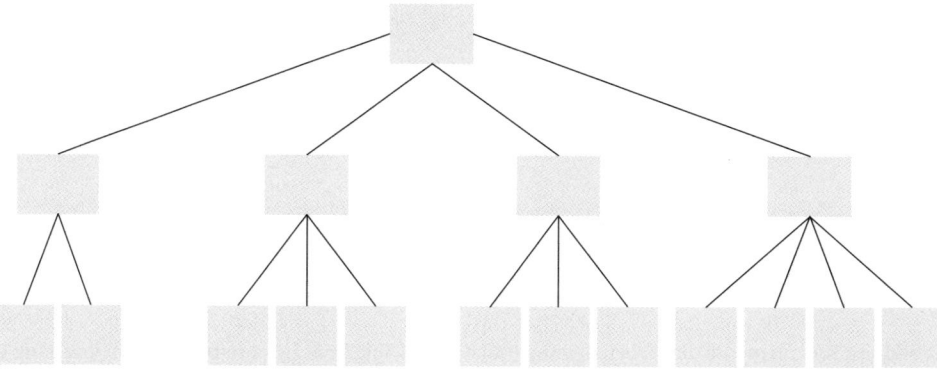

(2) Idealtyp des Mehrliniensystems

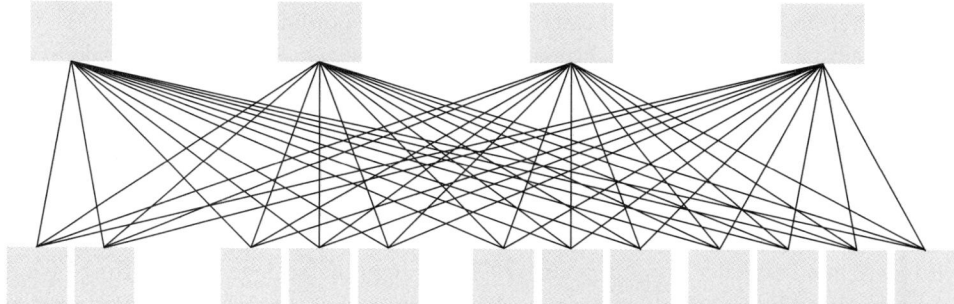

Abbildung 3.4 Einlinien- und Mehrliniensystem. Bei der idealtypischen Struktur des (1) Einliniensystems haben alle Mitarbeiter jeweils einen einzigen Vorgesetzten, während im (2) Mehrliniensystem unterschiedliche Vorgesetzte für unterschiedliche Bereiche weisungsbefugt sind (nach Kieser & Kubicek, 1983)

Der formale Aufbau von Organisationen kann mithilfe von Kästchen- und Linienorganisationsplänen dargestellt werden, wobei die Organisationsdiagramme besonders bekannt sind. Organisationsdiagramme stellen die Verbindung zwischen verschiedenen Abteilungen der Organisationen graphisch dar und spiegeln das Hierarchiesystem wider (vgl. Weinert, 2004). In der Organisationslehre werden zwei traditionelle Strukturen der Weisungsbeziehungen unterschieden (vgl. Abb. 3.4): (1) das Einliniensystem und (2) das Mehrliniensystem.

Weinert (2004) nennt sechs Kriteriumsmerkmale *traditioneller* Organisationen:

(1) Langfristiger Planungs- und Entwicklungshorizont
(2) Klare Gruppierung der funktionalen Spezialisierungen
(3) Stabiles Umfeld
(4) Klar definierte Arbeitsbereiche mit wenig Veränderung
(5) Langfristig abgesicherte Arbeitsbeziehungen
(6) Beschäftigung einer homogenen Gruppe von Mitarbeitern und Führungskräften

Im Gegensatz zu traditionellen Organisationen gibt es zunehmend *moderne* (bzw. visionäre) Organisationen. Ihre Merkmalsbereiche sind (vgl. Weinert, 2004)

(1) kontinuierliche Veränderungen,
(2) laufend wechselnde Interaktionspartner (Organisationsmitglieder, Organisationseinheiten, Geschäftspartner, etc.),
(3) extreme Wettbewerbsorientierung mit resultierendem hohen Konkurrenzdruck,
(4) ständige Überprüfung von → Effektivität, um markt- und konkurrenzfähig zu bleiben,
(5) Anvisierung kurzfristiger Leistungsziele,

(6) Einkauf von Talenten und Spezialisten statt Personalentwicklung im eigenen Haus,

(7) wenige langfristige Commitments mit Mitarbeitern und Führungskräften.

Dies führt neben traditionellen Ein- und Mehrliniensystemen zu anderen Designformen. Zwei Beispiele:

(1) Die Matrixorganisation, bei der die funktionalen und die Produkt- bzw. Projektabteilungen miteinander kombiniert sind, sodass ein Mitarbeiter mehrere Vorgesetzte haben kann.

(2) Die teamorientierte Organisation, bei der Teams als Hauptinstrumentarium zur Koordinierung von Arbeit genutzt werden und bei der Entscheidungsmacht demzufolge dezentralisiert ist (vgl. weiterführend Weinert, 2004).

Als Organisationsdesigns der Zukunft werden neben der virtuellen Organisation (vgl. Abschn. 2.1.2) eine ganze Reihe unterschiedlicher Organisationsformen vorgestellt, die alle – genau wie die virtuelle Organisation – die Grenzen traditioneller Organisationen auflösen. Als Beispiele für Organisationsdesigns der Zukunft lassen sich (vgl. weiterführend Weinert, 2004) das Netzwerkdesign, die → Stundenglas-Organisation, die Cluster-Organisation, Organisationen ohne Grenzen und die → horizontale Organisation nennen.

> **!**
>
> Moderne Organisationsdesigns berücksichtigen vor allem Merkmale, die die Dynamik zukünftiger Organisationen betreffen und aus heutiger Sicht zu Organisationsformen führen, die unter veränderten Wettbewerbs- und Rahmenbedingungen Konkurrenzfähigkeit versprechen.

3.4 Strukturelement: Organisationskultur und Organisationsklima

Es finden sich drei verwandte Begriffe: Organisationskultur, Organisationsklima und Unternehmenskultur.

▶ Organisationskultur sind die von den Mitgliedern geteilten Grundannahmen, Werte (vgl. Abschn. 1.4) und Normen in einer Organisation (Scholl, 2007). Sie beeinflussen, wie Prozeduren, Strategien und Strukturen gestaltet und wahrgenommen werden.

▶ Der Begriff Organisationsklima umfasst die Qualität der inneren Umwelt der Organisation, wie sie von den Organisationsmitgliedern übereinstimmend und stabil erlebt bzw. wahrgenommen wird (von Rosenstiel, 2007). Sie beeinflusst das Verhalten der Organisationsmitglieder und kann durch bestimmte Merkmale der Organisation beschrieben werden, wie individuelle Autonomie der Mitarbeiter, Aufmerksamkeit der Vorgesetzten gegenüber ihren Mitarbeitern, Klarheit und Transparenz von Zielen und Methoden, Kooperationen und Konfliktlösungen sowie ein festgelegtes Entgeltsystem (Weinert, 2004). Diese Merkmale sind zugleich der gemeinsame Nenner der »klassischen« Messinstrumente.

▶ Der Begriff der Unternehmenskultur stammt aus der Praxis und wird unscharf verwendet, wenn es um selbstverständliche, nicht immer bewusst reflektierte Grundannahmen und Werte, aber auch um sichtbare und schwer zu deutende Artefakte geht (vgl. von Rosenstiel, 2007).

Messinstrumente. *Organisationskultur* wird häufig über qualitative Verfahren erfasst (z. B. Analyse von Unternehmensmythen und öffentlichen Selbstdarstellungen, Einsatz qualitativer Beobachtungs- und Befragungsmethoden). Als Beispiel kann das von O'Reilly et al. (1991) entwickelte Organisationskultur-Profil dienen. Es erfasst die in der Organisation geteilten Werte und Grundannahmen, etwa bezogen auf Innovation, Ergebnisorientierung oder Belohnungen. Standardisierte Fragebögen zur quantifizierenden Erfassung des *Organisationsklimas* berücksichtigen demgegenüber Variablen wie Autonomie, Struktur, Belohnungsorientierung, Rücksichtnahme, Zielausrichtung, Zusammenarbeit und Flexibilität (vgl. zum Überblick von Rosenstiel, 2007). Das Organisationsklima ist ein eher deskriptives Konstrukt darüber, wie die Organisation von ihren Organisationsmitgliedern übereinstimmend wahrgenommen wird. Es ist daher vom eher evaluativen Konzept der Arbeitszufriedenheit zu unterscheiden (vgl. Abschn. 12.2), das die individuelle Wahrnehmung und Einstellung zur Arbeit für das einzelne Organisationsmitglied erfasst. Die Messinstrumente zur Erhebung beider Konstrukte haben auf Itemebene hohe Ähnlichkeit – Messwerte zur Arbeitszufriedenheit weisen jedoch konstruktbedingt in der Regel höhere Varianz auf als die Messwerte zum Organisationsklima, das konstruktbedingt geringe Varianz voraussetzt. Im Gegensatz zur weit gediehenen Forschung zum Organisationsklima ist der Begriff der *Unternehmenskultur* bislang nur unzureichend operationalisiert. Es fehlen daher auch weitgehend wissenschaftlich fundierte Diagnoseinstrumente.

Bewertungen. Scholl (2007) fasst die Ergebnisse von Denison zusammen, nach denen folgende vier Merkmale der Organisationskultur die → Effektivität von Organisationen positiv beeinflussen:

(1) Hohe Übereinstimmung in Normen, Werten und Anschauungen der Mitglieder (Consistency)
(2) Identifikation und Motivation der Mitglieder (Involvement)
(3) Bestimmung verleiht der Arbeit Sinn und Bedeutung (Mission)
(4) Änderungen werden wahrgenommen, und auf sie wird flexibel reagiert (Adaptability)

Obgleich der Begriff der Unternehmenskultur in der Praxis viel verbreiteter ist als der der Organisationskultur bzw. des Organisationsklimas, fehlen hier eine klare Begriffsfassung und methodische Erhebungsinstrumente. Warum ist der Begriff dennoch so populär? Von Rosenstiel diskutiert vier Gründe (von Rosenstiel, 2007):

(1) Der aktuelle Wertewandel
(2) Der verschärfte nationale und internationale Wettbewerb
(3) Das Streben, erfolgreiche japanische Unternehmen zu imitieren
(4) Die Grenzen rationaler und technokratischer Unternehmens- und Personalführung

Tatsächlich scheinen der Begriff des Wertewandels und der der Organisationskultur bzw. der Unternehmenskultur eng miteinander verknüpft (vgl. Abschn. 1.4) zu sein.

3.5 Integration

Organisationsanalysen haben verschiedene Funktionen: Sie sind zunächst wichtige Basis von OE-Maßnahmen. Sie dienen zudem der Entscheidungsfindung bei spezifischen Problemstellungen, Personal- und Arbeitsplatzentscheidungen, der Verteilung von Ressourcen etc. Sie können die Grundlage für Investitionsentscheidungen schaffen oder Teil von Programmevaluationen sein. Sie dienen darüber hinaus auch wissenschaftlichen Zwecken (z. B. Theorievalidierung).

Organisationsanalysen werden auf der Basis von Schlüsselelementen durchgeführt. Geht es um Fragen der Wirksamkeit, so dienen die Strukturdimensionen meist als unabhängige Variablen. Es wird untersucht, wie sich diese organisationalen Merkmale auf Kriterien des Organisations- bzw. Unternehmenserfolgs auswirken.

Der Erkenntnisstand ist bislang allerdings gering. Dies liegt auch an mangelnden Theorien und fehlenden standardisierten Messinstrumenten. Oftmals stehen Organisationsanalyse und -diagnose zudem unter einem hohen Zeitdruck. Die finanziellen Ressourcen sind nicht immer ausreichend. Auf übergeordneter Ebene findet die Psychologie nur langsam Eingang in das Feld der Organisationsanalyse. Sie dominiert im Teilbereich der Organisationsdiagnostik, der in der Praxis aber noch nicht den gleichen Stellenwert wie die Organisationsanalyse erlangt hat. Dennoch: Es gibt positive Praxisbeispiele, brauchbare Modelle und einige umfassende Instrumente (vgl. weiterführend Kühlmann & Franke, 1989).

Expertise einbringen. Was kann die Arbeits- und Organisationspsychologie daher tun, um ihren Stellenwert weiter zu erhöhen? Sie kann ihre Expertise einbringen. Da sie nicht in einem wertfreien Raum arbeitet, hat sie zudem die Aufgabe, sich mit bestehenden Werten diskursiv auseinanderzusetzen (vgl. Abschn. 1.4, 1.5) und zur Humanisierung der Arbeit beizutragen (vgl. Neuberger, 1994; von Rosenstiel, 2007): Welche Werte vertreten die Mitarbeiter, welche die Organisation? Wie kann durch passende Personalauswahl oder Personalentwicklungsmaßnahmen (z. B. Diskussion der → Corporate Identity) Einklang hergestellt werden?

In diesem Sinne geht es nicht nur um die Analyse von Organisationen und Arbeitssituationen, sondern auch um deren Gestaltung (vgl. von Rosenstiel, 2007). Dies vor allem, weil zurzeit tiefgreifende Veränderungen in der Arbeitswelt stattfinden (durch Globalisierung, verschärften Wettbewerb etc.). Es existieren kaum umfassende Rahmenmodelle zur Organisationsanalyse. Positiv betrachtet bedeutet dieses Defizit jedoch, dass eine große Freiheit besteht: Freiheit bei der Formulierung von Fragestellungen, der anschließenden Auswahl und Konzeption von Variablen, die in die empirischen Studien eingehen, sowie ihrer Operationalisierung. Auf diese Weise lässt sich der bestehende Freiraum konstruktiv nutzen.

3.6 Kernpunkte und Übungsaufgaben

Kernpunkte

▶ Im vorigen Kapitel wurde vorgestellt, wie bei der Einführung von Maßnahmen in Organisationen idealerweise vorgegangen werden sollte. Nachdem ein Gegenstandsfeld theoretisch durchdrungen ist, sollte es empirisch analysiert werden – auf organisationaler Ebene leistet dies die Organisationsanalyse. Auf der Basis ihrer Ergebnisse können Entscheidungen über Maßnahmen der Organisationsentwicklung (OE) getroffen werden.

▶ Neben der Vorbereitung von OE-Maßnahmen verfolgt die Organisationsanalyse weitere Ziele, z. B. die formale Beschreibung organisationaler Strukturen, Identifikation von Schwachstellen und Evaluation organisationaler Maßnahmen.

▶ Der Begriff der Organisationsanalyse ist interdisziplinär geprägt und somit weiter gefasst als der Begriff der Organisationsdiagnostik, da diese das Erleben und Verhalten der Organisationsmitglieder aus rein psychologischer Perspektive analysiert.

▶ Auf der Ebene organisationaler Strukturen sind zahlreiche und komplexe Variablen zu berücksichtigen. Dies führt, gemeinsam mit anderen Problemen (z. B. Theoriemangel, Zeitdruck, Gefahr der Instrumentalisierung der Ergebnisse), dazu, dass es relativ wenige empirische Studien zur Organisationsanalyse sowie -diagnose gibt.

▶ Organisationsdiagnostik umfasst Struktur-, Prozess- und integrative Diagnostik. Bei allen Ansätzen werden unterschiedliche Methoden und Datenquellen genutzt. Eine der historisch bedeutsamsten Forschungsarbeiten stammt von der Aston-Gruppe, die einen integrativen Diagnoseansatz verfolgte.

▶ Dieser Ansatz wurde aufgegriffen und weiterentwickelt. Mittlerweile existieren Vorschläge für optimale Schrittfolgen der Organisationsdiagnostik. Bei dieser Diagnostik wird auf Schlüsselelemente von Organisationen zurückgegriffen, um so die Strukturen traditioneller und moderner Organisationen optimal beschreiben zu können.

▶ Organisationskultur und -klima sind besonders informationsreiche Strukturelemente, die in der Literatur umfassend diskutiert werden.

▶ Insgesamt ist der empirische Stand zur Organisationsanalyse und -diagnostik eher gering. Vor allem kausale Zusammenhänge zwischen Strukturmerkmalen und Organisationserfolg sind bislang unzureichend untersucht worden. Daher besteht hier erheblicher Forschungsbedarf. Darüber sollten Arbeits- und Organisationspsychologen auch in der Praxis vermehrt zu Fragen der Organisationsanalyse Zugang finden.

Übungsaufgaben

▶ Die Fusion zweier Unternehmen soll durch eine Organisationsanalyse vorbereitet werden. Wie würden Sie die Analyse durchführen? Welche Fragestellungen würden Sie verfolgen und welche Methoden einsetzen?

▶ Warum wird die Organisationsanalyse von der Betriebswirtschaft dominiert? Was kann die Psychologie tun, um hier ihre Position zu stärken?

▶ Was kann in der Praxis präventiv und korrektiv dazu beitragen, dass Ergebnisse von Organisationsanalysen nicht missbraucht werden?

Weiterführende Literatur

Management aus verhaltenswissenschaftlicher Perspektive: Staehle et al. (1999).
Organisationsanalyse: Felfe & Liepmann (2008); Sarges et al. (2010); van de Ven & Ferry (1980).
Organisationskultur und Organisationsklima: Weinert (2004).

4 Interventionsorientierter Blick: Organisationsentwicklung

Was Sie in diesem Kapitel erwartet

Organisationen wurden in den vorherigen Kapiteln zunächst aus theoretischer und anschließend aus empirisch-analytischer Sicht betrachtet. Im Sinne eines systematischen Vorgehens basieren Interventionsentscheidungen in Organisationen auf dieser theoretischen und empirischen Erschließung des Gegenstandsfeldes. Thema dieses Kapitels sind Grundlagen, Methoden, Wirksamkeit und Fallstricke der Organisationsentwicklung. Beispiele für Organisationsentwicklungsmaßnahmen (OE-Maßnahmen) sind: (1) Der Verkauf eines mittelständischen Unternehmens steht an. Nachdem die Eigentümer das Management für diese Entscheidung gewonnen haben, muss die Transaktion vollzogen werden. Dies führt zu umfangreichen Umstrukturierungen. Doppelfunktionen müssen z. B. abgebaut werden. (2) In einem Unternehmen mit besonders kompetitivem Umfeld verändern sich strategische und operative Entscheidungen des Unternehmens rasch. Die tägliche Arbeit und ihre Organisation werden den stetig wandelnden Rahmenbedingungen angepasst. In kurzen Abständen wird mit neuen Möglichkeiten von Arbeitsplatzbedingungen experimentiert. (3) An eine Schule werden neue pädagogische und soziale Anforderungen gestellt. Leitziel und Schulprogramm werden erarbeitet, neue Formen des Unterrichts werden eingeführt und erprobt. Im ersten Fall gibt es einen äußeren Anlass für die Durchführung punktueller, aber langfristig angelegter OE-Maßnahmen. Im zweiten Fall ist OE hingegen ein grundlegender, kontinuierlich angelegter Prozess in einer sich wandelnden Welt, bei der Lernprozesse der Mitglieder und der Organisation im Vordergrund stehen. Im dritten Fall ist OE im spezifischen Kontext der Erziehung und Bildung ein aktuell veranlasster, kontinuierlich angelegter Prozess der inneren Entwicklung einer Bildungseinrichtung.

4.1 Definitionen

Organisationsentwicklung (OE) ist ein geplanter, systematischer Veränderungsprozess, der Organisationsstrukturen und Verhaltensweisen umfasst und die Problemlösung und Zielerreichung der Organisation in einer sich verändernden Umwelt verbessern soll. Die langfristige Veränderung ist darauf gerichtet, die Produktivität der Organisation und die Lebensqualität in der Organisation zu verbessern. Der Veränderungsprozess wird durch eine Steuergruppe gelenkt, oftmals von Projektgruppen getragen und von Fall zu Fall durch einen internen oder externen Berater unterstützt. Dabei werden insbesondere sozialwissenschaftliche Methoden (z. B. bei der Konzeption von OE-Maßnahmen) angewendet und betroffene Organisationsmitglieder aktiv einbezogen (vgl. Bungard et al., 1996).

Bereits in den 1980er Jahren trug Karsten Trebesch 50 Definitionen der OE zusammen. Er nennt elf Komponenten, die sich in den Definitionen besonders häufig finden (vgl. Neuberger, 1994; von Rosenstiel, 2007):

(1) Sozialer und kultureller Wandlungsprozess (Veränderungsstrategie)
(2) Steigerung der Leistungsfähigkeit des Systems
(3) Gesamtsystem-Bezug, betriebsumfassend

(4) Integration von individueller Entwicklung und Bedürfnissen mit Zielen und Strukturen der Organisation
(5) Aktive Mitwirkung der Betroffenen
(6) Bewusst gestaltet; methodisches, planmäßiges, gesteuertes Vorgehen
(7) Angewandte Sozialwissenschaft
(8) Effektivitätssteigerung
(9) (Gemeinsame) Lernprozesse
(10) Anpassungen der Organisationen an die Umwelt
(11) Steigerung der Problemlösungsfähigkeit des Systems

Diese Liste definitorischer Merkmale zeigt, wie schillernd der Begriff der OE ist – bezogen auf seine Zielsetzung, seinen Gegenstandsbezug, seine Methodologie, seine disziplinäre Einordnung. Als Minimalkonsens bilden sich folgende Definitionskomponenten heraus:

▶ Grundlegende Veränderungen mit
▶ klarer Zielausrichtung und bewusst gestaltetem Vorgehen
▶ unter aktiver Mitwirkung der Betroffenen.

Doch auch bei diesem Minimalkonsens gibt es im Einzelfall unterschiedliche Ansichten darüber, ob eine Maßnahme *bereits* oder *noch* eine OE-Maßnahme ist. Beispiel: die Strategie des »Bombenwurfs«, bei der ein organisationaler Wandel vom Management angeordnet wird. Diese reine Top-down-Maßnahme (vgl. Abschn. 4.3) bezieht die Betroffenen nur bei der angeordneten Umsetzung der Maßnahme ein. Dennoch wird sie oft als Spezialfall einer OE-Maßnahme betrachtet. Darüber hinaus ist der Begriff der OE durch die Arbeits- und Organisationspsychologie geprägt. Obgleich es ganze Studiengänge zur Organisationsentwicklung gibt, ist dieser Begriff in der Praxis nicht immer bekannt. Stattdessen dominieren hier nach wie vor ökonomisch-technische Konzepte wie → Business Process Reengineering oder → Change Management. Das Besondere und Psychologische der OE ist jedoch, dass diese einen geplanten, gelenkten und systematischen Prozess meint, der nicht nur ökonomische Kriterien, sondern auch Humankriterien berücksichtigt (vgl. Abschn. 2.2.2). Dabei werden das technische und soziale System gleichermaßen geplant verändert (vgl. Abschn. 2.5, Abb. 2.2).

Insgesamt ist der Begriff der OE eklektizistisch (vgl. Neuberger, 1994). Viele unterschiedliche Themen und heterogene Ansätze segeln unter der Flagge der OE. Sie wird in vielen Fällen bereits als eigenständige wissenschaftliche Disziplin angesehen.

4.2 Ziele und Ansätze

Ziele. Man unterscheidet institutionelle und individuelle Ziele der Organisationsentwicklung. Als primäres institutionelles Ziel wird die Verbesserung der Leistungsfähigkeit der Organisation, als zentrales individuelles Ziel die Verbesserung der Lebensqualität bzw. die Humanisierung der Arbeit (vgl. Becker, 2002) betrachtet. Anders als im Ansatz des Business Process Reengineering wird in der OE versucht, beide Zielfelder miteinander zu vereinbaren (vgl. Neuberger, 1994).

Vorgehensweisen. Um die Ziele der OE zu erreichen, wird eine bipolare Vorgehensweise unterschieden (vgl. Becker, 1993):
(1) Der personale Ansatz: Dieser umfasst die Gesamtheit aller Maßnahmen. Sie zielen darauf ab, Einstellungsänderungen zu bewirken, indem Lernprozesse bzw. erzieherische Maßnahmen angeregt werden. Dabei werden die gegenwärtigen Organisationsstrukturen oder Technologien weitgehend konstant gehalten.

(2) Der strukturale Ansatz: Organisationsmitglieder werden in die Lage versetzt, vorhandene Organisationsstrukturen zu analysieren, alternative Organisationsstrukturen zu entwickeln und eine gemeinsame Entscheidung für eine der Alternativen zu fällen. Diese Alternative wird dann umgesetzt.

Neben weiteren Einteilungen der OE findet sich bei Antoni (1996) und bei Becker (2002) eine vierteilige Unterscheidung der OE-Ansätze: (1) personenbezogene bzw. personale, (2) gruppenbezogene, (3) strukturorientierte bzw. strukturale, (4) ganzheitliche bzw. integrative Ansätze.

Integrative Ansätze. Integrative, ganzheitliche Ansätze, so zeigt die Erfahrung, sind am erfolgversprechendsten. Dabei kann auf allen Ebenen auf die Vielfalt psychologischer Theorien und Wissensbestände zurückgegriffen werden – in der Praxis wird hier häufig sowohl bei der Person als auch bei der Organisation angesetzt (vgl. Abb. 4.1). In der Tendenz findet sich in der klassischen Arbeits- und Organisationspsychologie verstärkt eine Betonung des personalen Ansatzes. Struktur, Aufgabe und Technologie stehen oftmals im Hintergrund (vgl. von Rosenstiel, 2007). Dies kann jedoch dazu führen, dass personale Veränderungen nicht ins Gesamtgefüge passen, organisatorischen Rahmenbedingungen widersprechen oder aber sich im Arbeitsalltag nicht ausreichend umsetzen lassen.

!

Organisationsentwicklung umschreibt einen geplanten, gelenkten und systematischen Veränderungsprozess, der auf die Veränderungen von Strukturen und Verhaltensweisen gerichtet ist. OE setzt daher auf allen Ebenen der Organisation an und führt zu organisational-strukturellen, interindividuellen und individuellen Veränderungen. Die Grenzen zwischen OE und Personalentwicklung sind insofern fließend, als systematische OE grundsätzlich auch PE erforderlich macht und PE sich häufig an künftigen organisationalen Veränderungen orientiert (vgl. Kap. 11).

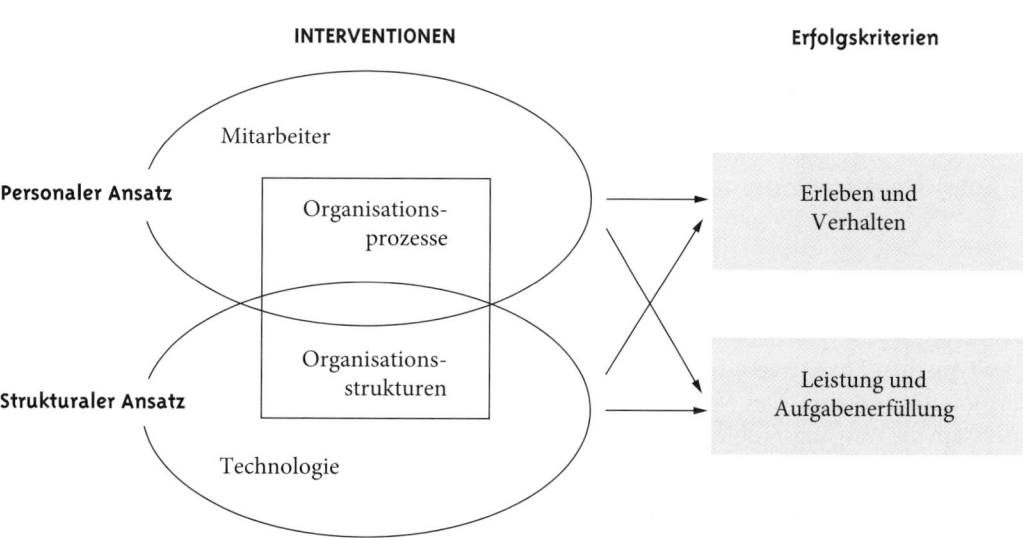

Abbildung 4.1 Integration verschiedener Organisationsentwicklungsansätze (nach Friedlander & Brown, 1974). Die Integration von personalen und strukturalen Ansätzen soll sowohl zu Erfolgen auf der subjektiven Ebene (z. B. Zufriedenheit) als auch zu Erfolgen auf der objektiven Ebene (z. B. Aufgabenerfüllung) führen

4.3 Grundannahmen, Strategien und Methoden

Maßnahmen der OE liegen verschiedene Annahmen über Menschenbilder und Theorien zugrunde (Abschn. 4.3.1). Es gibt zwar einen idealtypischen Phasenverlauf, von dem in der Praxis aber oftmals abgewichen wird (Abschn. 4.3.2). Gleichwohl zeigen Fallbeispiele, wie sich ein idealtypisches Vorgehen in der Praxis umsetzen lässt (Abschn. 4.3.3). Zur Durchführung der OE stehen unterschiedliche Maßnahmen und Techniken bereit (Abschn. 4.3.3). Ein Berater kann bei der Auswahl, Durchführung und Evaluation der Maßnahmen in unterschiedlich starker Weise involviert sein. Seine Rolle ist – bezogen auf den Einzelfall – kritisch zu reflektieren (Abschn. 4.3.4).

4.3.1 Annahmen der Organisationsentwicklung

Menschenbildannahmen und Grundannahmen. OE liegen verschiedene Menschenbildannahmen zugrunde:

(1) Es werden humanistische, emanzipatorische, demokratische oder auch partizipative Haltungen betont. Diese Haltungen sind die Basis einer erfolgreichen und zugleich ethisch vertretbaren OE (Neuberger, 1994).

(2) Mitglieder und Organisationen sind lernfähig. OE wird als (unabgeschlossener) Prozess angesehen. Kriterium einer erfolgreichen OE ist nicht nur der erfolgreiche Abschluss, sondern auch die Fähigkeit, auf zukünftige Herausforderungen in neuer und kompetenterer Weise zu reagieren. Dazu ist es für Mitarbeiter und Organisation gleichermaßen notwendig, Lernen zu lernen und Selbstentwicklung zu fördern (die → »lernende Organisation«, vgl. Geiselhart, 2001; von Rosenstiel, 2007).

Die häufigsten theoretischen Grundannahmen der OE lauten:

▶ Organisationen bzw. Unternehmen lassen sich als offene, soziotechnische Systeme beschreiben (vgl. Abschn. 2.5).

▶ Der Status quo wird durch die Organisationsentwickler ermittelt. Zu diesem Zeitpunkt, so die Annahme, wird das Problemlösepotential der Organisation und ihrer Mitglieder nicht vollständig ausgeschöpft.

▶ Wenn eine verantwortungsvolle Mitwirkung aller Beteiligten (Mitarbeiter, Vorgesetzte etc.) im Rahmen der OE stattfindet, werden Organisationsziele verfolgt und Probleme gelöst.

▶ Bei der OE findet eine zielorientierte Zusammenarbeit statt. Dadurch ändern sich die objektiven Bedingungen. Diese veränderten Bedingungen fördern ihrerseits Lern- und Veränderungsprozesse. Dabei sind die persönliche Entfaltung der Organisationsmitglieder und die Entwicklung der Organisation intendiert (vgl. Becker & Langosch, 2002).

4.3.2 Phasenmodelle

Der idealtypische Phasenverlauf eines OE-Prozesses. Bungard et al. (1996) beschreiben folgenden idealtypischen Phasenverlauf (vgl. Abb. 4.2): Am Anfang des Prozesses wird ein Problem in der Organisation erkannt. Das Management nimmt Kontakt zu Beratern auf, und man definiert gemeinsam die Ausgangsproblemlage (Vorbereiten von Veränderungen). Auf der Grundlage dieser Definition und entsprechender Hypothesen findet idealerweise eine umfassende Organisationsdiagnose statt, deren Ergebnisse an die Organisation rückgemeldet werden. Aus den Diagnoseergebnissen resultieren die Planung von Interventionsmaßnahmen, deren Durchführung und Evaluation (Veränderungen). Im letzten und dritten Schritt erfolgt die vollständige An- und Einpassung der neuen Prozesse und Verhaltensmuster (Stabilisierung). Im Sinne einer Rückschleife erfolgt im Idealfall eine erneute Organisationsdiagnose und ggf. weitere interventionsorientierte Maßnahmen. Sie werden abermals evaluiert.

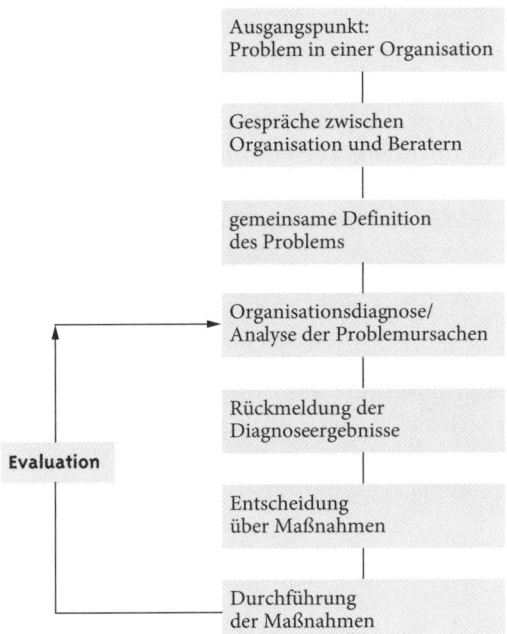

Abbildung 4.2 Idealtypischer Verlauf eines OE-Prozesses nach Bungard et al. (1996)

Idealtypischer Verlauf eines OE-Prozesses
Ein Projektgruppenleiter wird für die Koordination der Aktivitäten für ein Jahr freigestellt. Die Projektgruppe trifft sich zu ihrer ersten konstituierenden Sitzung und plant den weiteren gemeinsamen Projektverlauf. Statt Aktivismus wird gemeinsam mit Arbeits- und Organisationspsychologen ein maßgeschneidertes Gruppenarbeitsmodell entwickelt. In einer ersten gemeinsamen Teamsitzung werden zehn übergeordnete Ziele festgelegt (in diesem Beispiel werden die Schritte von der Analyse über die Intervention bis zur Evaluation gegangen, was einem idealtypischen OE-Prozess entspricht):
(1) Analyse der Literatur
(2) Formulierung einer vorläufigen Forschungskonzeption
(3) Analyse der Ausgangsbedingungen im Betrieb
(4) Vorstellung der Ergebnisse an die Geschäftsleitung
(5) Rückspiegelung der Befunde an die Belegschaft
(6) Konzeption des Gruppenarbeit-Modells
(7) Durchführung entsprechender Trainingsmaßnahmen
(8) Effizienzprüfungen der Trainingsmaßnahmen
(9) Fortlaufende Bewertungen des Einführungsprozesses
(10) Umfassende Diagnose der Effizienz

Gängige Praxis. Um den Eindruck eines theorie- oder konzeptlosen Vorgehens in der Praxis zu vermeiden, wird häufig auf ein einfaches Modell von Lewin (1958) verwiesen, das drei Phasen umfasst:

(1) Auftauen (Unfreezing): Motivation zur Veränderung wird hervorgerufen, Widerstände werden beseitigt und dadurch Wachstum ermöglicht.

(2) Verändern (Changing): Neue Konzepte werden etabliert und Interventionsmaßnahmen eingesetzt (z. B. → Prozessberatung, Teamentwicklung oder Intergruppenarbeit).

(3) Stabilisieren (Freezing): Veränderungen werden in die Organisation integriert, stabilisiert, generalisiert. Es findet eine Kontrolle und Auswertung statt. Die OE-Maßnahmen verselbstständigen sich.

In der Praxis zeigt sich oftmals eine große Diskrepanz zwischen idealtypischem und realisiertem Verlauf. Gründe hierfür sind sowohl der Mangel an tragfähigen Theorien und validen Diagnoseinstrumenten zur empirischen Organisationsanalyse (vgl. Abschn. 3.1.2) als auch Probleme der Unternehmenspraxis (z. B. hoher Zeitdruck, knappe finanzielle Ressourcen und machtpolitische Widerstände). Oftmals wird die dritte Phase ausgespart, sodass nicht nur eine systematische, verhaltenswissenschaftliche Kontrolle und Auswertung fehlt, sondern auch wenig Raum bleibt, neue Verhaltensroutinen zu stabilisieren.

Beispiel

Es sei abermals auf das Fallbeispiel von Bungard et al. (1996) zurückgegriffen (vgl. Abschn. 3.2). Vorliegende Daten des Automobilzulieferers haben ergeben, dass OE-Maßnahmen durchzuführen sind. Diese umfassen u. a. die Entscheidung, Gruppenarbeit einzuführen.

Dazu wird eine Projektgruppe gegründet. Mitglieder der Projektgruppe sind Geschäftsführer, Personalvertreter (Betriebsrat), Leiter der Weiterbildung, Leiter der Instandhaltung, Leiter der Qualitätskontrolle und Produktionsleiter.

4.3.3 Strategien und Techniken

Grundlegende Strategien

Es werden – neben weiteren Detailvarianten (wie »Flecken-Strategie«) – drei grundlegende Strategien der OE unterschieden: (1) Top-down-, (2) Bottom-up- und (3) bipolare Strategie (Sandwichmethode).

Top-down-Strategie. Veränderungsprozesse beginnen an der Spitze der Organisation. Dadurch sind Prozesse gut steuerbar (Beispiel: Business Process Reengineering). Allerdings kann der mangelnde Einbezug unterer Hierarchieebenen als Verletzung von Verfahrensgerechtigkeit dazu führen, dass Maßnahmen blockiert werden. Die Strategie widerspricht somit der Grundannahme, dass bei OE-Maßnahmen alle Beteiligten aktiv einbezogen werden – in der Praxis werden entsprechende Maßnahmen oft aber dennoch als OE-Maßnahmen klassifiziert.

Bottom-up-Strategie. Hier werden die Maßnahmen an der Basis erarbeitet. Durch dieses Vorgehen werden auch Bedürfnisse, Erwartungen, Ziele etc. der unteren Hierarchieebene berücksichtigt. Folglich muss die anschließende Überzeugungsarbeit vor allem an der Spitze der Organisation geleistet werden.

Bipolare Strategie. Bei dieser Strategie, die auch Sandwichmethode genannt wird, setzt die Erarbeitung der Maßnahmen sowohl an der Basis als auch an der Spitze von Organisationen an. Vorteil: Die OE-Konzepte verbreiten sich relativ schnell. Allerdings ist es notwendig, die Kommunikation zwischen den verschiedenen Hierarchieebenen genau zu überwachen und möglicherweise professionell zu begleiten, um Missverständnisse und Konflikte zu vermeiden – möglichst im Vorfeld.

Methoden und Techniken

Anders als die Strategien des ökonomisch orientierten → Business Process Reengineering sind die Strategien der OE sowohl auf die Steigerung der Produktivität der Organisation als auch auf die Verbesserung der Lebensqualität in der Organisation ausgerichtet. Unter den Begriff der OE werden viele Methoden gefasst (vgl. Becker, 1993), z. B. Survey-feedback-Methoden, Grid organization development (Blake & Mouton, 1964), Techniken der Prozessberatung, Instrumente des → Change-Managements und des → Total-Quality-Managements. Zu den Einzeltechniken zählen z. B. Teamentwicklungstrainings, gruppendynamische Trainings, Konfrontationstreffen, Rollenverhandeln (vgl. Abschn. 6.1). Exemplarisch seien zwei Methoden herausgegriffen: (1) das Data-survey-Feedback und (2) das Grid organization development.

Data-survey-Feedback. Dies ist ein Sammelbegriff für unterschiedliche Einzeltechniken. Es wird z. B. bei der 3D-Analyse, dem Konfrontationstreffen der Intergruppenarbeit oder der Teamentwicklung angewandt. Im allgemeinen Ablaufschema des Data-survey-Feedbacks werden sechs Phasen unterschieden (vgl. Neuberger, 1994):

(1) Vorphase mit Kontaktaufnahme, Vorgesprächen und Vereinbarung des Vorgehens
(2) Phase der Datenerhebung mit Sammlung diagnostischer Informationen
(3) Aufbereitung der Daten
(4) Rückkoppelung der Daten
(5) Analyse, Maßnahmenplanung und -vereinbarung
(6) Realisierung der Maßnahmen
(7) Evaluation und »Nachfassen«

Somit gibt es enge Parallelen zwischen dem idealtypischen OE-Prozess und der Methode des Data-survey-Feedbacks. Entsprechend hat die Methode vielfältige Vorteile (vgl. Neuberger, 1994):

▶ Es wird eine breite Informationsbasis erhoben.
▶ Die Informationsbasis kann beliebig differenziert werden (z. B. nach Bereichen, Funktionen, Geschlecht, Erfahrung).
▶ In der Erhebungs-, Analyse- und Planungsphase wird jeweils eine große Zahl von Personen aktiv beteiligt. Dies führt zu einer validen Datenbasis wie auch zu einer erhöhten Akzeptanz von Lösungsvorschlägen.
▶ Die abgeleiteten Maßnahmen sind sehr konkret. Ihre Wirksamkeit wird empirisch überprüft.

Diese Vorteile sind gegen die Nachteile des vergleichsweise hohen Aufwandes bei der Durchführung abzuwägen. Darüber hinaus hängt die Bewertung des Data-survey-Feedbacks immer von der Wahl der spezifischen Einzeltechnik und ihrer Umsetzung ab.

Grid organization development. Das Konzept wurde von Blake und Mouton (1964) entwickelt und gehört zu den integrativen, interaktionsorientierten Modellen der OE. Der spezifische Vorteil dieses Ansatzes ist eine vergleichsweise hohe Standardisierung. Darüber hinaus wird – genau wie beim Data-survey-Feedback – ein systematisches Vorgehen gewählt. Grundsätzlich wird auf standardisierte Instrumentarien der Grid-Methode zurückgegriffen. Es werden sechs Phasen unterschieden (vgl. Neuberger, 1994):

(1) Einführungsseminar (Grid laboratory seminar): Hier wird in die Grid-Methode eingeführt. Anhand standardisierter Problemfälle kann bereits eigenes Verhalten reflektiert werden.
(2) Teamentwicklung: Eigenes Verhalten (z. B. bei Kommunikation, Planung, Organisation, Zielsetzung) wird analysiert. Dies geschieht in einzelnen Gruppen, beginnend an der Spitze der Organisation. Idealvorstellungen werden entwickelt und erprobt.

(3) Intergruppenarbeit: Beziehungen zwischen einzelnen Gruppen der Organisation werden analysiert. Dazu treffen jeweils drei Gruppen in »Confrontation meetings« aufeinander. Abermals geht es um einen Ist-Soll-Abgleich und eine Annäherung an den Sollzustand.

(4) Entwicklung eines idealen Organisationsmodells: Die Organisationsleitung entwirft ein Idealmodell der Organisation. Schriftliche Unterlagen und standardisierte Messinstrumente werden durch die Organisationsentwickler als Instrumentarien der Grid-Methode zur Verfügung gestellt.

(5) Realisierung des Idealmodells: Es werden Projektteams (Task forces) für einzelne Organisationsbereiche gebildet. Diese entwickeln Vorschläge zur Umsetzung des Idealmodells. Die Aktivitäten der Projektteams werden von einem Koordinator abgestimmt.

(6) Systematische Evaluation: Abermals wird ein standardisiertes und umfassendes Diagnose- und Bewertungsinstrument als Teil der Grid-Methode durch die Organisationsentwickler vorgelegt. Mithilfe dieses Instruments können die bisherigen Maßnahmen evaluiert, Defizite erkannt und weitere Maßnahmen eingeleitet werden.

OE ist grundsätzlich partizipativ zu verstehen, Betroffene sind zu Beteiligten zu machen. Es ist wichtig, dass die Betroffenen nicht nur Daten liefern, sondern Selbstwirksamkeit erleben. Sie sollen die Erfahrung machen, dass ihr Einsatz tatsächlich Veränderungen bewirkt. In der Praxis gelingt allerdings aus unterschiedlichen Gründen (theoretische Defizite, wenig valide Erhebungsinstrumente, Widerstände in der Unternehmenspraxis) selten ein idealtypischer Interventionsverlauf (vgl. auch Abschn. 6.2).

4.3.4 Rolle des Beraters

Ein Berater (»Change agent«, »Facilitator«) kann bei organisationalen Veränderungsprozessen unterschiedliche Funktionen übernehmen (vgl. Becker, 1993; 2002):

▶ Ziel der → Prozessberatung sollte die Hinführung von Arbeitsgruppen oder Organisationsmitgliedern zur Selbstdiagnose sein.

▶ Im Vordergrund steht dabei, dass das Lernen prozessorientierter Fertigkeiten angestoßen wird.

▶ Die Beziehung zwischen Berater und Organisation kann dabei direktiv (indem der Berater eine führende und aktive Rolle einnimmt) oder aber nicht-direktiv sein (indem er den Klienten z. B. nur mit Daten versorgt).

In Anlehnung an Lippitt und Lippitt (2006) lassen sich aus pragmatischer Perspektive verschiedene, zunehmend nicht-direktive Rollen des Beraters unterscheiden (vgl. Tab. 4.1).

Probleme im Kontext der Berater

Fast alle OE-Maßnahmen werden in der Praxis von Beratern begleitet. Dabei werden folgende Entscheidungen kontrovers diskutiert:

▶ Soll ein externer oder interner Berater gewählt werden?

▶ Welche Rolle soll er einnehmen (vgl. Tab. 4.1), und inwieweit darf er aktiv in Prozesse eingreifen?

▶ Welcher Methoden darf er sich bedienen?

▶ Wie soll er mit einseitigen Festlegungen von Zielkriterien umgehen?

▶ Welche Auswirkungen hat seine finanzielle Abhängigkeit?

► Inwiefern trägt er Verantwortung für die Konsequenzen seiner beraterischen Tätigkeiten (z. B. Empfehlung einer Neuausrichtung des Unternehmens, die Entlassungen notwendig macht)?

Tabelle 4.1 Unterschiedliche Rollen des Beraters (nach Lippitt & Lippitt, 2006)

Rolle	Funktion des Beraters
Advokat	beeinflusst den Klienten z. B. in der Anwendung von Methoden
Techniker	stellt sein spezielles Wissen zur Verfügung
Trainer/Coach	initiiert und begleitet Lernprozesse
Problemlöser	beteiligt sich kollegial an Entscheidungen
»Erkenner« von Alternativen	zeigt Alternativen auf
»Auffinder« von Fakten	sammelt und analysiert Informationen
Verfahrensspezialist	erteilt verfahrensbezogenes Feedback z. B. über Arbeitsprozesse
Reflektor	trägt durch Reflexionsprozesse zu Klärung oder Veränderung bei

4.4 Schulentwicklung: Organisationsentwicklung im Schulwesen

Beispiel

Mitten in der Stadt steht eine Schule. Seit einiger Zeit ist hier der »rhythmisierte Unterricht« eingeführt. In der dritten Klasse wird seit 30 Minuten Deutsch unterrichtet. Drei Schüler sind gerade zur Pause aufgebrochen. Die übrigen Schüler arbeiten noch konzentriert im Unterrichtsraum. Die Lehrkraft achtet darauf, dass die Gestaltung von Pausen- und Unterrichtszeiten der individuellen Belastbarkeit der Schüler Rechnung trägt. Es ist ihr wichtig, jeden Schüler individuell angemessen zu fördern und zu fordern. Sie ist überzeugt, dass die Klasse ein gutes Leistungsniveau erreicht. Sie arbeitet regelmäßig und gerne im Team und erlebt sich nur selten als Einzelkämpfer. Sie fühlt sich in ihrer Schule wohl und schätzt es, Feedback zu erhalten. Die Schule wird von vielen Seiten unterstützt, von engagierten Eltern, von Unternehmen der Region, von Verbänden und von politischen Entscheidungsträgern.

In einer anderen Schule: Noch fünf Minuten bis zur Pause, bisher wurde das Stundenpensum nicht erreicht – Eile ist angesagt. Die Schüler fiebern der Pause entgegen. Keiner stellt mehr Fragen. Die Lehrkraft stellt sich jetzt schon vor, wer morgen ohne Hausaufgaben im Unterricht erscheinen wird. Sie vermutet, dass die Klasse im Leistungsniveau schlechter ist als andere Klassen. Aber sie ist zufrieden damit, dass immerhin Ruhe im Klassenzimmer herrscht und es keine handgreiflichen Auseinandersetzungen gibt. Sie ist überzeugt davon, dass es in anderen Schulen schlimmer zugeht.

Ausgangslage

Anstöße zur Schulentwicklung. Schulen sehen sich heute mit neuen gesellschaftlichen Anforderungen konfrontiert. Dass Schulen Entwicklungsbedarf haben, wird nicht nur an Studien wie PISA deutlich, sondern auch an veränderten sozialen Strukturen und veränderten Lebensbedingungen von Kindern und Familien. In allen Ländern gibt es Bemühungen darum, die Schule zu reformieren. Die Erwartungen an die Ausübung des Lehrerberufs sind hoch, das Image des Lehrerberufs in der Öffentlichkeit häufig schlecht.

Strukturelle Merkmale. Schulen sind insofern besondere Organisationen, als dass sie explizit zur Erfüllung eines Sozialisationsauftrages geschaffen werden. Öffentliche Schulen unterliegen zudem den Rahmenbedingungen einer Non-Profit-Organisation. Öffentliche Schulen sind in Deutschland Teil eines übergeordneten, staatlich kontrollierten Schulsystems. Im engeren Sinne obliegt das Management einer Schule der jeweiligen Schulleitung vor Ort, im weiteren Sinne ist jede Schule der Weisung der zuständigen Schulbehörde bzw. des zuständigen Ministeriums unterstellt. Aus arbeits- und organisationspsychologischer Sicht sind drei Merkmale hervorzuheben:

(1) Die Organisationsstruktur der Schule ist flach: Auf der unteren Hierarchieebene erfüllen Lehrkräfte mit entsprechenden Berichtspflichten alle elementaren Aufgaben, die zur Erfüllung des Bildungs- und Erziehungsauftrags erforderlich sind. Auf einer weiteren überstellten Hierarchieebene ist die Schulleitung mit entsprechenden Weisungsbefugnissen positioniert. Diese Form der Hierarchisierung wird auch als »Front-Line-Organisation« bezeichnet. Die internalisierte Selbstkontrolle der Mitarbeiter hat in einer solchen Organisationsstruktur einen höheren Stellenwert als persönliche Kontrolle.

(2) Ein weiteres Spezifikum betrifft die formale Qualifikation der Lehrkräfte. Die formale Ausbildung der Lehrkräfte an öffentlichen Schulen unterliegt der staatlichen Kontrolle. Ursprünglich wird mit der spezialisierten Ausbildung zur Lehrkraft die Erwartung verbunden, dass Lehrkräfte in besonderer Weise an das Schulsystem gebunden sind. Der Beamtenstatus der Lehrkraft ist ein Erbe der bürokratischen Organisation im Sinne Webers (→ Bürokratie). Die verbeamtete Lehrkraft soll zu besonderer Loyalität gegenüber Staat und Gesellschaft verpflichtet werden, zugleich soll ihr die besondere Fürsorgeverpflichtung der obersten Dienstbehörde bzw. des Dienstherrn zugesichert sein.

(3) Die flache Organisationsstruktur der Schule steht auch in Beziehung zur Organisation der Unterrichts- und Erziehungsaufgabe. Wenngleich der Handlungsspielraum von Lehrkräften aus pragmatischer Sicht zunehmend geringer erscheint, ist er im handlungs(regulations)theoretischen Sinne vergleichsweise hoch (vgl. Abschn. 12.4). Innerhalb der curricularen Vorgaben (Lehrpläne, Verordnungen) werden Entscheidungen über Detailinhalte, Methoden und Strategien vom Mitarbeiter selbst – für die jeweiligen Unterrichtsklassen – getroffen. Dort ist die Lehrkraft in der Regel als »Einzelkämpfer« unterwegs. Teamarbeit gibt es zwar im Rahmen informeller kollegialer Absprachen, sie ist aber nicht unumgänglich zur Erledigung der Kernaufgaben erforderlich.

Ziele und Interventionen

Innere Schulentwicklung. Aus organisationspsychologischer Perspektive umfasst Schulentwicklung einen systematischen, zielgerichteten Veränderungsprozess, der der Verbesserung der Qualität der Schule als Institution und der Verbesserung der schulischen Prozesse dient. Rolff et al. (2000) unterscheiden drei Ausrichtungen von Schulentwicklung:

(1) Die gezielte, systematische Weiterentwicklung von Einzelschulen.

(2) Die gezielte, systematische Entwicklung der »lernenden Schule« bzw. einer Schule, die sich selbst organisiert, reflektiert und steuert (institutionelle Schulentwicklung).

(3) Die Entwicklung von Rahmenbedingungen und Evaluationssystemen, die einzelne Schulen in ihrer Entwicklung und Selbstkoordinierung unterstützen.

Mit dem Begriff »innere Schulentwicklung« werden in der Bildungspolitik langfristig angelegte Projekte der Schulentwicklung verstanden, die die jeweilige Schule als Ganzes langfristig verändern sollen. Im Mittelpunkt dieses Ansatzes steht die Öffnung der Schule und innerhalb der Schule das Prinzip, die Eigenverantwortung aller Beteiligten bzw. Betroffenen zu stärken. Zu den Leitideen von Schulentwicklung gehören daher Bottom-up-Strategien. Dies erfordert, dass sich Lehrkräfte und Schulleitung über ihre pädagogischen Grundsätze verständigen. Eltern, Erziehungsberechtigte, Schüler sollen an diesem Prozess beteiligt sein. Das Ergebnis der gemeinsamen Orientierung findet seinen Niederschlag im Leitbild der Schule und im entsprechenden Schulprogramm. Beides soll der Orientierung nach innen, aber auch der Darstellung der Schule nach außen dienen.

Maßnahmen. Schulentwicklung weist eine große Vielfalt auf (vgl. Jeck & Temme, 2007). Themen der Schulentwicklung sind u. a. interne und externe Evaluation, Unterrichtsentwicklung, Teamentwicklung, Leitbildentwicklung, Schulprogramm und Personalentwicklung. Die innere Schulentwicklung wird mit Methoden des Projektmanagements gesteuert. Bereits die Entscheidung für einzelne Projekte (z. B. rhythmisierter Unterricht, Kooperation mit Ausbildungsbetrieben oder weiterführenden Schulen, bilingualer Unterricht, Neugestaltung des Pausenhofs) soll partizipativ getroffen werden. Die Koordination des Schulentwicklungsprozesses insgesamt wird einer Steuergruppe übertragen. Die Steuergruppe verantwortet insbesondere die Prozesssteuerung, die Prozessdokumentation, die Koordinierung des Qualifizierungsbedarfs während der Projektdauer sowie die Austauschprozesse und die Zusammenarbeit mit Externen. Das Mandat für ihren klar formulierten Auftrag erhält die Steuergruppe vom Kollegium bzw. von der Gesamtkonferenz der Schule. Gemeinsam ist unterschiedlichen Ansätzen und Konzepten der Schulentwicklung, dass selbstreflexive Prozesse innerhalb der Schule Veränderungspotential erschließen sollen und die Einzelschule mehr Eigenverantwortung erhält, um den gesellschaftlichen und sozialen Erfordernissen Rechnung tragen zu können. Schulleitungen verantworten damit neben den traditionellen Verwaltungsaufgaben zunehmend mehr Führungs- und Entscheidungsaufgaben. Damit gehen auch neue Qualifikationserfordernisse einher, denen die PE im Schulwesen Rechnung tragen müsste.

Qualitätssicherung: Evaluation und Bildungsmonitoring. Zur Qualitätssicherung müssen klare Ziele für einzelne Projekte, für einzelne Schulen und für das Schulsystem insgesamt festgelegt und systematisch überprüft werden. Der Qualitätssicherung dienen die externe Schulevaluation wie beispielsweise das Bildungsmonitoring und die Bildungsberichterstattung sowie die interne Schulevaluation wie beispielsweise die Evaluation der Projektgruppenarbeit. Die deutsche Kultusministerkonferenz (KMK) hat 2006 ein Bildungsmonitoring verabschiedet, das die systematische Evaluation der Schulentwicklung gewährleisten soll, sich jedoch weitgehend auf die Evaluation objektiver Leistungsdaten beschränkt. Durchgeführt werden beispielsweise internationale Schulleistungsuntersuchungen wie die Internationale Grundschul-Lese-Untersuchung (PIRLS/IGLU), die TIMSS (Trends in Mathematics and Science Study) und die PISA-Studie (Programme for International Student Assessment). Außerdem soll das Erreichen der deutschen Bildungsstandards im Ländervergleich regelmäßig geprüft werden, um die Gleichwertigkeit der Schulabschlüsse in Deutschland sicherzustellen und Bildungsgerechtigkeit zu befördern. Innerhalb der Länder sollen regelmäßige Vergleichsarbeiten (Lernstanderhebungen) die Leistungsfähigkeit einzelner Schulen evaluieren. Eine gemeinsame Bildungsberichterstattung von Bund und Ländern dient der kontinuierlichen, datengestützten Information der Öffentlichkeit.

4.5 Bedingungen erfolgreicher Organisationsentwicklung

Prozessförderliche Bedingungen. Es gibt zahlreiche Aussagen darüber, unter welchen Bedingungen OE-Maßnahmen erfolgreich sind. Folgende prozessförderliche Voraussetzungen werden diskutiert (Gebert, 2007):

► Keine Existenzkrise der Organisation
► Keine tiefgreifenden Beziehungsstörungen zwischen Management und Betriebsrat
► Stattdessen weitgehend autonome Organisationseinheiten, aber Kooperationen
► Problembewusstsein, gruppendynamische Erfahrungen
► Bereitschaft zu experimentieren und sich auf langfristige Prozesse einzulassen
► Akzeptanz der OE-Maßnahmen-Entwickler sowie externer und interner Berater (»Kontinuität der Köpfe«)

Darüber hinaus sind erfahrungsgemäß folgende Ansätze prozessförderlich: Planung, die die spezifischen Bedingungen »vor Ort« soweit wie möglich berücksichtigt, Integration der Betroffenen, Unterstützung des Vorgehens durch das Spitzenmanagement und Durchführung von Teamentwicklungen (vgl. von Rosenstiel, 2007).

Evaluationsdaten. Es finden sich kaum validierte Aussagen über die relative Wirksamkeit von OE-Maßnahmen. Zwei Grundaussagen von Untersuchungen zu Evaluationsdaten (vgl. Tab. 4.2):

(1) Unabhängig von der Maßnahmenklasse (z. B. personaler vs. strukturaler Ansatz) finden sich weitgehend positive Zusammenhänge zwischen weichen Erfolgskriterien (z. B. Variablen des Organisationsklimas; vgl. Abschn. 3.4) und harten Kriterien (z. B. Produktivitätszahlen).

(2) Die Streuung in den einzelnen Studien ist – bezogen auf unterschiedliche Variablen – durchweg hoch (vgl. Gebert, 2007). Vorhandene Evaluationsdaten werden z. T. kritisch diskutiert (vgl. von Rosenstiel, 2007):

► Die Kriterien, nach denen über den Erfolg von OE-Maßnahmen entschieden wird, sind sehr unterschiedlich und oftmals nicht ausreichend operationalisiert.
► Aufgrund der Komplexität der Variablen lassen sich die Bedingungen, unter denen OE stattfindet, nicht ausreichend präzisieren.

Tabelle 4.2 Sekundärstatistische Evaluationsdaten zu OE-Maßnahmen (nach Gebert, 2004)*

Organisationsentwicklungs-maßnahmen	Korrelationen mit »weichen« Kriterien (Klima, Zufriedenheit)	Korrelationen mit »harten« Kriterien (Leistung)	Streuung bzgl. der Enge des Zusammenhangs
Personaler Ansatz (gruppendynamisches Training)	Eher positiv (Neumann et al.)	Eher positiv (Nicholas)	Groß
Struktureller Ansatz (Job Enrichment, teilautonome Arbeitsgruppen)	Eher positiv (Neumann et al.)	Positiv (Beekun; Guzzo et al.; Nicholas; Pearce & Ravlin)	Groß
Prozess-Intervention (Survey-Feedback, Team-entwicklung, Prozessberatung)	Positiv (Bowers & Hausser; Gebert; Neumann et al.; Porras)	Eher positiv (Nicholas)	Groß

* Alle Quellen stammen aus den 1970er/1980er Jahren

▶ In der Literatur werden primär »erfolgreiche« Daten dokumentiert. Nicht-signifikante Befunde werden oftmals nicht publiziert – entweder, weil sie nicht zur Veröffentlichung eingereicht werden oder aber weil ihre Veröffentlichung abgelehnt wird. Noch seltener finden sich Veröffentlichungen von Daten, die hypothesenkonträr sind, indem beispielsweise mit OE-Maßnahmen eine Verschlechterung der Situation einherging.

4.6 Kritik

Theoretische Kritik. Die Kritik an der OE umfasst theoretische und anwendungspraktische Aspekte. Zur theoretischen Kritik gehören (vgl. Becker, 1993; 2002; Gebert, 2007; Neuberger, 1994)

▶ das fragliche Menschenbild der OE, denn das vorwiegend humanistische Menschenbild setzt eine hoch entwickelte Organisationskultur voraus,
▶ die unterschiedlichen Definitionen der OE, insbesondere die unklare Abgrenzung zur PE (vgl. Kap. 11),
▶ polarisierte Sichtweisen (Person vs. Struktur) und ein Mangel an tragfähigen Theorien,
▶ das fragliche Postulat der Zielharmonie zwischen institutionellen und individuellen Zielen und
▶ die fragwürdige Annahme von Diskursfähigkeit als Bedingung statt als Resultat von OE.

Praxisbezogene Kritik. An der Praxis der OE wird folgende Kritik geäußert (vgl. Gebert, 2007):

▶ OE als Leerformel oder Etikettenschwindel (als »alter Wein in neuen Schläuchen«), da diese zu allen Zeiten stattgefunden hat. Denn ohne Anpassung von Organisationen an veränderte Bedingungen konnten diese nicht erfolgreich sein. Der Einwand, dass diese Anpassungen bei OE-Maßnahmen systematischer verlaufen als vor Einführung dieses Konzepts, ist im Einzelfall zu überprüfen. Denn zwischen praktischem und idealtypischem Vorgehen besteht eine Kluft (vgl. Abschn. 4.3.2).
▶ Mangelnde Einlösung des Grundanspruches der »Entwicklung von Organisationen«.
▶ Ausblendung der Fragen von Macht und Gerechtigkeit (oftmals letztlich geringer Einfluss der Mitarbeiter, unverständliche Fachsprache etc.).
▶ Mangel an systematischem wissenschaftlichen Vorgehen, viel Aktionismus (»weit mehr Action als Research«, Neuberger, 1994, S. 241), zu wenig Rückgriff auf standardisierte OE-Techniken (z. B. das Grid-Modell).
▶ Ungünstige Bedingungen für organisationales Lernen: Es wird keine Kultur des Vertrauens gepflegt; es existiert weiterhin Herrschaftswissen – Wissen wird nicht nur zwischen unterschiedlichen Hierarchiestufen, sondern auch innerhalb der gleichen Hierarchiestufe als Machtinstrument und Karrierevorteil genutzt.
▶ Unklare Rolle der OE-Berater.
▶ Infragestellung der aktiven Beteiligung der Betroffenen (z. B. Scheinbeteiligung, wenn grundlegende Interessenkonflikte zwischen Arbeitnehmern und den OE-Maßnahmen vorliegen, wie es etwa bei Rationalisierungsvorhaben der Fall ist).

4.7 Anforderungen an eine erfolgreiche Organisationsentwicklung

Theoretische Forderungen. Aus der theoretischen und anwendungspraktischen Kritik ergeben sich theoretische und praktische Forderungen. Die förderlichen Bedingungen erfolgreicher OE zeigen die Vielfalt an Variablen, die auch theoretisch zu berücksichtigen sind. Darüber hinaus bleibt die Forderung nach einer tragfähigen Theorie bestehen: Im Sinne einer Theorie des Veränderns kann OE als Interventionsstrategie definiert werden, die auf die Veränderung einzelner gruppendynamischer Prozesse und organisationskultureller Elemente zielt, um geplante Veränderungen herbeizuführen. In einer Theorie der Veränderung wird OE dagegen als langfristiges Interventionsprogramm verstanden, das auf der Grundlage verhaltenswissenschaftlicher Erkenntnisse Verhaltens- und Einstellungsänderungen herbeiführt (vgl. Abb. 4.3).

Praktische Forderungen. Forderungen zur praktischen Umsetzung der OE unterliegen vielfältigen Interessen auf Seiten der Arbeitgeber und Arbeitnehmer. An dieser Stelle seien nur einige dieser Forderungen angeführt:

► Mitbestimmung der Mitarbeiter und ihrer Interessenvertreter (auch bei Projekten)
► Offenlegung der Projektziele und Strategien
► Entwicklung verständlicher Unterlagen zur Organisationsentwicklung
► Orientierung der Berater an unterschiedlichen Interessenslagen
► Loyale Praxis gegenüber Management und Führungskräften
► Aushandeln und Sicherstellen langfristiger Entwicklungsperspektiven und Konzeptionen
► Interdisziplinäre Ausrichtung der OE-Methodik
► Initiierung einer selbstkritischen Diskussion über OE-Ansätze und -Projekte

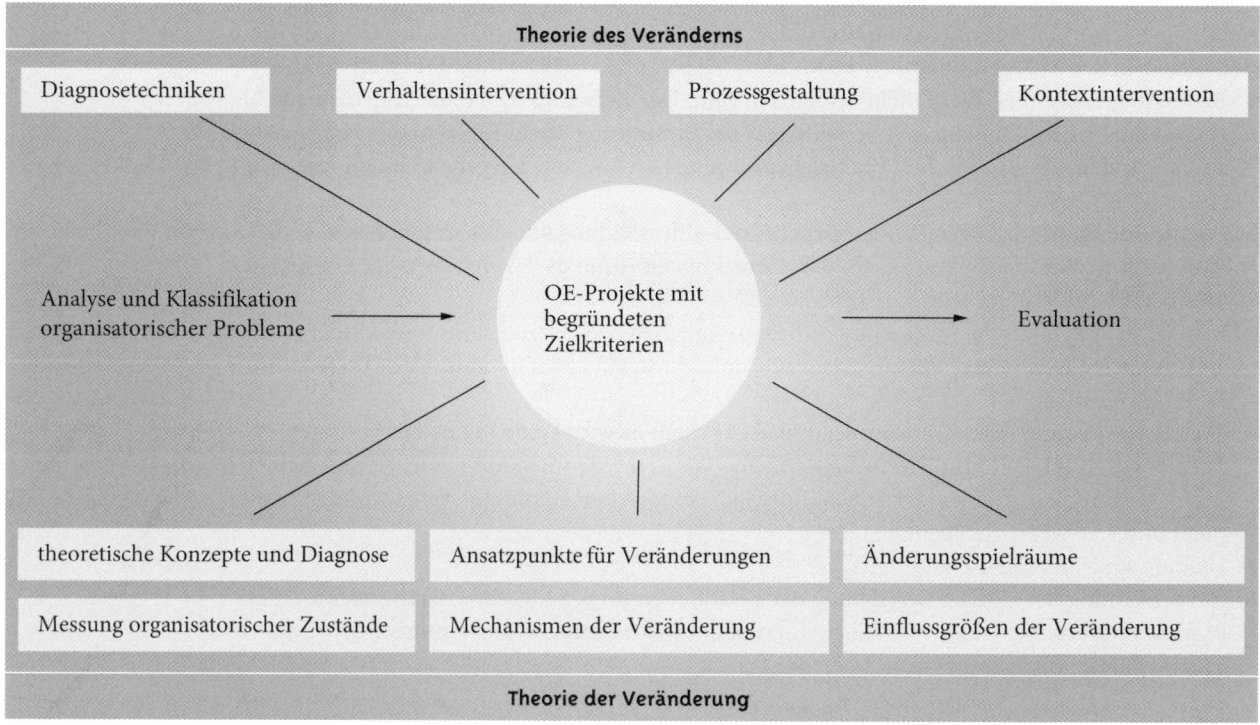

Abbildung 4.3 Theorieanforderungen an eine OE-Konzeption (nach Kubicek et al., zit. in Becker, 1993). Hier wird zwischen einer Theorie des Veränderns und einer Theorie der Veränderung unterschieden. Berücksichtigt werden: organisatorische Probleme, Erfahrungen mit OE-Projekten, Festlegung von Zielkriterien und Normen sowie eine Vielfalt von Variablen, die entweder näher an der Theorie des Veränderns oder an der Theorie der Veränderung stehen. Zudem wird nach Begründungen der theoretischen Annahmen gefragt, die aus dem ethisch-philosophischen bzw. dem erfahrungswissenschaftlichen Bereich stammen können. Dabei werden auch Parallelen zum politischen Bereich und zur politischen Begründung von Zielkriterien und Normen formuliert

Das Postulat des Lernens. Über all diesen Forderungen steht das Postulat des Lernens von Individuen und von Organisationen. Es werden Vergleiche zum biologischen System Erde angestellt – sie hat über vier Milliarden Jahre gelernt, zu überleben. Im Sinne dieser biologischen Metapher ist zu fordern, dass mit OE-Maßnahmen nicht singuläre Probleme gelöst werden, sondern Lernfähigkeit und somit Hilfe zur Selbsthilfe gefördert wird (vgl. Elke, 1999).

Daher können nach außen hin OE-Maßnahmen oftmals weniger spektakulär erscheinen, als man es möglicherweise zunächst bei einer solchen Maßnahme annimmt. OE findet nicht nur bei Verkauf und Fusionen statt, sondern wie bei dem zweiten Eingangsbeispiel (vgl. Abschn. »Was Sie in diesem Kapitel erwartet«) als alltäglicher Bestand – Ziel: eine Organisation soll, vor allem im Wirtschaftskontext, in der konkurrenten Arbeits- und Wirtschaftswelt überlebensfähig bleiben. Ein wichtiges Lernfeld für alle, die OE-Maßnahmen planen oder über sie entscheiden (Arbeits- und Organisationspsychologen, das Management etc.), kann hierbei sein, OE systematisch anzusetzen, z. B., indem in der Praxis dem idealtypischen Verlauf des OE-Prozesses so weit wie möglich gefolgt wird. Auch die Entwicklung tragfähiger Theorien und ihr Praxistransfer sind als spezifische Lernfelder für Arbeits- und Organisationspsychologen, aber auch für die beteiligten Entscheidungsträger zu begreifen.

4.8 Kernpunkte und Übungsaufgaben

Kernpunkte

▶ Organisationsentwicklung (OE) wird als Anwendungspraxis, als wissenschaftliche Disziplin oder als interdisziplinäres Forschungsfeld verstanden.

▶ Als Anwendungspraxis wird sie unterschiedlich definiert. Es herrscht Einigkeit darüber, dass OE einen geplanten und systematischen Veränderungsprozess von Organisationen anstößt. Unklarheit herrscht hingegen über ihre Abgrenzung zur PE (vgl. Kap. 11). Insgesamt ist der Begriff der OE eklektizistisch.

▶ OE verfolgt sowohl institutionelle als auch individuelle Ziele. Sie legt bei dieser Zielverfolgung einen personalen, gruppenbezogenen, strukturalen oder integrativen Ansatz zugrunde. Letztlich ist es notwendig, individuelle, interindividuelle und strukturell-technologische Ansätze gleichermaßen zu berücksichtigen, damit OE erfolgreich sein kann. Diesem integrativen Ansatz wird in der soziotechnischen Systemtheorie Rechnung getragen (vgl. Abschn. 2.5).

▶ Verschiedene Phasenmodelle der OE schlagen einen idealtypischen Verlauf des OE-Prozesses vor. In der Praxis wird ein solch idealtypisches Vorgehen jedoch nur sehr selten realisiert. Ursachen für diese Diskrepanz zwischen Theorie und Praxis sind abermals vielfältig und überschneiden sich mit den Ursachen unzureichender empirischer Organisationsanalyse (z. B. Theoriemangel, unzureichende Messinstrumente, hoher Zeitdruck, machtpolitische Schwierigkeiten).

▶ Die grundlegenden Strategien der OE sind die Top-down-, Bottom-up- sowie die bipolare Strategie. Darauf aufbauend gibt es viele unterschiedliche OE-Maßnahmen und -Techniken, wie das Data-survey-Feedback oder das Grid organization development.

▶ In der Praxis werden OE-Maßnahmen oftmals durch Berater begleitet. Diese können unterschiedliche Funktionen übernehmen (von der Advokaten-Rolle bis zum Reflektor). Ihre Rolle wird kritisch diskutiert.

▶ Die Frage, ob OE-Maßnahmen in der Praxis erfolgreich sind oder nicht, hängt von vielen Bedingungen ab. Obgleich es in der Literatur zahlreiche Aussagen zu prozessförderlichen Bedingungen gibt, dürfen diese nur als Tendenzen verstanden werden, da – wie gesagt – ein Mangel an empirischer Forschung herrscht. Entsprechend existieren nur wenige Validitätshinweise zur Wirksamkeit von OE-Maßnahmen.

▶ An der OE als Anwendungsfeld wird theoretische und praktische Kritik geübt. Daraus wurden theoretische und praktische Erfordernisse abgeleitet, über denen das übergeordnete Postulat des individuellen und organisationalen Lernens steht.

Übungsaufgaben

▶ Anhand welcher Kriterien können Sie in der Praxis entscheiden, ob eine Interventionsmaßnahme tatsächlich als OE-Maßnahme zu bewerten ist?

▶ In welchen Phasen der OE sind unter welchen Bedingungen in der Praxis Abstriche möglich oder erforderlich?

▶ Wählen Sie eine exemplarische Methode der OE, und verdeutlichen Sie an diesem Beispiel die Rolle interner oder externer Berater.

▶ Welche Aspekte sind bei einer kritischen Reflexion der OE als Forschungs- und Praxisfeld zu bedenken?

▶ Inwiefern kann die Schulentwicklung als ein Sonderfall der OE gelten? Welche Besonderheiten sind für sie maßgeblich?

Weiterführende Literatur

Betriebswirtschaftliche Perspektive: Becker & Langosch (2002).
Organisationspsychologische Perspektive: Gebert (2007).
Überblick: French & Bell (1994).

Teil II
Interindividuelle Ebene

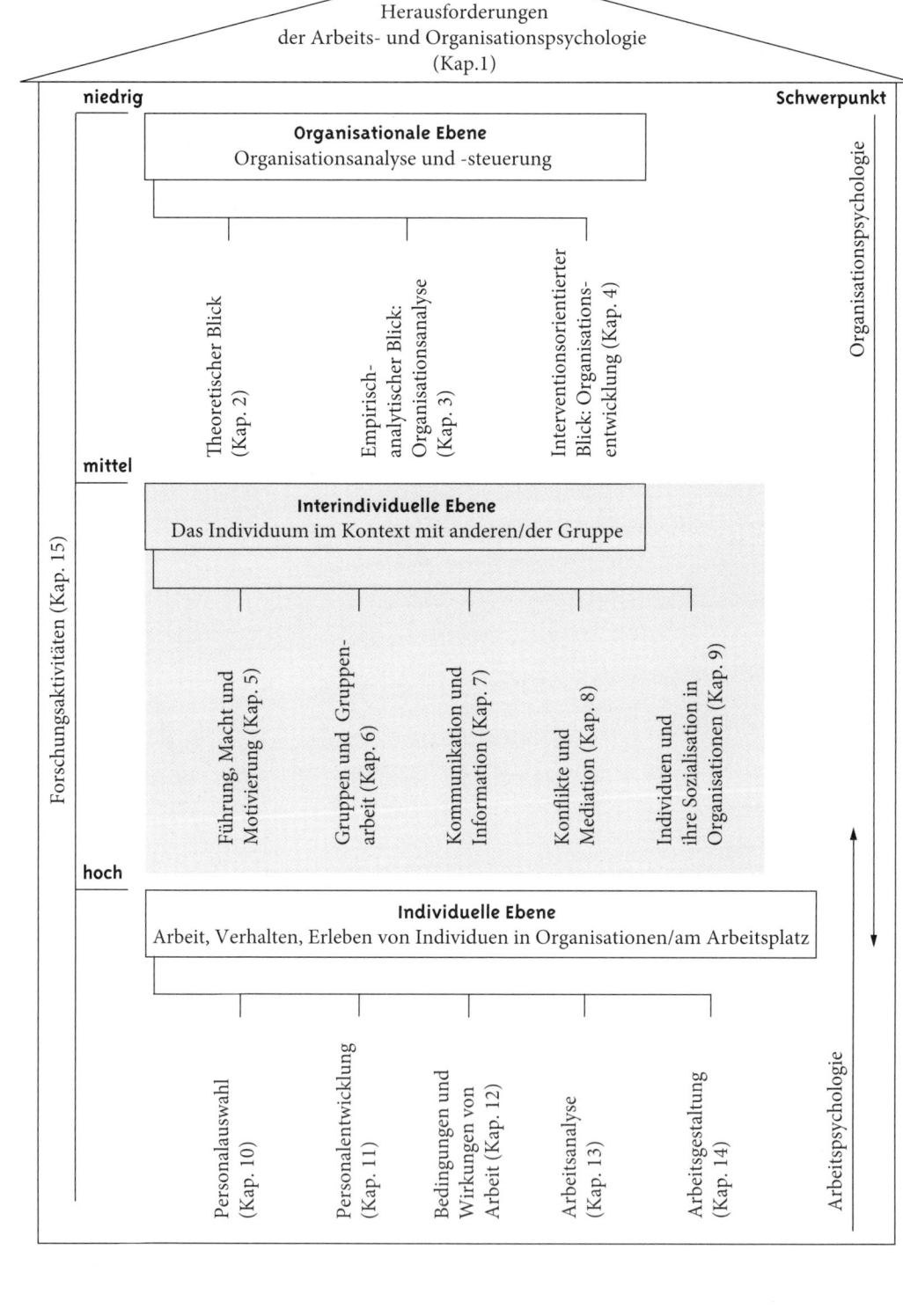

Herausforderungen
der Arbeits- und Organisationspsychologie
(Kap.1)

niedrig

Schwerpunkt

Organisationale Ebene
Organisationsanalyse und -steuerung

Theoretischer Blick
(Kap. 2)

Empirisch-
analytischer Blick:
Organisationsanalyse
(Kap. 3)

Interventionsorientierter
Blick: Organisations-
entwicklung (Kap. 4)

Organisationspsychologie

mittel

Interindividuelle Ebene
Das Individuum im Kontext mit anderen/der Gruppe

Führung, Macht und
Motivierung (Kap. 5)

Gruppen und Gruppen-
arbeit (Kap. 6)

Kommunikation und
Information (Kap. 7)

Konflikte und
Mediation (Kap. 8)

Individuen und
ihre Sozialisation in
Organisationen (Kap. 9)

hoch

Individuelle Ebene
Arbeit, Verhalten, Erleben von Individuen in Organisationen/am Arbeitsplatz

Personalauswahl
(Kap. 10)

Personalentwicklung
(Kap. 11)

Bedingungen und
Wirkungen von
Arbeit (Kap. 12)

Arbeitsanalyse
(Kap. 13)

Arbeitsgestaltung
(Kap. 14)

Arbeitspsychologie

Forschungsaktiviäten (Kap. 15)

5 Führung, Macht und Motivierung

Was Sie in diesem Kapitel erwartet

Das Thema Führung blickt auf eine lange Forschungstradition zurück, die bis heute anhält. Die Führungsforschung widmet sich vor allem zwei Fragen: Zeichnen sich erfolgreiche Führungskräfte durch bestimmte Persönlichkeitseigenschaften aus? Unter welchen Bedingungen sollte man welche Strategien einsetzen, um erfolgreich zu führen? Das Forschungsinteresse an Fragen der Führung wird auch durch die Praxis gespeist, die konkrete Antworten auf diese Fragen erwartet und Handlungsempfehlungen einfordert. Führung wird in Theorie und Praxis sowohl als wichtiges Steuerungsinstrument in Organisationen als auch als soziale Einflussnahme untersucht. Eng mit dem Thema Führung ist das Thema Macht verbunden. Daher werden in diesem Kapitel nicht nur einschlägige, für die Praxis relevante Forschungsbefunde vorgestellt, sondern auch die Verbindung von »Führung und Macht« kritisch dargestellt.

5.1 Führung als Thema in der Praxis

Personale Führung ist zielbezogene soziale Einflussnahme. Sie umfasst sowohl Führung, die Kommunikation nutzt, um Ziele zu erreichen, als auch Führung als Gruppenphänomen, bei der Interaktionen zwischen zwei oder mehreren Personen stattfinden (vgl. von Rosenstiel, 1999). Führung kann durch Personen erfolgen (z. B. durch zielorientierte Interaktion oder die Ausbildung von Rollen). Diese können die formale Führerschaft innehaben oder informelle Führung übernehmen. In beiden Fällen stehen Führender und Geführte in einem asymmetrischen Verhältnis. Formale Führerschaft liegt beispielsweise bei einem hierarchischen Beziehungsverhältnis vor. Sie kann durch Strukturen wie Entgeltsysteme, Verfahrensvorschriften und Stellenbeschreibungen geschehen (Wiendieck, 1994). Informelle Führung kann dagegen auch durch einen Kompetenzvorsprung oder eine autoritäre Persönlichkeit bedingt sein. Daher ist auch »Führung von unten« möglich, indem kompetente Mitarbeiter die Führungsrolle übernehmen, die durch den formalen Vorgesetzten nicht ausreichend wahrgenommen wird. Formale und informelle Führung stehen in Interaktion. So bildet sich die Führung durch Personen auch situativ-strukturell ab, indem z. B. die Chefrolle durch Statussymbole vermittelt wird. Hiermit verwandt ist die symbolische Führung (Wiendieck, 1994). Unterschieden werden kann hier zwischen passiver symbolisierter Führung, bei der Status und Macht z. B. über die Größe des Büros vermittelt werden, und aktiver symbolisierender Führung, bei der die statushöhere Person z. B. mehr Redezeit beansprucht (vgl. Abschn. 5.5.2).
Führung ist ein ideologisch belastetes Thema. Das hat in Deutschland auch historische Gründe: In der Literatur wird der Begriff des »Führers« weitgehend vermieden und durch historisch unbelastete Begriffe ersetzt (Führungsperson, Führender etc.). Die ideologischen und politischen Kontroversen über Führung, Führungsanspruch und Führungswirkungen sind Ausdruck der hohen Bedeutung des Themas in der unternehmerischen Praxis und in der Forschung. Es finden sich unterschiedliche ideologische Begründungen, warum es Führung in Unternehmen gibt (Wiendieck, 1994):

- ▶ Führung gibt es, weil Menschen geführt werden wollen.
- ▶ Führung gibt es, weil Menschen geführt werden müssen.
- ▶ Führung ist ein universelles soziales Prinzip.
- ▶ Führung ermöglicht und fördert Entwicklung.
- ▶ Führung ist funktional, um komplexe Systeme zu steuern.

In der aktuellen Führungsdiskussion wird eine Vielfalt von Einzelthemen erforscht und diskutiert (Weinert, 2004; Winterhoff-Spurk, 2002):
- ▶ Führung von Teams
- ▶ Weibliche Führungskräfte und Genderforschung
- ▶ Macht, Entscheidungsdelegation und Empowerment
- ▶ Moralische und ethische Führung
- ▶ Scheitern von Führungskräften
- ▶ Persönlichkeitseigenschaften und Führungseigenschaften
- ▶ Spezifische Führungsinstrumente (z. B. 360°-Feedback)
- ▶ Kulturspezifische Unterschiede in Führung und Führungseigenschaften
- ▶ Historischer Vergleich erfolgreicher Führung im 21. Jahrhundert

5.2 Führungstheorien

Die Literatur zu Führungstheorien ist umfangreich und wird nicht nur durch psychologische Forschung, sondern auch durch Theorien und Forschung anderer Disziplinen gespeist (z. B. Wirtschaftswissenschaften, Soziologie, Pädagogik). Im Mittelpunkt der theoretischen Positionen steht die Frage, wie Führungserfolg erklärt werden kann. Einige historische Studien zeigen bis heute Auswirkungen auf die aktuelle Theorienbildung. Als Beispiel werden in Abschnitt 5.2.3 aktuelle Kontingenzmodelle der Führung vorgestellt.

5.2.1 Klassifizierung von Führungstheorien

Menschenbildannahmen. Führungstheorien liegen spezifische Menschenbilder zugrunde. Zumeist wird die Theorie von McGregor diskutiert. Er unterscheidet zwischen der Theorie X und der Theorie Y und leitet jeweils verschiedene Führungsstile ab. Sind Führungskräfte beispielsweise der Auffassung, dass die von ihnen Geführten im Sinne der Theorie X »funktionieren«, so delegieren sie wenig und kontrollieren viel. Die Reaktion der Mitarbeiter wird vermutlich langfristig den Prognosen der Theorie X entsprechen. Ist die Führungskraft hingegen von der Existenz und Wirksamkeit der Theorie Y überzeugt, so sollte dies zu einem positiven Verstärkungs- und Regelkreis führen. In der Psychologie lassen sich im Feld der Führungstheorien verschiedene Ansätze unterscheiden:
- ▶ Eigenschaftstheoretische Ansätze (Erklärung des Führungserfolgs aufgrund der Persönlichkeitseigenschaften des Führenden, vgl. Abschn. 5.3)
- ▶ Verhaltenstheoretische Ansätze (Erklärung des Führungserfolgs aufgrund erlernter Verhaltensweisen, Erfassung und Analyse von Verhaltensstilen)
- ▶ Kontingenztheoretische bzw. situative Ansätze (Erklärung des Führungserfolgs aufgrund der Wechselbeziehung von Verhaltensmerkmalen und situativen Merkmalen, Erfassung und Analyse von Zusammenhangsmaßen, Erfassung und Analyse von Weg-Ziel-Entscheidungen)

▶ Transformationstheoretische Ansätze (Erklärung des Führungserfolgs aufgrund emotionaler Prinzipien, Beschreibung und Erklärung motivationaler und charismatischer Aspekte)

Viele moderne Führungsansätze lassen sich diesem Schema jedoch nur schwer zuordnen (vgl. Abschn. 5.2.3), sodass die nachfolgenden Theorien nicht diesem Schema entsprechend geordnet sind – allerdings finden sich in ihnen die Grundansätze wieder.

> **!**
>
> Die zentrale Frage der Theorien lautet: Wie kann Führungserfolg erklärt werden bzw. wie beeinflussen bestimmte Merkmale oder Verhaltensweisen der Führungskraft, der geführten Mitarbeiter und/oder der Situation den Führungserfolg?

5.2.2 Historisch bedeutsame Studien

Ausgewählt sind im Folgenden drei historisch bedeutsame Studien zu Führungsstilen und Führungsverhalten (vgl. Winterhoff-Spurk, 2002).

Ausgangsstudien von Lewin Ende der 1930er Jahre. Die frühen Untersuchungen von Lewin führten zu den Typen des demokratischen, autoritären und Laissez-faire-Führungsstils. Es wurden u. a. die Auswirkungen der verschiedenen Führungsstile von Gruppenleitern auf das Verhalten von Gruppenmitgliedern sowie das Gruppenklima untersucht (vgl. Fischer & Wiswede, 2002).

Die Ohio-Studien von Fleishman und Kollegen Anfang der 1950er Jahre. Das Ohio-Modell führte zur Unterscheidung von zwei Führungsstilen: (1) der I-S-Führungsstil (initiation of structure), (2) der C-Führungsstil (consideration). I-S-Stil bedeutet, dass ein Vorgesetzter Arbeitsrollen und Aufträge klar definiert und vorgibt. Beim C-Stil werden generell mehr Aufmerksamkeit und Rücksichtnahme des Führenden gegenüber seinen Mitarbeitern gezeigt. Beide Führungsstile sind voneinander unabhängig gedacht. Es wird als günstig bewertet, wenn beide Führungsstile hoch ausgeprägt sind und flexibel eingesetzt werden können.

Die Michigan-Leadership-Studien von Likert Anfang der 1960er Jahre. Diese Studien führten zur Unterscheidung produktions- und mitarbeiterzentrierter Führungsstile (production-centered, employee-centered). Beim produktionsorientierten Führungsstil wird der technische Aspekt der Arbeit betont und Mitarbeiter als Mittel zur Zielerreichung angesehen. Beim mitarbeiterzentrierten Führungsstil werden die persönlichen Aspekte (z. B. Beziehungen bei der Arbeit, aber auch Bedürfnisse und Ziele der Mitarbeiter) in den Vordergrund gerückt. Kurzfristig ist der produktionszentrierte Stil überlegen, bezüglich langfristiger Produktivität hingegen der mitarbeiterzentrierte Stil.

Weiterentwicklung. Der Ohio-Ansatz wurde von Blake und Mouton (1964) zum Grid-System (Grid = Gitter) weiterentwickelt (vgl. Abschn. 4.3, »Grid organization development«). Die beiden Dimensionen »Initiation structure« (I-S) und »consideration« (C) bilden mit einer jeweils 9-stufigen Skala eine Matrix ab, auf der sich prototypische Führungsstile abbilden lassen. Führungskräfte mit dem Führungsstil 9/9 (Team-Management) zeigen ein Führungsverhalten, das sowohl personenorientiert als auch aufgabenorientiert ist. Die praktische Anwendbarkeit des Ansatzes ist augenscheinlich. Führungskräfte werden in Trainings geschult, ihr Führungsverhalten am 9/9-Führungsstil auszurichten. Aus theoretisch-empirischer Sicht zeigt der Ansatz Mängel, eine systematische Korrelation zwischen Führungsstil und Führungseffektivität kann nicht belegt werden.

Der Führungsstil beschreibt ein eher konsistentes Muster des Führungsverhaltens. Führungsstile können unterschiedliche Verhaltensaspekte wie beispielsweise die Beziehungs- und Mitarbeiterorientierung oder die Ergebnis- und Aufgabenorientierung betonen.

5.2.3 Kontingenzmodelle der Führung

Historisch entwickelten sich die Führungstheorien weiter, indem über den verhaltenstheoretischen Ansatz hinaus auch spezifische Situationsvariablen berücksichtigt wurden. Daher sind die meisten neueren Führungstheorien »Kontingenzmodelle« (vgl. zum Überblick Walenta & Kirchler, 2005). Ihre Grundaussage lautet, dass die Beziehung zwischen Führungsverhalten und -eigenschaften einerseits und der Führungseffizienz andererseits von den jeweiligen situativen Bedingungen abhängt (Weinert, 2004). Besonders bekannte Beispiele für Kontingenzmodelle sind

▶ das Kontingenz-Modell von Fiedler (1971),
▶ das Entscheidungsmodell von Vroom und Yetton (1973) und
▶ der situative Ansatz (Reifegradansatz) von Hersey und Blanchard (1976).

Das Kontingenzmodell von Fiedler. Die zentrale Hypothese lautet: Die Leistung einer Gruppe ist eine Funktion der Beziehung zwischen dem Führungsstil und dem Ausmaß, in dem die Gruppensituation es der Führungskraft erlaubt, Einfluss auszuüben. Es werden – den historischen Studien vergleichbar (vgl. Abschn. 5.2.2) – zwei Führungsstile unterschieden:

(1) Ein aufgabenorientierter Führungsstil (task-oriented leadership): Befriedigung des Bedürfnisses nach Aufgabenlösung und Zielerreichung
(2) Ein personenorientierter Führungsstil (relation-oriented leadership): Befriedigung des Bedürfnisses nach guten menschlichen Beziehungen zwischen Führungskraft und Mitarbeitern.

Dem Kontingenzmodell liegt der LPC-Wert zugrunde (least preferred coworker). Er zeigt an, wie die Führungskraft den von ihm am wenigsten geschätzten Mitarbeiter beschreibt. Beschreibt er auch diesen Mitarbeiter noch wohlwollend, so wird angenommen, dass der Führende rücksichtsvoll und beziehungsorientiert ist. Zur Beschreibung der Führungssituation werden drei Dimensionen unterschieden:

(1) Positionsmacht: Inwieweit ermöglicht die Position dem Führenden, die Geführten in seinem Sinne zu führen?
(2) Strukturierung der Aufgabe: Inwieweit ist die zu lösende Aufgabe strukturiert?
(3) Führer-Mitarbeiter-Beziehungen: Inwieweit führen diese Beziehungen zu (Un-)Zufriedenheiten?

Die Effektivität des Führungsstils wird an der Leistung der Gruppe im Hinblick auf die Aufgabenstellung und an der Zufriedenheit der einzelnen Gruppenmitglieder gemessen. Empirische Studien führen zu dem in Abbildung 5.1 dargestellten Ergebnis. Auf der Basis dieser Befunde werden Empfehlungen ausgesprochen (vgl. Tab. 5.1).

Das Entscheidungsmodell von Vroom und Yetton (1973). Das Modell von Vroom und Yetton macht Aussagen über den zur jeweiligen Situation am besten passenden Führungsstil bzw. über die der Situation angemessenen Entscheidungspartizipation der Mitarbeiter. Dazu bilden die Autoren mit dem Modell eines Entscheidungsbaumes einen rationalen Entscheidungsprozess ab, der nahelegt, welcher Führungsstil zielführend ist. Diesem Vorgehen liegt die Annahme zugrunde, dass Gruppenentscheidungen zeitintensiv und daher möglichst »sparsam« einzuräumen sind.

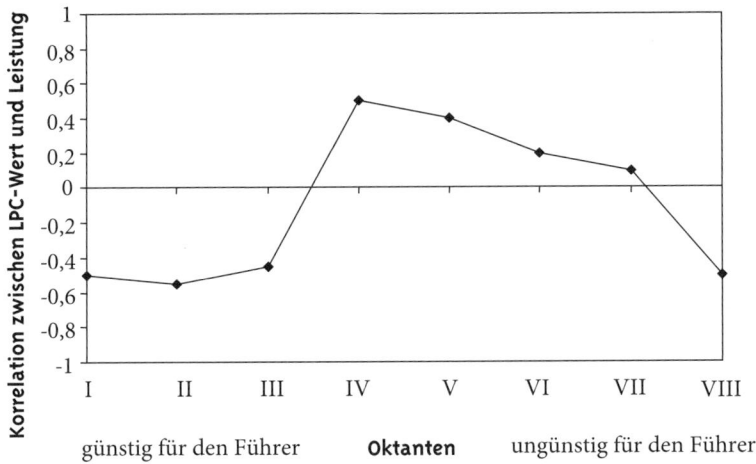

günstig für den Führer **Oktanten** ungünstig für den Führer

Abbildung 5.1 Median-Korrelationen zwischen dem LPC-Wert und der Gruppenleistung bezogen auf acht Situationen nach Fiedler (1971). Eine positive Korrelation zwischen dem LPC-Wert und den Gruppenleistungen bedeutet, dass die personenorientierte Führung am erfolgreichsten war (dies ist bei den Oktanten IV, V, VI und VII der Fall). Eine negative Korrelation bedeutet, dass eine aufgabenorientierte Führung erfolgreicher ist (dies liegt bei den Oktanten I, II, III und VIII vor)

Tabelle 5.1 Empfehlungen zum Führungsstil entsprechend Führungssituation, Führer-Mitarbeiterbeziehung, Aufgabenstruktur und Positionsmacht nach dem Kontingenzmodell von Fiedler (nach Weinert, 2004). Bei einer guten Führer-Mitarbeiter-Beziehung, einer hoch vorstrukturierten Aufgabe und großer bzw. hoher formaler Macht wird der aufgabenorientierte Führungsstil, bei schlechter Führer-Mitarbeiter-Beziehung, einer gering vorstrukturierten Aufgabe und geringer Positionsmacht der personenorientierte Führungsstil empfohlen

Situation	Führer-Mitarbeiter-Beziehung	Aufgaben-struktur	Positions-macht	LPC-Wert	Bevorzugter Führungsstil	Beispiel
Günstig	Gut	Hoch	Groß	Niedrig →	Aufgaben-motiviert	z. B. Verwaltungs-vorsitz
	Gut	Hoch	Schwach			
	Gut	Gering	Groß			
	Gut	Gering	Schwach	Hoch →	Beziehungs-motiviert	z. B. Stationsleitung in der Pflegearbeit
	Schlecht	Hoch	Groß			
	Schlecht	Hoch	Schwach			
	Schlecht	Gering	Groß			
Un-günstig	Schlecht	Gering	Schwach	Niedrig →	Aufgaben-motiviert	z. B. Projektleitung

Entscheidungspartizipation gilt als nicht erforderlich, wenn die Entscheidung der Führungskraft für die Mitarbeiter vermutlich konfliktfrei und akzeptabel ist. Insgesamt werden fünf empfehlenswerte Führungsstile bzw. Entscheidungsformen unterschieden:

▶ Autoritäre Entscheidungen durch die Führungskraft
▶ Autoritäre Entscheidungen durch die Führungskraft, nachdem Informationen bei den Mitarbeitern eingeholt wurden
▶ Alleinige Entscheidungen durch die Führungskraft, nachdem diese sich mit den einzelnen Mitarbeitern individuell beraten hat
▶ Alleinige Entscheidungen durch die Führungskraft, nachdem diese sich mit der Arbeitsgruppe beraten hat
▶ Gruppenentscheidungen

Sieben Fragestellungen führen zur Entscheidung über die erforderliche Entscheidungspartizipation der Mitarbeiter:

(1) Macht es nach Akzeptanz der Entscheidung einen Unterschied, welche Handlungsstrategie eingeschlagen wurde?
(2) Hat die Führungskraft alle notwendigen Informationen, um eine qualitativ hochwertige und damit »richtige« Entscheidung zu treffen?
(3) Ist das Problem strukturiert?
(4) Ist es für die Umsetzung notwendig, dass die Mitarbeiter die Entscheidung und ihre Folgen akzeptieren?
(5) Würden die Mitarbeiter die Entscheidung auch akzeptieren, wenn die Führungskraft die Entscheidung allein träfe?
(6) Teilen die Mitarbeiter die Ziele der Organisation, die durch die Entscheidung zur Lösung des Problems erreicht werden sollen?
(7) Wird die Entscheidung vermutlich zu Konflikten unter den Mitarbeitern führen?

Eine modellkonforme Entscheidungspartizipation geht häufig mit Mitarbeiterzufriedenheit einher und führt häufiger zu einer als erfolgreich eingestuften Entscheidung (vgl. Rodler & Kirchler, 2002). Für die Validität des Modells gibt es zahlreiche empirische Hinweise. Allerdings variiert die Effektivität des modellkonformen Verhaltens in Validierungsstudien. In der Praxis sind die idealen Entscheidungsvoraussetzungen, von denen das Modell ausgeht, kaum vorhanden. Zeit und Informationsverarbeitungskapazität sind begrenzt. Außerdem werden Entscheidungen nicht als isolierte Aufgaben, sondern in komplexen situativen Zusammenhängen gefällt (vgl. Kirchler & Schrott, 2003; Kirchler, 2008).

Der situative Ansatz (Reifegradansatz) von Hersey und Blanchard. Hersey und Blanchard (1976) haben ein situationales Entscheidungsmodell vorgelegt, das wie das Grid-System von Blake und Mouton von den Grundannahmen der Ohio-Schule ausgeht (vgl. Abschn. 5.2.2). Das situationale Entscheidungsmodell macht allerdings die Empfehlung von Führungsverhalten davon abhängig, welchen »Reifegrad« die jeweils Geführten besitzen. Unterschieden werden arbeitsbezogene und psychische Reife. Das Niveau des Reifegrades hängt ab von der Leistungsmotivation und Zuversicht bzw. Veranwortungsbereitschaft sowie von der aufgabenbezogenen Fähigkeit und Erfahrung. Im Modell ergeben sich aus der Passung von Führungsverhalten und Reifegrad vier Grundstile des Führens: Telling, Selling, Participating und Delegating. Bei geringem Reifegrad der Mitarbeiter wird beispielsweise »Telling« empfohlen (hohe Aufgaben- und geringe Mitarbeiterorientierung), während bei sehr hohem Reifegrad »Delegating« als erfolgversprechendes Führungsverhalten gilt (geringe Aufgaben- und geringe Mitarbeiterorientierung).

Die bisherigen Überlegungen machen deutlich:

► Führungsverhalten wird durch die Merkmale der Person und die Merkmale der Situation moderiert.

► Die Beziehung zwischen Führungsverhalten und Führungserfolg ist nicht linear, sondern unterliegt zahlreichen → Moderatorvariablen. Führungserfolg wird daher nicht nur durch das Führungsverhalten, sondern auch durch die Merkmale der Geführten und weitere situative Merkmale bedingt.

> Kontingenztheorien der Führung erklären den Führungserfolg nicht nur in Abhängigkeit von der Person, sondern auch von Merkmalen der Geführten und anderen situativen Merkmalen. Trotz aller berechtigter Kritik (z. B. stark vereinfachender LPC-Wert, unvollständige Situationsbeschreibung) weist das Kontingenz-Modell von Fiedler hohe Plausibilität auf und gilt als erstes Modell in der Geschichte der psychologischen Führungsforschung, das situative Bedingungen in einem empirisch überprüfbaren Führungsmodell berücksichtigt. Im Modell von Vroom und Yetton wird Führungsverhalten auf Entscheidungsverhalten reduziert abgebildet. Eine strukturierte Entscheidungsanalyse soll zur Identifikation des situativ idealen Führungsstils beitragen.

5.3 Führungspersönlichkeit und Führungseigenschaften

Die Frage nach der idealen Führungspersönlichkeit steht neben der Frage nach den Führungsstrategien und -stilen im Zentrum der Führungsforschung: Welche personalen Merkmale können Führungserfolg bzw. -effizienz vorhersagen (Abschn. 5.3.1)? Welche situationsspezifischen Merkmale erklären weitere Anteile in der Vorhersagbarkeit des Führungserfolgs (Abschn. 5.3.2)? Wie kann die Fähigkeit zum Führen entwickelt werden (Abschn. 5.3.3)?

5.3.1 Personale Merkmale zur Vorhersage von Führungserfolg

Personale Variablen umfassen das Gesamtgefüge menschlicher Merkmale mit Eigenschaften, Einstellungen, Handlungs- und Selbstkonzept des einzelnen Menschen. Sie bilden somit die Persönlichkeit des einzelnen Organisationsmitglieds.

Die personalistische Führungstheorie geht davon aus, dass Führungskompetenz ein Persönlichkeitsmerkmal ist und es daher »geborene Führer« gibt. In Einklang mit dieser Annahme steht das umstrittene Konzept der »charismatischen Führungsperson« (s. folgenden Kasten). In Trait-Theorien wird hingegen eine Kombination unterschiedlicher Persönlichkeitsmerkmale postuliert, die dem Führungserfolg bzw. der Führungseffizienz zugrunde liegen.

Das Konzept der charismatischen Führungsperson

Das Konzept der charismatischen Herrschaft wurde ursprünglich von Weber (1921/22; vgl. Schluchter, 2009) wissenschaftlich diskutiert. Im modernen Konzept der charismatischen Führung (bzw. des transformational leadership) wird aus dem Blickwinkel der Geführten bewertet, ob eine Führungsperson Charisma besitzt. Unter Charisma wird eine stark ausgeprägte Ausstrahlung und Überzeugungskraft einer Person verstanden. In den Mittelpunkt der Führungspraxis rücken Attributionen und Emotionen, um Leitgedanken und Treue gegenüber der Organisation zu vermitteln. Dazu benennt und beschreibt die charismatische Führungsperson Gefühle (z. B. Freude), die die individuelle Beziehung zur Organisation kennzeichnen sollen. Dadurch rückt die emotionale Bedeutung der Situation in den Vordergrund. Darüber hinaus wird auch die non- und paraverbale Kommunikation (vgl. Abschn. 7.1.1) eingesetzt, um Emotionen zu schüren und Menschen zu motivieren (z. B. Anheben der Augenbrauen beim Sprechen, Herstellung von Gleichklang der Gesten von Führungskraft und zu Führenden). Über dieses Konzept wird nicht nur kritisch diskutiert; es besteht – ohne dass es die Datenlage zulassen würde – geradezu ein ideologischer Streit. Beispielsweise wird von Psychoanalytikern kritisiert, dass diese Führungspersonen hochnarzisstisch seien und daher ein Risiko für Organisationen darstellten. Nicht unerwähnt bleiben sollte auch, dass charismatische Führungskräfte nicht unbedingt alleine führen. Andere Führungskräfte auf nachgeordneten Ebenen führen unter Umständen mit anderen Verhaltensweisen und anderen Instrumenten. Beispiele für Führungspersönlichkeiten, die als charismatisch diskutiert werden, sind in der Politik etwa Winston Churchill, Charles DeGaulle, Mahatma Ghandi, John F. Kennedy und Martin Luther King, in der Wirtschaft Alfred Herrhausen, José Lopez oder Heinz Nixdorf (vgl. Winterhoff-Spurk, 2002).

Hypothesen zu Führungseigenschaften. Entsprechend der Trait-Theorien findet sich in der Literatur eine überaus große Zahl von Texten zu personalen Merkmalen, die einen Führungserfolg wahrscheinlich machen sollen. Hierzu gehören (von Rosenstiel, 2007; Weinert, 2004)

► weitgehend stabile Persönlichkeitsmerkmale (z. B. hohe Leistungsorientierung, intellektuelle Fähigkeiten, aber auch kognitive Stile wie eine Verankerung im Bereich des Denkens und Urteils statt des Fühlens und Wahrnehmens entsprechend Jungs Typenlehre),

► erlernbare Kompetenzen (z. B. Fähigkeit zur Einflussnahme, soziale Kompetenzen) und

► motivationale Merkmale (z. B. die Motivation, ein selbstgesetztes Ziel zu erreichen; die Bereitschaft, mit anderen Menschen umzugehen).

Empirische Zusammenhänge. Viele Einzelmerkmale korrelieren mit Führung: z. B. Alter, Größe, Gewicht, Aussehen, Wortgewandtheit, Intelligenz, Schulerfolg, Wissen, Einsicht, Originalität, Anpassungsfähigkeit, Dominanz, Verantwortungsgefühl, Verlässlichkeit, soziales Geschick, Beliebtheit, Kooperationsbereitschaft und Selbstsicherheit. Die Korrelationen sind jedoch gering – es gibt ungewöhnlich große Streuungen der Korrelationskoeffizienten. Oftmals widersprechen sie sich auch (von Rosenstiel, 2007). Beispielsweise gibt es eine Diskussion darüber, ob Führungskräfte eher Verhaltensmuster nach Typ A oder Typ B entsprechend der Unterscheidung von Friedman und Rosenman (1974) zeigen (vgl. Abschn. 12.3). Die Daten entstammen der Stressforschung. Typ A-Verhalten ist durch eine starke Konkurrenzorientierung und Reizbarkeit, Typ B-Verhalten dagegen von einem eher ausgewogenem Verhaltensmuster geprägt. In der Führungsforschung werden diese Daten unterschiedlich gedeutet, beispielsweise, dass Führungskräfte, etwa des mittleren Managements, primär Typ A-Verhalten zeigen, aber dass Führungskräfte, die wirkliche Spitzenpositionen innehaben, tendenziell eher Typ B-Personen sind, die zu große Eile vermeiden und nicht nur den Konkurrenzkampf suchen, sondern auch Kreativität zeigen (Weinert, 2004). Viele Fragen bleiben offen, etwa, ob sich die Verhaltensmuster im Laufe der Karriere verändert haben.

Darüber hinaus herrscht Unklarheit über die Wirkrichtung der Zusammenhänge. Beispielsweise könnte Selbstsicherheit nicht nur Ursache von Führungserfolg sein, sondern Führungserfolg könnte seinerseits Quelle von Selbstsicherheit sein (von Rosenstiel, 2007). Zudem ist wahrscheinlich, dass Drittvariablen (z. B. Sozialschicht) mitwirken und die Zusammenhänge modellieren.

> Entgegen den Annahmen der personalistischen Führungstheorien und den Trait-Theorien gibt es nicht »die« erfolgreiche Führungspersönlichkeit. Stattdessen muss die Vorhersage von Führungserfolg bzw. -effizienz situative Aspekte und insbesondere auch Merkmale der Mitarbeiter berücksichtigen. Dazu sind im Einzelfall psychologische Wirkhypothesen aufzustellen und empirisch zu überprüfen.

5.3.2 Situationsspezifische Vorhersage von Führungserfolg

Zur Vorhersage von Führungserfolg bzw. -effizienz sind neben den Merkmalen des Führenden die Merkmale der Situation, der Aufgabe und der Mitarbeiter (der Geführten) einzubeziehen (vgl. Abb. 5.2). Berücksichtigt man die Vielfalt der Variablen, so zeigt sich beispielsweise, dass Führungserfolg innerhalb von Gruppen in starker Weise von den Erwartungen der Gruppenmitglieder abhängt (Neuberger, 2002).

Anwendungsbeispiel der Praxis. Im Assessment-Center wird versucht, Persönlichkeitseigenschaften und Kompetenzen nicht nur im Sinne personalistischer Führungstheorien zu messen. Stattdessen wird die Interaktion von potentieller Führungskraft, potentiellen Mitarbeitern, Aufgaben- und Situationsmerkmalen berücksichtigt. Dies geschieht beispielsweise in Rollenspielen oder Gruppensituationen: In Rollenspielen werden z. B. Feedbackgespräche simuliert, oder es wird der Umgang mit »schwierigen« (z. B. demotivierten) Mitarbeitern gezeigt. In Gruppensituationen werden Fallstudien diskutiert und gelöst. Dazu sind ebenfalls nicht nur fachliche, sondern auch soziale Kompetenzen von größter Bedeutung – denn die Zusammenarbeit mit anderen ist notwendig. Neben den Aufgabenmerkmalen sind auch die situativen Rahmenbedingungen zu berücksichtigen.

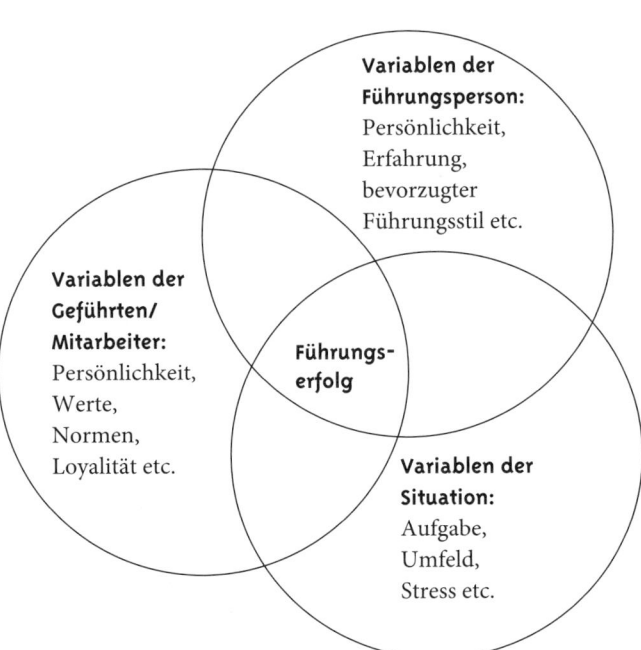

Abbildung 5.2 Variablen der Führungsperson, des Geführten, der Situation und ihre Wirkungen im Führungsprozess (Weinert, 2004). Es sind nicht nur Haupteffekte, sondern auch Wechselwirkungen zwischen den Variablen zu berücksichtigen

5.3.3 Entwicklung von Führungskräften

In der Praxis finden sich vielfältige Ansätze, um die Fähigkeit zur Führung zu entwickeln (z. B. Entwicklungstrainings für Führungskräfte). Ansatzpunkt dieser Interventionen sind jeweils erlernbare Kompetenzen.

Zunächst sollte auf der Basis von Theorien eine Situationsanalyse stattfinden: Welche Führungsaufgaben sind durch die Teilnehmer der Interventionsmaßnahme (z. B. des Trainings) in der Praxis zu bewältigen? Welche Führungsfähigkeiten benötigen sie dazu (z. B. Entwicklung von Zielen und Visionen, Motivation der Mitarbeiter und Ausrichtung auf die Zielerreichung, Delegation und Kontrolle von Teilaufgaben, Rückmeldung über Arbeitsergebnisse, Vermeidung und Klärung von Konflikten, Förderung der Kommunikation zwischen den Mitarbeitern)? Welche weiteren allgemeinen und geschäftsbezogenen Fähigkeiten sind auszubauen (z. B. sicherer und flexibler Umgang mit Präsentations- und Moderationstechniken, um Sitzungen zu leiten oder Ergebnisse zu präsentieren; Fähigkeiten zu Budgetplanungen)?

Die Empirie bestätigt, dass man Führungskompetenzen systematisch entwickeln kann (vgl. Neuberger, 2002). Zur Entwicklung einschlägiger individueller sozialer Kompetenzen wie z. B. Zuhören und Motivieren, Business-Fähigkeiten wie z. B. analytische Fähigkeit und unternehmerisches Denken sowie Selfmanagement-Kompetenzen wie z. B. Bereitschaft zur Selbstreflexion und Veränderung, stehen entsprechende psychologische Theorien bereit. Zwei Beispiele:

(1) Zur Mitarbeitermotivation kann auf Motivations- und Zielsetzungstheorien zurückgegriffen werden, wie die ursprüngliche Zielsetzungstheorie von Locke (1968) bzw. ihre Weiterentwicklung durch Locke und Latham (1991) (vgl. Abschn. 12.1). Aus diesen lassen sich Empfehlungen ableiten, wie Ziele formuliert sein sollten oder Feedback zu geben ist (vgl. Abschn. 11.5.2 und 11.5.3).

(2) Zur Verbesserung kommunikativer Kompetenzen stehen auf der Basis von Kommunikationstheorien zahlreiche Trainings mit inhaltsorientierten Techniken (z. B. Vermittlung theoretischen Wissens in Vorträgen) und prozessorientierten Techniken (z. B. Rollenspiele oder Arbeit an Fallstudien) zur Verfügung (vgl. Abschn. 7.3 und 11.4.2).

5.4 Personale Merkmale zur Vorhersage von Karriereerfolg

Obgleich die Vorhersage von Führungserfolg bzw. -effizienz nur sehr bedingt durch stabile Personeneigenschaften möglich ist, gibt es zwei Merkmale, die wesentlich zur Prognose von Karriereerfolg in Führungspositionen beitragen und nachfolgend besprochen werden: Geschlecht sowie klassenspezifischer Habitus.

Geschlecht. Das Geschlecht trägt zur Prognose von Karriereerfolg in Führungspositionen bei, obwohl es keinen spezifischen männlichen oder weiblichen Führungsstil gibt (vgl. von Rosenstiel, 2007). Spitzenpositionen werden nach wie vor fast ausschließlich von Männern besetzt. In den Vorständen der 30 sich im DAX befindlichen Unternehmen findet sich beispielsweise nur eine (niederländische) Frau (Handelsblatt, 5 (6), 7. 11. 2004). Darüber hinaus finden Selektionseffekte statt: Frauen, die Führungspositionen erklommen haben, sind häufig unverheiratet und kinderlos, während Männer in Spitzenpositionen zumeist verheiratete Väter sind. Von Rosenstiel (2007) diskutiert folgende Ursachen für die Unterrepräsentation von Frauen in Führungspositionen:

(1) Genetisch fixierte Geschlechtsdifferenzen: Hierzu gehört beispielsweise, dass Frauen evolutionsbiologisch eher dem Nachwuchs Schutz und Geborgenheit gaben, während Männer in

Gruppen auf die Jagd gingen. Männer können ungleich mehr Nachkommen haben als Frauen. Der Aufwand von Nachkommenschaft ist bei Frauen ungleich höher als bei Männern.

(2) Stereotyp: »Eine gute Führungskraft ist männlich.« Dies führt beispielsweise dazu, dass in einem Assessment-Center einem durchsetzungsfähigen Mann eher Eignung attestiert wird, während eine Frau mit gleicher Verhaltensweise als aggressiv oder zänkisch beschrieben wird.

(3) Fehlende Vorbilder: Da Frauen kaum Spitzenpositionen und Führungspositionen innehaben, gibt es nur wenige Vorbilder, nach denen sie sich richten könnten.

(4) Sozialisationseffekte: Qualifikations- und Studienwege werden von Frauen bevorzugt, die für die Entwicklung einer Führungsrolle in Unternehmen schlechte Voraussetzungen sind. Gestützt wird dies durch eine entsprechende schulische und familiäre Sozialisation.

(5) Rollenkonflikte: Die verschiedenen Rollen (Hausfrau, Mutter, Führungskraft) sind strukturell in Deutschland kaum vereinbar. Familienarbeit ist nach wie vor primär Sache der Frau und Mutter. Es stehen weniger Zeit und Energie für die eigene Karriere zur Verfügung.

(6) Selektion und Seilschaften: Die Selektion geschieht durch Männer in einer männerdominierten Arbeitswelt und behindert Frauen, beruflich aufzusteigen. Verschiedene Diskriminierungsmechanismen, wie Gehaltsdifferenzen, sind empirisch nachweisbar.

(7) Kostengründe: Frauen werden seltener für Führungspositionen ausgewählt, da sie in der Phase der Familiengründung oftmals das Angebot der Elternzeit wahrnehmen.

(8) Höhere Fremdansprüche: Frauen in Führungspositionen stehen in Organisationen mehr auf dem »Prüfstand«, da sie Minderheitenstatus haben. Ihre Aktivitäten (z. B. Kündigung von Mitarbeitern) werden deutlicher beobachtet und bewertet.

!

> Als wesentliche Ursachen für die Unterrepräsentation von Frauen in Führungspositionen werden diskutiert: personale Dispositionen, Stereotypisierungen, Rollenkonflikte, Diskriminierung, ökonomische Vorbehalte (z. B. durch familiär bedingte Auszeiten) und Folgen des Minderheitenstatus in der Wirtschaft.

Klassenspezifischer Habitus. Eine weitere wichtige personale Variable für Karriereerfolg in Führungspositionen ist der klassenspezifische Habitus. Dazu gehören beispielsweise die souveräne Beherrschung von Umgangsformen, die Kenntnis ungeschriebener Gesetze und Regeln, der frühe Aufbau von Kontakten und Beziehungen, Souveränität im Auftreten, hohe Allgemeinbildung, optimistische Lebenseinstellung und ein hohes Maß an unternehmerischem Denken (Winterhoff-Spurk, 2002).

Laut Winterhoff-Spurk stammen 80 % der Vorstandsvorsitzenden der 100 größten deutschen Unternehmen aus den gehobenen Sozialschichten. Kinder aus dem Großbürgertum haben eine bis zu 180 % höhere Erfolgsquote bei der Besetzung von Spitzenpositionen in Wirtschaftsunternehmen. Auch dies bestätigt – wie bei den Geschlechtsunterschieden – die Bedeutung von Selektionseffekten und Beziehungen.

5.5 Führung und Macht

Führung und Macht werden oft in einem Atemzug genannt. Gleichwohl ist die Literatur zur Macht vor allem soziologischer Natur. Lange Zeit war das Thema Macht in Organisationen tabuisiert – eine Tendenz, die sich nur langsam auflöst (Hoffmann, 2003). Diese neu entfachte Diskussion wird nachfolgend aufgegriffen. Dazu werden zunächst die theoretischen Grundlagen von Macht beleuchtet (Abschn. 5.5.1), die Manifestation sozialer Macht in Organisationen hinterfragt (Abschn. 5.5.2), Macht als Motiv psychologisch analysiert und die Kosten von Macht beleuchtet (Abschn. 5.5.3).

5.5.1 Definition und Grundlagen von Macht

Macht ist durch eine asymmetrische Interaktionsbeziehung gekennzeichnet, bei der die Austauschpartner über ungleiche Mittel verfügen (Fischer & Wiswede, 2002). Fischer und Wiswede unterscheiden verschiedene Formen sozialer Macht, wie potentielle und realisierte Macht, formelle und informelle Macht, personale und strukturelle Macht. Als Grundlagen der Macht differenzieren sie zwischen Belohnungsmacht, Bestrafungsmacht, legitime bzw. legitimierte Macht, Identifikationsmacht, Expertenmacht, ökologische Macht sowie Macht durch Emotionen. Jede Form der Macht kann mit unterschiedlichen Mitteln realisiert werden (vgl. Abb. 5.3).

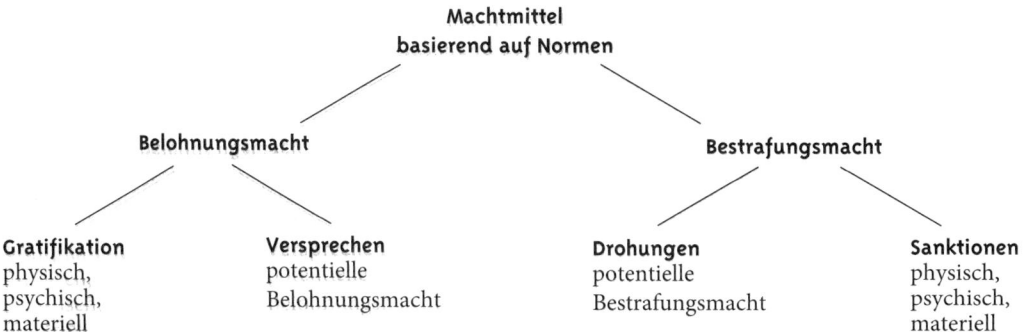

Abbildung 5.3 Differenzierung von Machtmitteln (nach Fischer & Wiswede, 2002). Die Verwendung von Machtmitteln basiert auf Normen. Machtmittel können Belohnungs- und Bestrafungsmacht ausdrücken. Zur Belohnungsmacht in Unternehmen gehören z. B. Gratifikationen, aber auch Versprechen. Bestrafungsmacht bedient sich Sanktionen und Drohungen

5.5.2 Manifestation sozialer Macht

Die Art und Weise, wie sich soziale Macht manifestiert, ist ein zentraler Aspekt von Führungsverhalten, denn Führungsverhalten ist immer auch Verteidigung einer eigenen Machtposition gegenüber Mitarbeitern, möglichen Konkurrenten oder gar Nachfolgern. Macht kann sich unterschiedlich manifestieren (vgl. Winterhoff-Spurk, 2002):

▶ Verbal (z. B. hohes Sprachschichtniveau, formale Anredevariante, lange Redezeit)
▶ Nonverbal (z. B. Körperhaltung, wie aufrechter Gang und zugleich entspannte Körperhaltung, dynamische Bewegungen, abstützende Hände in den Hüften)
▶ Paraverbal (z. B. schnelles Sprechtempo, geringere Lachfrequenz)

Klassisches Beispiel für die Demonstration von Macht ist das → Behavior setting bzw. spezifisch das → Seating behavior von Führungskräften: Welche Lage hat das Chefbüro im Gebäude? Ist der Zutritt nur über »Pufferpersonen« (engl. »buffer«) (z. B. Assistent, Sekretärin) möglich? Wie groß ist das Büro? Wie ist es eingerichtet? Gibt es einen runden oder nur einen eckigen Tisch? Unterscheidet sich der Chefsessel von den anderen Sesseln und Stühlen im Büro? Wie sind Tisch und Stühle angeordnet (vgl. Hellbrück & Fischer, 1999)?

5.5.3 Machtmotiv und Kosten von Macht

Machtmotiv. Bezogen auf Führungssituationen wird Macht vor allen Dingen im Sinne des zugrunde liegenden Motivs diskutiert. Zum Machtmotiv werden in der Literatur folgende Annahmen formuliert (vgl. Fischer & Wiswede, 2002):

▶ Individuen unterscheiden sich in der Stärke ihres Machtmotivs.

▶ Macht kann zur Erreichung von Zielen ausgeübt werden. Die Ausübung kann aber auch Selbstzweck sein.

▶ Macchiavellistische Persönlichkeiten (vgl. Macchiavellismus: rücksichtslose Machtpolitik) verstehen es, Personen zur Erreichung von Zielen skrupellos zu instrumentalisieren.

▶ McClelland (1961) unterscheidet zwischen P- und S-Macht als zwei Formen des Machtmotivs. P-Macht dient individuellen, egoistischen Zielen (vor allem der eigenen Machterweiterung). S-Macht dient hingegen dem Kollektiv und enthält eine soziale Komponente.

▶ Im Allgemeinen kennt das Machtmotiv keine Sättigungsgrenze.

Kosten der Macht. Auch auf Seiten der Führungskraft ist Macht nicht nur positiv besetzt (z. B. Möglichkeit, Ziele durchzusetzen). Stattdessen bedeuten der Besitz und die Ausübung von Macht immer auch Kosten: Kosten für Erlangung, Erhaltung, Präsentation oder Ausübung von Macht sowie psychologische Kosten durch die mit der Macht verbundene Verantwortung (Fischer & Wiswede, 2002). Schließlich kann Macht auch die Korruption fördern. So steigert der Zuwachs an Machtmitteln die Wahrscheinlichkeit des Einsatzes. Der Gebrauch der Macht steigert das Selbstwertgefühl. Sich Unterwerfende werden von Machthabenden leicht als Schwächlinge abgewertet, und die abgewerteten Personen geraten dann in eine größere soziale Distanz zum Machthabenden (Fischer & Wiswede, 2002).

5.6 Folgerungen für die Praxis

Die Forschung zu Führungstheorien ist äußerst umfangreich. Das liegt auch daran, dass aus der Praxis ein hoher Informationsbedarf besteht, z. B. bei Fragen der Selektion (geeignete Führungseigenschaften von Personen) und Modifikation (situationsspezifischer Einsatz von Führungsstilen). Die Forschung bietet einige Antworten (von Rosenstiel, 2007), wie im Folgenden dargestellt wird.

Sozialbeziehungen und Normen. Wenn Menschen gemeinsam arbeiten, entstehen über die Sachbeziehung hinaus immer auch Sozialbeziehungen. Diese sind in ihrer Form und in ihrem Verlauf gestaltbar und oftmals vorhersagbar. Bei der gemeinsamen Arbeit existieren implizite und explizite Normen, die die Arbeit gestalten und steuern. Diese Normen betreffen eine Vielfalt von Aufgaben und Informationen. Über die formale Führung hinaus, die etwa über eine hierarchische Gliederung in einem Unternehmen festgelegt ist, gibt es auch innerhalb einer formal gleichgestellten Gruppe oftmals die informelle Übernahme von Führung.

Interaktion. Es gibt für die Führung in Gruppen weder eine optimale Person mit einem optimalen Führungsprofil noch ein optimales Führungsverhalten. Stattdessen sind die jeweiligen situationalen Führungsbedingungen, die zu Führenden und die Anforderungen und Aufgaben entscheidende Faktoren, die untereinander in Interaktion stehen. Daher erfordern verschiedene Führungssituationen unterschiedliches Verhalten: Die Führung im Elternbeirat erfordert beispielsweise andere Handlungskompetenzen als die Führung einer zwanzigköpfigen Abteilung einer Produktionsfirma. Ob beide Führungsaufgaben von ein und derselben Person ausgeführt werden können, hängt entsprechend der zuvor genannten Modelle von der personalen Flexibilität ab, sich auf die verschiedenen Situationen und Bedingungen einzustellen und unterschiedlich zu verhalten.

> **!**
>
> Allen Führungssituationen gemeinsam ist die Notwendigkeit, den Einsatz von Einflussmöglichkeiten und damit die Macht der Gestaltung, Steuerung, Bestrafung etc. zu reflektieren. Dies betrifft nicht nur die Reflektion ideologischer Begründungen von Führung und Macht, sondern auch die zunehmende Verantwortung, die mit steigender Macht und größeren Führungsaufgaben einhergeht. Dabei ist Führung nicht ausschließlich im Sinne einer rationalen, zielbezogenen Einflussnahme zu interpretieren. Führungsforschung ist ein komplexes Forschungsfeld mit vielen aktuellen Themen (vgl. Abschn. 5.1). In der Praxis steht die Frage im Vordergrund, wie ökonomischer und sozialer Führungserfolg gesichert werden kann.

5.7 Kernpunkte und Übungsaufgaben

Kernpunkte

▶ Führung ist eine zielbezogene Einflussnahme. Sie kann durch Personen oder Strukturen erfolgen.

▶ Führungstheorien setzen sich mit der Frage auseinander, wie bestimmte Merkmale oder Verhaltensweisen Führungseffizienz und -erfolg beeinflussen. Klassische Führungstheorien werden in eigenschafts-, verhaltens- und interaktionstheoretische Ansätze unterschieden. Neuere Ansätze sind das Kontingenzmodell von Fiedler, der Reifegradansatz von Hersey und Blanchard sowie das Entscheidungsmodell von Vroom und Yetton.

▶ Führungseffizienz bzw. -erfolg hängen nicht nur vom Führungsverhalten ab, sondern ebenso von Merkmalen der Geführten sowie von situativen Bedingungen und der Führungsaufgabe. Dies erklärt u. a., weshalb es keine stabilen Persönlichkeitsmerkmale gibt, die Führungserfolg valide vorhersagen können: Entgegen der personalistischen Führungstheorie sowie der Trait-Theorien gibt es »die« Führungspersönlichkeit nicht. Auch personale Merkmale (Geschlecht, klassenspezifischer Habitus) sagen nicht Führungs-, sondern nur Karriereerfolg stabil und varianzstark vorher. Stattdessen kann die Fähigkeit zu führen entwickelt werden. Dabei erfolgt das Training situationsspezifisch, in der Form, wie die Fähigkeit zum Führen üblicherweise auch gemessen wird (z. B. in Assessment-Center).

▶ Das Thema »Führung« ist vor allem in Deutschland ideologisch belastet – auch, weil Führung und Macht eng miteinander verbunden sind. Macht kann sich als asymmetrische Interaktionsbeziehung unterschiedlicher Mittel bedienen und auf verschiedene Weise in Organisationen ausdrücken (z. B. im Seating behavior von Führungskräften). Dabei basiert Machtausübung auf dem Machtmotiv, das im Allgemeinen keine Sättigungsgrenze kennt. Doch Macht hat auch Kosten (z. B. für ihre Erlangung, Erhaltung und Präsentation).

▶ Insgesamt ist die Führungsforschung umfangreich. Sie gibt detaillierte Antworten auf Fragen der Selektion (geeignete Führungseigenschaften von Personen) und Modifikation (situationsspezifische Verwendung geeigneter Führungsstile). Damit leistet die Forschung einen wichtigen Beitrag, um Führungserfolg in der Praxis zu sichern und den Einsatz von Führungsmethoden zu reflektieren.

Übungsaufgaben

▶ Welche Führungsstile werden in verschiedenen Theorien unterschieden, und welche Empfehlungen leiten sich für die Frage der Modifikation des Führungsverhaltens ab?

▶ Warum gibt es weder aus theoretischer noch aus empirischer Sicht die ideale Führungspersönlichkeit?

▶ Welche Bezüge hat Führung zur Macht? Wie sind diese zu bewerten?

Weiterführende Literatur

Grundlagen: Neuberger (2002); Wunderer (2003); Yukl (1998).
Führungsinstrumente: Felfe (2009); Hossiep et al. (2008).
Macht: Fischer & Wiswede (2002); Hoffmann (2003).
Qualitätssicherung: Wübbelmann (2005).

6 Gruppen und Gruppenarbeit

Was Sie in diesem Kapitel erwartet

Gruppen und Gruppenarbeit werden als ein Fundament moderner Organisationen bewertet: Sie sollen dazu beitragen, Kosten zu sparen sowie → Effizienz und Produktivität zu erhöhen. In Gruppen sollen bessere Entscheidungen gefällt und mehr Kreativität gefördert werden als durch die Arbeit einzelner Mitarbeiter. In diesem Kapitel wird gezeigt, dass das nicht immer der Fall ist: Es müssen bestimmte Bedingungen gegeben sein, damit Gruppenarbeit (Qualitätszirkel, autonome oder fachübergreifende Teams, Fertigungsteams etc.) höhere Leistungen als die Summe der Einzelarbeitsplätze erzielt. Auch werden Erschwernisse von Gruppenarbeiten diskutiert, etwa Probleme bei der Einführung von Gruppenarbeit als langfristige Organisationsentwicklungsmaßnahme oder das Problem des Gruppendenkens. Die Organisationspsychologie greift dabei auf die Erkenntnisse der Sozialpsychologie zurück. Hier wurden bereits in den frühen 1920er Jahren die Pionierarbeiten zu gruppendynamischer Forschung und sozialer Gruppe geleistet. Viele der Konzepte, die heute im Praxisfeld der Organisationspsychologie zur Gruppenarbeit diskutiert werden, wurzeln in dieser frühen sozialpsychologischen Forschung.

6.1 Definitionen und grundlegende Aspekte der Gruppenarbeit

In einer Gruppe haben mehrere Personen über eine längere Zeit hinweg die Möglichkeit zur unmittelbaren Interaktion. Ergänzend werden noch folgende Definitionsmerkmale genannt: Rollendifferenzierung, gemeinsame Normen, Werte und Ziele sowie Ausbildung einer gemeinsamen Identität (Wir-Gefühl). Ein Arbeitsteam stellt eine spezifische Kategorie von Gruppen dar. Es besteht aus wenigen Mitgliedern, deren zielbezogene Zusammenarbeit durch Kooperation und kollektive Verantwortlichkeit geprägt ist, sodass das Team gern zusammenarbeitet. Ergänzend werden eine geringe hierarchische Binnenstruktur und eine intensive Bindung der Mitglieder an das gemeinsame Team genannt (von Rosenstiel, 2007). Aufgrund des breiteren Begriffsumfangs wird im Folgenden von »(Arbeits-)Gruppe« gesprochen – der Begriff des Teams wird nur bei eingeführten Fachtermini (z. B. Fertigungsteam) verwandt. Unterschiedliche Formen von Gruppenarbeit können klassifiziert werden nach

▶ Gruppengröße,
▶ Dauer der Zusammenarbeit (permanent oder temporär),
▶ formale vs. informelle Zusammenarbeit (als »natürliche« Gruppierungen),
▶ Stärke der Leistungsorientierung und
▶ Arbeitsstil.

Sozialpsychologische Aspekte

Bei der sozialpsychologischen Betrachtung von Gruppenarbeit stehen das Erleben und Verhalten der einzelnen Gruppenmitglieder im Vordergrund. Zentrale Begriffe sind Gruppennormen, Gruppenkohäsion und soziale Rollen – sie werden nachfolgend erläutert.

Unter einer Gruppe versteht man eine Zahl von Personen, die für eine bestimmte Zeit unmittelbar miteinander interagieren und gemeinsam Ziele verfolgen. Der Begriff Team beschreibt das gleiche soziale Gebilde, wird aber in der Praxis eher für aufgaben- und leistungsorientierte Gruppen verwendet. Gruppennormen sind von allen Gruppenmitgliedern geteilte Erwartungen darüber, wie Mitglieder der Gruppe in bestimmten Situationen denken und handeln sollten. In der Praxis können Gruppennormen den formalen Normen einer Organisation entsprechen, sie konstruktiv ergänzen oder ihnen entgegenwirken.

Gruppennorm. Man unterscheidet u. a. formelle und informelle Normen sowie explizite und implizite Normen. Inhaltlich können sich die Normen auf unterschiedliche Felder erstrecken, z. B. den Arbeitsprozess, den sozialen Umgang miteinander oder die Zuweisung von Ressourcen. Die Funktionen von Normen im Kontext von Gruppenprozessen sind vielfältig, z. B. Stärkung von Solidarität und Gruppenidentität, Erhöhung der Vorhersagbarkeit und Berechenbarkeit des Verhaltens einzelner Gruppenmitglieder, Vermittlung von Verhaltenssicherheit und sozialen Erwartungen (z. B. über Arbeitsleistungen). Dadurch wird die Gefahr verringert, dass das gemeinsame Ziel nicht erreicht wird oder dass soziale Konflikte entstehen (Weinert, 2004). Akzeptanz der Gruppennormen drückt sich in Konformität aus, indem Mitarbeiter ihre individuellen Stellungnahmen in Richtung Gruppenstandard verändern.

Gruppenkohäsion. Ebenfalls Ausdruck von Gruppennormen ist die Gruppenkohäsion. Diese meint den inneren Zusammenhalt der Gruppe bzw. den Grad ihrer Geschlossenheit (Weinert, 2004). Eine Steigerung der Gruppenkohäsion erhöht die individuelle Arbeitszufriedenheit. Sie steigert aber nur unter bestimmten Bedingungen die Leistung, beispielsweise wenn sich Organisations- und Individualziele durch Einführung von Partizipationsverfahren einander annähern, wie es in Form teilautonomer Arbeitsgruppen angestrebt wird (von Rosenstiel, 2007). Auch die umgekehrte Wirkrichtung ist zu beobachten: Hohe Produktivität wird zur Ursache hoher Gruppenkohäsion, indem der gemeinsame Erfolg die Motivation und das Wir-Gefühl steigert.

Soziale Rollen. Soziale Rollen sind soziale Erwartungen über Einstellungen und Verhaltensmuster an den Rollenträger. In jeder Gruppe hat jedes Gruppenmitglied eine oder mehrere soziale Rollen. Die wesentlichen Rollen in Gruppen sind (vgl. Weinert, 2004)
▶ aufgabenorientierte Rollen (sachorientiert),
▶ beziehungsorientierte Rollen (sozio-emotional) und
▶ selbstorientierte Rollen (individuelle Bedürfnisse und Wünsche).
Rollenidentität liegt vor, wenn die eigenen Einstellungen und Verhaltensweisen mit den erwarteten Einstellungen und Verhaltensweisen übereinstimmen. Es gibt jedoch Inter- und Intrarollenkonflikte. Bei Intrarollenkonflikten ist die Person in einem Konflikt mit sich selbst. Bei Interrollenkonflikten existieren unterschiedliche Erwartungen darüber, wie eine bestimmte Rolle auszuführen ist. Zur Lösung dieser Konflikte wurden in der Praxis verschiedene Interventionsstrategien entwickelt (z. B. das Rollenverhandeln), die auch Teil eines Mediationsprozesses sein können (vgl. Kap. 8).

Das Rollenverhandeln

Das Rollenverhandeln kann sowohl innerhalb einer Gruppe als auch bei Rollenkonflikten zwischen Gruppen angewendet werden. Diese Methode dient dazu, Rollenerwartungen zu präzisieren und gegeneinander abzuklären (vgl. Gebert, 2007). Dabei wird nach folgenden Schritten vorgegangen:

(1) Festschreibung von Rollenerwartungen an die übrigen Gruppenmitglieder mithilfe von Leitfragen (z. B. nach hilfreichen und weniger hilfreichen Verhaltensweisen des anderen)
(2) Mitteilung und Visualisierung dieser Rollenerwartungen
(3) Verhandeln über widersprüchliche Rollenerwartungen und Protokollierung des Ergebnisses

Prozess der Gruppenbildung. Analog zur Entwicklung sozialer Gruppen werden auch in der Entwicklung von Arbeitsgruppen verschiedene Phasen unterschieden, in denen sich jeweils aufgaben- und beziehungsorientierte Entwicklungsaufgaben stellen. Innerhalb der Sozialpsychologie wurde die Entwicklung von Gruppen systematisch untersucht. Nach Tuckman (1965) werden vier Phasen der Gruppenbildung unterschieden.

▶ Phase 1: Forming. Einzelpersonen schließen sich zu einer Gruppe zusammen. Die Situation ist noch unklar und undifferenziert. Auf der Sachebene werden Aufgaben und Rahmenbedingungen geklärt, auf der Beziehungsebene geht es um Kontaktaufnahme und um soziale Orientierung. In der Regel ist eine starke Orientierung aller an der Führungskraft zu beobachten.

▶ Phase 2: Storming. Erste Konflikte brechen auf, Macht- und Statusklärungen finden statt. Hinsichtlich der gemeinsamen Aufgabe klären die Gruppenmitglieder nun Rollen und Aufgabenverteilung. Die Beziehungsdynamik lässt noch immer Rollenwechsel und interne Rivalität zu, die starke Führungsorientierung zeigt sich nun häufig darin, dass die Führungskraft in Frage gestellt wird.

▶ Phase 3: Normierung. Es werden gemeinsame Normen und Werte ausgehandelt. Die Gruppenmitglieder beginnen sich in ihrer Unterschiedlichkeit zu akzeptieren. Die Aufgaben- und Rollenverteilung ist geklärt, es entwickelt sich Gruppenidentität.

▶ Phase 4: Performing. Die Gruppe geht zu einer geordneten Arbeitsweise über. Aufgaben- und Rollenverteilung sind funktional aufeinander abgestimmt. Die Gruppenmitglieder sind nun in der Lage, produktiv Leistung zu erbringen und Arbeitsmethoden und Arbeitstechniken zu optimieren.

Tuckman und Jensen (1977) ergänzen das Modell mit Blick auf Arbeitsgruppen um eine fünfte Phase »Adjourning«, in der Gruppenergebnisse bilanziert werden und sich Mitglieder wieder von der Gruppe trennen und neue Beziehungen suchen.

Sozialpsychologische Kenntnisse über Gruppenbildung und -prozesse werden genutzt, um Teams in der organisationalen Praxis schneller zu effizienter Zusammenarbeit zu führen. Dazu können beispielsweise Workshops stattfinden, die die Gruppenentwicklung in den Phasen 2 und 3 unterstützen, um Gruppenprozesse zu beschleunigen und zu kontrollieren. Allerdings lässt sich ein Modell wie das von Tuckman nur eingeschränkt in die Praxis der Arbeitsgruppe übertragen, da es u. a. den Einfluss organisationaler Vorgaben und Rahmenbedingungen und den Einfluss gemeinsamer Arbeitserfahrung kaum berücksichtigt (vgl. Ardelt-Gattinger, 1998). Teamdiagnose und Teamentwicklung knüpfen daher zwar an die Ergebnisse der sozialpsychologischen Forschung an, betonen aber, dass Teams ergebnisorientierter und in ihrer Entwicklung irregulärer sind als die im sozialpsychologischen Labor untersuchten Gruppen.

6.2 Gruppenarbeit: Bedingungsfaktoren für den Erfolg

Der Erfolg von Gruppenarbeit kann nach unterschiedlichen Kriterien bewertet werden:
(1) Leistungs- und ergebnisbezogene bzw. ökonomische Kriterien
(2) Mitarbeiterbezogene Kriterien wie z. B. die Qualifizierung der Mitarbeiter
(3) Organisationsbezogene Kriterien wie z. B. Zusammenarbeit und Lernübertragungen
(4) Humankriterien wie z. B. Persönlichkeitsförderlichkeit und Sozialverträglichkeit

Aussagen darüber, ob die Einführung von Gruppenarbeit bezogen auf diese Kriterien erfolgreich ist, betreffen Modelle der Gruppenleistung, die nachfolgend besprochen werden. Modelle der Gruppenleistung dienen dazu, den Erfolg von Gruppen im Sinne ihrer → Effektivität vorherzusagen. Dabei stehen Leistungs- bzw. ökonomische Kriterien im Vordergrund. Das Modell der Gruppenleistung nach Steiner (1972) sei exemplarisch genauer betrachtet. Die Kernaussage des Modells lautet: Die tatsächliche Gruppenleistung ist eine Funktion der potentiellen Gruppenleistung minus Prozessverlusten plus Prozessgewinnen.

Die potentielle Gruppenleistung hängt von der Struktur der Arbeit ab. Dabei werden drei Grundformen unterschieden:
(1) Additive Aufgaben. Die Gruppe ist als Ganzes besser als das Mitglied, das am meisten leistet (z. B. gemeinsam Lasten heben, Ideen sammeln etc.). Die Gruppenleistung ergibt sich aus der Summe der Einzelleistungen.
(2) Konjunktive Aufgaben. Die potentielle Gruppenleistung ist so gut wie die des schwächsten Gruppenmitglieds (z. B. gemeinsame Wanderung).
(3) Kompensatorische Strukturierung. Die potentielle Gruppenleistung besteht aus dem Durchschnittswert der Einzelleistungen (z. B. Mehrheitsbeschlüsse, Schätzaufgaben).
(4) Disjunktive Aufgaben. Die potentielle Gruppenleistung ist durch die beste Einzelleistung bestimmt, z. B. bei Problemlöse- oder Entscheidungsaufgaben. Die Gruppe einigt sich auf den besten Lösungsvorschlag unter allen Vorschlägen, die eingebracht wurden.

Die tatsächliche Gruppenleistung wird durch Prozesse innerhalb der Gruppe bestimmt. Die Theorie analysiert vor allem den Aspekt der Prozessverluste. So kann die reale Gruppenleistung durch Motivations- und Koordinationsmängel eingeschränkt werden. Motivationsmängel sind umso stärker zu bewerten,
▶ je uninteressanter und unwichtiger die Tätigkeit ist,
▶ je weniger individuelle Beiträge identifiziert werden können (»soziales Faulenzen«) und umso entbehrlicher sie erscheinen,
▶ je stärker die Erwartung ist, dass andere weniger leisten,
▶ je weniger sich Gruppe und Einzelner mit ihrer Leistung identifizieren.

Koordinationsmängel beschreiben Mängel und Fehler, die entstehen, wenn individuelle Beiträge zusammengeführt werden. Die Frage, wie stark Koordinationsmängel die tatsächliche Gruppenleistung einschränken, hängt auch davon ab, wie die Arbeitsgruppe zusammenarbeitet bzw. welche Aufgabenart sie dabei zu beachten hat (Wiendieck, 1994).

Insgesamt sind zur Vorhersage betrieblichen Gruppenerfolgs viele Variablen zu berücksichtigen, wie Art der Aufgabe, Gruppendesign, Gruppensynergien, materielle Ressourcen. Das psychologische Rahmenmodell Steiners erklärt dabei Differenzen zwischen tatsächlicher und potentieller Gruppenleistung.

6.3 Entscheidungen in der Gruppe

Ein besonderes Problem der Gruppenarbeit sind Entscheidungen, die in der Gruppe zu fällen sind. Sollen diese besser durch Einzelpersonen oder auf der Basis eines Gruppenprozesses gefällt werden? Dies hängt von der Art des Problems ab, über das zu entscheiden ist. Gruppenentscheidungen sind Entscheidungen einzelner Personen überlegen (vgl. Weinert, 2004), wenn es darum geht, viele verschiedene Ideen kreativ zu entwickeln, wenn viele Informationen beschafft oder in das Gedächtnis zurückgerufen werden müssen oder wenn es sich um die Bewertung unklarer und unsicherer Situationen handelt. Entscheidungen einzelner Personen sind dagegen Gruppenentscheidungen überlegen, wenn die Entscheidungsprozesse eine Reihe von Teilentscheidungen umfassen oder wenn besonders viel analytischer Verstand beim Durchdringen der Probleme in jeder Phase verlangt ist (z. B. Erstellen von Anweisungen, Regeln, Bestimmungen etc.). Bezogen auf Leistungskriterien zeigen sich folgende Unterschiede (Weinert, 2004):

► Gruppenentscheidungen sind zumeist → effektiver, aber nicht schneller bei der Entscheidungsfindung.
► Hinsichtlich der → Effizienz der Entscheidungen sind Einzelpersonen überlegen. Gleiches gilt bei offenen, wenig strukturierten Aufgaben (z. B. bei konzeptuellen Arbeiten zur Gestaltung von PE-Maßnahmen).

Risky shift. Ein besonderes Problem ist, dass Entscheidungen einer Gruppe tendenziell riskanter ausfallen (»risky shift«). Für diese riskanteren Entscheidungen gibt es verschiedene Erklärungsversuche (Wiendieck, 1994):

(1) Informationsvorteil. Ein Problem wird in einer Gruppe von allen Seiten beleuchtet und verliert damit seine Unübersichtlichkeit und subjektiv seine Komplexität.
(2) Führungseinflüsse. Risikofreudige Mitarbeiter mit hohem Sozialstatus haben eine größere Chance, die Gruppe zu beeinflussen.
(3) Verantwortungsdiffusion. Mögliche Konsequenzen einer Entscheidung werden nicht individuell getragen.
(4) Sozialer Charakter einer Gruppe. Eine positive Bewertung von Risikobereitschaft wird als soziale Norm aktiviert.

Group think. Ein weiteres Problem bei der Entscheidungsbildung ist das Gruppendenken (»group think«). Es erklärt, weshalb Entscheidungen in der Gruppe inhaltlich unter dem Niveau von Einzelentscheidungen liegen können. Gruppendenken tritt primär bei Gruppen mit hoher Kohäsion auf. Es entwickeln sich problematische Konformitätsprozesse, z. B. äußert das einzelne Gruppenmitglied nicht mehr frei seine Meinung, sondern passt sich der Gruppenmeinung an, um von den anderen sozial akzeptiert zu werden oder um Widerstand zu vermeiden. Diese Prozesse führen dazu, dass Gruppenentscheidungen letztendlich unter dem inhaltlichen Niveau individueller Einzelentscheidungen liegen. Brodbeck und Frey (1999) nennen in Anlehnung an Janis (1972) neun Symptome des Gruppendenkens:

(1) Illusion der Unanfechtbarkeit (Ursache hoher Konformität im Denken der Gruppenmitglieder)
(2) Keine Reflexion gruppeneigener Moral, Gruppennormen und des Gruppenkodex
(3) Rationalisierung (negatives Feedback wird abgewertet, Grundannahmen damit beibehalten)
(4) Stereotypisierung (Abwertung) von Meinungsgegnern
(5) Konformitätsdruck (dadurch Herstellung von Homogenität der Gruppe, soziale Sanktionierung von Zweiflern)

(6) Entscheidungsdruck (Zeitdruck, Isolation und Kohäsion befördern eine zu rasche Einigung)

(7) Illusion von Einstimmigkeit (Schweigen als Zustimmung)

(8) Selbstzensur eigener Zweifel (Vermeidung sozialer Sanktionierung, Einsparung von Zeit)

(9) Dominanz von »Mindguards« (Mitglieder, die Informationen bewerten, Konformitätsdruck ausüben, Kritiker einschüchtern)

Gegenmaßnahmen zum Gruppendenken. Riskantere Entscheidungen und das Gruppendenken sind spezifische Probleme, die in Arbeitsgruppen auftauchen können und die daher durch Gegenmaßnahmen zu vermeiden oder aufzufangen sind. Gegenmaßnahmen zum Gruppendenken (vgl. z. B. Brodbeck & Frey, 1999):

▶ Zurückhaltung des Gruppenleiters

▶ Heranziehen außenstehender Fachleute und Experten, die einer Geheimbundmentalität entgegenwirken

▶ Förderung der Erarbeitung kritischer Argumente und Stellungnahmen

▶ Übernahme der Rolle des Kritikers durch ein Gruppenmitglied

▶ Bildung mehrerer Arbeitsgruppen zum gleichen Entscheidungsproblem

▶ Keine Entscheidung unter Zeitdruck

▶ Redigierbarkeit von Vorentscheidungen vor der endgültigen Entschlussbildung

6.4 Gruppenarbeit in Organisationen

Gruppenarbeit umfasst unterschiedliche Formen, die sich nach verschiedenen Kriterien ordnen lassen (Abschn. 6.4.1). Aus diesen vielfältigen Formen werden nachfolgend dauerhafte Arbeitsgruppen (Abschn. 6.4.2) und temporäre Arbeitsgruppen genauer betrachtet (Abschn. 6.4.3).

6.4.1 Formen der Gruppenarbeit

Es lassen sich verschiedene Formen der Gruppenarbeit unterscheiden (vgl. Abb. 6.1). Antoni (1996) unterscheidet temporäre von dauerhaften Gruppen, die jeweils auf unterschiedliche Dauer hin angelegt sind. Einen weiteren differentiellen Aspekt rücken Högl und Gemünden (2005) in den Vordergrund und unterscheiden je nach Aufgabenart Arbeitsteams, Innovationsteams und Entscheidungsteams.

6.4.2 Dauerhafte Arbeitsgruppen

Klassische, funktions- und arbeitsteilig organisierte Arbeitsgruppe. Klassische Arbeitsgruppen leisten im arbeitsteilig organisierten Unternehmen ausführende Tätigkeiten. Anders als am tayloristisch organisierten Einzelarbeitsplatz werden Mitarbeiter beispielsweise am Fließband in Gruppen zusammengefasst, um gemeinsame Aufgaben- und Zielorientierung zu gewährleisten. Planungs- und Kontrollaufgaben dagegen erfüllen vor- bzw. nachgelagerte Abteilungen. Aus sozialpsychologischer Sicht ist in Zweifel zu ziehen, ob sich die Mitglieder einer arbeitsteiligen Arbeitsgruppe tatsächlich als Gruppe wahrnehmen.

Fertigungsteam. Fertigungsteams werden in der taktgebundenen Fertigung am Fließband eingesetzt. Ihr Aufgabenspektrum ist über die ausführende Tätigkeiten um Aufgaben der Qualitätskontrolle erweitert. Grundsätzlich wird allerdings an der tayloristischen Arbeitsorganisation

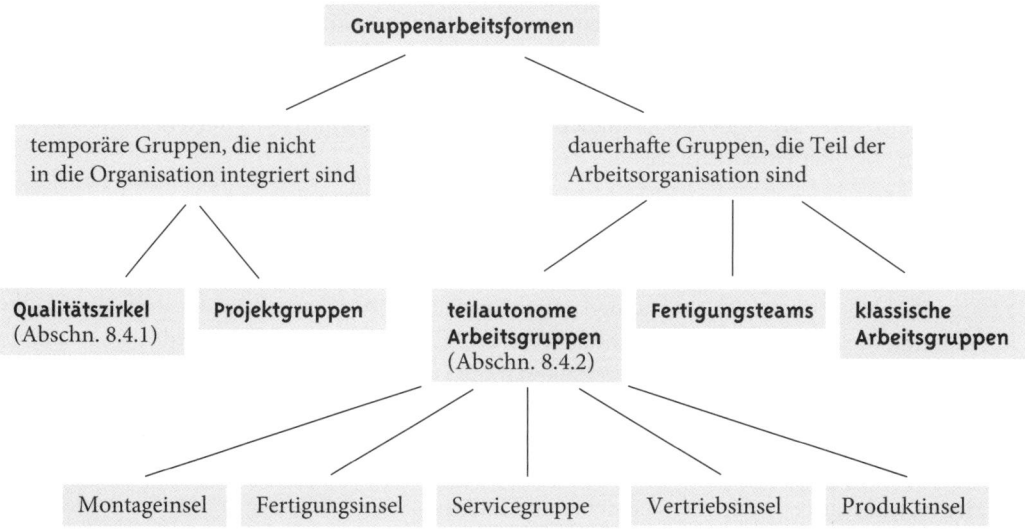

Abbildung 6.1 Formen der Gruppenarbeit (nach Antoni, 1996). Sie werden in zwei Gruppen unterschieden, je nachdem, ob die Gruppenarbeit temporär oder dauerhaft ist und somit als fester Bestandteil in die Arbeitsorganisation integriert ist oder nicht

festgehalten. Fertigungsteams ermöglichen größere personelle Flexibilität, da jedes Teammitglied mindestens drei Arbeitspositionen am Band einnehmen kann. In kollektiver Hinsicht sollen durch die Teams Kooperationsprozesse optimiert und strikt auf die Leistungsmaximierung hin ausgerichtet werden. Arbeitseinteilung, Ausbildung, Prozessgestaltung und die Kontrolle der Arbeitsstandards verantworten »Werkstattmanager«.

Teilautonome Arbeitsgruppe. Teilautonome Arbeitsgruppen wurden in der Automobilindustrie, zunächst von der schwedischen Automobilfirma Volvo eingeführt (→ Volvoismus). Das Kriterium der Teilautonomie kann sich auf Entscheidungen der Selbstverwaltung, -bestimmung und -regulation beziehen (vgl. Abschn. 14.2.4). In der Praxis werden eingeschränkte Entscheidungen innerhalb eines vorgegebenen Arbeitssystems an die Gruppe delegiert. Ursprünglich als Maßnahme zur Gestaltung humaner Arbeit konzipiert, wurden die teilautonomen Arbeitsgruppen mittlerweile durch stark rationalisierte Formen der Gruppenarbeit (→ Toyotismus) ersetzt (vgl. von Rosenstiel, 2007). Das Konzept der teilautonomen Arbeitsgruppen weist in der Praxis zahlreiche Überschneidungen mit dem Begriff des Fertigungsteams auf. Der Begriff »teilautonome Arbeitsgruppe« findet heute in der Praxis allerdings kaum noch Verwendung.

6.4.3 Temporäre Arbeitsgruppen

Projektgruppe. Projektgruppen oder Projektteams werden immer dann eingesetzt, wenn es darum geht, Lösungen für neuartige, komplexe Problemstellungen zu entwickeln. In den Teams arbeiten daher Mitarbeiter unterschiedlicher Fachkompetenz und aus unterschiedlichen Funktionsbereichen mit. Für die Zeitdauer des Projekts werden die Mitarbeiter vollständig oder anteilig von anderen Aufgaben entbunden. Nicht selten gehören Mitarbeiter zugleich mehreren Projektgruppen an, sodass Doppelbindungen und Rollenstress zu bewältigen sind.

Lernstatt. Lernstatt-Gruppen zielten nach ihrer Einführung bei BMW ursprünglich auf die Förderung sozialer Integration und kommunikativer Kompetenz ausländischer Mitarbeiter im Bereich der Fertigung. Die Lernstatt-Gruppe traf sich regelmäßig und bezog im Laufe ihrer Entwicklung rasch auch aufgabenbezogene Fragen und Themen in die gemeinsame Arbeit mit ein. Die Grenzen zwischen Lernstatt und Qualitätszirkel werden heute als fließend betrachtet, zumal die Entwicklung von Verbesserungsvorschlägen als »Nebeneffekt« der Lernstatt-Gruppe gelten kann.

Qualitätszirkel. Im Qualitätszirkel entwickeln Mitarbeiter der unteren Hierarchieebenen als Experten für den Arbeitsplatz und für die Arbeitsabläufe gemeinsam Verbesserungsvorschläge zu (betrieblichen) Problemen, die den eigenen Arbeitsbereich betreffen. Dabei sollen auf der Grundlage praktischer Erfahrung gemeinsam Lösungen erarbeitet werden. Wöchentlich finden zwischen zwei bis vier Arbeitstreffen während der Arbeitszeit statt, die jeweils bis zu zwei Stunden beanspruchen. Der Qualitätszirkel arbeitet ohne Entscheidungsbefugnis. Grundsätzliche Veränderungen der Organisationsstruktur sind weder vorgesehen noch erforderlich. Die Mitarbeit im Qualitätszirkel kann die aufgabenbezogene Identifikation der Mitarbeiter fördern, solange eine angemessene Umsetzung der erarbeiteten Vorschläge erfolgt. Obgleich Qualitätszirkel weit verbreitet sind, wurden sie relativ selten empirisch untersucht. Die meisten Studien erfassen qualitative Daten. Diese zeigen, dass es gute Effekte bei den Humankriterien gibt (z. B. Verbesserung der Zusammenarbeit, Wertschätzung von Mitsprachemöglichkeiten). Positive ökonomische Auswirkungen werden hingegen weniger einheitlich berichtet (z. B. Verbesserungen der Qualität, Steigerung der Produktivität). Hierfür werden u. a. Schwierigkeiten bei der Einführung und Durchführung von Qualitätszirkeln verantwortlich gemacht, etwa mangelnde Unterstützung durch das mittlere Management oder fehlende Zeit für die Arbeit in Qualitätszirkeln (vgl. Bungard & Antoni, 2007).

KVP-Team. Das Konzept der KVP-Teams geht auf die Prinzipien des Total Quality Managements zurück. KVP steht für »kontinuierlicher Verbesserungsprozess«. Anders als dem Qualitätszirkel gehören dem KVP-Team Mitarbeiter unterschiedlicher Hierarchieebenen (Mitarbeiter, Fachexperten, Führungskräfte) eines Arbeitsbereiches an. Es werden prozessbezogene Lösungen erarbeitet und umgesetzt. Die Arbeit wird in mehrtägigen Workshops geleistet.

Merkmale von Qualitätszirkeln bzw. Lernstätten (vgl. Antoni, 1996)

▶ Bildung von Kleingruppen zur Bearbeitung eines Problems, wobei die Mitglieder zumeist aus einem Arbeitsbereich stammen

▶ Themenfestlegungen innerhalb der Gruppen

▶ Möglichst eigenverantwortliche Lösung der arbeitsbezogenen Themen und Probleme

▶ Honorierung von Problemlösungsvorschlägen (z. T. mittels eines eigenen Belohnungsentgeltsystems)

▶ Übernahme der Moderatorfunktion durch den Vorgesetzten oder ein gewähltes (und zumeist geschultes) Gruppenmitglied

▶ Integration der Arbeit in Qualitätszirkeln in übliche Arbeitsabläufe und -zeiten.

6.5 Einführung betrieblicher Gruppenarbeit in der Praxis

Das Konzept der Gruppe hat in Organisationen eine hohe Bedeutung. Es ist zunehmend notwendig, dass mehrere Spezialisten koordiniert an umfassenderen Aufgaben arbeiten. Im Kontext des → Lean Managements gehört beispielsweise Gruppenarbeit zu den Standards betrieblicher

Arbeitsformen. Darüber hinaus deuten viele organisationspsychologische Theorien darauf hin, wie relevant Gruppenbeziehungen für die Befriedigung menschlicher Bedürfnisse sind, z. B. die humanistischen Ansätze der Theorie von McGregor, das Mix-Modell Argyres oder das Gruppenorganisationsmodell von Likert (vgl. Bungard & Antoni, 2007 sowie Abschn. 2.5). Deshalb ist die Einführung von Gruppenarbeit ein klassisches Instrument der OE mit zahlreichen Bezügen zur PE (vgl. Kap. 11). Gruppenarbeit erfordert fachliche, methodische und soziale Qualifizierungen sowie kontinuierliche Lernprozesse »on the job«.

Vorteile. Mögliche Vorteile von Gruppen für die Organisation gehen somit weit über das Kriterium der Gruppeneffektivität bzw. der Leistungsfähigkeit von Gruppen hinaus. Sie umfassen u. a. (nach Weinert, 2004) Produktivitätserhöhungen, Einsparung von Führungspositionen durch flache Strukturen, Gruppen als Entscheidungs- und Problemlöseinstrument, Nutzung vielfältiger Spezialisierungen und Kenntnisse bei ausreichend heterogener Gruppenzusammensetzung, »Disziplinierung« und Führung durch informelle und soziale Kontrollmechanismen, Förderung von Innovation, Kreativität, Problemlösungen (z. B. in Qualitätszirkeln), Vermeidung von Widerstand (durch Mitsprache bei Entscheidungen), Flexibilität im Sinne der effektiven Anpassung an Veränderungen (z. B. Marktveränderungen), Erleichterung der Identifikation mit der Arbeit und Organisation (durch soziale Bindungen in der Gruppe) und Sozialisation und Training neuer Mitarbeiter. Entsprechend dieser breiten Vorteile unterscheidet Wiendieck (1994) verschiedene Trägerelemente der Einführung von Gruppenarbeit:

(1) Komplexitätsbeherrschung. Die wachsende Aufgabenkomplexität übersteigt die Informationsverarbeitungs-, Steuerungs- und Verantwortungskompetenz einer auf Einzelentscheidungen beruhenden Organisationsstruktur.

(2) Innovationsaktivierung. Der hohe Innovationsbedarf lässt sich nicht mehr durch die kreativen Potentiale einzelner unsystematischer Neuerungen sicherstellen.

(3) Integrationsbedarf. Durch die zunehmende Differenzierung der Organisation und die Erweiterung der Handlungsspielräume entsteht ein höherer Integrationsbedarf. Arbeitsgruppen können hier integrierende und konfliktverringernde Funktionen übernehmen.

Probleme. Bei der Etablierung von Gruppenmodellen ist in der betrieblichen Praxis mit Problemen und Widerständen zu rechnen (vgl. zum Überblick Antoni, 1996):

▶ Ziel und Konzepte sind unspezifisch und unklar.

▶ Aufgabenkompetenzen und Verantwortlichkeiten sind nicht eindeutig zugeschrieben.

▶ Es wird entlang von Strukturen vorgegangen; die psychologischen Dimensionen bleiben unberücksichtigt.

▶ Die Ansätze sind häufig restriktiv. Die Partizipation ist ungenügend, sodass es zu Widerständen auf Führungs- und Mitarbeiterebene gleichermaßen kommt.

▶ Die Umsetzung ist inkonsequent und inkompetent, wie z. B. der Umgang mit Ressourcen, mit Qualifizierungen, aber auch mit Widerstand von Seiten der Mitarbeiterschaft und der Führungskräfte.

▶ Taylorismus mit Einzelarbeit ist zur kulturellen Basis vieler Unternehmen geworden. Dieser ist in der Tendenz jedoch »gruppenfeindlich«.

Zur Vermeidung grundlegender Probleme und Widerstände wurden Prinzipien zur Einführung von Gruppenarbeit formuliert. Sie lauten nach Antoni (1996): (1) Anwendung eines heuristischen, partizipativen Vorgehens, (2) frühzeitige Information und Qualifizierung aller Betroffenen, (3) Schaffung struktureller Voraussetzungen und günstiger Rahmenbedingungen.

Um Gruppenarbeit in Organisationen erfolgreich einzuführen und dauerhaft zu etablieren, muss das Konzept bei Führungskräften und Mitarbeitern gleichermaßen akzeptiert werden. Förderliche Bedingungen dafür sind (vgl. auch Högl & Gemünden, 2005)

▶ eine gemeinsame Diagnose der Startbedingungen und einvernehmliche Planung der Realisierung des Konzepts im betrieblichen Alltag,

▶ die Schaffung guter Voraussetzungen für eine effiziente Gruppenarbeit durch entsprechende Gruppenzusammensetzung: ausreichende soziale und methodische Kompetenzen, Beachtung der eigenen Präferenzen möglicher Gruppenmitglieder für die gemeinsame Arbeit, Vermeidung zu großer Wissens- und Fähigkeitsunterschiede zwischen einzelnen Gruppenmitgliedern,

▶ die Einführung ergänzender PE-Maßnahmen, z. B. in Form eines sozialen Kompetenztrainings, das die sozialen Voraussetzungen für die Gruppenarbeit schafft,

▶ die Vorgabe eines kollektiv verpflichtenden Ziels, das die Kriterien guter Zielformulierungen erfüllt (vgl. Abschn. 11.5.2),

▶ die Ausrichtung auf das langfristige Ziel, Gruppenarbeit zu einem integralen Bestandteil der Organisationskultur zu machen,

▶ die Realisierung von Gleichberechtigungs- und Mitwirkungsmöglichkeiten der Gruppenmitglieder bei der Entscheidungsbildung,

▶ die Realisierung eines konstruktiven Feedbacksystems und

▶ die längerfristige Planung unter Bereitstellung ausreichender finanzieller Mittel.

!

Gruppenorientierte Interventionsformen sind insofern als OE-Maßnahmen zu begreifen, als dass sie einen systematischen OE-Prozess erfordern (vgl. Abschn. 4.3.2). Gleichwohl sind sie in der Praxis nicht immer Teil eines fortlaufenden, kontinuierlichen Prozesses, sondern werden oft eher im Sinne punktueller Strukturmaßnahmen oder einzelner PE-Maßnahmen durchgeführt. Die Einführung von Gruppenarbeit zeigt, dass auch zunächst begrenzte Strukturmaßnahmen umfassende Entwicklungsstrategien erfordern: Über die Einführung neuer Arbeitsstrukturen wäre situationsspezifisch zu entscheiden. Unter Berücksichtigung der spezifischen Aufgabenstellung und Rahmenbedingungen wären Prognosen über die jeweilige Wirksamkeit der Interventionen zu formulieren. Der langfristige Maßnahmenerfolg bzw. die Wirksamkeit der neu eingeführten Gruppenarbeit wäre prozessorientiert (auch durch Feedbacksysteme) zu überprüfen.

6.6 Kernpunkte und Übungsaufgaben

Kernpunkte

▶ Der Begriff der Gruppe ist weiter gefasst als derjenige des Teams – letzterer zu verstehen als spezifische Form von Gruppe (mit weniger Mitgliedern, die zielbezogen und gern zusammenarbeiten).

▶ Auf der Basis sozialpsychologischen Grundlagenwissens wurden praxisbezogene Anwendungen entwickelt, um Probleme in und zwischen Gruppen zu lösen oder zu vermeiden, z. B. die Methode des Rollenverhandelns bei Rollenkonflikten in und zwischen Gruppen oder die systematische Analyse und Steuerung gruppendynamischer Prozesse.

▶ Ob Gruppenarbeit Einzelarbeit in der Praxis tatsächlich überlegen ist, hängt von zahlreichen Faktoren ab. Dazu sind zunächst die Erfolgkriterien der (Gruppen-)Arbeit festzulegen. Vorhersagen der Gruppenleistung machen theoretische Modelle; das Modell von Steiner rückt

z. B. die Merkmale der Arbeitsaufgabe sowie Motivations- und Koordinationsmängel in den Vordergrund. Dadurch lassen sich Unterschiede zwischen tatsächlicher und potentieller Gruppenleistung erklären.

▶ Entscheidungen, die in Gruppen gefällt werden, stellen ein Risiko dar: In der Tendenz fallen Entscheidungen in der Gruppe riskanter aus als Entscheidungen von Einzelpersonen (»risky shift«). Es finden zudem Konformitätsprozesse statt, die ein Gruppendenken fördern (»group think«), sodass Gruppenentscheidungen auch inhaltlich unter dem Niveau von Einzelentscheidungen liegen können.

▶ Von den vielfältigen Formen betrieblicher Gruppenarbeit wurden dauerhafte Arbeitsgruppen (Fertigungsteam, teilautonome Arbeitsgruppe) und temporäre Arbeitsgruppen (Projektgruppe, Lernstatt, Qualitätszirkel, KVP-Team) exemplarisch vorgestellt: Dabei ist die Einführung teilautonomer Arbeitsgruppen in Unternehmen mit weitreichenden, strukturellen Veränderungen verbunden und schafft die Voraussetzung für andere Formen der Gruppenarbeit.

▶ Die Implementierung von Gruppenarbeit in Organisationen muss im Rahmen eines systematischen OE-Prozesses professionell vorbereitet und durchgeführt werden. Dies hilft, Fehlschläge zu vermeiden (z. B. durch eine umfangreiche Diagnose der Ausgangsbedingungen, die u. a. die situationsspezifischen Vor- und Nachteile von Gruppenarbeit abklärt), sodass Gruppenmodelle nicht zur modischen Leerformel werden.

Übungsaufgaben

▶ Welche Gruppenprozesse können in betrieblichen Arbeitsgruppen relevant sein? Welche Hilfestellungen kann die sozialpsychologische Forschung geben, damit diese Prozesse in die gewünschte Richtung gesteuert werden?

▶ Was bedeutet Gruppenerfolg, und wovon hängt er ab?

▶ Unter welchen Bedingungen ist die Einführung von Gruppenarbeitsformen sinnvoll?

▶ Welche Strategien und welche Rahmenbedingungen sind hilfreich, um Gruppenarbeit in Organisationen erfolgreich und dauerhaft einzuführen?

Weiterführende Literatur

Überblick: Brodbeck & Frey (1999); Bungard & Antoni (2007).
Kritische Bestandsaufnahme: Gebert (2004).
Teamarbeit und Teamentwicklung: Dick & West (2005); Stumpf & Thomas (2003).
Projektgruppen: Fisch et al. (2001).
Führung von Arbeitsgruppen: Wegge (2004).

7 Kommunikation und Information

Was Sie in diesem Kapitel erwartet

Wie kann psychologische Expertise dazu beitragen, in Organisationen günstige Kommunikationsbedingungen und Kommunikationsstrukturen zu schaffen? Wie kann sie Kommunikationsstörungen klären? Das Mitarbeitergespräch ist ein zentrales Instrument der personalen Führung. Welche Empfehlungen lassen sich zur Vorbereitung und Durchführung für das Mitarbeitergespräch aus psychologischen Modellen und Befunden ableiten? Ein Beispiel: Der Chef beraumt für einen Mitarbeiter (noch) keinen Termin für ein Jahresabschlussgespräch ein, obgleich die Frage einer Gehaltserhöhung im Raum steht. Der Chef möchte seinen Standpunkt zunächst weiter absichern, ehe er in das Gespräch geht. Doch »man kann nicht nicht kommunizieren« (vgl. Watzlawick et al., 2000). Daher macht der Chef durch sein Schweigen bereits eine, wenngleich uneindeutige, Mitteilung. Diese führt beim Mitarbeiter zu weitaus bedrohlicheren Spekulationen, vielleicht sogar über seine mögliche Entlassung, als es bei einer kurzen Mitteilung über die aktuelle Urteilsunsicherheit der Fall gewesen wäre. Für solche Beispiele ineffizienter Kommunikation hält die Kommunikationspsychologie theoretische Modelle und praktische Empfehlungen bereit. Sie dienen dazu, Kommunikationsstörungen und -fallen in Organisationen zu vermeiden bzw. zu beheben. Dazu wird auf die umfangreiche sozialpsychologische Grundlagenforschung der Kommunikationspsychologie für die Anwendung im Kontext der Organisation zurückgegriffen. Sie wird genutzt, um eine »Kommunikation der Verständigung« statt einer »Kommunikation der Information« zu etablieren.

7.1 Kommunikation in Organisationen

Was bedeutet Kommunikation, und welche Felder und Sprachmodi umfasst sie (Abschn. 7.1.1)? Was sind die Besonderheiten von Kommunikation in Organisationen (Abschn. 7.1.2)? Und warum ist die organisationale Kommunikation für den Organisationserfolg so bedeutsam (Abschn. 7.1.3)?

7.1.1 Grundlagen der Kommunikation

Kommunikation (lat. communicatio: Verbindung, Mitteilung) ist der Austausch von Nachrichten als bedeutungshaltige Botschaften. Die Nachricht wird von jemandem ausgesandt (Sender), von jemandem empfangen (Empfänger) und in einer bestimmten Weise de- und enkodiert, wobei der Code Sprache, Schrift, Geste, Gesichtsausdruck etc. umfasst. Der Begriff der sozialen Interaktion ist weiter gefasst und bezieht sich auf die Gesamtheit zwischenmenschlicher Austauschprozesse.

Kommunikationskompetenz wird im Sinne klassischer eigenschaftstheoretischer Ansätze als Persönlichkeitsmerkmal (trait), im lerntheoretischen Sinne als Verhaltenskompetenz (behavioral skill) und im sozial-kognitiven Sinne als umfassendes Konstrukt sozialer Fertigkeiten (social skills) verstanden (vgl. Bender & Gallenmüller, 1993). Watzlawick et al. (2000) greifen auf folgende theoretische Dreiteilung menschlicher Kommunikation zurück:

(1) Syntaktik. Sie umfasst Aspekte der Nachrichtenübermittlung (Code, Kanäle, Rauschen, Redundanz etc.).
(2) Semantik. Sie meint die Bedeutung der verwendeten Symbole (Sender und Empfänger müssen sich über die Bedeutung der Symbole einig sein).
(3) Pragmatik. Diese umfasst die Zeichenverwendung sowie die Wirkung der Kommunikation auf das Verhalten (»Jede Kommunikation beeinflusst das Verhalten aller Teilnehmer«).
(4) Ergänzend lässt sich anführen: Proxemik. Sie beschäftigt sich mit der sozialen Distanz bei der Kommunikation. Es werden intime, persönliche, sozial-konsultative und formelle Distanzzonen unterschieden.

Kommunikationsmodi der Sprache. Wichtigstes Mittel der Kommunikation ist die Sprache. Es werden drei Kommunikationsmodi der Sprache differenziert:
(1) Verbale Kommunikation (gesprochene oder geschriebene Sprache)
(2) Nonverbale Kommunikation (Mimik, Emotionsausdruck, Gestik, körperliches Erscheinungsbild, aber auch Proxemik als Verhalten im Raum etc.)
(3) Paraverbale Kommunikation (die Art und Weise, wie gesprochen wird, z. B. Tonhöhe, Lautstärke, Geschwindigkeit)
Nonverbale Kommunikation hat bezogen auf die verbale Kommunikation unterschiedliche Funktionen (vgl. Tab. 7.1).

Tabelle 7.1 Funktionen der nonverbalen Kommunikation (nach Knapp, 1980) – jeweils mit Beispiel in Klammern

Funktion	Inhalt
Redundanz	Gleiche Information wird auf verschiedenen Kanälen gesendet, womit die Wahrscheinlichkeit erhöht wird, dass diese richtig verstanden wird. (Eine Frage wird mit erstauntem Hochziehen der Augenbrauen begleitet.)
Ergänzung	Gesagtes wird veranschaulicht. (Die Größe eines Gegenstandes wird nicht nur verbal beschrieben, sondern zusätzlich mit einer Handbewegung illustriert.)
Betonung	Einzelne Aspekte einer verbalen Mitteilung werden betont und hervorgehoben. (Die Bewertung der positiven Geschäftsbilanz als Gemeinschaftsleistung wird betont durch ausladende Armbewegung und freundliches Nicken zu allen an dieser Leistung Beteiligten.)
Koordina-tion	Der Ablauf der verbalen Kommunikation wird gesteuert und koordiniert. (Der Redner signalisiert das Ende seiner Rede durch nonverbale Zeichen, wie Aufnahme von Blickkontakt mit den Zuhörern oder Ablegen des Manuskriptpapiers.)
Substitution	Eine verbale Mitteilung wird durch eine nonverbale ersetzt. (Zustimmung wird nicht formuliert, sondern durch Kopfnicken und zustimmende Mimik ausgedrückt.)
Widerspruch	Körpersprache und Wörter sind inkongruent. (Dem Kollegen wird zur Beförderung gratuliert, doch der Gratulationstext wird durch grimmigen Gesichtsausdruck und abgewandte Körperhaltung begleitet.)

Kongruenz/Inkongruenz. Die verschiedenen Facetten von Sprache können zueinander kongruent oder inkongruent sein. Dabei ist der non- und paraverbale Informationsmodus weniger gut steuerbar als der verbale Vermittlungskanal. Nichtbewusste Informationsanteile kommen daher verstärkt auf non- oder paraverbaler Botschaftsebene zu Tage. Die sozialpsychologische Forschung bestätigt, dass bei inkongruenter Botschaft vermehrt Informationen zur Urteilsbildung herangezogen werden, die non- oder paraverbal vermittelt werden.

Ein Beispiel: Ein Mann hält eine Antrittsrede, nachdem er in ein Selbstverwaltungsamt berufen wurde. Er sagt: »Ich werde mit allen offen und loyal zusammenarbeiten.« Während er das sagt, hält er die Arme eng an den Körper gedrückt, spricht mit gepresster Stimme, schaut krampfhaft auf sein Manuskript und vermeidet jeden Blickkontakt. Durch diese nonverbalen und paraverbalen Botschaften verrät er, dass er zu einer offenen Zusammenarbeit im Moment gar nicht fähig oder willens ist. Verbale und nonverbale Kommunikation haben unterschiedliche Vorteile und ergänzen einander (vgl. Tab. 7.2).

Tabelle 7.2 Vorteile verbaler und nonverbaler Kommunikation (nach Knapp, 1980). Die Vorteile paraverbaler Kommunikation sind in der Literatur zumeist nicht explizit beschrieben – sie entsprechen den Vorteilen der nonverbalen Kommunikation

Vorteile nonverbaler Kommunikation	▶ Vermittelt Emotionen, Beziehungsinhalte, Einstellungen gegenüber Personen ▶ An ihr lassen sich Täuschungen aufdecken ▶ Ermöglicht soziale Beeinflussung ▶ Fördert Aufmerksamkeit, z. B. durch Bildhaftigkeit ▶ Wirkt echt ▶ Ästhetische und angeborene Ausdrucksweise, die universell und kulturübergreifend ist
Vorteile verbaler Kommunikation	▶ Übermittelt Wissen und Abstraktes ▶ Kann sich auch auf nicht anwesende Personen oder Gegenstände sowie auf Vergangenes, Zukünftiges oder auf die Koordination von Plänen beziehen

7.1.2 Formen der organisationalen Kommunikation

Bei der Kommunikation in Organisationen lassen sich verschiedene Formen unterscheiden, von denen nachfolgend die wichtigsten erklärt werden.

Intern vs. extern. Interne Kommunikation bezieht sich auf Informationsmitteilungen und soziale Kontakte, die innerhalb der Organisation stattfinden (z. B. Intranet). Die externe Kommunikation umfasst jeweils Sender und Empfänger, die nicht Teil der Organisation sind (z. B. Internet).

Formell vs. informell. Die häufig verwendeten, aber unscharfen Begriffe der formellen bzw. informellen Kommunikation meinen das planmäßige bzw. außerplanmäßige Zustandekommen von Kommunikation – es findet ein zwingend vorgeschriebener (prescribed) im Gegensatz zu einem spontan entstehenden (emergent) Kommunikationskontakt statt. Bei der planmäßigen Kommunikation bestehen in der Tendenz klarere Normen über die Rahmenbedingungen sowie die gültigen Verhaltensregeln als beim außerplanmäßigen Kommunikationskontakt, weshalb auch von förmlicher versus formloser Zusammenkunft gesprochen wird.

Richtung der Kommunikation. Kommunikation kann entsprechend der Hierarchie vertikal, horizontal oder diagonal ablaufen. Die vertikale Kommunikation geschieht zwischen Vorgesetzten und Mitarbeitern und orientiert sich am Dienstweg. Bei der horizontalen Kommunikation ist die Hierarchieebene annähernd gleich. Bei der diagonalen Interaktion findet ein Kontakt über unterschiedliche Hierarchieebenen statt, ohne dass die Akteure in einem unmittelbaren Vorgesetzten-Mitarbeiter-Verhältnis stehen (z. B. Kommunikation mit Stabsstellen oder anderen bereichsübergreifenden Funktionseinheiten; vgl. Frey, Bente & Frenz, 2007).

Kommunikationsnetzwerke. Kommunikation kann in bestimmten kommunikativen Strukturen oder Netzwerken stattfinden (vgl. Abb. 7.1). In der Praxis finden sich die verschiedenen Kommunikationsnetzwerke nicht immer in Reinformat, sondern es lassen sich Mischformen oder auch zeitliche Wechsel zwischen verschiedenen kommunikativen Strukturen beobachten.

Neue Medien. Kommunikation in Organisationen ist durch neue Medien und Techniken geprägt. Elektronische Kommunikationssysteme führen beispielsweise dazu, dass Konferenzen auch als Video- oder Telekonferenzen geführt werden. In beiden Fällen aber sind die Möglichkeiten der Kommunikation eingeschränkt. Gleiches gilt für die Kommunikation über elektronische Post-

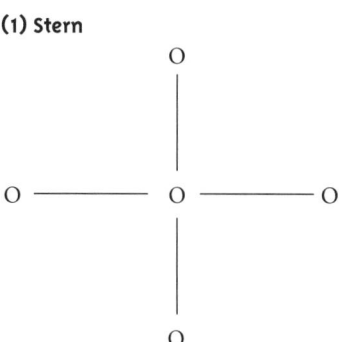

(1) Stern

(2) Kreis

Abbildung 7.1
Kommunikationsnetzwerke.
Die wichtigsten Netzwerke sind (1) der Stern, (2) der Kreis, (3) die Kette, (4) das Ypsilon und (5) die Vollstruktur. Beim (1) Stern laufen z. B. alle Kommunikationen über eine zentrale Mittelperson ab, während bei (5) Vollstruktur alle Kommunikationsteilnehmer untereinander gleichmäßig vernetzt sind (Weinert, 2004)

(3) Kette

(4) Ypsilon

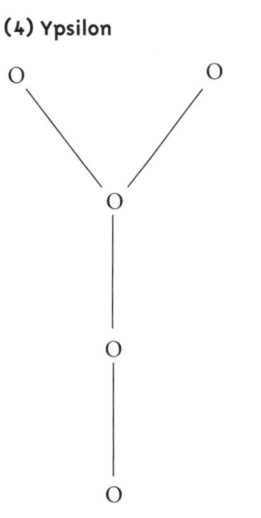

(5) Vollstruktur

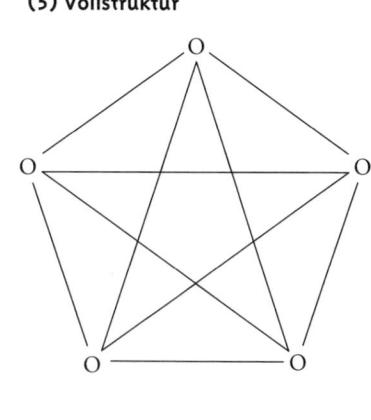

systeme (Intra- und Internet). Empirische Forschungen zeigen stabile Unterschiede zur direkten Kommunikation (vgl. von Rosenstiel, 2007): Die Kommunikation ist bei der elektronischen Kommunikation deutlich stärker sender- als empfängerorientiert. Eigene Standpunkte und Positionen werden betont – möglicherweise, weil der Status weniger klar erkennbar ist. Es scheinen zudem andere Normen der Höflichkeit und der Rücksichtnahme zu bestehen als beim persönlichen Kontakt: Per E-Mail werden auch schlechte Nachrichten direkt und rücksichtsloser kommuniziert, Vulgärausdrücke häufiger benutzt, Höflichkeitsnormen bei der An- und Abrede aufgeweicht.

Diese Nachteile sind gegen den primären Vorteil der hohen → Effizienz elektronischer Kommunikationsformen abzuwägen (z. B. kann die gleiche Information mühelos an viele Adressaten versandt werden; die Informationsvermittlung kann zu jedem Zeitpunkt erfolgen und ist somit von der Anwesenheit des Empfängers unabhängig, was vor allem bei der Kommunikation über verschiedene Zeitzonen von großem Vorteil ist; die Informationsvermittlung per E-Mail ist kostengünstiger als per Telefon oder Telefax).

Kommunikation ermöglicht Zusammenarbeit und beeinflusst Leistungsverhalten. Die Analyse von Interaktion und Kommunikation in Organisationen ist zwar ein kleines, aber stabiles Feld der Organisationsforschung (vgl. Frey et al., 2004). Untersucht werden Fragen der Kommunikationsstruktur, des Kommunikationsverhaltens, der Kommunikationsqualität und der Gestaltung von Kommunikation in der Interaktion zwischen Organisationsmitgliedern, zwischen Wettbewerbern und zwischen Dienstleistern und Kunden. Ein neueres, aktuelles Thema ist die Analyse der Kommunikation über »neue Medien« und die Untersuchung virtueller Netzwerke und Teams (Hertel, 2002).

7.1.3 Bedeutung der organisationalen Kommunikation

Organisationen sind darauf angewiesen, dass kommunikative Prozesse erfolgreich sind. Dazu müssen nicht nur Kommunikationssysteme technisch funktionieren, sondern die Organisationsmitglieder müssen auch entsprechende Kommunikationsfähigkeiten besitzen. Einige Beispiele (vgl. Bender & Gallenmüller, 1993):

▶ Veränderungen in Organisationen führen zu veränderten Kommunikationsbedingungen, etwa durch die Einführung neuer Kommunikationstechnologien.

▶ Zwischen Vorgesetzten, Mitarbeitern, Kollegen und Abteilungen müssen Informationen vermittelt werden. Dabei sind zu große Verluste oder Verzerrungen der Informationen zu vermeiden.

▶ Dies gilt insbesondere für die Beziehung zwischen Führungskräften und Mitarbeitern: Entscheidungen des Managements müssen die Organisationsstruktur durchdringen, um durchgesetzt zu werden. Andererseits sind Einstellungen und Haltungen der Mitarbeiter wichtige Informationen für die Entscheidungsbildung der Führungskräfte bzw. des Managements, sodass ein wechselseitiger Informationsfluss stattfinden muss.

▶ Frauen haben oftmals andere Kommunikationsstile als Männer. In gemischtgeschlechtlichen Gruppen kann es daher zu spezifischen Kommunikationsproblemen kommen (vgl. von Rosenstiel, 2007).

▶ Erhöhte Flexibilität von Organisationen (wie Einführung von Gruppenarbeit und zeitlich variable Projektstellen) führt zu erhöhten Anforderungen an soziale und kommunikative Kompetenzen. Beispielsweise sind bei Gruppenarbeit viele Kommunikationsaufgaben zu bewältigen: der Aufbau von Beziehungen innerhalb der Arbeitsgruppe und mit Mitgliedern anderer Arbeitsgruppen, die Beziehungsklärung zwischen Gruppensprechern und anderen Gruppenmitgliedern, die Klärung entscheidender Fragen über die Aufteilung von Arbeiten, An- und Abwesenheitszeiten, den Umgang mit Interessenskollisionen etc. (vgl. Antoni, 1996).

All dies führt dazu, dass Kommunikationskompetenz kein nebengeordnetes Personenmerkmal ist, sondern auch bei der Personalauswahl immer bedeutsamer wird. So ist beispielsweise die Fähigkeit zur situationsangemessenen, flexiblen Kommunikation ein zentrales Auswahlkriterium im Assessment-Center (vgl. Abschn. 10.3). Denn auf Führungsebene stehen komplexe Kommunikationsaufgaben an, z. B. Entscheidungen darüber, wie man Mitarbeiter motiviert, Mitarbeitergespräche und allgemeine Besprechungen führt, welchen Informationsweg man bei der Mitteilung strittiger Entscheidungen wählt, wie man negatives Feedback gibt und trotz professioneller Distanz empathiefähig bleibt, wie man den kommunikativen Drahtseilakt bewältigt, die eine Sandwichposition mit sich bringt, die Fähigkeit, Stimmungsveränderungen und atmosphärische Bedingungen zu erspüren (vgl. Abschn. 7.3).

> **!**
>
> Aufgrund der grundlegenden Bedeutung von Kommunikation für Zusammenarbeit und Leistungsverhalten können Organisationen aus verhaltenswissenschaftlicher Sicht auch als Gesamtheit der kommunikativen Beziehungen definiert werden, die sich über die Zeit formieren und stabilisieren (vgl. von Rosenstiel, 2007).

7.2 Kommunikationspsychologische Modelle

Kommunikationspsychologische Modelle zielen darauf ab, das Kommunikationsgeschehen zwischen zwei oder mehr Interaktionspartnern abzubilden und zu erklären. Obgleich in der Ratgeberliteratur nach wie vor einfache Sender-Empfänger-Modelle dominieren, werden diese dem komplexen Kommunikationsgeschehen nicht ausreichend gerecht (Abschn. 7.2.1). Es wurden daher komplexere psychologische Kommunikationsmodelle entwickelt. Zwei besonders populäre Modelle werden in diesem Abschnitt in ihren Grundzügen vorgestellt: das Kommunikationsmodell von Paul Watzlawick (Abschn. 7.2.2) sowie Friedemann Schulz von Thun (Abschn. 7.2.3).

7.2.1 Einfache Sender-Empfänger-Modelle

Sender-Empfänger-Modelle haben ihren Ursprung in der Nachrichtentechnik. In einfachster Form bestehen diese Modelle aus einem Sender und einem Empfänger (vgl. Abb. 7.2). Die Sender-Empfänger-Modelle wurden als übersimplifizierend kritisiert. Winterhoff-Spurk (2002) kritisiert das einfache »Ping-Pong-Spiel«, das diesen Sender-Empfänger-Modellen zugrunde liegt: Der Sender spricht eine Botschaft, der Empfänger nimmt diese auf und reagiert zeitversetzt auf sie, womit er zum neuen Sender wird. Im Gegensatz zu dieser einfachen Sicht formuliert Winterhoff-Spurk folgende Prämissen eines komplexen Kommunikationsprozesses:

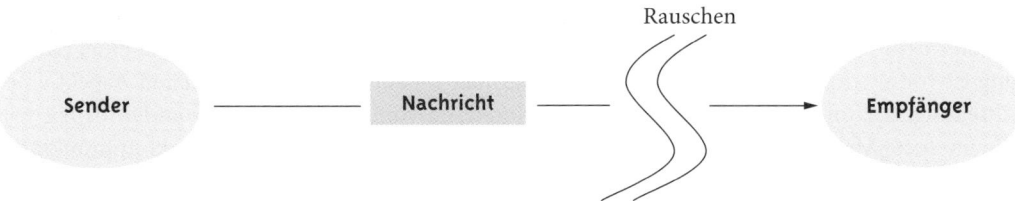

Abbildung 7.2 Ein einfaches Sender-Empfänger-Modell. Vom Sender wird eine Nachricht enkodiert über einen Kanal zum Empfänger geschickt, der die Nachricht empfängt und dekodiert. Bei der Übertragung der Nachricht vom Sender zum Empfänger kann es zu Störungen (»Rauschen«) kommen. Ursache dieses Rauschens sind im übertragenen Sinne technische und damit sachorientierte Probleme, etwa, dass die Nachricht zu leise versandt wird oder dass Sender und Empfänger nicht den gleichen Sprachcode sprechen. Zum Teil werden auch psychologische Barrieren berücksichtigt, etwa Wahrnehmungsverzerrungen durch Stereotypenbildung

(1) Kommunikation findet immer in einem Kontext statt. Über die grundlegende Beschaffenheit der Gesamtsituation der Kommunikation müssen sich Sender und Empfänger einig sein.
(2) Kommunikation erfolgt nicht nur durch Sprache, sondern über alle möglichen Kommunikationsmodi, wie nonverbale und paraverbale Kanäle, zwischen denen systematische Zusammenhänge bestehen.
(3) Ein zumindest teilweise identischer Zeichenvorrat bei Sprecher und Hörer ist Voraussetzung dafür, dass Kommunikation erfolgreich sein kann.
(4) Bei der Kommunikation geht es in den allermeisten Fällen nicht nur um das Ziel des Verstehens, sondern um das Erzielen von Wirkungen (z. B. um Verhaltensbeeinflussung oder → Impression Management).
(5) Senden und Empfangen sind Aktivitäten, die Kommunikationspartner gleichzeitig und nicht nur zeitversetzt zeigen. Zeitlich parallele Mitteilungen der Kommunikationspartner finden sich auf verbaler Ebene. Darüber hinaus gibt es laufend unterschiedliche Kommunikationsmodi, denn der Hörer gibt unentwegt Feedback mittels Vokalisierungen, mimischen oder gestischen Äußerungen. Der Sprecher nimmt diese Signale auf und verändert entsprechend sein Verhalten.

Diese und weitere kritische Anmerkungen zu Sender-Empfänger-Modellen zeigen, dass derart einfache Modelle letztendlich dem komplexen Geschehen der zwischenmenschlichen Kommunikation nicht gerecht werden. Daher wurden komplexere psychologische Modelle entwickelt, wie das Modell von Watzlawick und von Schulz von Thun.

7.2.2 Modell von Watzlawick

Watzlawick legt seinem Kommunikationsmodell fünf pragmatische Axiome zugrunde (Watzlawick et al., 2000) – neben diesen Axiomen analysiert er gestörte Kommunikationssituationen und leitet daraus Empfehlungen für ihre Klärung ab (vgl. Watzlawick et al., 2000).

Axiom 1. »Man kann nicht nicht kommunizieren.« Bereits das Eingangsbeispiel des vorliegenden Kapitels illustriert, dass zwischen Personen, die aufeinander treffen, immer Kommunikation stattfindet. Dabei kann es z. B. in einem zwischenmenschlichen Konflikt eine größere kommunikative Wirkung haben, wenn eine der Konfliktparteien schweigt, als wenn sie die andere mit Gegenargumenten überhäuft.

Axiom 2. »Jede Kommunikation hat einen Inhalts- und einen Beziehungsaspekt, derart, dass letzterer den ersten bestimmt und daher eine Metakommunikation ist.« Der Inhalt einer Mitteilung ist vor allem die sachliche Information. Darüber hinaus gibt es einen zweiten Aspekt einer Mitteilung, der umfasst, wie der Sender die Mitteilung vom Empfänger verstanden haben will (die implizite Metakommunikation). (Darüber hinaus gibt es eine explizite Metakommunikation als Kommunikation über die Art und Weise, wie man miteinander umgeht; vgl. Abschn. 7.3.3.) Beispielsweise fragt der Vorgesetzte den Mitarbeiter: »Haben Sie den Auftragszettel von gestern schon bearbeitet?« Der Inhaltsaspekt umfasst die sachliche Nachfrage, der Beziehungsaspekt hingegen eine Aufforderung bzw. leichten Tadel, den Auftragszettel, wenn noch nicht geschehen, möglichst bald zu bearbeiten.

Axiom 3. »Die Natur einer Beziehung ist durch die Interpunktion der Kommunikationsabläufe seitens der Partner bedingt.« Kommunikation ist kein ununterbrochener Austausch von Mitteilungen, sondern jeder Kommunikationsteilnehmer muss eine Struktur zugrunde legen – die jeweilige Struktur kann voneinander abweichen. Beispielsweise liegt ein Konflikt zwischen zwei Kollegen vor, die sich wechselseitig vorwerfen, dass sich der andere unkollegial verhält. Jede sieht den Beginn der Streitigkeiten jeweils beim Kollegen und bewertet eigene Unfreundlichkeiten nur als Reaktion auf das vorangegangene Verhalten des anderen.

Axiom 4. »Zwischenmenschliche Kommunikation bedient sich digitaler und analoger Modalitäten.« Diese Bezeichnung der Kommunikationsmodi geht auf den Vergleich von Kommunikation mit Abläufen in Rechnern zurück, die Zahlen verarbeiten. Bei der digitalen Kommunikation werden Gegenstände mit Worten bezeichnet, die oftmals willkürlich sind. Bei der analogen Kommunikation (z. B. einer Zeichnung) besteht hingegen eine Ähnlichkeitsbeziehung. Der Inhaltsaspekt wird vorwiegend digital vermittelt, während der Beziehungsaspekt primär analoger Natur ist. Die Unterscheidung digitaler und analoger Kommunikation zeigt enge Parallelen mit der Unterscheidung verbaler und nonverbaler Kommunikation (vgl. Abschn. 7.1.1).

Axiom 5. »Zwischenmenschliche Kommunikationsabläufe sind entweder symmetrisch oder komplementär, je nachdem, ob die Beziehung zwischen den Partnern auf Gleichheit oder auf Unterschiedlichkeit beruht.« Zwei Kollegen, die gleiche Rechte und Pflichten haben, werden beispielsweise bei einer Sachdiskussion in der Tendenz ebenbürtig und damit symmetrisch miteinander kommunizieren. Besteht jedoch formal oder informell ein hierarchisches Verhältnis, so werden sich Unterschiede in der Kommunikation zeigen, indem der höher gestellte Partner die überlegene Position einnimmt (vgl. Abschn. 5.5.2 zur Manifestation von Macht).

7.2.3 Modell von Schulz von Thun

Im Grundmodell Schulz von Thuns (2001) ist die Unterscheidung Watzlawicks (2000) in Sach- und Beziehungsaspekt weiter aufgeschlüsselt. Es werden vier Aspekte einer Nachricht unterschieden – alle vier Seiten einer Nachricht werden von Schulz von Thun jeweils aus Sicht des Empfängers und aus Sicht des Senders analysiert:

(1) Der Sachinhalt (worüber ich informiere): Wie ist der Sachinhalt zu verstehen?

(2) Der Aspekt der Selbstoffenbarung (was ich von mir selbst kundgebe): Was ist der Gesprächspartner für eine Person?

(3) Der Beziehungsaspekt (was ich von dir halte und wie wir zueinander stehen): Welche Beziehung haben die Gesprächspartner zueinander?

(4) Der Appellaspekt (wozu ich dich veranlassen möchte): Was soll der Gesprächspartner aufgrund der Mitteilung tun, denken, fühlen?

Auf der Basis weiterer theoretischer Überlegungen sowie empirischer Forschungsergebnisse behandelt Schulz von Thun ausgewählte Probleme zwischenmenschlicher Kommunikation und leitet Empfehlungen ab. Dazu einige Beispiele:

▶ Sachseite: Warum verlaufen Kommunikationen und Auseinandersetzungen häufig »unsachlich«? Wann sind übermittelte Sachinformationen schwer verständlich und kommen beim Empfänger nicht an?

▶ Selbstoffenbarungsseite: Was ist Selbstoffenbarungsangst und wie entsteht sie? Was bedeuten Selbstdarstellung und -verbergung unter Einsatz von Imponier- und Fassadentechniken? Wie kann man mit demonstrativer Selbstverkleinerung umgehen?

▶ Beziehungsseite: Welche Grundarten von Beziehungen lassen sich unterscheiden? Wie kann ein negatives Selbstkonzept Beziehungsstörungen erklären?

▶ Appellseite: Welche Wirkungen haben verdeckte, offene und paradoxe Appelle?

Zu diesen und vielen weiteren Kommunikationsproblemen werden im nächsten Abschnitt (7.3) konkrete Empfehlungen gemacht, die sich auch auf den Kontext von Organisationen übertragen lassen.

7.3 Anwendung der Kommunikationsmodelle

Die Kommunikationsmodelle können helfen, in Organisationen statt einer »Kommunikation der Information« (Abschn. 7.3.1) eine »Kommunikation der Verständigung« (Abschn. 7.3.2) zu etablieren, wobei das Mitarbeitergespräch dabei eine herausragende Rolle spielt (Abschn. 7.3.3). Zur Umsetzung dieser Kommunikationsformen stellt die Kommunikationspsychologie zahlreiche Kommunikationshilfen bereit (Abschn. 7.3.4).

7.3.1 Kommunikation der Information

Geht man von einfachen Sender-Empfänger-Modellen aus, so geht es in Organisationen vor allem um die Kommunikation von Informationen: Es geht nicht um Analyse und Klärung von Kommunikationsproblemen, sondern darum, auf reiner Sachebene den Informationsfluss in Organisationen zu optimieren. Damit wird lediglich die Sachseite von Nachrichten beachtet. Andere Aspekte der Nachrichten, allen voran die Beziehungsebene, bleiben außen vor. Selbstverständlich ist eine Kommunikation der Information wichtig: Informationen müssen innerhalb von Organisationen fließen – in Gruppen müssen Informationen ausgetauscht werden, über Anweisungen muss in hierarchischen Gefügen von Führungskräften und Mitarbeitern informiert werden. Um die Informationen besser kommunizieren zu können, wurden auf der Basis empirischer Daten Empfehlungen für die Praxis abgeleitet (vgl. z. B. von Rosenstiel, 2007). Für die Verbesserung des Informationsaustauschs in Gruppen hat sich z. B. als hilfreich erwiesen,

▶ kurze Wege mit wenig Zwischenstationen zu wählen,

▶ sich die Gesetzmäßigkeiten vor Augen zu halten, die bei der Weitergabe von Informationen wirken (und die dabei die Informationen verändern),

▶ zur Informationsübermittlung häufiger die schriftliche Form zu wählen, aber bei elektronischer Kommunikation besonders auf Ton und Stil zu achten (vgl. Abschn. 7.1.2),

▶ Informationsflut zu vermeiden und beispielsweise den Adressatenkreis der Information selektiv anzusprechen.

7.3.2 Kommunikation der Verständigung

Bei der Kommunikation der Verständigung werden (im Gegensatz zur Kommunikation der Information) alle Ebenen einer Nachricht berücksichtigt: Viele Probleme werden nur scheinbar als Sachthemen ausgetragen – auf der Tiefenstruktur zeigt sich hingegen ein Beziehungskonflikt.

Ein Beispiel. Zwei Mitarbeiter diskutieren vehement über ein scheinbares Sachproblem vor ihrem Vorgesetzten. Es geht um die Frage, wie Folien gestaltet sein sollen. Es wird über Details des Layouts diskutiert, die auf den Gesamteindruck der Folie keinerlei Einfluss haben. Nach einiger Zeit wird die Diskussion unsachlich, sodass der Vorgesetzte eingreift. In einem klärenden Gespräch wird deutlich, dass es nicht um die Sachfrage geht, sondern darum, die eigene Position vor Vorgesetztem und Kollegen zu stärken. Es wird überdies deutlich, dass schon lange ein Konflikt zwischen den beiden schwelt, der in diesem scheinbaren Sachdisput seinen zufälligen Ausdruck fand. Schulz von Thun (2001) spricht hier auch von offiziellem und eigentlichem Thema. Eine Kommunikation der Information würde bei diesem Beispiel auf die sachliche Klärung der Meinungsverschiedenheit abzielen. Sobald bezüglich des Layouts eine Entscheidung gefällt worden wäre, wären Gespräch und Thema beendet. Eine Kommunikation der Verständigung hingegen zielt darauf ab, neben der Sachebene auch die Beziehungsebene zu berücksichtigen und damit dafür zu sorgen, dass Konflikte nachhaltig geklärt werden (vgl. Kap. 8).

Was bedeutet eine »Kommunikation der Verständigung«?

Diese Frage sei am Beispiel der Kommunikation von Führungskräften mit Mitarbeitern verdeutlicht: Arbeitszeitanalysen von Führungskräften ergeben, dass diese einen Großteil ihrer Arbeitszeit mit Kommunikation verbringen. Die höchste Schätzung ist, dass sie etwa 80 % ihrer Zeit mündlich kommunizieren. Diese Zahl stammt allerdings bereits aus dem Jahre 1975 von Mintzberg. Ohne zu übersehen, dass Manager in höheren Positionen zumeist zahlreiche Schulungen zu Gesprächsführungen und Kommunikationskompetenzen durchlaufen haben, sind sie in den allerwenigsten Fällen Experten für Kommunikation. Daher besteht eine Kluft zwischen den Anforderungen der Führungskräfte im Arbeitsalltag und ihrer Ausbildung.

Empirische Befunde zeigen, dass Führungskräfte in den meisten Fällen nur wenige Minuten mit dem gleichen Kommunikationspartner kommunizieren (vgl. Winterhoff-Spurk, 2002). Darüber hinaus kommunizieren Führungskräfte weitaus mehr mit Personen der gleichen Hierarchieebene als mit Mitarbeitern, obgleich sich diese mangelnde Kommunikation nicht nur in Human-, sondern auch in ökonomischen Kriterien niederschlagen sollte (vgl. Abschn. 2.2.2). Welches Wissen kann die Kommunikationspsychologie Führungskräften zur Verfügung stellen?

▶ Durch Erhöhung persönlicher Kommunikationskompetenzen (z. B. durch Kommunikations- oder Konfliktlösetrainings) lassen sich Probleme und Konflikte im Vorfeld vermeiden oder frühzeitig abschwächen.

▶ Aus den allgemeinen Kommunikationsmodellen leiten sich konkrete Empfehlungen ab, z. B. zur Klärung von Kommunikationsstörungen auf der Beziehungsebene.

▶ Ein systematisches Vorgehen ist (wie bei allen Interventionen in Organisationen) hilfreich: Das Problem wird analysiert, auslösende und stabilisierende Bedingungen werden geklärt, Kommunikationshilfen abgeleitet und evaluiert (vgl. hierzu die Problemlöseheuristik von Montada in Abschn. 11.3.2). Die Wahl der Kommunikationshilfen wird durch die jeweiligen Rahmenbedingungen, die beteiligten Kommunikationspartner, ihre bisherige Kommunikationsgeschichte und das jeweilige Kommunikationsproblem bestimmt.

▶ Es lassen sich einige allgemeine Kommunikationshilfen formulieren, die sich aus den Kommunikationsmodellen ableiten lassen und bei vielen Kommunikationsproblemen hilfreich sind (vgl. im Einzelnen Abschn. 7.3.4).

> Ein systematisches Vorgehen zur Klärung von Kommunikationsproblemen dient dazu, Kommunikationshilfen bewusst einzusetzen, Fehlentscheidungen zu vermeiden und Probleme nachhaltig zu lösen.

Einwände gegen eine »Kommunikation der Verständigung und ihre Entkräftigung«

(1) »Das Vorgehen ist in der Praxis zu aufwändig.« Aber: Dies ist kurzfristig gedacht. Kommunikationsprobleme belasten das Mitarbeiter-Führungskraft-Verhältnis, schränken Arbeitsmotivation und -ergebnis ein. Durch ein systematisches Vorgehen und frühzeitige Klärung von Problemen und Konflikten werden diese nachhaltig und in ihrer Tiefenstruktur gelöst. Die Beziehung wird verbessert und ein wertschätzender Umgang miteinander gefördert.

(2) »Das Vorgehen ist zu psychologisierend.« Aber: Es geht nicht um eine Psychologisierung des alltäglichen Umgangs miteinander. Stattdessen erhalten der Umgang miteinander und Konflikte genau den hohen Stellenwert, den sie für eine effiziente Zusammenarbeit auf der Sachebene haben. Die Wahl der Kommunikationshilfen geschieht situations- und personenspezifisch. D. h., nicht jede Kommunikationshilfe ist in jeder Situation oder bei jedem Gesprächspartner angemessen. Beispielsweise setzt eine explizite Metakommunikation voraus, dass Bereitschaft zu Offenheit und Fähigkeit zur Reflexion der Beziehung bestehen. Dadurch sollte Reaktanz auf Seiten aller Beteiligten vermeidbar sein.

7.3.3 Das Mitarbeitergespräch

Das wirksame Gespräch der Führungskraft mit ihren Mitarbeitern gilt als zentrales Führungsinstrument, zumal erfolgreiche Kommunikation als Bindeglied zwischen allen organisationalen Teilsystemen betrachtet werden kann. Mitarbeitergespräche können in die Führungspraxis als »institutionalisierte«, terminierte Gespräche mit spezifischer Zielsetzung eingeführt sein (vgl. Fiege et al., 2001). Institutionaliserte Gespräche finden geplant statt (z. B. jährliches Mitarbeitergespräch). Idealerweise sind sie sowohl von der Führungskraft als auch vom Mitarbeiter sorgfältig vorbereitet. Sie lassen kaum Raum für Alltagskommunikation, sondern werden anlassbezogen formalisiert und strukturiert geführt. Die Führung des Gesprächs und dessen Dokumentation gehören zu den Pflichten einer Führungskraft. Hinsichtlich Anlass und Zielsetzung lassen sich verschiedene Gesprächstypen unterscheiden:

▶ Orientierungsgespräche z. B. zur Integration neuer Mitarbeiter oder neuer Aufgaben oder zur Rollenklärung und Rollenverhandlung
▶ Informationsgespräche und Situationsberichte z. B. über anstehende Innovationen, Kundenwünsche, Maßnahmen von Wettbewerbern
▶ Sachgespräche z. B. zur Information und Diskussion über Verbesserungsvorschläge
▶ Zielvereinbarungsgespräche
▶ Beurteilungsgespräche und Feedbackgespräche zur ergebnisbezogenen oder kontinuierlichen Klärung von Zielerreichung, von Entwicklungsbedarf oder zur Beziehungsklärung
▶ Strukturierte Mitarbeitergespräche im Rahmen der Personalentwicklung
▶ Konfliktlösungsgespräche
▶ Kritik- und Problemlösungsgespräche z. B. im Falle formaler Pflichtverletzungen

- ▶ Einstellungsgespräche
- ▶ Entlassungsgespräche, Austrittsgespräche
- ▶ Rückkehrgespräche nach Auslandseinsätzen oder Krankenstand

Besondere Herausforderungen ergeben sich für die Gesprächsführung aus den formalen und informalen Rahmenbedingungen der Führungssituation:

- ▶ Auf der Appellebene steht die zielbezogene Beeinflussung des Gesprächspartners im Vordergrund.
- ▶ Auf der Sachebene zeigt sich, ob Informationen angemessen vermittelt oder als »Herrschaftswissen« missbraucht werden.
- ▶ Auf der Beziehungsebene können Führungsstil und Organisationskultur grundsätzliche Wertschätzung oder grundsätzliches Misstrauen begünstigen.
- ▶ Auf der Ebene der Selbstoffenbarung können implizite Führungstheorien und Rollenerwartungen an formale Positionen zur Verunsicherung der Gesprächspartner beitragen.

7.3.4 Kommunikationshilfen

Metakommunikation. Metakommunikation umfasst »die Kommunikation über die Kommunikation« als Auseinandersetzung über die Art und Weise, wie die Kommunikationspartner miteinander umgehen, wie die gesendeten Nachrichten gemeint waren bzw. die empfangenen Nachrichten entschlüsselt wurden (vgl. Schulz von Thun, 2001).

Feldherrenhügel. Er entspricht einer neutralen Position im Sinne eines Metastandpunkts und trägt dazu bei, das Konfliktgeschehen oder das Kommunikationsproblem mit emotionaler und persönlicher Distanz zu betrachten. Dies wird auch als »dissoziierter Zustand« bezeichnet (vgl. Schulz von Thun, 2001).

Rollenübernahme/Perspektivenwechsel. Im klassischen Rollenspiel vertreten die Konfliktparteien zunächst ihre eigene Position, versetzen sich aber anschließend in die Position anderer Kommunikationspartner. Elemente der Distanzbildung (Dissoziation) sollten eingebaut werden, z. B. durch Integration einer neutralen Position. Es wurden Varianten entwickelt, wie die englische Debatte, bei der die Teilnehmer einander gegenübersitzen und abwechselnd zunächst ihren eigenen Standpunkt und anschließend ohne vorherige Ankündigung den Standpunkt der Kommunikationspartner so überzeugend wie möglich vertreten sollen.

Gesprächstechniken. Gesprächstechniken gehören zum Basis-Rüstzeug, um die Kommunikation in Organisationen zu verbessern. Dabei kann auf das gesamte Portfolio der psychologischen Gesprächstechniken zurückgegriffen werden. Einige Beispiele:

- ▶ Aktives Zuhören (aus der klientenzentrierten Gesprächsführung nach Rogers bzw. Tausch und Tausch): Auf unterster Ebene ist ein passives, verständnisvolles Zuhören gemeint (z. B. zustimmende Äußerungen, Blickkontakt, Nicken). Auf nächster Ebene werden Inhalte paraphrasiert und zusammengefasst. Auf höchster Stufe werden emotionale Erlebnisinhalte verbalisiert. Ziel ist es, dass sich die Kommunikationspartner nicht nur gehört, sondern auch verstanden fühlen.
- ▶ Kontrollierter Dialog, bei dem man erst auf eine Äußerung des Partners reagieren darf, wenn man die Inhaltsbotschaft des Partners korrekt wiedergegeben hat. Dadurch hören die Kommunikationspartner einander zu, sie fühlen sich wechselseitig verstanden. Durch den zeitlichen Aufschub der eigenen Reaktion findet eine Versachlichung statt.
- ▶ Einsatz von Ich- statt Du-Botschaften, Fragetechniken und spannungsmindernden Sprachmodi (z. B. Spezifizierungen von Generalisierungen, »was genau?«).

- Beachtung der non- und paraverbalen Kommunikationsmodi (z. B. Herstellung von Rapport, indem Gleichklang in Körperhaltung, Stimmführung etc. hergestellt wird).
- Vereinbarung einer Auszeit.

Klärungshelfer. Bei dieser Gesprächstechnik wird ein externer Klärungshelfer hinzugezogen. Dieser hat z. B. die Aufgabe, auf die Trennung von Sach- und Beziehungsebene zu achten. Oder er extrahiert Botschaften aus Äußerungen und gibt sie so weiter, dass die Kommunikationspartner sie annehmen können.

> **!**
>
> Der Einsatz von Kommunikationshilfen wird durch ein wertschätzendes Organisationsklima erleichtert, bei dem Lernerfahrungen gefördert werden. Eigene Anspruchsformulierungen, bisherige Kommunikationsmuster und Handlungsabläufe können in Frage gestellt werden.

7.4 Forderungen an Praxis und Forschung

Praxiserfordernisse. Angesichts ständiger Veränderungsprozesse und zunehmender Dominanz elektronischer Kommunikationsmittel wird erfolgreiche Kommunikation immer wichtiger. Kommunikative Kompetenz wird zu einer Schlüsselqualifikation. Erfolgreiche Kommunikation ist immer situations- und personenabhängig und sollte auf einer systematischen Situationsanalyse beruhen (vgl. die Problemlöseheuristik von Montada in Abschn. 11.3.2). Zur Gestaltung von Kommunikationssituationen und zur Lösung von Kommunikationsproblemen stehen »klassische Wegweiser« zur Verfügung, z. B.
- die Formulierung von Ich- statt Du-Botschaften,
- das aktive Zuhören,
- die Trennung von Sach- und Beziehungsebene,
- die Nutzung von Metakommunikation und explizitem Feedback,
- Selbstoffenbarungen und
- die Bewusstmachung der verschiedenen Aspekte einer Nachricht (vgl. Abschn. 7.2.3).

Dadurch lässt sich die allgemeine Formel »Störungen haben Vorrang« in der Praxis des Gesprächsgeschehens tatsächlich auch umsetzen. Um diese Techniken und Methoden in der Praxis flexibel einsetzen zu können, sind Kommunikationstrainings hilfreich. Diese zielen darauf ab, die soziale Sensibilität (im Sinne eines Gespürs für die soziale Situation) sowie die Fähigkeit zu erhöhen, auf diese Situation flexibel zu reagieren – Verhaltensalternativen werden eingeübt. Diese sind notwendig, damit die gewählte Technik der jeweiligen Situation und den jeweils beteiligten Personen angemessen ist. Theoretische Grundlage dieser Trainings sind Theorien der kommunikativen Kompetenz. Aus diesen lassen sich zugleich konkrete Zielsetzungen für solche Trainings ableiten, indem z. B. wichtige Grundpfeiler sozialer Kommunikationsfähigkeit differenziert werden (vgl. Wiemann & Giles, 1996).

Die Ratgeberliteratur und andere anwendungsorientierte Veröffentlichungen zeigen, dass Kommunikation in Organisationen als wichtiges Thema anerkannt wird. Dennoch werden nur sehr allgemeine Empfehlungen gegeben, die sich nur zum Teil mit der kommunikationspsychologischen Forschung decken und denen vor allem kein systematisches Vorgehen zugrunde liegt. Beispielsweise wird in einschlägigen Zeitschriften (z. B. *Managerseminare*) zu Recht festgestellt, dass Kommunikation nicht mit Information oder Infiltration verwechselt werden sollte. Es werden allerdings Empfehlungen gegeben (z. B. »die Tugend der Frechheit«, um sich Gehör zu verschaffen), die keine Kommunikation der Verständigung fördern. Darüber hinaus werden vor allem Informationsflüsse thematisiert. Psychologische Prozesse und Kommunikationsprobleme bleiben weitgehend außen vor.

> **!**
>
> Eine Kommunikation der Verständigung geht jedoch über die Informationsvermittlung hinaus und umfasst nicht nur verbesserte Informationswege, die Aufbereitung von Information oder rhetorische Techniken, sondern auch die Beziehungsebene.

Die Techniken sollten nicht nur angewendet werden, sondern sie sollten in ein Klima der Verständigung und der wechselseitigen Akzeptanz eingebettet sein. Hierzu gehört beispielsweise, den Kommunikationspartner im Sinne der Rogers-Variablen (Echtheit des Interesses an dem Gesprächspartner, einfühlendes Verstehen, Empathie und Wertschätzung sowie Akzeptanz des Gesprächspartners) zu achten und wertzuschätzen, eigene Ziele und Interessen situationsangemessen offenzulegen, Verantwortlichkeiten zu klären und zu übernehmen sowie gemeinsame Ziele zu benennen.

Forschungserfordernisse. Obgleich die Kommunikationspsychologie innerhalb der Sozialpsychologie gut erarbeitet und fest etabliert ist, gibt es innerhalb der Organisationspsychologie vergleichsweise wenig empirische Forschung zur Kommunikation. Diese Vernachlässigung zeigt sich insbesondere bei der Analyse von Verständigungs- statt reinen Informationsprozessen. Denn bei der Verständigung spielt die non- und paraverbale Kommunikation eine entscheidende Rolle, zu der es ausnehmend wenig organisationale Forschung gibt (vgl. Weinert, 2004). Es ließe sich beispielsweise mittels detailgenauer Analyse aller Kommunikationsmodi auf kognitiver, emotionaler und Verhaltensebene untersuchen, inwieweit Kommunikationsprobleme und ihre Lösung tatsächlich (so wird oft in der Literatur behauptet) von Führungspositionen ausgehen bzw. am besten durch Führungskräfte lösbar und gestaltbar sind (vgl. Frey et al., 2004).

7.5 Kernpunkte und Übungsaufgaben

Kernpunkte

▶ Kommunikation ist der Austausch bedeutungshaltiger Nachrichten. Die Sprache ist das wichtigste Mittel der Kommunikation. Es werden drei Kommunikationsmodi mit jeweils unterschiedlichen Vor- und Nachteilen unterschieden (verbal, nonverbal, paraverbal).

▶ Organisationen sind auf den Erfolg kommunikativer Prozesse angewiesen. Sie lassen sich im Kern sogar als Gesamtheit kommunikativer Beziehungen definieren. Daher sind kommunikative Handlungskompetenzen für viele Aufgabenfelder (z. B. Führungsaufgaben) zu einer Schlüsselkompetenz geworden und oftmals Inhalt von PE-Maßnahmen.

▶ Zur Erklärung von Kommunikationsprozessen in Organisationen werden allgemeine Kommunikationsmodelle auf die jeweilige spezifische Situation organisationaler Kommunikation angewendet. Dabei sind einfache nachrichtentechnische Sender-Empfänger-Modelle als Erklärungsmodelle unzureichend und befördern eine Kommunikation der Information. Hingegen sind komplexe psychologische Kommunikationsmodelle (z. B. von Watzlawick oder Schulz von Thun) Grundlage für eine Kommunikation der Verständigung in Organisationen. Im Gegensatz zur »Kommunikation der Information« werden bei der »Kommunikation der Verständigung« über die Sachebene hinaus auch die anderen Ebenen der Nachricht, insbesondere die Beziehungsebene, einbezogen.

▶ Der Lösung konkreter Kommunikationsprobleme in Organisationen sollte ein systematisches Vorgehen zugrunde gelegt werden: Einer theoriegeleiteten Situationsanalyse sollten Entscheidungen über die Art der Intervention folgen, anschließend sollte ihre Wirksamkeit bei der Kommunikationsproblemlösung evaluiert werden. Dazu stehen zahlreiche Kommunikationstechniken und -methoden zur Verfügung (z. B. Metakommunikation, Feldherrenhügel, Rollenübernahme, Gesprächstechniken). Der Einsatz dieser »klassischen Wegweiser« wird durch ein wertschätzendes Organisationsklima erleichtert. Allerdings gibt es Einwände gegen dieses Vorgehen (es ist zu zeitintensiv und zu »psychologisierend«), die es in der Praxis zu entkräften gilt.

▶ Für die Forschung ergibt sich die Forderung, vermehrt organisationale Kommunikationsprozesse zu untersuchen und dabei nicht nur den Fluss von Informationen zu beschreiben, sondern auch komplexe psychologische Prozesse abzubilden.

Übungsaufgaben

▶ Welche kommunikationspsychologischen Grundlagen würden Sie in einem allgemeinen Kommunikationsseminar für Mitarbeiter vermitteln? Entwickeln Sie zu allen Grundlagen einige praktische Anwendungsbezüge.

▶ Sie haben als Führungskraft die Aufgabe, Kommunikationsprobleme zwischen ihren Mitarbeitern zu klären (Klärungshelfer). Wie gehen Sie vor? Wie vermeiden Sie den möglichen Eindruck der »Moralisierung« und der »Psychologisierung«?

Weiterführende Literatur

Interaktion in Organisationen: Frey et al. (2004).
Kommunikationspsychologische Grundlagen: Schulz von Thun et al. (2006).

8 Konflikte und Mediation

Was Sie in diesem Kapitel erwartet

Konflikte in der Arbeitswelt gehören zum täglichen Berufsalltag. Ein Beispiel: Ein mittelständisches Unternehmen ist seit drei Generationen in der Hand einer Familie. Jetzt findet sich innerhalb der Familie kein geeigneter Nachfolger für die Geschäftsleitung, sodass die Geschäftsleitung einem Geschäftsführer übertragen wird, der der Familie nicht angehört. Der neue Geschäftsführer ist fachlich hochkompetent, doch es fehlen ihm innerbetriebliche Erfahrungen und Kenntnisse sowie die unmittelbare Identifikation mit dem Familienbetrieb. Dies in Verbindung mit seinem autoritären Führungsstil führt dazu, dass der Geschäftsführer von den Mitarbeitern des Unternehmens abgelehnt wird. Es kommt zu zahlreichen Konflikten, die sich am Ende auch in einem Rückgang der Produktionszahlen niederschlagen.

Zur Lösung von Konflikten hält die Organisationspsychologie ein breites Interventionsrepertoire bereit. Ein besonders leistungsstarker Ansatz ist die Konfliktmediation, die der außergerichtlichen und kooperativen Konfliktlösung dient und Thema dieses Kapitels ist. Dazu werden zunächst Konflikte in der Arbeitswelt analysiert, um darauf aufbauend die Ziele, Leitsätze, Probleme, Mythen und Chancen der Wirtschaftsmediation vorzustellen.

8.1 Konflikte: Definition, Strukturen, Inhalte

Ein Konflikt liegt dann vor (vgl. Montada & Kals, 2001),

▶ wenn die Anliegen oder Ziele von verschiedenen Personen oder zwischen sozialen Einheiten miteinander unvereinbar sind,

▶ wenn sich aufgrund dieser Unvereinbarkeiten eine oder mehrere Konfliktparteien beeinträchtigt oder bedroht fühlen,

▶ wenn die beteiligten Konfliktparteien gleichzeitig nicht bereit sind, die eigene Position so zu verändern, dass die erlebten Beeinträchtigungen oder Bedrohungen aufgehoben werden.

Konflikte in Organisationen. »Wirtschaftskonflikte« (mit Schwerpunkt auf Wirtschaftsunternehmen als Organisationen) können nach verschiedenen Kriterien geordnet werden (Eyer, 2000; Kals & Ittner, 2008): Findet der Konflikt inner-, zwischen-, überorganisational statt (Ort des Konfliktgeschehens)? Wer sind die beteiligten Konfliktparteien (Individuum oder Kollektiv; vgl. Tab. 8.1)? Ist der Konflikt gerichtlich entscheidbar oder nicht (Justiziabilität)? Welche Konfliktstrukturen liegen vor? Welche Konfliktinhalte bestehen?

Justiziable Konflikte werden geregelt durch (vgl. Kals & Webers, 2001):

▶ Individuelles Arbeitsrecht (z. B. bei Störungen des Arbeitsablaufs, bei Mobbing, Abmahnung, Kündigung)

▶ Kollektives Arbeitsrecht (z. B. bei Einführung neuer Formen der Arbeitsorganisation oder Arbeitszeitflexibilisierung)

► Gesellschaftsrecht (z. B. Geschäftsführungstätigkeit, Fusion und Akquisitionen, Standortpolitik, Unternehmensnachfolge, Aufsichtsrat vs. Vorstand)
► Weiteres Wirtschaftsrecht (z. B. Patentrecht, Wettbewerbsrecht)

Tabelle 8.1 Ebenen von Wirtschaftskonflikten und Beispiele (Eyer, 2000). Eyer unterscheidet Konflikte nach dem Ort des Konfliktgeschehens (inner-, zwischen- oder überorganisatorische Konflikte) und den beteiligten Konfliktparteien (Individuum, Kollektiv)

Konfliktparteien	Ort des Konfliktgeschehens		zwischenorganisatorische Konflikte	überorganisatorische Konflikte
	innerorganisatorische Konflikte			
	gleiche Hierarchie	unterschiedliche Hierarchie		
Individuum vs. Individuum	Mitarbeiter vs. Mitarbeiter	Mitarbeiter vs. Führungskraft	► Vertrieb vs. Kunde ► Berater vs. Geschäftsführung ► Gutachter vs. geschädigter Versicherer	Unternehmen vs. Unternehmen (Urheber-, Patent-, Wettbewerbsrecht)
Individuum vs. Kollektiv	Mitarbeiter vs. Team (Mobbing)	Führungskraft vs. Team	Berater vs. Team	► Unternehmen vs. Gewerkschaften ► Unternehmen vs. Öffentlichkeit
Kollektiv vs. Kollektiv	Team vs. Team Marktforschung vs. Forschungs- und Entwicklungsabteilung	Geschäftsführung vs. Betriebsrat	Hersteller vs. Systemlieferanten	Tarifparteien untereinander

Obgleich Arbeits-, Gesellschafts- und Wirtschaftsrecht in der deutschen Rechtsprechung sehr weitreichende Rechtsvorschriften vorgeben, lassen sich dennoch nicht alle Konflikte arbeitsrechtlich regeln. Vor allem auf der Ebene von Konflikten zwischen zwei Individuen kommt es häufig zu nicht justiziablen Konflikten, indem z. B. zwischen zwei Mitarbeitern eine geringe persönliche und fachliche Passung besteht, die zu zahlreichen Konflikten führt und das Arbeitsklima nachhaltig schädigt, ohne dass Vorschriften des individuellen Arbeitsrechtes greifen würden. Konfliktstrukturen lassen sich nach psychologischen Kriterien ordnen (vgl. Montada & Kals, 2001):

► Konkurrenz um dasselbe Ziel (z. B. Konkurrenz um einen Arbeitsplatz, Auftrag oder um Marktanteile)
► Unvereinbarkeit verschiedener Ziele (z. B. Konflikt zwischen einem Unternehmen, das weiter expandieren möchte, und Umweltschutzgruppen, die für den Erhalt der durch diese Expansion bedrohten naturbelassenen Landschaft kämpfen)
► Oberflächen- und Tiefenstrukturen von Konflikten (jeder Konflikt hat auf der Oberflächenebene ein Streitthema oder einen -gegenstand; die dahinter vorhandenen Interessen liegen oftmals in der Tiefenstruktur des Konflikts verborgen, die mit dem offenkundigen Thema nicht identisch ist).

Oberflächen- und Tiefenstruktur. Arbeitgeber und Gewerkschaften verhandeln und streiten öffentlich monatelang über die Frage von Lohnerhöhungen. Auf Tiefenstrukturebene geht es jedoch nicht darum, einen bestimmten Prozentsatz durchzusetzen, sondern um die öffentliche Gesichtswahrung. Längst haben beide Seiten die problematischen Effekte ihrer jeweiligen Positionen erkannt und interne Vorabsprachen getroffen. Jetzt geht es vor allem darum, Imageverluste zu vermeiden.

Warum ist es sinnvoll, Konflikte auf der Ebene ihrer Tiefenstruktur zu lösen? Diese Art der Konfliktlösung hat zahlreiche Vorteile: Die eigenen Anliegen und Verantwortlichkeiten werden den betroffenen Konfliktparteien selbst bewusst. Auf der Basis dieser Selbstklärung findet ein gegenseitiger Austausch über die Anliegen statt. Dadurch werden gemeinsame, sich ergänzende, neutrale und auseinanderstrebende Anliegen aufgedeckt. Barrieren der Konfliktlösung werden erkannt, z. B. Verletzungen in der Vergangenheit, die die Lösung des Konflikts behindern (vgl. Abschn. 8.5 zum Mythos Zukunftsblick). Es wird eine Vielzahl von Konflikthypothesen gebildet und überprüft. Dies fördert das Denken in Alternativen, das Entscheidungsfreiräume schafft. Es werden acht Konfliktinhalte unterschieden (vgl. Montada & Kals, 2001).

(1) Sachinhalte: Die Konflikte basieren auf unterschiedlichen Überzeugungen bezüglich sachlicher Fragen (z. B. über eine Standortentscheidung). Die Konflikte lassen sich nicht immer mittels objektiver Informationen lösen, da unterschiedliche Bewertungskriterien zu gewichten sind (z. B. ökonomische, ökologische oder soziale Kriterien der Standortwahl) und zudem subjektive Überzeugungen relevant sind (z. B. über das Verhältnis ökonomischer zu ökologischen Kriterien).

(2) Glaubensinhalte: Kulturelle, religiöse, ideologische und ethische Glaubensinhalte lassen sich nicht mit objektivem Wissen belegen oder widerlegen (z. B. Konflikte bzgl. der Organisationskultur).

(3) Wertüberzeugungen und Interessen: Den Konflikten liegen unterschiedliche Urteile über Werte, Tätigkeits- und Sachinteressen zugrunde (z. B. über Bewertungskriterien von Arbeitsqualität).

(4) Wertorientierung: Die Konflikte betreffen allgemeine Werte wie Arbeit, Freiheit, Sicherheit, Selbstbestimmung, gesellschaftlicher Erfolg etc., die individuell, kollektiv und organisational zuzuordnen sind (z. B. kann es zu Konflikten über die Corporate Identity als Akzeptanz bestimmter Werte kommen, indem ein Mitarbeiter sich nicht mehr mit den propagierten und gelebten Werten seines Unternehmens identifizieren kann).

(5) Eigeninteressen: Die Verfolgung von Eigeninteressen, die in Konkurrenz zueinander stehen, ist der Prototyp von Wirtschaftskonflikten, denn die Verfolgung von Eigeninteressen wird nicht nur als selbstverständlich angesehen, sondern gilt als Grundprinzip, auf dem wirtschaftliches Wachstum basiert. Wenn Akteure im Wettbewerb um knappe Güter, Marktanteile, Macht und Erfolg konkurrieren, so wird angenommen, dass dies wohlstandsfördernd sei. Doch Wettbewerb ist potentiell konfliktreich, vor allem, wenn dabei Gerechtigkeitsnormen verletzt werden (Montada & Kals, 2001).

(6) Ansprüche: Die Verteilung von Ressourcen (Geld, Einfluss, Macht, Freiheit etc.) führt zu verletzten Ansprüchen. Diese sind durch Gesetze, allgemeines Recht, Gerechtigkeitserleben, Konventionen oder Moralvorstellungen normativ begründet (z. B. Verletzung des eigenen Anspruchs auf Beförderung durch Bevorzugung der Kollegin, deren Erfolg auf »Beziehungstaktiken« zurückgeführt wird).

(7) Normen: Konflikte über sittliche oder moralische Normen, über Gesetze oder Gerechtig-keitsnormen spielen auch in der Wirtschaftswelt eine Rolle (z. B. bei der Verteilung von Ar-beitsplätzen oder Festlegung des Entgeltsystems).

(8) Beziehungskonflikte: Die Beziehung zwischen den Parteien ist Konfliktgegenstand (z. B. un-geklärtes Verhältnis im Sinne eines gleichgestellten oder Vorgesetzten-Verhältnisses). Oder es besteht eine Diskrepanz zwischen Selbst- und Fremdbild (z. B. Selbstbild einer hohen Ei-genmotivation vs. Fremdbild mangelnder Motivation und unzureichendem Einsatz in der Gruppe).

> Wirtschaftskonflikte umfassen ein weites Feld unter-schiedlicher Konflikte. Die Konflikte können inner-, zwischen- oder überorganisational sein. Interes-senskonflikte gelten vor allem in der Wirtschaft als prototypischer Konflikttyp. Dennoch ist dies weder der einzige noch notwendigerweise der dominante Konflikttyp. Vor allem bei innerorganisationalen Konflikten (z. B. zwischen Kollegen oder Abteilungen) spielen in der Praxis oftmals auch andere Inhalte (z. B. konflikthafte Beziehungen) eine Rolle.

In der Praxis stellt sich die Frage: Wie sollen ernsthafte Konflikte behandelt bzw. gelöst werden? Neben traditionellen Wegen der Konfliktlösung (vgl. Abschn. 8.2) ist das psychologische Medi-ationsverfahren ein wichtiger innovativer Ansatz zur Lösung von Konflikten innerhalb und zwi-schen Organisationen (vgl. Abschn. 8.3). Beide Wege werden in den nachfolgenden Abschnitten vorgestellt.

8.2 Traditionelle Wege der Konfliktlösung

Konflikt(löse)fähigkeit rückt als soziale Kompetenz zunehmend ins Blickfeld von Organisationen und Unternehmen. Aber trotz präventiver Maßnahmen und Schulungen lassen sich Konflikte nicht immer vermeiden oder konstruktiv bearbeiten. Konfliktparteien sind überfordert, den Kon-flikt selbst zu lösen. Dritte halten sich häufig aus dem Konflikt heraus oder tragen, wenn sie in das Konfliktgeschehen eingreifen, statt zur Vermittlung möglicherweise sogar zu einer Eskalation bei.

Der übliche Weg, justiziable Konflikte zu lösen, ist der Rechtsweg. Kontrolle und Verantwor-tung für das Konfliktgeschehen werden dabei abgegeben. Der Richter entscheidet entsprechend arbeitsrechtlicher Vorschriften und Gesetzbücher. Es folgt ein Rechtsspruch, bei dem es Sieger und Verlierer gibt. Dieser schafft objektive Normen, ohne subjektives Gerechtigkeitserleben oder Wertvorstellungen zu berücksichtigen.

Das Betriebsverfassungsgesetz sieht vor (§ 76), eine Einigungsstelle anzurufen, die eine Alterna-tive zum Gerichtsverfahren bietet. Doch bis es bei diesem Verfahren zu einem Einigungsspruch kommt, der zugleich Rechtskraft hat, vergeht oft eine lange Zeit. Eine Übernahme von Verant-wortung für das Konfliktgeschehen und seine Lösung wird nicht befördert. Darüber hinaus wer-den auch hier Sieger und Verlierer geschaffen. Zukünftige Kooperationen, Beziehungen und das Arbeitsklima sind daher oftmals belasteter als vorher.

8.3 Wirtschaftsmediation als alternative Konfliktlösung

Wirtschaftsmediation ist eine außergerichtliche Streitbeilegung und dient der Lösung von Konflikten im Kontext von Organisationen (vgl. Abb. 8.1). Die Kontrolle über den Konfliktausgang und somit die Entscheidungsmacht liegt bei den beteiligten Konfliktparteien. Der Mediator (bzw. das Mediatorenteam) ist für die Einhaltung eines fairen Verfahrens verantwortlich.

Ansatz. → Empowerment ist das Kernelement moderner Managementkonzepte. Wirtschaftsmediation trägt diesem gewachsenen Bedürfnis nach Selbstbestimmung Rechnung: Statt einer fremdbestimmten Konfliktlösung werden die beteiligten Konfliktparteien in weitaus stärkerem Maße als bei Schieds- und Schlichtungsverfahren zu Eigenverantwortung motiviert. Dazu analysieren sie unter Anleitung der Mediatoren ihre Konflikte, decken Gründe, Überzeugungen, Anliegen und Motive auf, die hinter den vertretenen Positionen stehen, und erarbeiten so die Tiefenstruktur des Konflikts. Eine wesentliche Rolle spielt dabei die Analyse der verschiedenen Gerechtigkeitsperspektiven, denn ein sozialer Konflikt in Organisationen wird vor allem dann virulent, wenn er mit Ungerechtigkeitserleben einhergeht. Im Gegensatz zur Rechtsprechung geht es dabei nicht um objektiv kodifiziertes Recht, sondern um die Wiederherstellung erlebter Gerechtigkeit. Ziel ist es, Win-Win-Situationen zu finden – alle Parteien sollen durch die Lösung mehr gewinnen als verlieren. Dies kann z. B. erreicht werden, indem der Verhandlungsspielraum erweitert wird, oder auch, indem die Bewertungen verändert werden (Montada & Kals, 2001). Geht es beispielsweise um die Verteilung von Entscheidungsmacht, die zwischen zwei Kollegen zu steten Konflikten führt, so gibt es alternative Ansätze: Der Verhandlungsspielraum ließe sich erweitern, indem zeitgleich auch andere strittige Fragen geklärt und gegeneinander abgewogen würden, z. B. Fragen der Personalverantwortung. Durch eine solche »Paketlösung« lassen sich Einschränkungen in einem Bereich der Lösungsfindung durch einen anderen Bereich kompensieren. Gleichzeitig könnten Bewertungen hinterfragt und verändert werden, so beispielsweise durch eine Diskussion des Aspekts »Kosten der Macht« (vgl. Abschn. 5.5.3), sodass die Teilung von Macht nicht nur als Verlust, sondern auch als Entlastung von Verantwortung bewertet wird.

Verbreitung. Die kooperative Lösung von Wirtschaftskonflikten mithilfe von Mediation verfügt in den USA bereits über breite Akzeptanz und Anwendung. In Deutschland spielt sie bislang noch eine untergeordnete Rolle, eine Institutionalisierung des Verfahrens fand noch nicht statt. Es werden zumeist nur informelle Wege angeboten, z. B. Psychologen aus dem Personalmanagement heranzuziehen. Dieser Umstand besteht, obgleich auch hierzulande viele Organisationskulturen propagieren, Konflikte friedlich und kooperativ zu lösen, und die Bedeutung von Empowerment betonen.

8.4 Ablauf und Fallstricke

Es lassen sich idealtypisch sechs Mediationsphasen unterscheiden (vgl. Abb. 8.1). In allen Phasen des Prozesses können bei der Wirtschaftsmediation Probleme auftauchen, von denen einige im Folgenden umrissen werden (vgl. Kals & Webers, 2001; Montada & Kals, 2001).

Auswahl des Mediators. Der Mediator braucht hohe Akzeptanz und Commitment aller Parteien. Er sollte Autorität und Vertrauenswürdigkeit besitzen, denn nicht alles lässt sich durch eine Geschäftsordnung regeln. Darüber hinaus braucht er das Vertrauen der Beteiligten in eine gerechte Verfahrensführung. Oftmals ist es günstig, bei komplexeren Konflikten in Organisationen ein

Mediatorenteam zu bilden, das Expertisen bündelt und im Idealfall gemischtgeschlechtlich zusammengesetzt ist.

Wahl interner oder externer Mediatoren. Als Mediatoren kommen nur Personen in Frage, die bezogen auf das Konfliktgeschehen keine eigenen Interessen haben. Dies kann bei internen und externen Mediatoren gleichermaßen der Fall sein. Als interne Mediatoren kommen Kollegen, aber auch Vorgesetzte in Betracht. Bei Vorgesetzten ist von Vorteil, dass sie Autorität und Kenntnisse über den Konflikt besitzen. Von Nachteil ist, dass es zu Befangenheiten kommen kann, wenn z. B. Vorgesetzte ihre Mitarbeiter im Rahmen des Verfahrens mehr oder minder offenkundig bewerten, sodass sich die notwendige Offenheit nicht entwickeln kann. Bei gleichgestellten Kollegen ist die Sorge oder Angst vor Bewertungen zumeist etwas geringer, da diese die Hintergründe des Konflikts kennen. Andererseits besteht bei ihnen zumeist eine geringe inhaltliche und soziale Distanz. Externe Mediatoren haben die höchste Unabhängigkeit und Unbefangenheit. Allerdings kennen sie oft nicht hinreichend die Hintergründe des Problems. Sie stoßen zudem an die Grenzen einer hohen Kontaktschwelle und eingeschränkter Präventionsmöglichkeiten.

Phasen des Mediationsprozesses

I Vorbereitung	II Probleme erfassen	III Konflikt- analyse	IV Konflikte bearbeiten	V Vereinbarung	VI Evaluation Follow-up
(1) Ziele klären	(6) Probleme benennen	(9) Tiefen- strukturen aufdecken	(11) Lösungs- optionen generieren	(14) Lösung wählen/ umsetzen	(17) Kontrolle der Lösungs- umsetzung
(2) Regeln festlegen	(7) Probleme analysieren	(10) Bedingun- gen des Konflikts aufdecken	(12) Anliegen reflektieren	(15) Kontrolle festlegen	(18) Summative Evaluation
(3) Rahmen- bedingungen klären	(8) Erhoffte Gewinne durch Konflikt klären		(13) Bewertung der Optionen	(16) Schriftliche Einigung	
(4) Orientieren					
(5) Vertrag abschließen					

Abbildung 8.1 Idealtypische Phasen des Mediationsprozesses (Montada & Kals, 2001). Die Phasen werden am Beispiel des Familienunternehmens illustriert, das am Kapitelanfang vorgestellt wurde. Phase I: Vorbereitungsphase (z. B. Was sind die Ziele des Verfahrens? Ist es ergebnisoffen im Sinne zukünftiger Beschäftigungsverhältnisse, oder ist z. B. vertraglich entschieden, dass Geschäftsführer und Mitarbeiter bleiben werden? Wie ist die Bereitschaft zur kooperativen Konfliktlösung aller beteiligten Parteien? Wann und wie oft arbeitet wer an der Konfliktlösung?); Phasen II bis IV (z. B. Welche sozialen Wahrnehmungen und Vorurteile bestehen? Was sind die Ursachen für den autoritären Führungsstil? Wer profitiert vom Konflikt, erhebt z. B. Anspruch auf die Führungsposition? Welche Lösungsoptionen lassen sich entwickeln, z. B. zur Wiederherstellung erlebter Gerechtigkeit und zur Vermeidung zukünftigen Ungerechtigkeitserlebens? Welche konkreten Hilfestellungen sollten bedacht werden, z. B. Führungs- und Kommunikationstrainings); Phasen V und VI: Welche Lösungen werden gewählt? Wie hilfreich sind diese im Alltag?

!

Konflikte gehören zum Alltag des Wirtschaftslebens. Zur Konfliktlösung durch Mediation ist es in der Praxis optimal, wenn interne und externe Mediatoren zusammenarbeiten.

Phase I: Vorbereitung

In der Vorbereitungsphase sind die Ziele zu klären, Regeln und Rahmenbedingungen festzulegen und der Vertrag über die gemeinsame Arbeit zu schließen. Besondere Sorgfalt ist dabei auf die Auswahl der am Mediationsverfahren beteiligten Parteien zu legen, denn bei komplexen Konflikten in Organisationen (z. B. zwischen Teams) ist die richtige Auswahl der Parteien entscheidend. Es sind jene Personen oder Institutionen einzubeziehen, die die Verhandlungsergebnisse letztlich auch in der Organisation umsetzen bzw. durchsetzen können. Darüber hinaus ist in dieser Phase bei Mediationen mit vielen Konfliktparteien eine klare Geschäftsordnung festzulegen. Die Grundsätze der Verfahrensgerechtigkeit nach Leventhal (z. B. Konsistenz der Regelanwendung, Korrigierbarkeit von Entscheidungen etc.) sollten implementiert werden. Gewährleistet sollten auch Aspekte der → Interaktionsgerechtigkeit (z. B. respektvoller und höflicher Umgang miteinander) sein. Nicht zuletzt ist wichtig, dass auch formale Kriterien verbindlich eingehalten werden (z. B. ein Zeit- und Sitzungsplan).

Phasen II bis IV: Problem- und Konfliktanalyse und -bearbeitung

Während dieser inhaltlich zentralen Phasen der Mediation sind vier Aspekte besonders zentral:

(1) Die notwendige Aufdeckung der Tiefenstruktur des Konflikts (vgl. Abschn. 8.1).
(2) Die Analyse der Frage, wie es zu diesem Konflikt kam und welche Gewinne das Konfliktgeschehen für die beteiligten Parteien mit sich bringen.
(3) Die Reflexion der Anliegen Dritter, denn oftmals sind die Beteiligten gegenüber nicht anwesenden Dritten verpflichtet.
(4) Die Unterscheidung von Generierung und Bewertung von Lösungsoptionen, damit der bedachte Lösungsraum so weit wie möglich ist. Diese Aspekte sind zu berücksichtigen, damit die Konflikte nicht nur auf ihrer Oberflächenstruktur, sondern auf ihrer Tiefenstruktur bearbeitet und dadurch nachhaltig gelöst werden.

Phase V und VI: Mediationsvereinbarung, Evaluation und Follow-up

Einigungen sind vertraglich festzulegen und die Umsetzung der Entscheidungen zu überwachen. Darüber hinaus ist eine langfristige Evaluation zu gewährleisten (dies vor allem bei der Wahl externer Mediatoren, die die Organisation nach Abschluss des Verfahrens wieder verlassen). Das kann beispielsweise geschehen, indem die externen Mediatoren einen längerfristig angelegten Vertrag bekommen, der es ihnen bei größeren Konflikten erlaubt, auch noch nach ein oder zwei Jahren zu überprüfen, ob die Konflikte nach wie vor bereinigt sind bzw. ob neue Konflikte aufgetreten sind.

8.5 Mythen der Wirtschaftsmediation

Mythos »Neutralität«. Der Mediator sollte in seiner Person neutral sein und sich inhaltlich und methodisch zurückhalten.

In der Wirtschaftsmediation sind vier Mythen relevant (Kals & Kärcher, 2001; Montada & Kals, 2001). Zunächst die Neutralität: Selbstverständlich darf der Mediator »keine Aktien im Spiel« haben. Doch das Neutralitäts- oder Unparteilichkeitspostulat wird oftmals auf die Verfahrensführung ausgedehnt. Ein »neutral agierender« Mediator ist jedoch nicht hilfreich – eine kreative Konfliktlösung braucht »Einmischung«. Zudem kann er auf diese eingeschränkte Weise kein

Machtungleichgewicht ausgleichen, z. B. bei Konflikten zwischen Mitarbeiter und Führungskraft oder zwischen Einzelperson und Gruppe. Ein allparteilicher Mediator gleicht hingegen ein Machtungleichgewicht aus und verhilft den Konfliktparteien dazu, auf gleicher Augenhöhe zu verhandeln. Der Mediator sollte freie Hand über den Einsatz des gesamten Repertoires psychologischer Interventionsmöglichkeiten haben.

> **Mythos »Eigennutz«.** Menschen verfolgen in Konfliktsituationen nur ihren Eigennutz; Gerechtigkeitsmotive spielen keine oder nur eine untergeordnete Rolle.

Der Typ Interessenskonflikt (vgl. Abschn. 8.1) dominiert viele Bereiche der Wirtschaftsmediation. Es besteht jedoch die Tendenz der Generalisierung: Handeln in Konfliktsituationen wird fast ausschließlich im Sinne konfligierender Eigeninteressen konstruiert. Konfliktparteien verfolgen nur jene Interessen, die ihnen Nutzen bringen, etwa

▶ finanzielle Vorteile,
▶ Erhöhung von Sozialprestige,
▶ Stabilisierung persönlicher oder beruflicher Macht und
▶ Verbesserung der Arbeits- oder Lebensqualität.

Es kommt zum Konflikt, wenn die Interessen verschiedener Personen oder Personengruppen miteinander kollidieren. Dieses Erklärungsmuster geht theoretisch auf die Rational-Choice-Tradition zurück, in deren Zentrum das Modell des homo oeconomicus steht (vgl. Kals, 1999).

Das Modell des homo oeconomicus. Dieses Modell beschreibt, dass der Mensch in Entscheidungssituationen seinen Nutzen maximiert und sich dabei zweckrational verhält, indem er Alternativen abwägt und im Sinne seiner Eigeninteressen gewichtet. Dieses Modell spielt in den Wirtschaftwissenschaften eine zentrale Rolle. Basierend auf der Theorie von Adam Smith avancierte es zum obersten Prinzip der Ökonomie. Es wurde bis heute weitgehend unhinterfragt beibehalten. Das Konstrukt des Eigennutzes, das ihm zugrunde liegt, wurde immer breiter ausgelegt – es umfasst neben finanziellen Interessen alle als wertvoll zu erachtenden menschlichen Güter und Interessen, sodass es über die ökonomische Verhaltensanalyse auch in die Sozialwissenschaften und hier in die Arbeits- und Organisationspsychologie Eingang fand.

Theoretische, empirische und gesellschaftspolitische Überlegungen zeigen jedoch, dass das übergeneralisierte Bild vom homo oeconomicus ein moderner Mythos ist (vgl. Kals, 1999; Miller & Ratner, 1996): Es gibt viele verschiedene Konfliktarten und viele Handlungsmotive in Konflikten. Die Reduktion auf ein einziges Motiv ist unwissenschaftlich und legitimiert letztlich die Verfolgung von Eigeninteressen in alltäglichen Konfliktsituationen in Organisationen. Daher sollte aus theoretischer Sicht von einem Motivpluralismus ausgegangen werden. Dies bestätigt auch die Praxis.

> **Mythos »Sachlichkeit«.** Der Mediator soll zur Sachlichkeit mahnen. Dazu sollten Emotionen rationalisiert und so möglichst gar nicht Thema werden.

Der Sachlichkeits-Mythos wird ebenfalls durch die Rational-choice-Tradition gefördert, bei der die Wirksamkeit von Emotionen für menschliches Handeln explizit ausgeschlossen wird. Aber

Emotionen spielen für Entwicklung, Verlauf und Lösung von Konflikten eine zentrale Rolle (z. B. Empörung über verletzte Ansprüche, Ängste vor Image- oder Gesichtsverlust, Ärger über herablassendes Verhalten). Emotionen müssen als subjektive Realitäten ernst genommen werden, damit sie bewältigt und gesteuert werden können. Nur auf diese Weise lässt sich die Kraft, die mit einer hohen Emotionalität des Konfliktgeschehens einhergeht, positiv nutzen.

Mythos »Zukunftsblick«. Im Mediationsverfahren soll man ausschließlich nach vorn schauen und den Blick nicht in die Vergangenheit richten.

Die implizite Annahme, dass es keinen Sinn hat, einem entgangenen Gewinn nachzutrauern, spiegelt nicht die psychologische Realität wider. Denn was vergangen ist, gestaltet die aktuelle Wahrnehmung und erklärt den Status quo. Die Geschichte der Konfliktparteien erklärt, weshalb Emotionen vorhanden sind, warum das Konfliktgeschehen eskalierte, warum Vertrauen verlorengegangen ist, und begründet die jetzige Beziehung zwischen den Konfliktparteien. Gab es einen Verlust der Achtung gegenüber den anderen Konfliktparteien, so kann man dies nur mit dem Blick in die Vergangenheit erklären, und nur mit diesem kann man Vertrauen wiederherstellen. Denn vor allem, wenn die Vergangenheit ineffizient und verlustreich war, kann man aus ihr lernen.
Die psychologische Begleitung dieses Prozesses durch einen Mediator kann helfen, den Blick in die Vergangenheit zu richten, sie aufzuarbeiten und das Vertrauen in die Gültigkeit sozialer Normen wiederherzustellen.

8.6 Chancen der Wirtschaftsmediation

Konflikte im Kontext von Organisationen führen zu Verlusten in Motivation, Leistung und Produktion, zu Gefühlen des Ärgers, der Empörung, der Feindseligkeit, zur Beeinträchtigung von Organisationsklima und -kultur und nicht zuletzt zu Imageverlusten. Das hohe Potential, das ein konstruktiver Umgang mit Konflikten bietet, wird in Organisationen erkannt: Kommunikations- und Konflikt(löse)fähigkeit gehören zu den Schlüsselqualifikationen, die in Trainingsprogrammen großer Organisationen standardmäßig geschult werden. Neben dem konstruktiven Umgang mit bestehenden Konflikten werden Maßnahmen zur Konfliktprävention vermittelt, wie präventive Erkundungen möglicher Konfliktfelder, Präventivmaßnahmen zu möglichen Konfliktverläufen sowie zur Schadensbegrenzung.
Auch in allen gängigen Lehrbüchern der Organisationspsychologie wird das Thema Konflikte ausführlich behandelt. Gleichwohl nimmt dabei die Wirtschaftsmediation nur einen kleinen Raum ein. Dies spiegelt die tatsächlichen Verhältnisse in Organisationen (vor allem Wirtschaftsunternehmen) wider, in denen die Mediation von Konflikten nach wie vor die Ausnahme bildet (vgl. Abschn. 8.2). Über die Vorteile der Wirtschaftsmediation bestehen aber keine Zweifel. Ihr Nutzen lässt sich auf einer sachlichen, ökonomischen und gesellschaftspolitischen Ebene auffächern.

Sachlicher Nutzen. Mithilfe von Mediationsverfahren werden langfristige Lösungen angestrebt. Die Tiefenstruktur des Konflikts wird mit einbezogen. Häufig kommt es zu »Paketlösungen«, bei denen verschiedene Konflikte in einem Verfahren gelöst werden. Die Lösung steht auf einer solideren Basis, da weitaus mehr Informationen und Aspekte im Verfahren berücksichtigt werden als bei alternativen Verfahren der Konfliktlösung. Voraussetzung dafür ist eine Tiefenanalyse des Konflikts sowie der Einbezug beteiligter Dritter. Konflikte werden durch Mediationsverfahren »ent-emotionalisiert«, indem Emotionen nicht unterdrückt, sondern thematisiert werden – dadurch wird der Konflikt letztlich versachlicht.

Ökonomischer Nutzen. Obgleich die Einführung von Mediationsverfahren und ihre Umsetzung in Organisationen zunächst Kosten verursacht, verringern diese Verfahren mittel- und langfristig die Kosten für Konflikte und ihre Folgen, z. B. aufgrund von Arbeitsausfällen. Oftmals wird der Konflikt durch mehrschichtige »Paketlösungen« geklärt: Man findet zu Einigungen, die über das eigentliche Konfliktfeld hinausgehen. Dadurch werden auch in anderen Kontexten, in denen die Konfliktparteien miteinander zu tun haben, Absprachen getroffen, wodurch die Wahrscheinlichkeit zukünftiger Konflikte vermindert wird. Dies ist eine wichtige Investition in die Zukunft der Organisation. Damit haben Mediationsverfahren eine hohe → Effektivität und bieten ökonomische Vorteile.

Gesellschafts- und Organisationspolitik. Auch organisationspolitisch sind Mediationsverfahren nützlich: Es werden Kommunikationsstrukturen aufgebaut und etabliert, die bei zukünftigen Konfliktfällen wieder genutzt werden können und hier zu schnelleren Lösungen führen. Das → Empowerment der beteiligten Konfliktparteien wird gefördert – die Bereitschaft steigt, im Kontext der Organisation Verantwortung zu übernehmen. Dies sollte sich auch auf andere Arbeitsfelder übertragen – also wird letztlich auch die Organisationskultur gefördert. Da die Verantwortung für die Konfliktlösung bei den beteiligten Konfliktparteien liegt, wird die Führung entlastet. Schließlich trägt die Etablierung von Wirtschaftsmediation in einer Organisation entscheidend zu einem positiven Image bei und kann gesellschaftspolitisch einen Beitrag zu einem konstruktiven Umgang mit Konflikten und somit einer veränderten Streitkultur führen. Um diese Chancen der Wirtschaftsmediation zu nutzen, stellen sich an die Psychologie verschiedene Forderungen:

(1) In Forschung und Praxis ist eine disziplinübergreifende Zusammenarbeit notwendig. Forschungsbeispiel: Unterschiedliche Fächertraditionen tragen ihre Modelle zusammen, z. B. Rational-Choice-Modelle sowie Modelle gerechtigkeitsmotivierten Handelns. Das Ziel ist dabei, integrative Modelle zu entwickeln, die der Vielfalt menschlicher Motive Rechnung tragen. Praxisbeispiel: In einem Mediatorenteam sind interne und externe Mediatoren mit jeweils unterschiedlicher disziplinärer Ausrichtung vertreten. Diese Mediatoren haben daher nicht nur einen unterschiedlichen Ausbildungshintergrund mit verschiedenen fächerbezogenen Sozialisationen (z. B. Psychologie vs. Betriebswirtschaft), sondern auch einen unterschiedlichen Wissensstand über das Unternehmen (z. B. über seine Struktur und Mitarbeiter).

(2) Die Mythen innerhalb der Mediation müssen überwunden werden, indem über sie aufgeklärt wird (Praxis) und Daten vorgelegt werden, die ihrer Widerlegung dienen (Forschung).

(3) Wirtschaftsmediation sollte als neues Anwendungsfeld stärker verbreitet werden, z. B. durch Psychologen, die bereits in Organisationen im Bereich der PE arbeiten und durch interne Überzeugungsarbeit dazu beitragen können, Mediation als Verfahren zur Konfliktlösung einzuführen. Aber auch externe Mediatoren können durch vermehrte Aufklärungsarbeit oder durch Angebote an große Organisationen zur Verbreitung des Verfahrens beitragen.

Ziel sollte es sein, die Potentiale optimal zu nutzen, die in der erfolgreichen Mediation organisationaler Konflikte für die jeweils beteiligten Organisationen und Unternehmen sowie für die Gesellschaft liegen.

8.7 Kernpunkte und Übungsaufgaben

Kernpunkte

▶ Konflikte gehören zum Arbeitsalltag innerhalb von Organisationen. Bei der Analyse und Lösung dieser Konflikte kann auf eine umfangreiche Konfliktforschung zurückgegriffen werden. Sie definiert Konflikt als Unvereinbarkeit von Anliegen oder Zielen zwischen Personen oder Gruppen, die zu Gefühlen der Beeinträchtigung oder Bedrohung führen, ohne dass seitens der Konfliktparteien die grundlegende Bereitschaft bestünde, diese Bedrohungen aufzuheben.

▶ Organisationale Konflikte können nach unterschiedlichen Kriterien klassifiziert werden. Von besonderer Bedeutung sind dabei die Klassifikationsmerkmale der Konfliktstrukturen und -inhalte. Oftmals lassen sich diese nur durch eine Analyse der Tiefenstruktur des Konflikts ausmachen.

▶ Die Frage, wie mit (ernsthaften) Konflikten in Organisationen umgegangen werden sollte, wird unterschiedlich beantwortet. Neben traditionellen Wegen der Konfliktlösung (Rechtsweg oder Einigungsstelle) wird zunehmend die Wirtschaftsmediation als alternative Form der Konfliktlösung angewendet.

▶ Wirtschaftsmediation ist eine außergerichtliche Form der Streitbeilegung, bei der die beteiligten Konfliktparteien in weitaus stärkerem Maße Eigenverantwortung tragen als bei Schieds- und Schlichtungsverfahren. Ziel ist es, statt eines Nullsummenspiels mit Gewinnern und Verlierern eine Lösung zu finden, bei der alle beteiligten Konfliktparteien als Gewinner aus dem Konflikt hervorgehen. Dazu wurden sechs idealtypische Phasen vorgestellt.

▶ Als »Mythen« der Wirtschaftsmediation wurden diskutiert: die übergeneralisierte Neutralität, die Annahme von Eigennutz als Kardinalmotiv menschlichen Handelns und Entscheidens, die Mahnung zur Sachlichkeit und der ausschließliche Blick in die Zukunft statt in die Vergangenheit.

▶ Eine erfolgreiche Wirtschaftsmediation hat vielfältige sachliche, ökonomische und gesellschafts- bzw. organisationspolitische Vorteile. Um diese auszuschöpfen, ist eine disziplinübergreifende Zusammenarbeit notwendig, die Mediationsmythen sind zu überwinden, und Wirtschaftsmediation ist innerhalb von Organisationen als ein standardmäßiges Verfahren zur Lösung größerer Konflikte zu etablieren.

Übungsaufgaben

▶ Wenden Sie die wesentlichen Ziele und Leitsätze der Wirtschaftsmediation auf drei unterschiedliche inner-, zwischen- und überorganisationale Konflikte an.

▶ Was sind die wesentlichen Vorteile der Wirtschaftsmediation im Gegensatz zum traditionellen Weg der gerichtlichen Auseinandersetzung?

▶ Welche Mythen existieren im Bereich der Wirtschaftsmediation? Wie könnten sich diese auf die Konfliktmediation des Eingangsbeispiels auswirken? Legen Sie weitere Rahmenbedingungen fiktiv fest.

Weiterführende Literatur

Mediation: Montada & Kals (2001).
Wirtschaftsmediation: Kals & Ittner (2008).

9 Individuen und ihre Sozialisation in Organisationen

Was Sie in diesem Kapitel erwartet

In diesem Kapitel werden die Grundlagen zur Betrachtung der (intra)individuellen Ebene in Organisationen gelegt. Die Leitfrage des Kapitels lautet: Wie wird ein Individuum zu einem leistungsstarken Mitglied einer Organisation? Dazu wird zunächst das grundlegende Verhältnis von Individuen und Organisationen analysiert. Es werden Forschungsparadigmen sowie die Grundkonflikte zwischen Organisationen und Individuen dargelegt – denn Organisationen sind zweckrationale Gebilde, in denen die Organisationsmitglieder die Aufgabe haben, ihren Beitrag zur Erfüllung der organisationalen Ziele zu leisten. Doch die Ziele und Ausrichtungen von Organisationen und die individuellen Ziele ihrer Mitglieder können in Konkurrenz miteinander stehen, weshalb Anpassungsprozesse stattfinden. Welche personalen Variablen wichtig sind, damit Individuen zu Leistungsträgern in Organisationen werden, hängt von der Art der Leistung ab, die verlangt wird. Es lassen sich einige Persönlichkeitskonstrukte als psychologische Schlüsseldimensionen von Leistungsverhalten ausmachen, die vor dem Resümee exemplarisch vorgestellt werden.

9.1 Forschungsparadigmen

Diskutiert man im Allgemeinen über das Verhältnis von Mensch und Umwelt, so spiegelt sich das innerhalb der Arbeits- und Organisationspsychologie als Debatte um das Verhältnis von Person und Arbeitsumwelt wider – mit vier paradigmatischen Sichtweisen (vgl. Hoff, 1994).

(1) Determination der Person durch Arbeit: Äußere Bedingungen der Arbeit und in der Organisation werden als Bedingungen für innere Prozesse und Entwicklungen des Individuums angesehen. Restriktive Arbeitsbedingungen verhindern daher Lernprozesse.

(2) Determination der Arbeit durch Personenmerkmale: Arbeitsverhalten und Berufsverlauf sind Resultat personaler Merkmale (Anlagen, Begabung, Eigenschaften, Motivation, Einstellung etc.). Persönliche Flexibilität und soziotechnische Kompetenz führen zur Veränderung und Entwicklung von Arbeitsformen.

(3) Multikausale Sicht der Determination: Die einseitigen Positionen (Punkt 1 und 2) werden aufgehoben und durch integrative Sichtweisen ersetzt – man geht von multikausalen Einflussfaktoren der Person und ihrer Arbeitsumwelt aus. Arbeitsmerkmale und Personmerkmale können sowohl kompensatorisch als auch generalisierend wirken.

(4) Interaktionistische Sicht: In Fortführung der multikausalen Sicht beeinflussen Arbeitsumwelt und Persönlichkeit einander wechselseitig im Arbeitshandeln und im Berufsverlauf. Sie bilden ein System, dessen Einheiten sich in ihrer Entwicklung vorantreiben. Dahinter steht das Bild des produktiv realitätsgestaltenden Subjekts.

In Untersuchungen zur organisationalen Sozialisation werden je nach Fragestellung unterschiedliche Wirkrichtungen der Faktoren Organisation, Arbeit und Mensch berücksichtigt. Allerdings liegt vielen Ansätzen eine interaktionale Sichtweise von Mensch und Organisation zugrunde: Der Mitarbeiter wird nicht als passives Opfer, sondern als aktives Subjekt betrachtet, das seine Umwelt produktiv und konstruktiv verarbeitet und gestaltet (»produktiver Gestalter«).

9.2 Konflikte zwischen Organisationen und ihren Mitgliedern

Zwischen Organisationen und ihren Mitgliedern besteht ein Konfliktpotential, das auf unterschiedliche Ziele und Interessen von Organisationen einerseits und Individuen andererseits zurückzuführen ist (Abschn. 9.2.1). Daher sind Anpassungsleistungen seitens der Organisationsmitglieder, aber auch seitens der Organisation erforderlich, damit Individuen zu »erfolgreichen« Organisationsmitgliedern werden (Abschn. 9.2.2).

9.2.1 Grundkonflikte

Bedürfnisse des Individuums. Viele Bedürfnisse von Individuen können durch Arbeit befriedigt werden. Der Hauptzweck der Arbeitstätigkeit ist der Erwerb des Lebensunterhalts. Darüber hinaus gibt es zahlreiche Nebenzwecke (vgl. Jahoda, 1983). Durch die Arbeitstätigkeit werden Zeit und Tagesablauf strukturiert, sie fordert regelmäßige Aktivität, sie ermöglicht soziale Beziehungen, sie trägt zur individuellen Identität bei, sie weist sozialen Status zu und sie wandelt individuelle zu kollektiven Zielen und Leistungen. Dadurch ist es grundsätzlich möglich, dass alle Bedürfnisse des Menschen, wie sie etwa in der Bedürfnishierarchie von Maslow abgebildet werden, im Arbeitskontext eine Rolle spielen (vgl. Abschn. 12.1). Die Befriedigung der Bedürfnisse kann

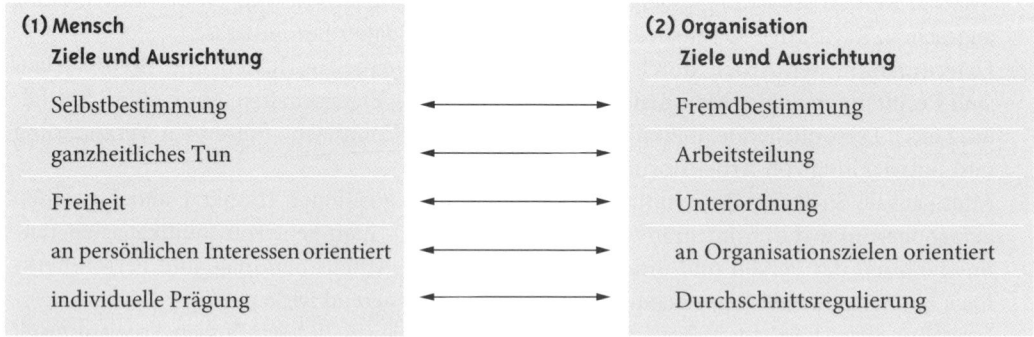

Abbildung 9.1 Das potentielle Spannungsverhältnis von Individuen und Organisationen. In Anlehnung an Argyris ist (1) der Mensch auf Selbstbestimmung, ganzheitliches Tun und Freiheit ausgerichtet. Er ist an persönlichem Interesse orientiert und von individueller Prägung bestimmt. (2) Eine Organisation mit den Anforderungen der Fremdbestimmung, der Arbeitsteilung, dem Paradigma der Unterordnung, der Orientierung an Organisationszielen und der Regulierung über Durchschnittsannahmen kann jedoch das Streben des Menschen nach Verantwortung und Selbstverwirklichung verhindern (modifiziert nach von Rosenstiel, 2007)

durch die Arbeitsausführung selbst oder durch die mit der Arbeit einhergehenden Umwelt- oder Sozialfaktoren geschehen (vgl. Weinert, 2004).

Anforderungen der Organisation. Die Organisation stellt ihrerseits Ansprüche an ihre Mitglieder. Diese zielen darauf ab, die Primärzwecke der Organisation (Leistung, Gewinn, Wachstum, z. B. durch → effiziente Produktion) und Sekundärzwecke (z. B. positives Image) zu erfüllen. In der Theorie von Argyris wird der Antagonismus zwischen Zielen, Interessen und Präferenzen der Organisation einerseits und Wünschen, Bedürfnissen und Erwartungen des Individuums andererseits beschrieben (vgl. Abb. 9.1). Das einzelne Organisationsmitglied wird im instrumentellen Sinne den Zielen der Organisation untergeordnet. Anpassungsleistungen sind notwendig, zu deren Förderung die Organisation bestimmte Kontrollformen (vor allem Kontrakte, wie »Geld gegen Leistung«) einsetzt (vgl. von Rosenstiel, 2007).

9.2.2 Anpassungsleistungen

Passen sich Individuum und Organisation einander an, finden organisationale und innerpsychische Prozesse statt, die die potentiellen Konflikte zwischen Organisationsmitgliedern und Organisationen vermeiden bzw. dämpfen und die Thema dieses Unterkapitels sind (vgl. von Rosenstiel, 2007).

Selektion

Selbstselektion. Bei der Auswahl von Mitgliedern von Organisationen finden Selbst- und Fremdselektionen statt. Entsprechend der Selbstselektion entscheidet sich ein potentielles Mitglied für eine Organisation, indem es sich (z. B. aufgrund seiner Eindrucksbildung) bei der Organisation bewirbt oder eine ihm angebotene Stelle annimmt (vgl. Abschn. 10.1). Bei dieser Entscheidung wird das potentielle Mitglied eigene Neigungen und Interessen sowie Informationen über die Organisation und ihre Bewertung gleichermaßen berücksichtigen. Ein klinischer Psychologe mit verhaltenstherapeutischer Ausrichtung wird beispielsweise eine Anstellung in einer Organisation vermeiden, die ausschließlich psychoanalytisch ausgerichtet ist.

Fremdselektion. Hinsichtlich der Fremdselektion wird auch die Organisation ihrerseits auf eine möglichst optimale Person-Umwelt-Passung (Person-Environment-Fit) bei der Bewerberauswahl und der internen Besetzung von Stellen achten (vgl. Abschn. 10.1). Das geschieht z. B., indem man schon in der Stellenausschreibung ein bestimmtes Ausbildungsprofil des zukünftigen klinischen Psychologen verlangt. Auch dadurch werden Konflikte zwischen Interessen und Prinzipien des Individuums und der Organisation im Vorfeld vermieden.

Sozialisation

Sozialisation im Kontext der Arbeit (berufliche Sozialisation) umfasst die Sozialisation vor, während und nach der Berufstätigkeit und ist somit ein die Lebenszeit umfassender Sozialisationsprozess (Hurrelmann & Ulich, 1991).

Sozialisation vor der Berufstätigkeit. Während, aber auch vor der Berufstätigkeit lernen Individuen das Wert- und Normsystem und die geforderten Verhaltensmuster von Organisationen kennen – dies ist die Sozialisation für den Beruf (vgl. Hoff, 1994). Schon über die Erwerbstätigkeit der Eltern wird sozialisiert. Die Eltern fungieren als Modelle, die ihre eigenen beruflichen Sozialisationserfahrungen über die Interaktion in der Familie (familiäre Interaktion) vermitteln und so die Persönlichkeitsbildung und Wertvorstellungen der Kinder mitprägen. Dabei spielen objektive, materielle und soziale Bedingungen der Familie, die durch die Arbeit der Eltern bestimmt werden, eine wesentliche Rolle. Diese familiale Sozialisation erklärt u. a. Übereinstimmungen in der Berufswahl von Eltern und Kindern. Das Ergebnis kann ein »klassenspezifischer Habitus« sein (vgl. Abschn. 5.4). Ein anderes Beispiel ist Dauerarbeitslosigkeit der Eltern, die Einfluss auf negative Erwartungen und misserfolgsmotiviertes Verhalten der Kinder haben kann.

Es folgt die eigentliche vorberufliche Sozialisation. Hierzu gehören die Sozialisation durch Bildung sowie offene und »heimliche« Lehrpläne von Schulen und Lehre. In der schulischen Sozialisation werden ebenso wie in der Familie grundlegende Werte und Normen vermittelt, die auch im Berufsleben relevant sind. In der Ausbildungsphase werden berufsfeldspezifische Normen und oftmals auch organisationsspezifische Normen vermittelt, z. B. wenn jemand eine Ausbildung zum Maler und Lackierer in einem Automobilkonzern macht. Beispielsweise wird durch familiale und schulische Sozialisation beeinflusst, welche Studienrichtung jemand wählt. Innerhalb der Studienfächer finden weitere Sozialisationseffekte statt.

Beispiel

Ökonomie-Studenten zeigen mehr Trittbrettverhalten und übervorteilen tendenziell eher andere bei der Zuteilung von Gütern als studentische Vergleichspopulationen. Eine ähnliche Tendenz zeigt sich bei den Ökonomie-Professoren. Mittels eines experimentellen Designs gelang der Nachweis, dass nach Abschluss eines Seminars über ökonomisches Kalkül die Bereitschaft, gefundenes Geld zurückzugeben, geringer war als vorher – es war auch geringer als in verschiedenen Vergleichsgruppen, die aus Teilnehmern eines anderen ökonomischen Seminars bestanden (Frank et al., 1993). Ergebnis: Man kann nutzenmaximierendes Handeln durch entsprechende Sozialisationseffekte erlernen.

Sozialisation während der Berufstätigkeit. Die vorberufliche Sozialisation wird in der Phase der beruflichen Sozialisation fortgesetzt – vor allem nach Beginn der Arbeitstätigkeit in einer spezifischen Organisation. Der Mitarbeiter lernt interne Normen und Werte nicht nur theoretisch kennen (z. B. über explizite Unternehmensleitlinien), sondern erfährt diese auch im beruflichen Alltag durch zahlreiche formelle und informelle Prozesse. Die Sozialisation während der Berufstätigkeit umfasst drei Phasen (Schneider, 1999):

(1) Die Pre-Entry-Phase, in der es darum geht, Eingang in die Organisation zu finden (z. B. Sozialisation durch Erfahrungen bei der Personalauswahl)

(2) Die Entry-Phase, in der die eigentliche organisationale Sozialisation stattfindet

(3) Die Metamorphose-Phase, in der Konflikte in der betrieblichen Arbeit passiv oder aktiv, erfolgreich oder nicht erfolgreich gelöst werden

Ein Ergebnis der Sozialisation im Erwerbsleben ist oftmals, dass Normen, Werte und geforderte Verhaltensweisen internalisiert und nicht mehr reflektiert ausgeführt werden (von Rosenstiel, 2007). Dies können u. a. Rollen- und Lerntheorien (Bekräftigungen, Lernen durch Modell etc.) erklären. Zu dieser Sozialisation tragen nicht nur informelle Prozesse bei (z. B. Erfahrungen in Form von einführenden Seminaren, Gesprächen mit dienstälteren Kollegen, Sozialisation durch symbolische Führung; vgl. Abschn. 5.1), sondern auch formelle Prozesse und Programme. In Mentorenprogrammen können z. B. Mentoren als »Sozialisationshelfer« fungieren (Moser & Schmook, 2001) – sie übernehmen nicht nur Karriere-, sondern auch psychosoziale Funktionen (z. B. dient der Mentor als Rollenmodell, er gibt Ratschläge und bietet eine Vertrauensbeziehung an). Darüber hinaus wird die Sozialisation in der Organisation durch das grundsätzliche Commitment gefördert, das Mitglieder durch Unterschrift des Kontrakts mit der Organisation gegeben haben. Dieses Commitment umfasst auch die Akzeptanz expliziter Leitlinien.

Persönlichkeitstheorien

Explizite und implizite Persönlichkeitstheorien bieten Erklärungen dafür an, warum Mitglieder von Organisationen Anpassungsleistungen vollbringen. Implizite Persönlichkeitstheorien sind Schemata, von denen die Person unreflektiert beim Umgang mit anderen Menschen ausgeht. Eine implizite Persönlichkeitstheorie kann beispielsweise auf der Annahme gründen, dass Individuen sich der Organisation anpassen, eine andere implizite Persönlichkeitstheorie dagegen, dass Sozialisationsprozesse im Sinne wechselseitiger Einflussnahmen stattfinden. Die Auswirkungen impliziter Persönlichkeitstheorien berücksichtigt McGregor (1960), indem er erfolgreiches, partizipatives Führungsverhalten im Sinne sich selbst erfüllender Prophezeiungen erklärt (vgl. Abschn. 5.2.1). Explizite Persönlichkeitstheorien werden z. B. von praktisch arbeitenden Arbeits- und Organisationspsychologen zu Rate gezogen, um auf deren Grundlage Einfluss auf Individuen und ihr Verhalten in Organisationen zu nehmen und deren Anpassungs- und Gestaltungsleistungen zu unterstützen.

Im Bereich der expliziten (wissenschaftlichen) Persönlichkeitstheorien lassen sich vier Theoriegruppen unterscheiden, die unterschiedliche Zielzustände implizieren und jeweils andere Problemfelder fokussieren (vgl. Schneewind, 1982):

(1) Phänomenologische Persönlichkeitstheorien. Als grundlegende motivationale Kraft gilt die Selbstverwirklichungstendenz des Menschen. Maslow (1970) entwickelte ein motivationales Konzept (vgl. Abschn. 12.1), aus dem sich Empfehlungen für motivationsfördernde OE-Maßnahmen ableiten lassen (z. B. Schaffung von Organisationsstrukturen, die den einzelnen Mitgliedern große Möglichkeit zur Selbstverwirklichung geben).

(2) Psychoanalytische Persönlichkeitstheorien: Gegenwärtiges Verhalten und Erleben von Organisationsmitgliedern wird auf frühere Erfahrungen und unbewusste Motivationen zurückgeführt (z. B. deutet die Psychoanalyse eine charismatische Führungskraft als narzisstische Persönlichkeit; vgl. Abschn. 5.3.1).

(3) Lern- und verhaltenstheoretische Persönlichkeitstheorien: Der Schwerpunkt liegt auf der Erklärung und Modifikation von Verhalten durch Lernprozesse und Umwelteinflüsse. Für die Personalführung wird beispielsweise ein → Management by Reinforcement nahegelegt.

(4) Faktorenanalytische Persönlichkeitsmodelle: Ein psychodiagnostisches Vorgehen (einschließlich der Eignungsdiagnostik) steht im Zentrum. Persönlichkeitseigenschaften werden erhoben und Zusammenhänge erfasst. Interventionen richten sich auf die Veränderung bzw. Anpassung der Situation, da die Persönlichkeitseigenschaften als weitgehend stabil angesehen werden.

!

Potentielle Konflikte zwischen Individuen und Organisation erfordern Anpassungsleistungen, die zumeist seitens des Individuums erbracht werden. Unterstützt werden Anpassungsleistungen durch Prozesse der Fremd- und Selbstselektion sowie der antizipatorischen Sozialisation und der organisationalen Sozialisation.

9.3 Fragestellungen zu personalen Merkmalen

Vielen organisationalen Entscheidungen liegt das Konzept des »Person-Environment-Fits« zugrunde (vgl. Abschn. 10.1). Entsprechend dieses Konzepts spielen personale Merkmale (zur Definition vgl. Abschn. 10.3.1) von Organisationsmitgliedern bei Personalentscheidungen und

Entscheidungen der OE und Arbeitsgestaltung, wie sie in Kapitel 14 beschrieben wird, eine wichtige Rolle. Es lassen sich drei Gruppen von Fragestellungen unterscheiden, bei denen personale Variablen unterschiedlichen Status haben (vgl. Sonntag & Scharper, 1999):

(1) Personale Merkmale als → Prädiktorvariablen: Mittels welcher personaler Variablen lässt sich berufliche Leistung vorhersagen und erklären? Die Befunde werden bei der Anforderungs- und Eignungsdiagnostik und somit primär bei der Personalauswahl genutzt (vgl. Kap. 10).

(2) Personale Merkmale als → Kriteriumsvariablen: Welche Wirkung haben bestimmte Personalentwicklungs- oder Arbeitsgestaltungsmaßnahmen auf die Mitarbeiterpersönlichkeit und ihre Entwicklung? Die Antworten werden im Rahmen von Arbeits- und Organisationsgestaltung umgesetzt (vgl. Kap. 4 und 14).

(3) Personale Merkmale als Moderatorvariablen: Inwiefern können personale Variablen Zusammenhänge zwischen anderen Variablen erklären, z. B. zwischen Arbeitsbedingungen einerseits und Leistungseffizienz, Arbeitszufriedenheit und -motivation andererseits (vgl. Kap. 12)? Bei der PE werden diese Antworten z. B. benötigt, um Zielgruppen für Trainingsprogramme anhand wichtiger Personenvariablen homogen zusammenzustellen (vgl. Kap. 11).

Mit der Entscheidung, ob personale Merkmale den Status eines Prädiktors oder eines Kriteriums haben, wird auch eine Entscheidung über das zugrunde liegende Forschungsparadigma gefällt (vgl. Abschn. 9.1): Entsprechend des klassisch-soziologischen Forschungsparadigmas sind personale Merkmale Kriterien, da sie durch Arbeit determiniert werden (»Determination der Person durch Arbeit«). Im Sinne des klassisch-psychologischen Paradigmas nehmen personale Merkmale hingegen Prädiktorstatus ein (»Determination der Arbeit durch Personenmerkmal«). In enger Auslegung beeinflussen sie, wie sich jemand verhält und was er leistet. Sie sind selbst jedoch kaum veränderlich und bieten daher keinen Interventionsansatz im Sinne der Personal- oder Organisationsentwicklung, sondern sie ermöglichen nur Selektionsentscheidungen (z. B. durch die Personalauswahl) (vgl. Abschn. 10.1). Beide Paradigmen, das klassisch-soziologische sowie das streng psychologische, wurden mittlerweile in dieser extremen Form aufgegeben.

Eine elementare Grundlage der Arbeit in Organisationen ist die Interaktion des Individuums mit seiner sozialen und technischen Umwelt. Mittelbar oder unmittelbar sind bei allen wichtigen Entscheidungen in Organisationen Menschen betroffen. Aus diesem Grund muss der Analyse von Personenvariablen eine besondere Bedeutung zukommen (z. B. im Bereich der Personalauswahl, der Personalentwicklung, der Organisationsentwicklung, der Rollendefinition, der Arbeitsgestaltung).

9.4 Individuen als Leistungsträger in Organisationen

In Organisationen stellt sich immer auch die Frage nach der Leistung des Einzelnen – auch, wie sich Leistung bestimmen oder vorhersagen lässt. Nach dem Modell von Vroom (1964) wird Leistung als Produkt aus Motivation, Fähigkeit und Fertigkeit erklärt:

Leistung = Motivation × (Fähigkeiten + Fertigkeiten)
Diese Gleichung bedeutet, dass eine Leistungssteigerung bei bereits vorhandener Motivation vor allem dann erreicht wird, wenn die Fähigkeiten und Fertigkeiten der Person gesteigert werden. Eine weitere Steigerung der Motivation ist in diesem Fall hingegen wenig effizient. Die Motivation

sollte stattdessen erhöht werden, wenn Fähigkeiten und Fertigkeiten bereits hoch ausgeprägt sind, aber die Motivation eher gering ist.

Während die Motivation primär Thema des nächsten Kapitels ist (vgl. Abschn. 12.1), stehen an dieser Stelle Fähigkeiten und Fertigkeiten im Mittelpunkt – Konzepte der Eignung, Ausbildung und Erfahrung werden diskutiert (nach Lawler, 1977).

Die Frage, welche Fähigkeiten und Fertigkeiten letztlich zu einer hohen Arbeitsleistung beitragen, kann nur berufs(gruppen)spezifisch beantwortet werden. Für eine Tätigkeit am Fließband sind z. B. vollkommen andere Qualifikationen notwendig als für eine Tätigkeit im höheren Management. Die Fähigkeit des Führens ist nur für jenen Personenkreis relevant, der Personalverantwortung hat. Zudem zeigt die Diskussion um »optimale« Führungseigenschaften, wie sehr diese von der jeweiligen Führungsaufgabe und spezifischen Bedingungen abhängen (vgl. Abschn. 5.3). Gleiches illustrieren die Modelle der Gruppeneffizienz (vgl. Abschn. 6.2).

> **!**
>
> In Praxis und Bildungspolitik hat es sich eingebürgert, von »beruflicher Handlungskompetenz«, »Schlüsseldimensionen des Leistungsverhaltens« oder verkürzt von »Schlüsselqualifikationen« zu sprechen. In der arbeits- und organisationspsychologischen Forschung findet das Konzept der soziotechnischen Handlungskompetenz Anwendung. Sowohl aus praktischer als auch aus wissenschaftlicher Perspektive ist es darüber hinaus wichtig, Kompetenz für bestimmte Aufgabenfelder unter Beachtung spezifischer Rahmenbedingungen inhaltlich und empirisch messbar zu bestimmen.

Schlüsseldimensionen

Es lassen sich einige psychologische Variablen ausmachen, die von grundlegender Bedeutung zur Bewältigung von Aufgaben sind – und damit weniger aufgaben- bzw. positionsspezifisch als übliche Schlüsselqualifikationen. Einige solcher psychologischen Schlüsseldimensionen des Leistungsverhaltens sind im Folgenden in Anlehnung an Weinert (2004) exemplarisch vorgestellt.

Leistungsmotivation. Wie jemand zu Leistung motiviert ist und er mit Herausforderungen umgeht, ist von Person zu Person verschieden (vgl. auch Abschn. 12.1). Leistungsmotive können z. B. Hoffnung auf Erfolg oder Furcht vor Misserfolg sein. Diese werden zugleich als zeitlich überdauernde persönlichkeitsspezifische Dispositionen angesehen: Während manche Menschen an herausfordernde Situationen tendenziell mit Hoffnung auf Erfolg herangehen, werden andere stärker durch den Wunsch motiviert, Misserfolg zu vermeiden. Diese Dispositionen haben zugleich Einfluss auf die Wahl von Aufgaben: Erfolgsorientierte Menschen wählen eher Aufgaben, die auf einem realistischen mittleren Anspruchsniveau liegen. Misserfolgsorientierte Personen tendieren hingegen zur Wahl von Aufgaben mit besonders niedrigem oder hohem Anspruchsniveau (vgl. Weinert, 2004). Beides hat entsprechend der oben genannten allgemeinen Leistungsformel von Vroom Einfluss auf die individuelle Leistung.

Locus of control. Locus of control (nach Rotter, 1966) als Persönlichkeitsdimension gibt darüber Auskunft, ob und in welchem Maße eine Person einschätzt, selbst Kontrolle über ihr Verhalten zu haben (internale Kontrollüberzeugung), oder diese Kontrollüberzeugung external attribuiert (z. B. auf andere oder Zufall). Untersuchungen in Organisationen zeigen, dass internale Orientierung mit Leistungsvorteilen einhergeht (einschließlich langfristig höherer Gehälter) und dass ein engerer Zusammenhang zwischen Arbeitszufriedenheit und Gesamtleistung besteht als bei external Orientierten. External Orientierte haben hingegen in Arbeitskontexten Vorteile, die das Einhalten von Regeln voraussetzen. Eine Reflexion der eigenen Kontrollüberzeugung und eine realistische Selbsteinschätzung sind von Vorteil, um sowohl erlernte Hilflosigkeit (sensu Seligman) als auch Omnipotenz (im Sinne der Überschätzung eigener Kontrolle) zu vermeiden.

Selbstwirksamkeit. Selbstwirksamkeit (Self-efficacy) sensu Bandura korreliert eng mit internaler Kontrolle und hat Bezüge zum Selbstwert sowie damit, wie selbstorganisiert und selbstbestimmt jemand sich mit Anforderungen auseinandersetzt (vgl. von Rosenstiel, 2007). Sie bezieht sich auf die Überzeugung einer Person, fähig zu sein, eine Aufgabe erfolgreich auszuführen. Eine hohe Selbstwirksamkeit kann empirisch zu hoher Arbeitsleistung und zu Erfolg führen. Dabei wirken verschiedene Prozesse: die sich selbst erfüllenden Prophezeiungen (»self fullfilling prophecies«), die positive selektive Wahrnehmung eigener Fähigkeiten oder auch die Bewertung von Hindernissen als Herausforderungen.

Selbstwert. Selbstwert (Self-esteem) ist ebenfalls ein psychologisches Konstrukt, das vielfältigen Eingang in die organisationspsychologische Forschung gefunden hat. Selbstwert umfasst die Einschätzung, wie Menschen sich und ihre Kompetenzen wahrnehmen. Er zeigt signifikante Zusammenhänge mit der Wahl von Beschäftigungsverhältnissen, die Risiken bedeuten, mit unkonventionellen Arbeitsrollen, mit Arbeitszufriedenheit und generell mit Lebenszufriedenheit.

Selbststeuerung. Selbststeuerung (Self-monitoring) bedingt u. a. die Fähigkeit einer Person, ihr Verhalten verschiedenen Situationen anzupassen. Die Fähigkeit zur Selbststeuerung korreliert mit beruflichen Erfolgskriterien und ist bei der Personalauswahl und entsprechenden Auswahlsituationen als »Türöffner« von Vorteil.

Risikoverhalten. Auch über Risikobereitschaft bzw. -freudigkeit wird diskutiert. Hohe Risikofreudigkeit bedeutet, dass jemand schnell Entscheidungen fällen kann – auch bei geringer Verfügbarkeit von Informationen. Vielfach wurde der Befund repliziert, dass Führungskräfte eher Risikovermeider sind. Ebenso wurde beobachtet, dass Personen, die über eine hohe Leistungsmotivation verfügen, eher mäßige statt hohe Risiken eingehen. Allerdings sind diese Befunde deskriptiv zu deuten. Aus ihnen lassen sich keine generellen Aussagen ableiten, welches Maß an Risikofreudigkeit günstiger ist. Dies hängt von situativen Bedingungen ab.

Emotionale Intelligenz. Emotionale Intelligenz ist in fast allen Arbeitskontexten hilfreich (vgl. zum Überblick Neubauer & Freudenthaler, 2001). Emotionen spielen z. B. bei der Entstehung von Konflikten, der Erklärung von Arbeitsmotivation und -leistung sowie Handlungsentscheidungen eine Rolle. Daher ist es hilfreich, Gefühle zu erkennen und unterschiedliche Gefühlsklassen voneinander zu differenzieren. Für die Steuerung eigener Gefühle bietet die kognitive Emotionstheorie konkrete Ansätze, indem an den Kognitionen, die den Emotionen zugrunde liegen, angesetzt wird (Montada, 1992).

!

Psychologische Schlüsseldimensionen des Leistungsverhaltens umfassen kognitive Konzepte (z. B. Locus of control), emotionale Konzepte (z. B. emotionale Intelligenz) sowie motivationale Konzepte (z. B. Leistungsmotivation). Zur Vorhersage von Leistung sind darüber hinaus Merkmale der jeweiligen Arbeitsaufgaben und -kontexte einzubeziehen.

9.5 Resultierende Aufgaben für Organisationsmitglieder

Anpassungsprozesse helfen, das potentielle Spannungsverhältnis zwischen Organisation und Individuen abzufedern. Diese Anpassungen sind jedoch keine einseitigen Leistungen des Mitarbeiters, sondern es finden wechselseitige Anpassungsleistungen zwischen der Organisation, Führungskräften und Entscheidungsträgern sowie einzelnen Mitgliedern der Organisation statt. Beispielsweise ist Sozialisation ein wechselseitiger Prozess, bei dem auch die Entscheidungsträger Sozialisationseffekten (z. B. durch Mitarbeiter) unterliegen. Zudem haben die expliziten und impliziten Persönlichkeitstheorien nicht nur Konsequenzen auf das Denken, Fühlen und Handeln von Entscheidungsträgern, sondern auch auf das von Mitarbeitern – und auf das von Arbeits- und Organisationspsychologen.

Anpassungsleistungen. Im Sinne des eingangs genannten vierten Forschungsparadigmas (interaktionistische Sichtweise von Arbeitsumwelt und Person) (vgl. Abschn. 9.1) tragen also nicht nur die Mitarbeiter Verantwortung für Anpassungsleistungen, sondern auch die Entscheidungsträger. Sie sind beispielsweise aufgefordert, eigene, oftmals implizite Persönlichkeitstheorien zu reflektieren, funktionierende Anreizsysteme für optimale Leistungsvoraussetzungen zu schaffen, Mitarbeiter zu fördern oder die Arbeitsumwelt so zu gestalten, dass beispielsweise Handlungsspielräume erweitert werden und dem Motiv nach Kontrolle und Selbstbestimmung Rechnung getragen wird (vgl. Abschn. 14.2.3). Ein Klima der wertorientierten Führung, das die dritte Generation der Unternehmensführung darstellt (im Gegensatz zur produktions- oder kostenorientierten Führung als erste und zweite Generation), ist förderlich, um Konflikte zwischen Organisation und Mitarbeiter abzuschwächen (Becker & Schwarz, 2002). Das bedeutet beispielsweise, dass Führungskräfte Werte der Organisation nicht nur als Lippenbekenntnisse äußern, sondern auch bei ihren Entscheidungen berücksichtigen.

Berufliche Leistungen. Organisationen als zweckrationale Gebilde sind darauf angewiesen, dass die Mitarbeiter ihre jeweiligen Aufgaben und Ziele erfüllen. Dazu dienen die beschriebenen Anpassungsleistungen und die Analyse der beruflichen Leistung. Da das Bedingungsgefüge beruflicher Leistung komplex ist, umfasst deren Analyse zahlreiche Variablen. Neben Motivation sind seitens der Mitarbeiter Fähigkeiten und Fertigkeiten entscheidend. Diese sind für die jeweiligen beruflichen Aufgaben und Kontexte zu spezifizieren. Darüber hinaus sind auf übergeordneter Ebene psychologische Schlüsseldimensionen des Leistungsverhaltens relevant, die kognitive und emotive Persönlichkeitskonstrukte umfassen. Zwar sind diese nur in Grenzen veränderbar – die »Selbstreflexion« des eigenen Leistungsverhaltens sowie der psychologischen Schlüsseldimensionen sind jedoch für alle Mitglieder von Organisationen (einschließlich der Entscheidungsträger) hilfreich und daher als weitere Entwicklungsaufgabe formulierbar.

9.6 Kernpunkte und Übungsaufgaben

Kernpunkte
► Ziele und Ausrichtungen von Organisationen und Individuen stehen in einem potentiellen Spannungsverhältnis. Es gibt Grundkonflikte z. B. zwischen der Fremdbestimmung durch die Organisation und der Selbstbestimmung des Individuums.
► Zur Vermeidung bzw. Dämpfung dieser Grundkonflikte tragen formale Regulierungsmechanismen bei, wie der Vertrag, der zwischen Organisation und Organisationsmitglied geschlos-

sen wurde. Dieser ist auch psychologisch wirksam, z. B. wirken Prozesse zur Vermeidung kognitiver Dissonanz, sodass die Entscheidung des Mitarbeiters für die jeweilige Organisation nicht immer wieder in Frage gestellt wird.

► Zu den Anpassungsleistungen tragen weitere psychologische Prozesse bei: (1) Selbst- und Fremdselektion, bei der sowohl Mitarbeiter als auch Entscheidungsträger jeweils auf eine hohe Passung zwischen Mitarbeiter und Organisation achten, (2) Sozialisation als wechselseitiger Effekt von Mitarbeiter und Vorgesetzten, (3) implizite und explizite Persönlichkeitstheorien von Organisationsmitgliedern, die eigenes Handeln und Entscheiden, aber auch das Handeln anderer steuern.

► Eine wichtige Frage der Praxis ist, welche Merkmale darüber bestimmen, ob ein Mitglied der Organisation Leistungsträger ist oder werden kann. Zur Beantwortung werden Schlüsselqualifikationen berufsspezifisch differenziert und Persönlichkeitsmerkmale analysiert – sie gelten als Schlüsseldimensionen von Leistungsverhalten.

► Aus den Anpassungsleistungen und den entsprechenden Fragen aus der Praxis resultieren gleichermaßen Verantwortlichkeiten von Mitarbeitern und Entscheidungsträgern in Organisationen.

Übungsaufgaben

► Was sind die wesentlichen Fragestellungen zum Verhältnis von Individuen und Organisationen?

► Überlegen Sie sich möglichst unterschiedliche Beispiele dafür, welchen Sozialisationseffekten ein Mitarbeiter in einer Organisation unterliegt. Durch welche Maßnahmen könnte man erwünschte Sozialisationseffekte fördern? Wie lassen sich unerwünschte Sozialisationseffekte vermindern?

► Inwiefern tragen implizite Persönlichkeitstheorien von Organisationsmitgliedern dazu bei, dass sich neue Mitarbeiter den Normen und Werten der Organisation anpassen?

Weiterführende Literatur

Sozialisation: Hoff (1994), Hurrelmann & Ulich (1991).
Persönlichkeitstheorien: Fisseni (2003).
Organisationale Sozialisation: Nerdinger et al. (2008).

Teil III
Individuelle Ebene

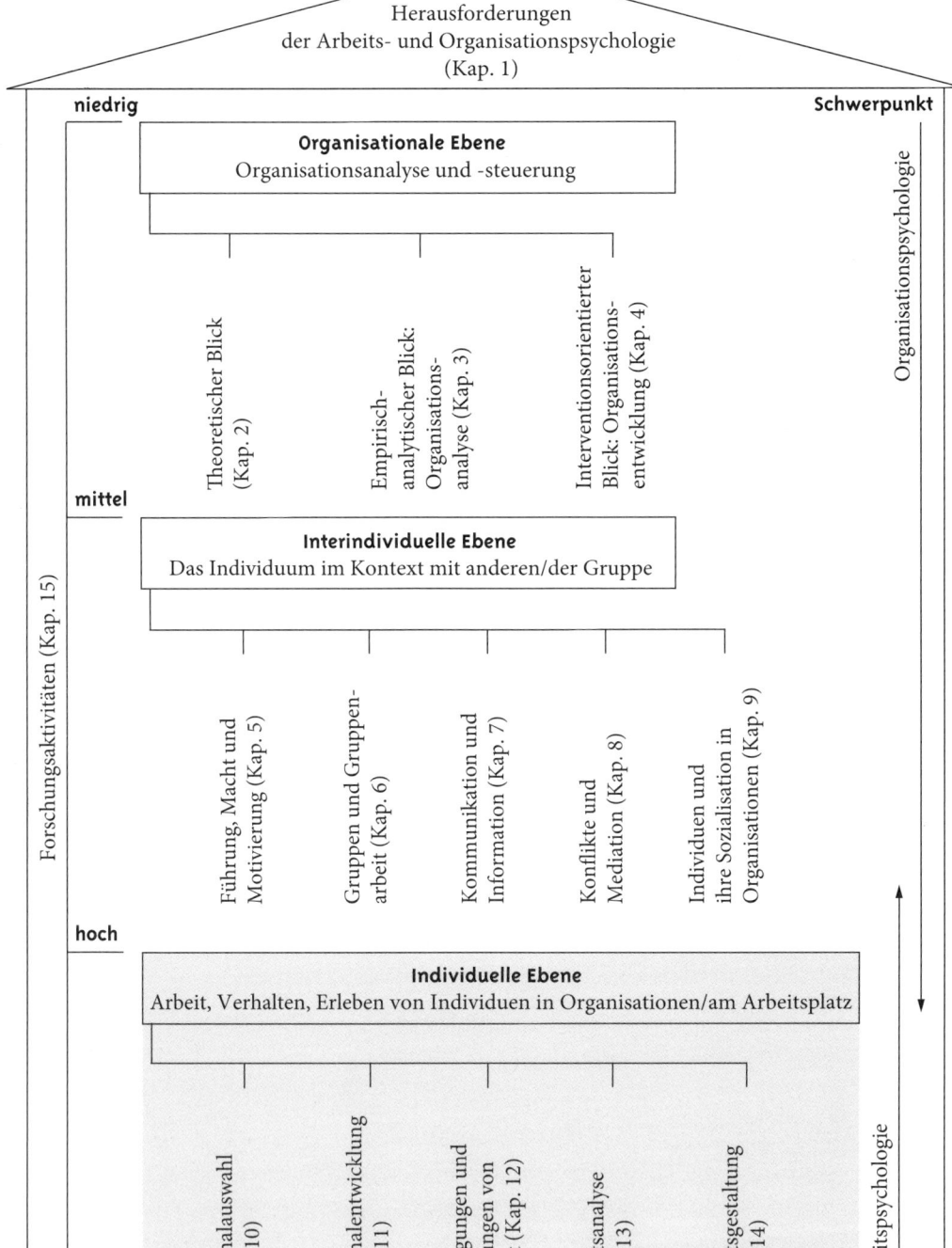

10 Personalauswahl: Eignung und Beurteilung

Was Sie in diesem Kapitel erwartet

Eine klassische Situation der Personalauswahl: Ein Softwarehersteller expandiert und schreibt 30 Stellen für Programmierer aus. Dennoch übersteigt die Zahl der Bewerber die der ausgeschriebenen Stellen um ein Vielfaches. Auf der Basis verschiedener Auswahlverfahren (Analyse der Bewerbungsunterlagen, Einstellungsinterviews, psychologische Tests) werden unter Mithilfe von Personalpsychologen Entscheidungen über die Besetzung der Stellen getroffen. Neben Freude und Stolz derjenigen, die angenommen wurden, steht die Enttäuschung all jener, die abgelehnt worden sind. Viele der Abgelehnten diskreditieren das Auswahlverfahren, das wie jedes Verfahren Raum für subjektiv erfahrene Ungerechtigkeiten lässt. In diesem Kapitel geht es um Auswahlverfahren und ihre Validität sowie um Entscheidungsunsicherheiten und Verantwortlichkeiten. Damit findet ein Perspektivenwechsel vom Arbeits- und Organisationspsychologen hin zum Bewerber statt. Dies führt zur Frage der Qualitätssicherung und zur kritischen Reflexion der Verfahrensweisen zur der Personalauswahl (Verfahrensvalidität, DIN Norm 33430, Rechte der Bewerber, Chancenungleichheit, Wertfragen).

10.1 Personalauswahl als klassisches Feld der Organisationspsychologie

Personalauswahl kann die Entscheidung über die Selektion von Mitarbeitern anhand gewichteter Kriterien, aber auch die Zuordnung von Arbeitsaufgaben und Arbeitsplätzen an geeignete Mitarbeiter betreffen. Die Mitarbeiter können neu gewonnen (externe Personalauswahl) oder aus dem bereits vorhandenen Mitarbeiterstamm gewählt werden (interne Personalauswahl). Im idealen Fall basiert die Personalauswahl auf einer wissenschaftlichen Eignungsdiagnostik, um die Wahrscheinlichkeit von Fehlentscheidungen zu verringern.

Themen der Personalauswahl. Angesichts wirtschaftlicher Veränderungen und steigenden Konkurrenzkampfes zwischen Organisationen und Bewerbern wird eine sachgerechte Personalauswahl mit einem möglichst geringen Risiko zu Fehlentscheidungen immer wichtiger. Die Arbeits- und Organisationspsychologie, vor allem aber die Personalpsychologie, stellen hier besondere Expertise zur Verfügung, indem sie ihr diagnostisches und statistisches Methodenrepertoire für die Passung zukünftiger Mitarbeiter nutzen (vgl. John & Maier, 2007).
Personalauswahl umfasst nach Weinert (2004) folgende Entscheidungen:

▶ Entwicklung von Erfolgskriterien. Was zeichnet erfolgreiche Mitarbeiter aus? Welche Variablen sind geeignet, um diesen Erfolg zu messen?

▶ Bestimmung der aufgabenbezogenen Anforderungen. Welche fachlichen Kenntnisse, Fähigkeiten und Fertigkeiten, beruflichen Erfahrungen, Einstellungen, Persönlichkeitsmerkmale etc. machen ein erfolgreiches Arbeiten auf der zu besetzenden Stelle wahrscheinlich?

- ▶ Bestimmung der Prädiktorvariablen. Welche Merkmale der Bewerber lassen auf deren zukünftigen Erfolg schließen? Welche Merkmale der Bewerber sollten als Prädiktorenvariablen interpretiert werden?
- ▶ Messung der Merkmale. Wie lassen sich die fraglichen Merkmale der Bewerber ermitteln? Welche Messverfahren sind geeignet? Wie sind die Merkmale der einzelnen Bewerber ausgeprägt?
- ▶ Einschätzung der Zusammenhänge zwischen Prädiktorvariablen und Erfolgskriterien. Wie groß sind die empirischen Zusammenhänge zwischen den personalen Merkmalen (z. B. Fähigkeiten, Fertigkeiten) und der messbaren Arbeitsleistung (Prüfung der Zusammenhänge zwischen Prädiktorvariablen und Erfolgskriterien)?
- ▶ Festlegung und Gewichtung der Prädiktoren. Wie bedeutsam sind bestimmte personale Merkmale (z. B. Fähigkeiten, Fertigkeiten) für erfolgreiches Arbeiten? Auf die Erfüllung welcher Merkmale kann verzichtet werden? Welche sind notwendig für erfolgreiches Arbeiten auf den zu besetzenden Stellen?
- ▶ Festlegung der Auswahlkriterien und Entscheidungsregeln: Welche externen Bewerber sollten ein Einstellungsangebot erhalten? Welche internen Bewerber sollten die Stelle übernehmen?

Bei der Eignungsdiagnostik sind drei Ausgangssituationen vorstellbar (von Rosenstiel, 2007):

(1) Stellen- und Bewerberzahl entsprechen einander (z. B. bei interner Personalauswahl, bei der es um Besetzungen aus dem bereits vorhandenen Mitarbeiterstamm geht; es sollen ohne Entlassungen optimale Zuordnungen getroffen werden)

(2) Die Stellenzahl übersteigt die Bewerberzahl (z. B. wenn bei Expansion eines Unternehmens eine Führungskraft im mittleren Management Verantwortung für neue Abteilungen erhalten soll)

(3) Die Bewerberzahl übersteigt die Stellenzahl (z. B. bei externer Personalauswahl, bei der neue Mitarbeiter eingestellt werden; aufgrund der hohen Arbeitslosenquote dominiert diese Situation)

Der Einsatz valider Auswahlverfahren erscheint in der letzten Ausgangssituation auch aus ökonomischer Sicht besonders relevant.

Passung von Person und Arbeitsplatz. In allen Entscheidungsfällen sollten die Anforderungen des Arbeitsplatzes und das Kompetenzprofil des Arbeitnehmers einander entsprechen (Person-Environment-Fit). Über-, aber auch Unterforderungen sind zu vermeiden oder zu verringern. Veränderungsstrategien können eingesetzt werden, um eine möglichst hohe Passung zu erreichen.

Tabelle 10.1 Klassifizierung der Veränderungsstrategien – Ziel: eine hohe Entsprechung zwischen Anforderungen des Arbeitsplatzes und Eignung des Arbeitnehmers erreichen (nach von Rosenstiel, 2007)

		Interventionsstrategie	
		Selektion	Modifikation
Interventionsansatz	Person	Personalselektion: externe oder interne Auswahl von Personen anhand gewichteter Kriterien	Verhaltensmodifikation: Ausbildungs- und Trainingsprogramme (z. B. zur Kompetenz-, Performanz-, Motivationssteigerung)
	Situative Bedingungen	Bedingungsselektion: Auswahl optimaler Bedingungen für vorgegebene Personen (z. B. Berufsberatung)	Bedingungsmodifikation: Gestaltung von Arbeitsplätzen, -prozessen und -systemen (z. B. nach Humankriterien)

Diese Strategien können an der Person oder an der Situation ansetzen: (1) Hinsichtlich der Person stehen Fremdselektion (Auswahl einer geeigneten Person) und Verhaltensmodifikation zur Verfügung (z. B. Erlernen von Fähigkeiten, die zur Erfüllung der Arbeitsplatzbedingungen notwendig sind). (2) Hinsichtlich der Situation sind Selbstselektion (z. B. angeregt durch Berufsberatung) und Modifikation der Arbeitsanforderungen (z. B. durch ergonomische Gestaltung oder durch die Zuweisung eines alternativen Arbeitsplatzes) die Strategien der Wahl (vgl. Tab. 10.1).

Das Konzept des Person-Environment-Fit (P-E-Fit). Das P-E-Fit-Konzept fordert eine Übereinstimmung zwischen der Person und der jeweiligen Arbeitsumgebung. Diese Forderung erstreckt sich auf zwei Übereinstimmungsmaße (vgl. von Rosenstiel, 2007):

(1) Übereinstimmung zwischen Fähigkeiten bzw. Fertigkeiten der Person und den beruflichen Anforderungen der Position
(2) Übereinstimmung zwischen den Bedürfnissen der Person und den Befriedigungsmöglichkeiten durch und bei der Arbeit

Perspektive des Bewerbers. Oftmals erscheinen Bewerber als passive Opfer von Selektionsentscheidungen, die durch andere gefällt werden. Dieser Eindruck wird auch dadurch gefördert, dass häufig die Bewerberzahl die zur Verfügung stehende Stellenzahl übersteigt. Dennoch: Potentielle Bewerber treffen eigene Entscheidungen, indem sie sich z. B. aktiv auf eine Stelle bewerben. Sie haben zudem Möglichkeiten, eigenen Gefühlen von Kontrollverlust entgegenzusteuern. Ein zentrales Thema ist dabei, sich einen Eindruck über die Organisation zu verschaffen, bei der sie sich bewerben.

Eindrucksbildung und Organisationswahl. Nach dem kognitiven Verarbeitungsmodell von Weinert (2004) hängt die Eindrucksbildung über eine Organisation entscheidend davon ab, wie kohärent die Organisation wahrgenommen wird. Sie wird dann als kohärente Einheit gesehen, wenn ihre Mitglieder
▶ einander ähnlich erscheinen,
▶ gemeinsame Ergebnisse erzielen,
▶ stark voneinander abhängig sind bzw.
▶ auch räumlich nah zusammenarbeiten.
Wird die Organisation vom Bewerber als kohärent wahrgenommen, so bildet der potentielle Bewerber sein Urteil sequentiell, d. h., er verarbeitet Informationen weitgehend in der Reihenfolge, in der er sie aufnimmt. Bewertet er die Organisation hingegen als eher heterogen (niedrige Entitativität), so setzt ein gedächtnisbasierter Prozess ein, in dem der Bewerber in seinem Gedächtnis nach relevanten Informationen für seine Urteilsbildung sucht. Darüber hinaus wirken Effekte der allgemeinen Eindrucksbildung, wie der Recency-Effekt (Bedeutsamkeit des letzten Eindruckes) oder der Primacy-Effekt (Dominanz des Ersteindrucks). Am Ende des Prozesses stehen Entscheidungen darüber, ob Arbeitsbeziehungen mit der Organisation gesucht oder vermieden werden (Weinert, 2004).

Personalwerbung. Aus ökonomischer Sicht gehört es zu den wesentlichen Aufgaben einer Organisation, Fehlentscheidungen in der Auswahl qualifizierter und spezialisierter Mitarbeiter zu vermeiden bzw. hoch qualifizierte Kräfte für das höhere Management zu gewinnen. Die Anwerbung und Auswahl hochqualifizierter Führungskräfte erfordert andere Verfahrensweisen als Personalentscheidungen im Bereich des Führungskräftenachwuchses, da eine wachsende Zahl besonders qualifizierter Bewerber geringe Bereitschaft zeigt, sich psychologischen Testverfahren zu unterziehen.

Personalwerbung im höheren Management. Führungskräfte des mittleren Managements werden zu mehr als einem Drittel über Zeitungsanzeigen des Unternehmens gesucht. Auf oberster Führungsebene sind dies jedoch weniger als 10 % (Schuler & Funke, 2004). Führungskräfte dieser Ebene werden meist durch persönliche Anfragen der Unternehmensleitung oder beauftragte Headhunter angeworben.

Personalwerbung ist Aufgabe des Personalmarketings und betrifft den organisationsexternen und -internen Arbeitsmarkt. Personalmarketing wird durch das Verhältnis von Angebot und Nachfrage geregelt. Ein großer Personalersatzbedarf liegt vor allem vor, wenn Organisationen in ausgeprägten Konkurrenzsituationen stehen, weil in diesem Fall Mitarbeiter oft von Konkurrenten abgeworben werden.

Die Methode der Personalauswahl und die Art und Weise, wie sie intern und extern kommuniziert wird, haben wesentlichen Einfluss auf Image und Kultur von Organisationen (vgl. Abschn. 3.4). Fehlentscheidungen verursachen hohe finanzielle Kosten – sie »kosten« aber auch im psychologischen Sinne. Beispielsweise werden Mitarbeiter, die sich bei interner Stellenvergabe auf eine für sie geeignete höher dotierte Position bewerben, aber zugunsten eines externen Kandidaten abgelehnt werden, in Zukunft in ihrer Arbeit ein vermindertes Commitment zeigen.

10.2 Idealtypischer Verlauf und Fallstricke der Praxis

Rahmenmodell zur Personalauswahl. Eignungsdiagnostik und Personalauswahl sollten auf systematisch gewonnenen Informationen basieren. Die Personalauswahl folgt einem idealtypischen Verlauf (vgl. Abb. 10.1). Wendet man diesen Verlauf exemplarisch auf die Wahl einer Chefsekretärin für ein mittelständisches Unternehmen an, so ergeben sich folgende Fragestellungen:

► Planung. Welche Aufgaben sind im Vorzimmer zum Chefbüro zu erledigen (Arbeitsanalyse, vgl. Abschn. 13.4.2)? Welche Fähigkeiten und Fertigkeiten sollte die Chefsekretärin aufweisen? Welche sind notwendige, welche gewünschte Merkmale?

► Umsetzung. Wie lassen sich die Eigenschaften und Fähigkeiten erheben und zu einer Gesamtbewertung zusammenfassen? Welche Personalentscheidung folgt aus den Daten? Ist die Stelle intern aus dem bereits existierenden Mitarbeiterstamm des Unternehmens oder extern durch Rekrutierung einer neuen Mitarbeiterin zu besetzen?

► Evaluation. Ist die → Reliabilität und → Validität der eingesetzten Verfahren gegeben? Wie werden Auswahlverfahren und Auswahlentscheidung akzeptiert (soziale Validität)? Inwieweit und nach welchen Kriterien (Aufgabenerfüllung, Arbeitszufriedenheit, Image des Unternehmens etc.) bewährt sich die Personalentscheidung in der Praxis (prognostische Validität)?

Fallstricke der Praxis. Die Praxis folgt nur selten einem idealtypischen Verlauf. Typische Fehler, die bei der Personalauswahl in der Praxis gemacht werden, sind unzulängliche Arbeitsanalysen oder der Verzicht auf diese, keine explizite Festlegung und Validierung von Erfolgsprädiktoren und Entscheidungskriterien, der Einsatz nicht reliabler Messverfahren (z. B. unstandardisierte Interviews, vgl. Abschn. 10.3), keine Anwendung rationaler Entscheidungsregeln beim Schritt von der Eignungsdiagnostik zur Personalentscheidung, stattdessen letztlich intuitive Entscheidungen und mangelnde Evaluation der Entscheidungen.

Vernachlässigung von Entscheidungsregeln. In der Praxis wird bei Personalentscheidungen oftmals ignoriert, dass die Erfolgsquote von verschiedenen situativen Bedingungen abhängt (vgl. zum Überblick Schuler & Funke, 2004). Es sollten zwei Zuordnungsfehler gegeneinander abge-

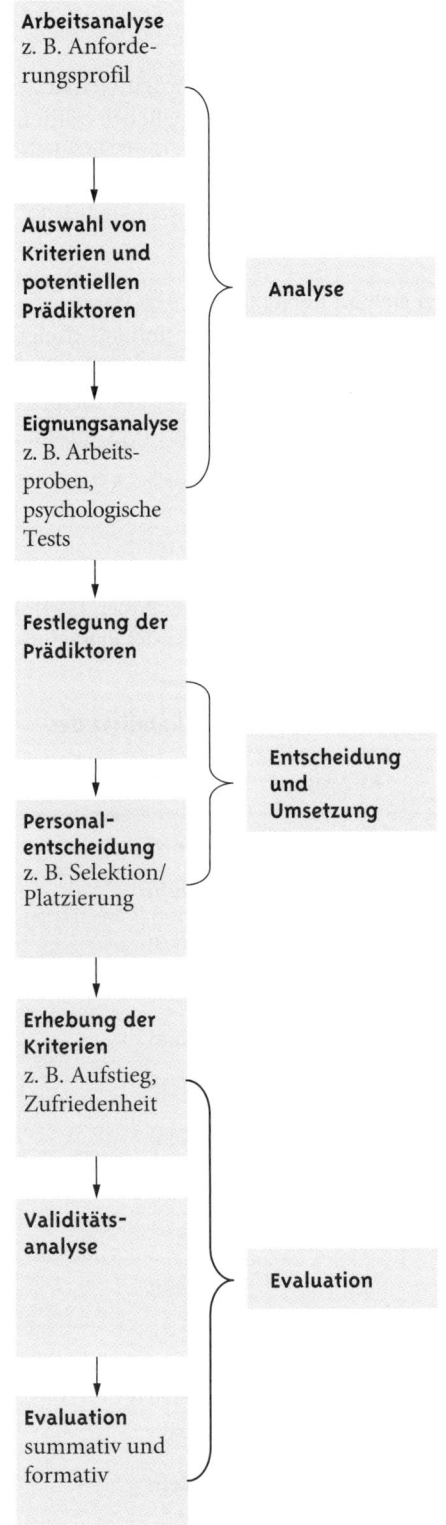

Arbeitsanalyse
z. B. Anforde-
rungsprofil

**Auswahl von
Kriterien und
potentiellen
Prädiktoren**

Analyse

Eignungsanalyse
z. B. Arbeits-
proben,
psychologische
Tests

**Festlegung der
Prädiktoren**

**Entscheidung
und
Umsetzung**

**Personal-
entscheidung**
z. B. Selektion/
Platzierung

**Erhebung der
Kriterien**
z. B. Aufstieg,
Zufriedenheit

**Validitäts-
analyse**

Evaluation

Evaluation
summativ und
formativ

wogen werden: die Auswahl Ungeeigneter sowie die Ablehnung Geeigneter. Die Erfolgsquote im Sinne selektiver Eignungsquotienten gibt an, wie hoch der Prozentsatz der Erfolgreichen unter den insgesamt ausgewählten Bewerbern ist. Sie hängt ab von

(1) dem Validitätskoeffizienten der eingesetzten Test-verfahren,

(2) der Selektionsquote (Anteil Ausgewählter unter den Bewerbern) und

(3) der Grundquote (Anteil Geeigneter unter den Be-werbern).

Die Wahrscheinlichkeit, prognostisch »gute« Personalentscheidungen zu treffen, lässt sich durch den Einsatz geeigneter Testverfahren beein-flussen. Je besser die Validität des eingesetzten Testverfahrens, desto höher ist die »Treffer«-Wahrscheinlichkeit (Einstellung Geeigneter und Ablehnung Ungeeigneter). Die Treffer-Wahrscheinlichkeit steigt ebenfalls, je kleiner die Selektionsquote im Vergleich zur Grundquote ist, weil dadurch eine strengere Auswahl getroffen wird, denn letztlich tragen strenge Cut-offs zur Reduktion des Zuordnungsfehlers bei.

Insgesamt hängt die Güte der eignungsdiagnostischen Urteile von der Validität des eingesetzten Tests, der Selektionsrate sowie dem Prozentsatz der Geeigneten in der noch unausgelesenen Gesamtpopulation ab. Festgehalten wurde dies bereits in den 1930er Jahren in den Taylor-Russell-Tafeln. In der Praxis werden die zwei Zuordnungsfehler der »Auswahl Ungeeigneter« und der »Ablehnung Geeigneter« nicht gegeneinan-der abgewogen. Vor allem der Fehler, geeignete Kan-didaten abzulehnen, lässt sich kaum über Follow-up-Erhebungen evaluieren – diese Kandidaten verliert das jeweilige Unternehmen aus dem Auge. Demzufolge spielt dieser Fehler bei der Diskussion konkreter PA-Entscheidungen   (Personalauswahl-Entscheidungen) in der Praxis keine Rolle.

Abbildung 10.1 Idealtypischer Verlauf der Personalauswahl (nach Staufenbiel & Rösler, 1999). Nach der Analyse erfol-gen die Entscheidung sowie ihre Umsetzung. Anschließend werden Verfahren und Entscheidung evaluiert

10.3 Klassische Auswahlverfahren

Sowohl in praktischen Ratgebern als auch in wissenschaftlichen Lehrbüchern werden vielfältige Verfahren der Personalauswahl vorgestellt. Alle dienen dem Zweck, sich ein möglichst valides, eignungsdiagnostisches Urteil zu bilden. Im Einzelfall sind ihre jeweiligen Vor- und Nachteile gegeneinander abzuwägen, insbesondere die Relation zwischen Verfahrensaufwand, Verfahrensvalidität, dem statistischen Risiko einer Fehlentscheidung und den Kosten einer möglichen Fehlentscheidung.

Validitäten im Überblick. Personalentscheidungen müssen sich an der Frage messen lassen, wie gut die dahinterstehenden eignungsdiagnostischen Urteile sind. Die Güte wird anhand dreier traditioneller und zweier ergänzender Kriterien bestimmt: → Objektivität, → Reliabilität, → Validität, Akzeptanz und → Praktikabilität (bzw. Ökonomie). Davon wird in der Literatur die prognostische Validität zur Vorhersage von Berufserfolg am ausführlichsten diskutiert (vgl. zusammenfassend Tab. 10.2).

Tabelle 10.2 Zusammenfassung der ökologischen Validitäten verschiedener Auswahlverfahren (nach Staufenbiel & Rösler, 1999); es ist jeweils angegeben, ob Korrekturen für Varianzeinschränkungen, für Unreliabilitäten des Kriteriums und/oder des Prädiktors in der Metaanalyse vorgenommen wurden

Prädiktor	Quelle*	Validität	Korrektur für Varianz-einschränkung	Korrektur für Unreliabilität des	
				Kriteriums	Prädiktors
Interviews	Wiesner & Cronshaw	r = 0,47	Ja	Ja	Nein
	McDaniel et al.	r = 0,37	Ja	Ja	Nein
Biographische Fragebögen	Hunter & Hunter	r = 0,37	Ja	Ja	Nein
	Hunter & Hirsh	r = 0,41	Nein	Ja	Nein
	Bliesener	r = 0,30	Nein	Nein	Nein
Kognitive Tests	Hunter & Hunter	r = 0,53	Ja	Ja	Nein
	Hunter & Hirsh	r = 0,41	Ja	Ja	Nein
Persönlichkeits-tests	Hunter & Hirsh	r = 0,27	Nein	Ja	Nein
	Tett et al.	r = 0,17	Ja	Ja	Ja
Arbeitsproben	Hunter & Hunter	r = 0,54	Ja	Ja	Nein
	Hunter & Hirsh	r = 0,41	Nein	Ja	Nein
Assessment Center	Hunter & Hunter	r = 0,43	Ja	Ja	Nein
	Hunter & Hirsh	r = 0,55	Nein	Ja	Nein
	Gaugler et al.	r = 0,37	Ja	Ja	Nein

* Alle Quellen stammen aus den 1980er/1990er Jahren

Dominanz unstrukturierter Bewerbungsgespräche in der Praxis. In der Praxis gehen Unternehmen bei der Personalauswahl häufig laienhaft vor. Sie nutzen nicht die Chancen, die wissenschaftlich fundierte Methoden des Messens und Bewertens bieten. Über 90 % der eingesetzten Methoden in deutschen Unternehmen umfassen unstrukturierte Gespräche, die relativ schlecht hinsichtlich ihrer ökologischen Validität abschneiden (vgl. Weinert, 2004). Es werden folgende klassische und in Deutschland verbreitete Strategien unterschieden (Hinweis: Verfahren, die in Deutschland wenig anerkannt sind, werden hier nicht besprochen):

► Analyse der Bewerbungsunterlagen
► Arbeitsproben und Aufgabeninventare
► Biographische Fragebogen
► Psychologische Testverfahren
► Computergestützte Eignungsdiagnostik
► Einstellungsinterviews
► Multimodales Interview
► Assessment-Center

Analyse der Bewerbungsunterlagen

Inhalte. Bewerbungsunterlagen (z. B. Anschreiben, Lebenslauf, Zeugnisse) werden traditionell per Post geschickt. In vielen Organisationen gehören inzwischen auch Online-Bewerbungen zum Standard. Bewerbungsunterlagen werden nach unterschiedlichen Kriterien bewertet (vgl. Schuler & Funke, 2004).

► Korrektheit, Vollständigkeit und Übersichtlichkeit der Unterlagen
► Lückenlosigkeit des Lebenslaufs
► Erfüllung formaler Voraussetzungen (z. B. Alter)
► Erfüllung stellenspezifischer Anforderungen (Informationsquellen: schulische und Studienleistungen grundlegende Kenntnisse, Aus-, Fort- und Weiterbildungen, bisherige Tätigkeiten, erreichte Positionen, Arbeitszeugnisse und Arbeitsreferenzen)
► Stil der Selbstdarstellung (in Anschreiben, Lebenslauf, Lichtbild)
► Bewerbungsmotive
► Frühere Stellenwechsel und ihre Plausibilität

Zeugnissprache
Entgegen mancher Ratgeberliteratur gibt es keine verbindliche Sprache, über die zwischen den verschiedenen Beteiligten (Mitarbeiter, Vorgesetzte etc.) Einigkeit herrscht – auch nicht innerhalb einer Branche. Daher ist ihre eindeutige (En-)Kodierung nicht gewährleistet.

Validität. Die prognostische Validität von Bewerbungsunterlagen ist unterschiedlich. Am höchsten ist sie für Schul- und Examensnoten – z. B. beträgt die prognostische Validität für den Schluss von Realschulzeugnisnoten auf die Leistungen bei Abschluss der beruflichen Ausbildung $r = .40$, für den Schluss von Abiturnoten auf zukünftige Studienleistungen sogar $r = .46$. Prognosen des beruflichen Erfolgs (z. B. Vorgesetztenbeurteilung) durch Bewerbungsunterlagen liegen unter $r = .20$. Referenzüberprüfungen (Reference check), die zumeist das aktive Einholen zusätzlicher Beurteilungsinformationen von früheren Vorgesetzten umfassen, erhöhen die prognostische Validität auf $r = .26$ (Schuler & Funke, 2004).

Die Analyse von Bewerbungsunterlagen gehört zu fast jedem Auswahlverfahren. Sie dient einer ersten Vorselektion. Ihr folgen weitere diagnostische Auswahlschritte.

Arbeitsproben

Inhalte. Arbeitsproben stellen dem Bewerber im Rahmen der Eignungsuntersuchung standardisierte Aufgaben aus dem zukünftigen Arbeitsfeld, wie z. B. das Diktat für die Arbeit im Schreibbüro, der Kassiervorgang an einer Supermarktkasse, aber auch das Erstellen eines journalistischen Beitrags. Arbeitsproben orientieren sich im Idealfall an den Ergebnissen entsprechender Aufgabeninventare und liefern Verhaltensstichproben, auf deren Grundlage man auf erfolgsrelevantes berufliches Verhalten zu schließen versucht (z. B. die Arbeitsprobe zur berufsbezogenen Intelligenz AZUBI-TH von Görlich & Schuler, 2007). Somit dienen die Arbeitsproben als Prädiktoren für das Kriterium des späteren erfolgsrelevanten Verhaltens. Die Standardisierung erfolgt wie bei den Task-Inventories (vgl. Abschn. 13.4.2) für die spezifischen Arbeitsplätze bzw. für Gruppen von Arbeitsplätzen. Obgleich diese Standardisierung auch organisationsübergreifend durchgeführt werden kann, werden Arbeitsproben in der Praxis eher selten und nur für bestimmte Arbeitsbereiche durchgeführt – der Aufwand ist sehr hoch. Geeignet sind sie vor allem dann, wenn Verhaltensstichproben erforderlich sind (z. B. »Inbasket«-Test). Weitere Entwicklungsmöglichkeiten für Arbeitsproben zeigen sich im Bereich der computergestützten Postkorbverfahren oder im Bereich der Entscheidungssimulation, z. B. Bonner Postkorb-Module von Musch et al. (2001).

Validität. Wenn die Arbeitsproben nicht nur standardisiert, sondern auch in ihren Gütekriterien überprüft und somit psychometrisch fundiert sind (z. B. hinsichtlich ihrer Reliabilitäten), wird von hohen Validitätskoeffizienten berichtet. Dann liegen die Korrelationen zwischen $r = .38$ und $r = .54$ (Schuler & Funke, 2004). Sie werden seitens der Bewerber relativ gut akzeptiert, weil sie eine hohe → Augenscheinvalidität haben und zusammen mit dieser Augenscheinvalidität Informationen über zukünftige Arbeitsanforderungen enthalten. Diese Vorteile sind gegen den zentralen Nachteil abzuwägen, dass die Konstruktion von Arbeitsproben relativ viel Aufwand bedeutet.

Arbeitsproben sind für die Besetzung bestimmter Arbeitsplätze sinnvoll. Während klassische Arbeitsproben noch darauf gerichtet waren, Verhaltensstichproben mit guter Augenscheinvalidität (z. B. Drahtbiegeprobe; Lienert, 1967) zu erfassen, erfordert die Konstruktion neuerer Arbeitsproben (z. B. Entscheidungssimulation) eine aufwändige und methodisch anspruchsvolle Konstruktion. In der Praxis werden Arbeitsproben vor allem dann durchgeführt, wenn in der jeweiligen Branche auf bestehende, bereits standardisierte Verfahren zurückgegriffen werden kann (vgl. weiterführend Schuler, 2000; Schuler & Funke, 2004).

Biographische Fragebogen

Inhalte. Biographische Interviews oder Fragebogen gehen von der Annahme aus, dass bestimmte biographische Daten für bestimmte Karrieren prototypisch sind (z. B. weisen Führungskräfte in internationalen Unternehmen oftmals längere Auslandsaufenthalte nach). Die Analyse vergangenen Verhaltens wird zur Vorhersage zukünftigen Verhaltens genutzt. Es werden jene Merkmale der Lebensgeschichte fokussiert, die mit dem Berufserfolg bisheriger Mitarbeiter positiv korreliert sind (z. B. berufliche Wechsel, Vorgehen in früheren Konfliktsituationen). In der Praxis werden biographische Fragebogen vor allem für Außendienstmitarbeiter eingesetzt, bei denen der Umsatz ein klar quantifizierbares Erfolgskriterium darstellt. Eine Beispielfrage für den Versicherungsaußendienst lautet nach Barthel und Stehle (1990): »Wie wichtig war Unabhängigkeit als Grundlage für Ihre Berufswahl?« Die Antwort wird auf einer fünfstufigen Skala von »sehr großer Einfluss« bis »gar kein Einfluss« angegeben. Die Validität der Frage (Rangkorrelation zwischen Wichtigkeit der Unabhängigkeit und Berufserfolg) liegt bei r = .21. Biographische Fragebogen umfassen somit zumeist standardisierte Selbstbeschreibungen. Diese haben vor allem in den Vereinigten Staaten eine lange Tradition.

Validität. Die prognostische Validität biographischer Fragebogen liegt je nach Kriterium zwischen r= .23 und r= .52 (Schuler & Funke, 2004). Dies bestätigt, dass vergangenes Verhalten ein guter → Prädiktor für zukünftiges Verhalten sein kann, vor allem, wenn es berufsfeldspezifisch gemessen wird. Allerdings bedeutet dies in der Praxis meist, dass die Fragebogen mit hohem Aufwand spezifisch für bestimmte Positionen und Unternehmen zu entwickeln sind. Dies geschieht zumeist, indem zufällig gewählte biographische Merkmale als Prädiktoren für Erfolgskriterien eingesetzt werden (im Außendienst ist dies der Umsatz der Mitarbeiter). Die statistisch bedeutsamen Prädiktoren werden dann der Auswahl neuer Mitarbeiter zugrunde gelegt.

Da der biographische Fragebogen nur diejenigen Merkmale umfasst, die mit dem Berufserfolg bisheriger Mitarbeiter positiv korreliert sind, ist er kaum konstruktvalide. Kritisch anzumerken wäre, dass die ausschließlich statistisch begründete Konstruktion nur den Status quo des Mitarbeiterprofils fortschreibt, d. h., nur die Merkmale bereits vorhandener Mitarbeiter können als Erfolgsprädiktoren identifiziert werden, neue Anforderungen bleiben unberücksichtigt. Aufgrund des großen Konstruktionsaufwands biographischer Fragebogen und der mangelhaften Konstruktvalidität werden in der Praxis oftmals stattdessen nur einzelne biographische Fragen gestellt (z. B. im Rahmen des multimodalen Interviews).

> **!**
>
> Biographische Fragebogen sind nicht konstruktvalide, gelten aber als prognostisch valide. Die prognostische Validität der Fragebögen erklärt sich aus ihrer regressionsanalytischen Konstruktion. Der Einsatz biographischer Fragebögen beschränkt sich auf das Unternehmen und den Unternehmensbereich, für den sie entwickelt wurden. Die Entwicklung und Validierung der Fragebögen ist aufwändig. Dennoch wird grundsätzlich in Frage gestellt, ob der biographische Fragebogen ausreichend Gültigkeit in Zeiten organisationalen und wirtschaftlichen Wandels beanspruchen kann.

Psychologische Testverfahren

Inhalte. Eignungstestverfahren werden in der Praxis sehr oft eingesetzt. Dies hat unterschiedliche Gründe: Sie liegen als standardisierte Papier-und-Bleistifttests vor, die jedoch auch auf den Computer übertragen werden können. Ihr Einsatz gilt als besonders ökonomisch, vor allem dann, wenn keine objektiven Datenquellen zur Verfügung stehen, aber eine große Bewerberzahl hinsichtlich ihrer Fähigkeiten getestet werden soll. Testdurchführung und Testauswertung erfolgen standardisiert und objektiv. Einige Tests basieren auf der Annahme, dass Leistungsunterschiede zwischen Stelleninhabern vorrangig auf zeitlich stabile Persönlichkeitsmerkmale zurückgehen (z. B. Intelligenz- und spezielle Begabungstests). Bei anderen Tests werden hingegen Merkmale erfasst, bei denen Leistungsunterschiede stärker auf variable und damit trainierbare Fähigkeiten zurückgeführt werden (z. B. Geschicklichkeitstests), die man ebenfalls durch den Einsatz standardisierter Testverfahren messbar machen kann. Gängige Klassifikationen unterscheiden (nach Lienert & Raatz, 1994)

► Intelligenztests (allgemeine Intelligenztests; spezielle Intelligenz- und Begabungstests),
► Leistungs- und Funktionstests (motorische Leistungstests, z. B. Geschicklichkeit; sensorische Leistungstests, z. B. Hörfähigkeit; psychische Leistungstests, z. B. Konzentrationsfähigkeit) und
► Tests zur Erfassung weiterer Persönlichkeitsmerkmale (Interessenstests, Einstellungsskalen, Integritätstests, Eigenschaftstest, z. B. Bochumer Inventar zur berufsbezogenen Persönlichkeitsbeschreibung von Hossiep et al. (2003), Business-Focused Inventory of Personality von Hossiep & Paschen (2008)).

Validität. Über die prognostische Validität psychologischer Testverfahren lässt sich keine allgemeine Aussage treffen. Sie hängt von den Kriterien ab, die durch den Test gemessen werden, und von der jeweiligen Berufsgruppe, bei der der Test eingesetzt wird (Schuler & Funke, 2004). Der Einsatz psychologischer Testverfahren ist → effizient und zumeist kostengünstig. Dies führt oftmals zu leichtfertigem Einsatz. Wohldosiert eingesetzt können psychologische Testverfahren aber eine wichtige ergänzende Datenquelle sein.

!

Die Durchführung standardisierter psychologischer Tests gilt als klassische psychologische Strategie der Eignungsdiagnostik. Ihr breiter Einsatz geht auch auf ihre hohe Ökonomie zurück. Gleichwohl sollte sorgfältig geprüft werden, ob und warum psychologische Tests und welche psychologischen Tests in welcher Auswahlsituation eingesetzt werden. Als unstrittig gilt, dass Intelligenz und bestimmte Persönlichkeitsmerkmale erfolgsrelevant für bestimmte Anforderungen sind. In zahlreichen Auswahlsituationen muss die In-telligenz eines Bewerbers nicht mehr getestet werden, sondern gilt bereits aufgrund seines Werdegangs als belegt. Zudem müsste in der beruflichen Eignungsdiagnostik stets im Vorfeld geklärt sein, welche spezifischen Persönlichkeitsmerkmale einen signifikanten Erklärungsbeitrag zur Bewältigung von spezifischen Anforderungen leisten können. Denn nur solche Merkmale können als valide Prädiktoren für spätere Leistungserfolge interpretiert werden.

Computergestützte Eignungsdiagnostik

Inhalte. Zur computergestützten Eignungsdiagnostik lassen sich vor allem drei Anwendungsfelder anführen:

(1) Übertragung psychologischer Tests auf den Computer (s. o.).
(2) Adaptives Testen – Primär wird die Itemauswahl optimiert, sodass die Probanden nur die für sie angemessenen Items erhalten, die also weder zu einfach noch zu schwierig sind.
(3) Computergestützte Versionen von Simulationsaufgaben oder Arbeitsproben: In der Praxis ist hier z. B. der computergestützte »Inbasket-Test« des Assessment-Centers verbreitet.

Die Ergebnisse der computergestützten Eignungsdiagnostik werden durch Unterschiede in individuellen Computererfahrungen verzerrt. Wer Erfahrungen mit dem PC hat, wird sich leichter zurechtfinden (z. B. mit den Menütechniken) und seine Antworten schneller eingeben können. Daher sind Vorerfahrungen mit dem Computer als Störvariable zu kontrollieren. Gelingt dies, so können folgende wesentlichen Vorteile der computergestützten Eignungsdiagnostik genutzt werden (vgl. Schuler & Funke, 2004):

► Rationalisierungsgewinne bei Durchführung und Auswertung
► Vollständige Standardisierung des Testverfahrens

- Erhebung von Zusatzdaten, etwa Latenzzeiten
- Verringertes → Impression Management, da die Interaktion mit dem Computer stattfindet
- Eine z. T. höhere → Akzeptanz als bei der Papierversion der Tests

Validität. Die Validität variiert je nach Anwendungsfeld: Werden psychologische Tests auf den Computer übertragen, so entspricht die Validität weitgehend der Papier- und Bleistiftvariante (s. *Psychologische Testverfahren*). Die Validität dieser Tests steigt an, wenn die Itemauswahl beim adaptiven Testen optimiert wird. Computergestützte Simulationsaufgaben und Arbeitsproben sind ähnlich valide wie ihre Ursprungsvarianten ohne Computereinsatz (s. *Assessment-Center*).

> In großen Organisationen ist die computergestützte Eignungsdiagnostik bereits weit verbreitet, da sie ökonomischer ist als traditionelle Verfahrensweisen sowie adaptives Testen und eine umfängliche Datenerfassung erleichtert. Allerdings können individuelle PC-Erfahrungen aus Beruf und Freizeit der Testpersonen als Störvariable wirken. Darüber hinaus sind grundsätzliche Fragen der Archivierung und Verarbeitung von Massendaten zu klären.

Einstellungsinterviews

Inhalte. Neben Bewerbungsunterlagen sind Einstellungsinterviews die häufigste Auswahlstrategie. Einstellungsinterviews umfassen unterschiedliche Formen – von der freien Gesprächsführung über teilstrukturierte bis hin zu vollstrukturierten Interviews. Sie dienen
- der Erfolgsprognose,
- dem Informationsaustausch zwischen Arbeitsgeber und Arbeitnehmer
- dem Abgleich von Interessen und Vorstellungen über die zukünftige Arbeitsstelle des möglichen Stelleninhabers mit den tatsächlichen Tätigkeiten und Erwartungen des Arbeitgebers und
- dem persönlichen Kennenlernen von Bewerber und Arbeitgeber bei externer Bewerbung.

Validität. Für konventionell geführte Einstellungsinterviews zeigen sich geringe Validitätsleistungen. Spätere Leistungen eines Mitarbeiters lassen sich dadurch kaum vorhersagen. Bei strukturierten Interviews steigt die prognostische Validität auf Werte um r = .30 bis r = .40 an (Schuler & Funke, 2004).

Geringe prognostische Validität konventionell geführter Einstellungsinterviews. Frei geführte Interviews haben trotz ihrer hohen Verbreitung eine geringe prognostische Validität. Die Ursachen sind vielfältig (Schäfer, 1997). Zunächst ist an Schwächen in der Strukturierung des Interviews durch den Interviewer zu denken. Die Interviewfragen haben wenig Bezug zur Arbeitstätigkeit. In der Praxis beanspruchen die Interviewer selbst den größten Teil der Gesprächszeit (bis zu 80 %). Sie bereiten sich zudem oftmals nur unzureichend auf die Interviews vor und stellen Fragen, die formal durch andere Quellen geklärt werden könnten (z. B. durch eine gründliche Studie der Bewerbungsunterlagen). Schließlich sind die Interviews zu kurz, sodass sich der Interviewer keinen profunden Eindruck bilden kann.

Darüber hinaus wirken Wahrnehmungsverzerrungen (Primacy-, Recency-Effekte etc.), Urteilsheuristiken und -fehler durch den Interviewer. Beispiele: Negative Informationen werden durch den Interviewer überbewertet oder frühere Gesprächseindrücke des Interviewers haben einen dominanten Einfluss (Primacy-Effekt). Die aufgenommenen Informationen können vom Interviewer unzulänglich verarbeitet werden. Zudem wirken emotionale Einflüsse auf die Urteilsbildung (z. B. Ähnlichkeiten zwischen Interviewer und Bewerber, die unabhängig von objektiven Faktoren zu Sympathie führen können).

Verbesserungsmöglichkeiten. Aus den Schwächen lassen sich Verbesserungsmöglichkeiten des Einstellungsinterviews ableiten (Schäfer, 1997). Zunächst lässt sich die Struktur des Interviews durch den Interviewer verbessern. In der Tendenz ist es hilfreich, Interviews zu standardisieren. Dazu können in der Praxis z. B. standardisierte Fragen aus psychologischen Tests oder biographischen Fragebogen übernommen werden. Trotz Standardisierung sollte dem Bewerber freie Rede ermöglicht werden. Die Interviewerfähigkeiten können durch spezifische Trainings geschult werden. Dabei wird beispielsweise trainiert, dass der Interviewer anforderungsbezogene Fragen stellt. Die Fragen sollten ausschließlich jene Aspekte umfassen, die nicht durch andere Quellen gleichermaßen oder sogar zuverlässiger gesammelt werden können (z. B. Informationen über den beruflichen Werdegang, die sich aus dem Lebenslauf ablesen lassen). Dies setzt eine gute Vorbereitung voraus. In weiteren unabhängigen Gesprächen können zusätzliche Beurteiler mittels eines Gesprächsleitfadens die wichtigsten Informationen gegenprüfen. Dadurch lassen sich → Interraterreliabilitäten bestimmen.

Eindrucksbildung überprüfen. Es ist wichtig, dass der Interviewer die Ebenen von Informationssammlung, Bewertung und Entscheidung trennt. Seine subjektive Eindrucksbildung sollte er anhand objektiver Daten oder spezifischer Nachfragen empirisch überprüfen. Er sollte sozialpsychologische Phänomene der Eindrucksbildung kennen und sensibel für eigene ungewollte Einflüsse auf seine Eindrucksbildung sein.

!

Einstellungsinterviews haben neben der diagnostischen Urteilsbildung weitere Funktionen wie z. B. den Austausch von Informationen über die Organisation und das wechselseitige Kennenlernen der Interviewpartner. Zur diagnostischen Urteilsbildung nutzen viele Arbeitgeber bei wichtigen Personalentscheidungen strukturierte Interviews. Diese sind reliabler und valider als traditionelle, unstrukturierte Einstellungsinterviews – ein Vorteil, der sich durch gezielte Interviewertrainings noch weiter steigern lässt.

Multimodales Interview

Inhalte. Das multimodale Interview nach Schuler (2002) ist aus den Schwächen konventionell geführter Einstellungsinterviews erwachsen. Es folgt einer festen Struktur mit folgenden sieben Schritten, die jedoch Gestaltungsspielraum für die jeweilige Situation lassen.
(1) Gesprächsbeginn: kurzer Gesprächseinstieg, Schaffung einer angenehmen und offenen Gesprächsatmosphäre (z. B. kurze Nachfrage über die Anreise), Information über den Verfahrensablauf, keine Beurteilungen durch den Interviewer.
(2) Kurze Selbstvorstellung des Bewerbers: persönlicher beruflicher Hintergrund des Bewerbers (z. B. »Können Sie kurz ein wenig über Ihren bisherigen beruflichen Werdegang erzählen?«); hier geht es um eine persönliche Eindrucksbildung, denn die Sachinformationen können den schriftlichen Unterlagen entnommen werden.
(3) Freies Gespräch: offene Fragen aufgrund der Bewerbungsunterlagen oder der Selbstvorstellung (z. B. »Was sind die Gründe, weshalb Sie von Firma X zu Firma Y gewechselt haben?«), anschließende summarische Eindrucksbildung durch den Interviewer.
(4) Biographiebezogene Fragen: anforderungsbezogen formuliert (z. B. »Bei der neuen Tätigkeit wird es längere Auslandsaufenthalte geben. Sie haben bisher noch nicht im Ausland gear-

beitet. Was waren die Gründe dafür, dass Sie noch nicht länger im Ausland waren oder kein Auslandssemester oder Auslandspraktikum gemacht haben?«).

(5) Realistische Tätigkeitsinformationen: ausgewogene Informationsgabe über Arbeitsplatz und -geber.

(6) Situative Fragen: bezogen auf kritische arbeitsplatzspezifische Ereignisse (Critical incidents) (z. B. »Die Leistung einer Ihrer Mitarbeiter hat nachgelassen. Daher müssen Sie dem Mitarbeiter erklären, dass er eine geringere Gehaltserhöhung erhält als die meisten seiner Kollegen. Wie gehen Sie vor?«).

(7) Gesprächsabschluss: Möglichkeit für offene Fragen, Gesprächszusammenfassung, weitere Vereinbarungen (z. B. über Zeitpunkt der Rückmeldung sowie etwaige weitere Gesprächstermine).

Validität. Das multimodale Interview hat weitaus höhere Validitätswerte als konventionell geführte Einstellungsinterviews. Der wesentliche Grund dafür ist, dass Informationsverarbeitungs- und Urteilsfehler des Interviewers reduziert werden.

> **!**
>
> Das multimodale Interview nach Schuler stellt verglichen mit traditionellen Einstellungsinterviews ein weitaus valideres Verfahren dar, das zudem verhaltensorientierte und situative Testverfahren einbezieht. In der Praxis gilt das Verfahren als gut akzeptiert und verglichen mit dem Assessment-Center als ökonomisch leichter durchführbar.

Online-Assessment. Online-Assessments dienen in großen Unternehmen der Vorauswahl von Bewerbern. Diese können sich hier über das Internet bewerben und ein kurzes Assessment durchlaufen, bei dem z. B. computergestützte Inbasket-Tests eingesetzt werden. In der Praxis schließen sich der Durchführung von Online-Assessments mit den ausgewählten Bewerbern klassische Auswahlverfahren an. Durch dieses stufenweise Vorgehen werden Kosten der Personalauswahl (Recruiting-Kosten) verringert.

Assessment-Center

Inhalte. Assessment-Center (AC) werden in zahlreichen Großunternehmen zur Personalauswahl (Eignungsdiagnose) und zur PE (Potentialbeurteilung, Führungskräfteselektion bzw. -entwicklung) eingesetzt. Im Vordergrund stehen hierbei Verhalten, soziale Kompetenzen, motivationale Merkmale, Kreativität und Stressbewältigung. Das AC ist ein gruppenbasiertes, multimethodales und verhaltensbasiertes Verfahren, an dem mehrere Bewerber (etwa 8–12) teilnehmen. Geschulte Beobachter (Assessoren, etwa 4–6) evaluieren die ermittelten Daten anhand vielfältiger Bewertungskriterien. Die Eignungsbeurteilung der Teilnehmer geschieht übereinstimmend. Das AC dauert in der Regel ein bis drei Tage (vgl. Kleinmann, 1997). Jenseits der Personalauswahl und der PE dient das Assessment-Center auch der PE der Ausbildungs- und Berufsberatung (z. B. im Bereich der beruflichen Rehabilitation). Typische Elemente eines Assessment-Centers sind

▶ Interviews,

▶ Postkorbübungen (ein »Inbasket«-Test mit führungsrelevanter Post),

▶ individuell auszuführende Arbeitsproben und Aufgabensimulationen (z. B. Organisations-, Planungs-, Entscheidungs-, Controlling- und Analyseaufgaben),

▶ Fallstudien,

- ► (führerlose) Gruppendiskussionen mit und ohne Rollenvorgabe,
- ► Gruppenaufgaben mit Wettbewerbs- oder Kooperationscharakter,
- ► Kurzvorträge und Präsentationen, Selbstpräsentation,
- ► Rollenspiele, z. B. Verkaufsgespräche,
- ► verschiedene Tests und Fragebogen, z. B. Fähigkeits- und Leistungstests, Persönlichkeits- und Interessentests, biographische Fragebogen, projektive Verfahren (z. B. Satzergänzungstests) und
- ► Information der Teilnehmer über das Unternehmen.

Validität. Die prognostische Validität von Assessment-Centern ist mit etwa r = .40 relativ hoch. In einer Metastudie von Thornton et al. (1992) gingen 50 Einzelstudien mit über 100 Validitätskoeffizienten ein. Die mittlere prognostische Validität liegt bei r = .37. Die Streuung reicht von r = −.25 bis r = +.78. Dies ist eine sehr breite Streuung. Ungewöhnlich ist zudem, dass die empirischen Korrelationen bei manchen Studien sogar negativ sind.

Vorteile. Das Assessment-Center hat zweifelsfrei Vorteile (von Rosenstiel, 2007): Viele Elemente des Assessment-Centers haben eine hohe Augenscheinvalididät. Aufgrund dieser, aber auch aufgrund der großen Bekanntheit und Verbreitung von Assessment-Centern, werden sie von Bewerbern meist gut akzeptiert. Dies steht in Einklang mit ihrer hohen ökologischen Validität. Assessment-Center können breit eingesetzt werden. So dienen sie nicht nur der Personalauswahl, sondern z. B. auch der PE von Führungskräften (wozu es ursprünglich auch konzipiert war). Damit ist der Vorteil verbunden, dass Führungsfragen und zukünftige Strategien des Unternehmens reflektiert und Leitbilder künftiger Führung entwickelt werden. Als wichtiger Nebeneffekt werden höhere Linienvorgesetzte (vgl. das Einlinien- und Mehrliniensystem, Abschn. 3.3.2) geschult, da diese meist als Assessoren eingesetzt werden.

Nachteile. Diesen Vorteilen stehen folgende Nachteile und Probleme gegenüber (von Rosenstiel, 2007): Die Entwicklung und Durchführung von Assessment-Centern ist sehr zeit- und arbeitsintensiv. Aufgrund der Vielfalt an Einzelelementen werden Informationen redundant erhoben (z. B. das Verhalten in Gruppen). Diese Einzelelemente relativieren zugleich die hohe prognostische Validität von Assessment-Centern. Letztlich wird hier die Vorhersagekraft einer ganzen Testbatterie mit vielen Einzeltests mit der Validität der jeweiligen Einzeltests verglichen (z. B. mit einem einzigen Fragebogen, der beim Assessment-Center nur eines von vielen Testverfahren ist).

Problematische psychologische Effekte. Darüber hinaus gibt es einige problematische psychologische Effekte von Assessment-Centern: Es wird ein → Impression Management gefördert (z. B. bei den Gruppenübungen). Da dies oftmals in einem männerdominierten Kontext stattfindet, bei der viele Assessoren ebenfalls männlich sind, können Frauen bei diesen Beurteilungen leicht benachteiligt werden – auch aufgrund der Wirksamkeit von Geschlechtsstereotypen (vgl. Neubauer, 1990, sowie Abschn. 5.4). Es gibt zudem »überspezifische« Filtereffekte (z. B. bei geringer verbaler Kompetenz eines Bewerbers), die aber für die zukünftige Stelle eine untergeordnete Rolle spielen können. Durch seine besondere Struktur und die aktive Beteiligung interner Assessoren trägt das Assessment-Center schließlich dazu bei, dass die bestehende Organisationskultur reproduziert wird.

Zeitaufwand und Kosten eines Assessment-Centers sind hoch. Daher sind sorgfältige Kosten-Nutzen-Abwägungen beim Einsatz der Verfahren anzustellen. In jüngerer Zeit wurden daher sogenannte Mini-ACs entwickelt, deren Durchführungsaufwand deutlich geringer ist. Im Vergleich zu anderen Verfahren zeichnet sich das AC durch vielfältige Teilverfahren mit verhaltensnaher Operationalisierung aus. In der PE eingesetzt gewährleistet es zudem Feedback-Prozesse zuverlässiger als andere Verfahren. In der Personalauswahl beansprucht das neuere multimodale Interview vergleichbar hohe prognostische Validität.

10.4 Qualitätssicherung in der Personalauswahl

Rechtliche Rahmenbedingungen in Deutschland. Die Praxis der Personalauswahl und der Eignungsdiagnostik unterliegt einer Vielzahl von Rechtsvorschriften. Nach § 95 des Betriebsverfassungsgesetzes (BetrVG) kann der Betriebsrat unter bestimmten Bedingungen die Aufstellung von Richtlinien zur Personalauswahl, zur Zuweisung eines anderen Arbeitsbereiches, zu Umgruppierungen und Entlassungen fordern. Das 2006 beschlossene Allgemeine Gleichbehandlungsgesetz (AGG) hat ebenfalls Folgen für die Praxis der Personalauswahlverfahren. Es soll Benachteiligungen aus Gründen der ethnischen Herkunft, der Religion oder Weltanschauung, des Alters, des Geschlechts und der sexuellen Identität verhindern. Wenn ein Unternehmen gegen das dort verankerte Diskriminierungsverbot verstößt, kann es schadensersatzpflichtig werden. Ausnahmen lassen nur die im Betriebsverfassungsgesetz verankerten Privilegien für Tendenzbetriebe zu (z. B. kirchliche Einrichtungen), da diese nach deutschem Betriebsverfassungsgesetz (§118) nicht nur wirtschaftliche, sondern explizit auch weitere, beispielsweise politische, konfessionelle, karitative, erzieherische, wissenschaftliche oder künstlerische Ziele verfolgen. Weitere rechtliche Vorgaben ergeben sich u. a. aus den im Grundgesetz verankerten Persönlichkeitsrechten und dem Bundesdatenschutzgesetz (BDSG).

Die DIN 33430. Seit 2002 liegt über die gesetzlichen Bestimmungen hinaus die DIN-Norm 33430 zur Qualitätssicherung (vgl. Hornke & Winterfeld, 2004) in der berufsbezogenen Diagnostik vor. Sie soll zur Qualitätssicherung berufsbezogener Eignungsbeurteilungen beitragen. Die Entwicklung der DIN 33430 ist vor dem Hintergrund der internationalen Debatte um eignungsdiagnostische → ISO-Normen zu sehen. Sie wurde vom Deutschen Institut für Normung gemeinsam mit den Psychologenverbänden (Deutsche Gesellschaft für Psychologie, Berufsverband Deutscher Psychologinnen und Psychologen) zur Qualitätssicherung in der berufsbezogenen psychologischen Diagnostik formuliert. Das Regelwerk der DIN 33430 definiert fachliche Standards für die Auswahl und Anwendung von Testverfahren, für die Qualifikation der Verfahrensanwender und für die Art und Weise der Ergebnisrückmeldung. Mit der DIN-Norm sollen Bewerber vor allem vor unsachgemäßer oder missbräuchlicher Eignungsbeurteilung geschützt werden. Sie gibt daher Orientierungshilfen zur Planung und Durchführung von Eignungsbeurteilungen, zur Beurteilung von Instrumenten und Strategien sowie zu Durchführungsstandards. Umfrageergebnisse zeigen allerdings, dass die DIN 33430 bislang in der Praxis nur zögerlich umgesetzt wird (vgl. Reimann et al., 2008).

Rechte der Bewerber und Bewerberinnen

(1) Rechtzeitig mitgeteilt werden muss, ob und welche Art von psychologischen Testverfahren eingesetzt werden.

(2) Eignungstests dürfen im Einstellungsverfahren nur Items enthalten, die die erforderlichen positions- und aufgabenbezogenen Kompetenzen erfassen.

(3) Die eingesetzten psychologischen Testverfahren müssen mit der im Grundgesetz garantierten Würde des Menschen und den Persönlichkeitsrechten vereinbar sein. Fragen nach religiösen, politischen oder vergleichbaren persönlichen Orientierungen sind in der Regel nicht gestattet. Ausnahmen gelten für »tendenzgeschützte« Betriebe (z. B. pädagogische Einrichtungen von Religionsgemeinschaften, Parteizentralen, Verbände).

(4) Die untersuchte Person hat das Recht auf Information über die wichtigsten Ergebnisse der Testuntersuchung. Der Arbeitgeber ist verpflichtet, Testergebnisse zu erläutern. Allerdings besteht im Allgemeinen kein Recht darauf, nach einer psychologischen Testuntersuchung persönlich in die Testergebnisse Einblick zu nehmen.

(5) Original-Testunterlagen müssen vernichtet werden, wenn eine Bewerbung nicht berücksichtigt wurde, falls dies vom Bewerber gewünscht wird. Auch im Falle der Einstellung darf nur das Untersuchungsergebnis in die Personalakte aufgenommen werden.

Reflexion zur Personalauswahl. Personalauswahl gehört zum zentralen Repertoire von Arbeits- und Organisationspsychologen und basiert theoretisch auf einer wissenschaftlichen Eignungsdiagnostik. Die mit einem wissenschaftlichen Vorgehen verbundenen Vorteile werden in der Praxis jedoch oftmals nicht genutzt. Stattdessen werden Personalentscheidungen häufig von Vertretern von Berufsgruppen getroffen, die keine einschlägige Diagnostikausbildung mitbringen und keine ausreichend validen Daten erheben. Im Einzelnen wird das eignungsdiagnostische Vorgehen in der Praxis bezüglich folgender Aspekte kritisch diskutiert (vgl. z. B. Schuler & Funke, 2004):

▶ Unzulängliche Validität vieler Verfahren
▶ Statische Diagnostik (mangelnde Berücksichtigung von Veränderungspotentialen, von sich ändernden Arbeitsbedingungen)
▶ Chancenungleichheit der Bewerber (z. B. unterschiedliche Förderungen oder berufliche Sozialisationen), keine kompensatorischen Entscheidungen
▶ Ausklammerung von Wertfragen (z. B. bezüglich Auswahlkriterien oder -fehlern)
▶ Abweichung vom idealtypischen Prozessverlauf, stattdessen oftmals intuitives Vorgehen in der Praxis (vgl. Abschn. 10.2)

Die DIN 33430 zur berufsbezogenen Eignungsbeurteilung und das Allgemeine Gleichbehandlungsgesetz (AGG) ergänzen sich. Anders als das AGG hat das Regelwerk der DIN 33430 nur Empfehlungscharakter. Sie soll in Zukunft als verbindlicher Qualitätsstandard Bewerber vor unsachgemäßen Verfahrensweisen in der beruflichen Eignungsdiagnostik schützen. Die DIN 33430 legt Anforderungen an die Objektivität, Zuverlässigkeit, Gültigkeit und Aktualität der Verfahren und an die Auswertungsqualität und Prozessqualität insgesamt fest. Nicht alle Verfahren werden der DIN 33430 gerecht. Gut geschulte, unabhängige Beobachter, aufgabenspezifische Items und individuelles Feedback an alle Teilnehmer können in der Praxis bei weitem nicht alle Auswahlverfahren aufweisen.

Gerechtigkeitskonflikte. Ein faires Verfahren der Personalauswahl kann einen Beitrag leisten, um → Verfahrensgerechtigkeit in Organisationen zu gewährleisten. Ein Verfahren, das deutlich von dem idealtypischen, systematischen Vorgehen abweicht, verursacht aufgrund von Fehlentscheidungen nicht nur hohe finanzielle Kosten. Es löst zudem auch Ungerechtigkeitserleben bei den Betroffenen aus (vor allem bei den »falsch Abgelehnten«) und gefährdet das Image des Unternehmens.

Andere kritische Aspekte des eignungsdiagnostischen Vorgehens betreffen Gerechtigkeitsfragen, wie Chancenungleichheit oder Ausklammerung von Wertfragen. Diese Fragen betreffen nicht nur das einzelne Unternehmen, das Entscheidungen über Bewerbungen fällt, sondern grundlegende gesellschaftspolitische Fragen des Umgangs mit dem Gut »Arbeit«.

> **!**
>
> Die Gerechtigkeit ist ein menschliches und gesellschaftliches Grundbedürfnis. Ihr Übergehen führt letztlich auch in einem Unternehmen zu sozialem Unfrieden und Imageverlust. Daher sollten Gerechtigkeitsfragen überdacht und ein möglichst gerechtes Auswahlverfahren durchgeführt werden.

Personalauswahl-Verfahren sind in der Praxis zu optimieren.

(1) Sie sollten einem systematischen Vorgehen folgen, bei dem intuitive Entscheidungen systematische Datenauswertung immer nur ergänzen, nicht aber ersetzen.

(2) Der Schritt von der Eignungsdiagnose zur Personalentscheidung sollte bewusst gegangen werden.

(3) Auswahlverfahren mit geringen Validitäten (z. B. unstrukturierte Bewerbungsinterviews) sind durch validere Alternativen zu ersetzen (z. B. das multimodale Interview).

(4) Fehlentscheidungen haben hohe Opportunitätskosten. Primäres Ziel sollte sein, Fehlentscheidungen zu vermeiden (z. B. durch Einsatz valider Verfahren). Durch Follow-up-Erhebungen sollten Entscheidungen auch langfristig evaluiert werden. Mittels solcher langfristigen Beurteilungen lässt sich überprüfen, ob angenommene Bewerber das Stellenprofil in der Berufspraxis erwartungsgemäß erfüllen bzw. ob abgelehnte Bewerber sich als ebenfalls geeignet erwiesen hätten (z. B. aufgrund von Berufserfolg in einem Konkurrenzunternehmen).

(5) Ein valides Auswahlverfahren trägt zur Verfahrensgerechtigkeit bei. Darüber sollten Arbeits- und Organisationspsychologen Entscheidungsträger aufklären.

Neue psychologische Inhalte von Bewerbertrainings. Bewerbertrainings sollten nicht nur darauf ausgerichtet werden, eigene Leistungen optimal zu präsentieren, sondern auch Gerechtigkeitsfragen ansprechen und Copingstrategien vermitteln – die Personen sollen lernen, mit Misserfolg umzugehen, die Rolle des passiven Opfers abzulegen und die Rolle des aktiv Gestaltenden der eigenen beruflichen Situation zu übernehmen. Vieles ist trainierbar, z. B. sicheres Auftreten oder eine überzeugende Präsentation bisheriger Leistungen. Doch da die Entscheidungen niemals vollständig valide, sondern immer fehlerbehaftet sein werden, bleibt eine Wahrscheinlichkeit, trotz hoher Leistungen und Leistungsfähigkeit abgelehnt zu werden. In dieser Situation helfen neben einer kühlen Analyse der Situation selbstwertdienliche Attributionsstile und die Fähigkeit, eigene Emotionen zu steuern, um mit Enttäuschungen und Gefühlen der ungerechten Behandlung umzugehen.

!

Personalentscheidungen werfen grundsätzlich normative und ethische Fragen auf. Eine wissenschaftlichen Standards entsprechende Eignungsdiagnostik und Personalauswahl dient den Interessen der Arbeitgeber und der Arbeitnehmer. Sie trägt dazu bei, dass Mitarbeiter ihren Kompetenzen und Orientierungen entsprechend eingesetzt werden können. Obgleich Metaanalysen für die Nutzung bestimmter eignungsdiagnostischer Verfahrensweisen wie z. B. strukturierte Interviews, biografische Fragebögen, Assessment-Center, Testverfahren oder computergestützte Simulationsverfahren sprechen, finden in der Praxis häufig Verfahrensweisen mit geringer bzw. ungeprüfter prognostischer Validität Anwendung.

10.5 Kernpunkte und Übungsaufgaben

Kernpunkte

▶ Personalauswahl (PA) als Entscheidung über die Selektion von Mitarbeitern basiert auf einer wissenschaftlichen Eignungsdiagnostik. Eine treffsichere PA mit dem Ziel eines optimalen Person-Environmental-Fits gewinnt für Organisationen angesichts wirtschaftlicher Veränderungen und steigendem Konkurrenzkampf zunehmend an Bedeutung.

▶ PA wird in der Literatur zumeist aus Sicht der Organisation betrachtet: Wie ist es ihr möglich, aufgrund einer möglichst validen Eignungsdiagnostik optimale PA-Entscheidungen zu fällen? Doch sollte dabei die Perspektive des Bewerbers nicht übersehen werden. Einerseits ist das Feld der Personalwerbung bei der Gewinnung hoch qualifizierter oder besonders spezialisierter Mitarbeiter von großer Bedeutung. Andererseits trägt die Eindrucksbildung von Mitarbeitern, die diese aufgrund von PA-Verfahren über die Organisation gewonnen haben, auch zum Image der Organisation bei.

▶ Bei der PA gibt es ein idealtypisches Vorgehen, von dem die Praxis oftmals abweicht (z. B. liegt der PA keine ausreichende Arbeitsanalyse zugrunde, es wird eine unreliable Eignungsdiagnostik eingesetzt, die Entscheidung über die PA wird nicht ausreichend evaluiert). Dabei könnten diese Fallstricke vermieden werden, da die PA ein empirisch besonders gut untersuchtes Anwendungsfeld der Organisationspsychologie ist.

▶ Es gibt eine Vielzahl von Auswahlstrategien. Allerdings sind von diesen nur wenige valide. Zu den besonders validen Verfahren gehören das multimodale Interview sowie das Assessment-Center. Die Entscheidung für die Anwendung einer Auswahlstrategie ist im Einzelfall auf der Basis von Kosten-Nutzen-Analysen zu fällen (z. B. ist die Durchführung eines Assessment-Centers zeit- und kostenintensiv).

▶ Aufgaben von Arbeits- und Organisationspsychologen resultieren daraus, dass sie PA-Verfahren mehr und mehr dem idealtypischen Vorgehen annähern und vor allem eine valide Eignungsdiagnostik durchführen sollten. Dadurch wird auch ein Beitrag geleistet, Verfahrensgerechtigkeit in Organisationen zu realisieren. Fragen der Gerechtigkeit könnten auch innerhalb von Organisationen sowie mit Bewerbern (z. B. im Rahmen von Bewerbertrainings) diskutiert werden.

Übungsaufgaben

▶ Sie tragen Verantwortung für die Besetzung einer Mitarbeiterstelle in einem Forschungsprojekt. Wie gehen Sie bei Ihrer Entscheidung für eine Person idealtypisch vor? Aufgrund welcher Argumente wären Sie an bestimmten Stellen bereit, vom idealtypischen Vorgehen abzurücken?

▶ Entwerfen Sie weitere Aufgaben für Organisationspsychologen im Kontext der PA.

▶ Diskutieren Sie Vor- und Nachteile verschiedener Auswahlverfahren.

Weiterführende Literatur

Vertiefung: Sarges & Scheffer (2008); Schuler (2000); Schuler & Funke (2004).

Verfahren: Sarges et al. (2004); Schuler (2006).

Qualitätssicherung: Kersting (2008).

11 Personalentwicklung

Was Sie in diesem Kapitel erwartet

Personalentwicklung ist ein wesentliches Praxis- und Forschungsfeld der Organisationspsychologie: Leistungsunterschiede zwischen Unternehmen werden zunehmend von Personalfragen und nicht auf Soft- oder Hardwareebene entschieden. Erfolg ist abhängig von der richtigen Auswahl, dem Einsatz, der Entlohnung und der Entwicklung der Mitarbeiter (»von der Personalverwaltung zum Human Resource Management«, Staehle et al., 1999). Daher gewinnt die Personalent-wicklung an Bedeutung. Gleichwohl herrscht häufig Unklarheit darüber, welche Geltung ihr tatsächlich zukommt und welche Interventionsformen sie umfasst. Das folgende Kapitel zeigt die Bedeutung von Personalentwicklung in der Praxis und in der Forschung. Darüber hinaus werden die Mitarbeiterbeurteilung und das Mitarbeitergespräch sowie Maßnahmen der Aus-, Fort- und Weiterbildung als wichtige Beispiele für Personalentwicklungsmaßnahmen besprochen.

11.1 Definition und Abgrenzung

Es gibt verschiedene Begriffsumfänge von Personalentwicklung (PE). In engster Definition ist PE auf Bildung beschränkt: Berufsausbildung, Weiterbildung, Führungsbildung, Anlernung, Umschulung etc. Im weiteren Sinne umfasst PE zudem Förderung: Auswahl und Einarbeitung, Arbeitsplatzwechsel, Nachfolge- und Karriereplanung, Auslandseinsatz, Coaching, Leistungsbeurteilung, Führen durch Zielvereinbarung (→ Management by Objectives), strukturierte Mitarbeitergespräche etc. Im weitesten Sinne schließt PE auch Organisationsenwicklung (OE) ein (Becker & Schwarz, 2002) – mit Elementen wie Teamentwicklung, Gruppenarbeit und Projektarbeit (vgl. Kap. 4). Eine solch umfassende Gegenstandsbestimmung der PE erscheint jedoch wenig sinnvoll, zumal das Konzept der OE auf die geplante Veränderung der Organisation insgesamt zielt und damit sowohl personen- als auch strukturbezogene Maßnahmen umfasst.

Aus betriebswirtschaftlicher Perspektive ist PE ein wichtiger Teil des Human Resource Managements (HRM), das alle Entscheidungen im Umgang mit der »Humanressource« Mitarbeiter umfasst, wie z. B. die Anwerbung der Mitarbeiter, die Auswahl der Mitarbeiter, ihre Bindung an die Organisation, aber auch die Nutzung menschlicher Ressourcen generell, um organisationale und individuelle Ziele zu erreichen (vgl. Nork, 1989; Abb. 11.2). Hierzu gehört auch der internationale Einsatz von Personal (vgl. Kühlmann & Stahl, 2001). Die Bedeutung eines guten HRM zeigen Jonas und Kollegen exemplarisch am Beispiel der Automobilindustrie (Jonas et al., 2005).

Im vorliegenden Buch wird PE im weiteren Sinne verstanden und umfasst somit den klassischen Bereich der Aus-, Fort- und Weiterbildung und die Mitarbeiterförderung (vgl. zum Überblick Schuler, 2006).

Abgrenzung von PE und OE. Die Abgrenzung von PE und OE birgt gewisse Unschärfen (vgl. Abb. 11.1). OE zielt auf die planmäßige Veränderung der Organisation insgesamt mit Blick auf ökonomische Erfolgskriterien und Humankriterien. OE-Maßnahmen setzen daher auf einer strukturbezogenen und interaktionalen Ebene (Systemebene) an. (Strategische) PE zielt auf die kurz-, mittel- und langfristige Entwicklung der Mitarbeiterkompetenzen, PE-Maßnahmen setzen daher auf der personalen Ebene an. Als Detailunterschiede zwischen PE und OE lassen sich ausmachen (vgl. Weinert, 2004):

▶ Initiative und Verantwortung liegen bei OE-Maßnahmen primär bei Führungskräften der Organisationseinheiten. Gleichwohl können die Maßnahmen bei der Bottom-up-Strategie auch an der Basis erarbeitet werden (vgl. Abschn. 4.3.3).

▶ OE-Maßnahmen sind Teil eines fortlaufenden, regelmäßigen und kontinuierlichen Prozesses. Im Gegensatz dazu können PE-Maßnahmen auch punktuelle Interventionen oder kurze, befristete Bildungsmaßnahmen umfassen.

▶ OE-Maßnahmen betreffen organisationale Einheiten oder Subsysteme, sie finden vor Ort in der Organisation statt. PE-Maßnahmen werden dagegen für einen begrenzten Teil der Mitarbeiter an verschiedenen Orten angeboten (Training on-the-job, near-the-job, off-the-job).

Als Schnittstelle zwischen OE und PE kann die Teamarbeit und Teamentwickung gelten, die sowohl im Sinne einer OE-Maßnahme als auch im Sinne einer PE-Maßnahme wirken. Die Einführung von Teamarbeitsprozessen verändert organisationale Abläufe und Strukturen. Teamarbeit kann nur dort gelingen, wo organisationale Schnittstellen und Rahmenbedingungen so verändert werden, dass für die Arbeit im Team, für die Zusammenarbeit aller Organisationseinheiten, ausreichend Ressourcen zur Verfügung stehen. Zudem erfordert Teamarbeit neue Qualifikationen der Mitarbeiter. OE macht PE erforderlich – im Gegenschluss gilt, dass PE auch die Entwicklung der Organisation insgesamt erfordert.

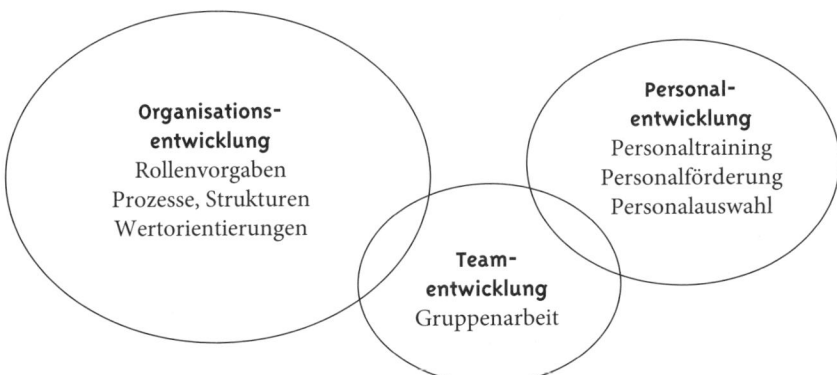

Abbildung 11.1 Teamentwicklung als Schnittstelle zwischen OE und Personalentwicklung

Verschränkung von PE- und OE-Maßnahmen. Die Verschränkungen von PE- und OE-Maßnahmen zeigen sich bei gezielten, planmäßigen Veränderungen, die auf grundlegende Entwicklung angelegt sind.

Beispiel

(1) In einem Unternehmen werden Elemente des → Lean Managements eingeführt. Dies beinhaltet u. a. die Abflachung von Hierarchien. Dadurch werden Entscheidungsprozesse beschleunigt und unnötige Abstimmungswege vermieden. Durch die flachere Hierarchie, die dadurch veränderten Leitungsspannen (Leitungsspanne: Anzahl der einer Leitungsstelle unmittelbar unterstellten Mitarbeiter) und die damit erforderlichen größeren Entscheidungs- und Interaktionsspielräume sind bestimmte Prozesse in Teamarbeit zu organisieren. Mit dem Wegfall einer Hierarchieebene werden einer Führungskraft mehr Mitarbeiter unterstellt, sodass die direkte personale Kontrolle

zugunsten der Selbstkontrolle der Mitarbeiter reduziert werden muss. Die neue Struktur stellt daher auch neue Anforderungen an die Mitarbeiter. Sie müssen im Rahmen von PE-Maßnahmen vermutlich neue Kompetenzen erwerben: z. B. neue Handlungs- und Entscheidungskompetenzen, verbesserte Konfliktlösestrategien und Bewältigungsstrategien, um mit mehrdeutigen Situationen, Verunsicherung und geringer personaler Kontrolle umgehen zu können.

(2) Als Teil einer PE-Maßnahme werden neue Kommunikationskompetenzen vermittelt. Damit diese Maßnahme Früchte tragen kann, sind geeignete organisationale Rahmenbedingungen zu schaffen. Wurden z. B. offenere Kommunikationsmuster vermittelt, so müssen diese auch innerhalb der Arbeitsprozesse ermöglicht und auf Führungsebene akzeptiert werden – erst dann kann z. B. ein wechselseitiges Feedback allmählich zu einem tragfähigen Element der Organisationskultur werden.

!

Die Grenzen zwischen Organisations- und Personalentwicklung sind fließend. Der Begriff der OE ist vor allem auf strukturelle Veränderungen des gesamten Systems gerichtet, während sich Maßnahmen der PE auf die Qualifizierung des Indivduums richten. Wie OE und PE ineinander greifen, zeigen das Beispiel der Teamentwicklung auf der Maßnahmenebene und das Beispiel der strategischen PE auf der Planungsebene.

11.2 Ziele und Ursachen der Personalentwicklung

Ziele. Eine anwendungsorientierte PE gibt Antworten auf folgende Fragen (vgl. Becker & Schwarz, 2002): Wie lässt sich die PE in der Praxis beschreiben? Warum existiert in der Praxis ein bestimmter PE-Zustand? Welche verursachenden, aufrechterhaltenden und stabilisierenden Bedingungen lassen sich ausmachen? Wie lässt sich ein angestrebter PE-Zustand erreichen? Welcher PE-Zustand lässt sich bei Eintritt bestimmter Bedingungen prognostizieren? Wie lassen sich PE-Maßnahmen in der Praxis evaluieren? Die Fragen zielen auf die Beschreibung, Erklärung, Gestaltung, Prognose und Evaluation von PE und PE-Maßnahmen ab.

Strategische Personalentwicklung. Strategische PE ist ein wichtiger Teil der Unternehmensstrategie. Ihr Ziel ist es, die Kompetenzen der Mitarbeiter auf künftige Anforderungen mit Blick auf die Unternehmensentwicklung vorzubereiten. Mithilfe von Bedarfsanalysen wird der Schulungs- und Entwicklungsbedarf hinsichtlich fachlicher und sozialer Kompetenzen ermittelt. Potentialanalysen sollen eine Beurteilung der Mitarbeiter hinsichtlich ihrer zukünftigen Entwicklungschancen ermöglichen. In der Praxis formulieren Kompetenzmodelle die Anforderungen des Unternehmens an die Mitarbeiter. Im Sinne einer übergeordneten Strategie umfassen sie sowohl Anforderungsprofile für die Personalauswahl als auch Soll-Profile für die PE und bieten die Grundlage für alle Instrumentarien der Personal- und Führungskräfteentwicklung.

Kompetenz-Profiling. Mit einem Kompetenzprofil werden sowohl arbeitsbezogene Kenntnisse, Fähigkeiten und Fertigkeiten eines Mitarbeiters als auch dessen außerberufliche Erfahrung möglichst umfassend abgebildet. Im Idealfall liegen dem Profiling eine umfassende Ist-Analyse als auch eine → Potentialanalyse zugrunde, sodass ein Portfolio aus aktuellen Kompetenzen und potentiellen künftigen Kompetenzen entsteht. Das Kompetenzprofiling ermöglicht es, Ist-Profile (Mitarbeiterbeurteilung) mit Soll-Profilen (Erwartungen an den Mitarbeiter, strategisch begründete Anforderungsprofile) zu vergleichen. Durch die Gegenüberstellung der beiden Profile werden Übereinstimmungen und Diskrepanzen sichtbar, an denen Entwicklungsmaßnahmen ansetzen können. Zuverlässiges Kompetenzprofiling erfordert allerdings reliable und valide Instrumentarien zur Potentialdiagnose (vgl. von Rosenstiel & Lang-von Wins, 2000; Kleinmann & Strauß, 2000). In der Praxis werden häufig Varianten des 360°-Feedbacks (vgl. Scherm & Sarges, 2002; Fennekels, 2003) angewendet. Das Kompetenzprofil wird hier aus dem Vergleich von Selbst- und Fremdeinschätzung durch den betreffenden Mitarbeiter, durch Führungskräfte und Kollegen ermittelt. Zur empirischen Prüfung eines Kompetenzmodells wären entsprechende psychometrische Modelle und Messverfahren erforderlich.

Gründe für PE-Maßnahmen aus Mitarbeitersicht (Becker & Schwarz, 2002)	**Gründe für PE-Maßnahmen aus Managementsicht (Becker & Schwarz, 2002)**
▶ Verbesserung der Laufbahn- und Karrierevoraussetzungen ▶ Erweiterung vorhandenen Wissens und Fähigkeiten ▶ Nutzung der Möglichkeit zur systematischen beruflichen und persönlichen Weiterentwicklung ▶ Qualifizierung für neue, herausfordernde Aufgaben ▶ Möglichkeit, den Arbeitsprozess mitzugestalten ▶ Erhöhung der Flexibilität hinsichtlich der Übernahme neuer Funktionen ▶ Stabilisierung und Erhalt des individuellen Arbeitsplatzes ▶ Verbesserung der Sinngebung der eigenen Tätigkeit durch Einsicht in die organisationalen Strukturen ▶ Erhöhung der Arbeitszufriedenheit	▶ Verbesserung der Wirtschaftlichkeit und Leistungsfähigkeit des Unternehmens und somit Sicherstellung der → Effektivität und Effizienz ▶ Qualifizierte Mitarbeiter als Investitionsgut ▶ Steigerung der Flexibilität im Personaleinsatz ▶ Erhöhung der Motivation, Arbeitszufriedenheit und des Commitments der Mitarbeiterschaft ▶ Steigerung von Innovationskraft und Kreativität ▶ Vermittlung bedeutsamer Schlüsselqualifikationen und einheitlicher Leitbilder ▶ Verminderung der Fluktuation ▶ Nachwuchssicherung ▶ Verbesserung von Image und Kultur der Organisation (→ Corporate Identity) ▶ Anpassung an veränderte Arbeits- und arbeitsmarktpolitische Bedingungen

11.3 Inhalte und Modelle

Nachfolgend werden die Inhalte der Personalentwicklung spezifiziert (Abschn. 11.3.1), die verschiedenen Phasenmodelle vorgestellt und an einem Beispiel aus der Praxis verdeutlicht (Abschn. 11.3.2), bevor auf das spezielle Carry-Over Problem eingegangen wird (Abschn. 11.3.3).

11.3.1 Inhalte der Personalentwicklung

Im Mittelpunkt der PE steht der Erwerb von Wissen, von Handlungskompetenz und von Kompetenzen im Umgang mit Wissensressourcen. PE umfasst zahlreiche Inhalte wie z. B. sensumotorische Fertigkeit, Kognition, Motivation, Werthaltung, Einstellung, soziale Interaktion und allgemeine Arbeitstechniken. Zur Vermittlung dieser Inhalte steht ein breit gefächertes Methodenrepertoire aus wissensorientierten und verhaltensorientierten Verfahren zur Verfügung (vgl. Holling & Liepmann, 2007; Sonntag, 2006; Sonntag & Schaper, 1999):

- ▶ Traditionelle Unterweisungs- und Unterrichtsverfahren
- ▶ Gruppendiskussionen und Gruppenübungen, Einzel- und Gruppenarbeit, Fallstudien, Rollenspiele, Planspiele
- ▶ Computergestützte Trainings, virtuelle Szenarien und Simulationen
- ▶ Kognitive Trainingsverfahren
- ▶ Kooperative arbeitsbezogene Lernformen
- ▶ Lernarrangements in der Berufsausbildung

Die Gestaltung der erforderlichen Lernprozesse orientiert sich im Idealfall an psychologischen Theorien zum Wissens- und Kompetenzerwerb. Allerdings sind bislang nur wenige Gestaltungsansätze aus der Praxis wissenschaftlich evaluiert. In der aktuellen Diskussion um Qualitätssicherung werden daher auch Ansätze und Maßnahmen der PE neu zu reflektieren sein.

11.3.2 Phasenmodelle und Praxisbeispiel

Idealtypischer Phasenverlauf von PE-Maßnahmen. In der Literatur werden unterschiedliche Phasen bei der Durchführung von PE-Maßnahmen unterschieden. Gleichwohl folgen diese jeweils einem systematischen Schema von der Analyse über die Intervention zur Evaluation (vgl. z. B. Becker & Schwarz, 2002; Holling & Liepmann, 2007). Es lassen sich folgende Phasen unterscheiden:
(1) Theoretisch begründete Ermittlung des PE-Bedarfs und Formulierung der Ziele
(2) Entscheidung über geeignete PE-Maßnahmen und Realisierung
(3) Evaluation der umgesetzten PE-Maßnahmen und Transfersicherung

Diese drei Punkte sollen an einem Beispiel verdeutlicht werden: In einem Unternehmen existieren in einer Abteilung ernsthafte Kommunikationsstörungen auf horizontaler wie auf vertikaler Ebene (gleiche und unterschiedliche Hierarchieebene).

Bedarfsermittlung. Hier geht es um den Abgleich des Ist-Soll-Zustandes. Im besagten Unternehmen ließe sich fragen: Wie ist das Problem entstanden? Wer ist beteiligt? Wer hat welche Beeinträchtigungen, möglicherweise auch: Wer hat welche Gewinne? Von wem wird die Kommunikation als gestört erlebt? Wer erlebt Veränderungsbedarf? Inwiefern werden durch die Kommunikationsprobleme Leistungen und Arbeitsergebnisse beeinträchtigt? Wie sieht der Soll-Zustand konkret aus? Durch wen werden diese Fragen unter Berücksichtigung welcher Verfahrenskriterien geklärt (Einsatz der → Critical Incident Technique, Führung von Mitarbeitergesprächen, Interviews etc.)?

Wahl von PE-Maßnahmen. In einem nächsten Schritt wird gefragt, mittels welcher Maßnahmen sich der Soll-Zustand erreichen lässt. Zur Verfügung stehen alle Interventionsmöglichkeiten zur Verbesserung der Kommunikation: Teamentwicklungsmaßnahmen, Einzel- und Gruppencoachings, Mentoring, Gruppendiskussionen, Kommunikations- und Konfliktlösetrainings. Dabei wird auf bestehende Programmpakete (z. B. Trainingseinheiten) zurückgegriffen, oder aber Maßnahmen werden neu entwickelt, die auf die spezifische Zielsetzung zugeschnitten sind.

Der spezifische PE-Bedarf ist bezogen auf den jeweiligen Einzelfall oder im Sinne der strategischen PE bezogen auf die Entwicklung der Organisation zu ermitteln. In beiden Fällen erfordert dies eine systematische Situationsdiagnostik, auf deren Grundlage Entscheidungen über eine Maßnahme oder einen Maßnahmenkatalog gefällt werden können. PE-Maßnahmen sollten formativ und summativ evaluiert werden. Die formative Evaluation begleitet Maßnahmen, sie umfasst die Bewertung und Verbesserung der Maßnahme in deren Verlauf. Summative Evaluation umfasst dagegen die abschließende Bewertung einer Maßnahme oder eines Maßnahmenkatalogs, als

Erfolgskriterien können hier beispielsweise der Lernerfolg oder die Zufriedenheit definiert sein. Darüber hinaus wäre der Transfer des Maßnahmenerfolgs in die Alltagspraxis empirisch zu prüfen bzw. zu gewährleisten.

Evaluation. Abschließend gilt es herauszufinden, inwieweit die Kommunikationsprobleme durch die gewählte Interventionsstrategie gemindert oder gelöst wurden. Werden die neu erlernten Kommunikationsstrategien auch umgesetzt und auf andere Kontexte übertragen? Wie ist die Gesamtbilanz der PE-Maßnahme (Kosten-Nutzen-Abwägungen)? Darüber hinaus lassen sich allgemeine Heuristiken der Problemlösung anwenden, wie die von Montada (1991). Diese folgt ebenfalls dem Schema von der Analyse bis zur Evaluation.

(1) Analyse des Problems mit dem Ziel seiner konzeptuellen Problemfassung
(2) Bedingungsanalyse des Problems: Der Ist-Zustand wird erklärt, und die aktuellen, aufrechterhaltenden, stabilisierenden sowie zurückliegenden Bedingungen werden analysiert
(3) Einschätzung der weiteren Entwicklung des Problems und der negativen Auswirkung: Man erstellt Prognosen und nutzt dabei Wissen über die Stabilität und Veränderung von Merkmalen
(4) Begründung von Interventionszielen: Mehrere Alternativen werden ermöglicht.
(5) Interventionsentscheidungen: Man entscheidet sich auf der Basis systemischer Betrachtung für mögliche Ansätze, geeignete Zeitpunkte oder für Prävention vs. Korrektur
(6) Umsetzung und Evaluation der Interventionsformen: Diese geschieht im Sinne der allgemeinen Indikationsfrage (bei welcher Person, mit welcher Problematik ist welche Interventionsmaßnahme mit welchen Beratern zu welcher Zielsetzung angemessen?).

Ein Beispiel: Der Vorgesetzte wendet sich mit dem Problem der mangelnden Motivation seiner Mitarbeiter an die Personalentwicklungsabteilung und bittet um Hilfe (vgl. Abschn. 12.1 und 12.5). In Tabelle 11.1 sind Fragen aufgeführt, die auf den verschiedenen Ebenen der o. g. Analyse weiterführen.

Gängige Praxis der Durchführung von PE-Maßnahmen. Im Alltag finden PE-Maßnahmen oftmals ungesteuert statt. Es werden weder eine systematische Bedarfsermittlung noch eine gründliche Evaluation durchgeführt. Die Bewertung dieses Vorgehens hängt von den jeweiligen Rahmenbedingungen ab. Umfasst die PE-Maßnahme nur die Förderung von Hilfestellungen bei der Umstellung auf neue Computerprogramme, so mag ein situationsbezogenes spontanes Vorgehen im Alltag ausreichen. Betrifft die PE-Maßnahme jedoch weitreichende Entscheidungen (z. B. Einkauf externer Trainer), so sollten diese Entscheidungen Teil eines größeren Entwicklungsplans sein (z. B. OE-Prozess), bei dem im optimalen Fall einem idealtypischen Phasenverlauf gefolgt wird.

Rollenwandel der Personalentwickler. Ursprünglich übernahmen Personalentwickler selbst operative Aufgaben in der Umsetzung der PE-Maßnahmen. Mittlerweile übernehmen dies zunehmend die Vorgesetzten.

Der Personalentwickler übernimmt daher primär Supervisions- und Unterstützungsaufgaben sowie die Planung von Rahmenbedingungen und die Festlegung von Zielsetzungen.

Tabelle 11.1 Anwendung der Problemlöseheuristik von Montada (1991). Alle genannten Fragen sind als Hilfestellungen für den Vorgesetzten zu verstehen. Es ist hilfreich, wenn dieser zur Beantwortung der Fragen möglichst unterschiedliche Informationsquellen und Informanten heranzieht

Schritt	Leitfragen	Detailfragen
(1) Problemanalyse	Wie ist der *Ist*-Zustand?	In welchen Situationen sind welche Personen nicht motiviert? An welchen Verhaltensweisen wird dies festgemacht? Für wen ist der Ist-Zustand warum veränderungswürdig? Gibt es Personengruppen, die die Mitarbeiter als ausreichend motiviert bewerten würden?
	Wie ist der *Soll*-Zustand?	Wer soll in welchem Maße motiviert sein? Wie ist dies messbar? Für wen wäre dieser Soll-Zustand ein Gewinn? Wer hätte dadurch evtl. auch Nachteile zu tragen?
	Welche *Barrieren* verhindern die Überführung des Ist-Zustandes in den Soll-Zustand?	Welche Diskrepanzen liegen vor? Liegen z. B. Diskrepanzen zwischen Zielen und Potentialen bzw. Ressourcen vor (z. B. der Wunsch nach hoher Motivation einerseits und Mangel an Zeit oder Fähigkeiten zu entsprechenden Gesprächen andererseits)?
(2) Bedingungs-analyse	Was sind die aktuellen Bedingungen, die dazu führen, dass eine Diskrepanz zwischen geringer Motivation der Mitarbeiter und hohem Anspruch der Führungskraft besteht?	Welche strukturellen Bedingungen sind relevant (z. B. schlechte Bezahlung oder schlechte Arbeitsbedingungen)? Welche personalen Bedingungen sind einzubeziehen (z. B. fehlendes Wissen der Führungskraft über psychologische Motivationsmöglichkeiten)? Was sind die aktuellen Bedingungen, die für die Aufrechterhaltung der Diskrepanz verantwortlich sind (liegen z. B. Teufelskreise vor, im Sinne einer geringen Motivation und daraus resultierender geringer Anerkennung)?
(3) Entwicklungs-prognose	Wie wird sich das Problem ohne Eingreifen weiterentwickeln?	Wird sich das Problem vermutlich über die Zeit allein lösen (z. B. weil die Ursache der schlechten Bezahlung wegfallen wird)?
(4) Begründung von Interventionszielen	Wie sind die Interventionsziele zu begründen?	Lässt sich der Königsweg der Zielbegründung durch die Problem- und Bedingungsanalyse beschreiten? Sind z. B. die verursachenden strukturellen oder personalen Bedingungen veränderbar? Mit welchen unerwünschten Nebeneffekten ist bei einer sehr hohen Motivationslage zu rechnen (z. B. Forderung nach mehr Einflussmöglichkeit)? Welche Machbarkeitsgründe stellen sich der Zielbegründung entgegen? Ist es realistisch, alle Mitarbeiter zu motivieren, oder wird dies nur für eine (meinungsführende) Minderheit gehen?
(5) Interventions-entschei-dungen	Wann sollte interveniert werden?	Sollten z. B. an einem Führungskräftetraining nur diejenigen Führungskräfte, die bereits über Probleme mit mangelnder Motivation ihrer Mitarbeiter berichten, oder alle Führungskräfte teilnehmen?
	Wie sollte interveniert werden?	Reicht es aus, mit den Führungskräften zu arbeiten, oder sollte man auch die Mitarbeiter in Fortbildungen integrieren?
	Welche Methoden sind einzusetzen?	Wie lassen sich die Zwischenziele erreichen (z. B. Vermittlung von Wissen und Anwendungsmöglichkeiten von Feedback)? Reichen hier punktuelle Trainings und Seminare aus, oder sind fortlaufende Supervisionen notwendig?
(6) Interventions-formen und Evaluation	Wie soll interveniert werden?	Welche Inhalte sollte ein Führungskräftetraining oder ein Mitarbeitertraining umfassen? Welche theoretischen Elemente sind zu vermitteln? Welche praktischen Übungen sind einzusetzen (z. B. Rollenspiele, Planspiele, Fallbeispiele)?
	Wie ist die Wirksamkeit der Intervention nachzuweisen?	Ist z. B. neben einer summativen Evaluation auch eine Prozessevaluation durchzuführen?

11.3.3 Das Carry-over-Problem

Distanzen. Ein Hindernis der Wirksamkeit von PE-Maßnahmen besteht darin, dass Erlerntes nur mangelhaft in die Praxis übertragen wird. Man unterscheidet

(1) räumliche Distanz (die PE-Maßnahme, z. B. das Training, findet nicht direkt am Arbeitsplatz statt, sondern near oder off the Job),

(2) zeitliche Distanz (zwischen Lernen und Umsetzung besteht eine Zeitlücke, in der Vergessenseffekte und Motivationsverluste stattfinden können) und

(3) inhaltliche Distanz (es besteht im Sinne einer geringen → externen Validität keine ausreichende Entsprechung zwischen Übungssituation und realer Situation, z. B. unrealistische Rollenspiele, mangelnde Berücksichtigung der Rahmenbedingungen).

Transferbedingungen. Baldwin und Ford (1988) nennen drei Faktoren, die für den Transfer in die Praxis entscheidend sind:

(1) Teilnehmerbedingungen. Förderlich sind z. B. eine hohe Leistungsmotivation, interne Kontrollüberzeugung, Intelligenz, Job-Involvement, Selbstwirksamkeitserwartung sowie Offenheit für Erfahrungen und Extraversion.

(2) Elemente des Trainingsdesigns. Je ähnlicher Stimulus- und Responseelemente in Trainings- und Transferbedingungen sind, umso leichter verläuft der Transfer. Weitere hilfreiche Elemente sind statt Vermittlung spezifischer Fertigkeiten allgemeine Prinzipien und Strategien, Stimulusvariabilität, Vielfalt der Übungsbedingungen (z. B. verschiedene Beispiele, verteiltes statt massiertes Lernen, Lernen an Beispielen unter verschiedenen Übungsbedingungen, Variation von Lehr- und Lernmethoden, Einsatz von Rollenspielen).

(3) Arbeitsumgebung und organisationale Bedingungen. Förderung der OE-Maßnahmen durch das höhere Management und ein unterstützendes Organisationsklima (Verstärkung durch Vorgesetzte, Gehaltserhöhungen, Beförderungen).

Maßnahmen zur Erleichterung des Transfers

▶ Realitätsnahe und anforderungsbezogene Konzeption der PE-Maßnahme unter Berücksichtigung der personalen und situationalen Rahmenbedingungen

▶ Verringerung der zeitlichen Distanz zwischen Lernen und Anwendung

▶ Begleitung der Übertragung des Erlernten on the Job

▶ Unterstützung der PE-Maßnahme und ihrer Anwendung durch Vorgesetzte und das höhere Management (u. U. Nutzung von Anreizsystemen)

11.4 Fort- und Weiterbildung als Kern von PE-Maßnahmen

Fort- und Weiterbildung stehen im Zentrum von PE-Maßnahmen. Daher werden diese anhand von Leitfragen im Folgenden genauer betrachtet: Was bedeutet Fort- und Weiterbildung (Abschn. 11.4.1)? Welcher Inhalte, Methoden und Verfahren bedient sie sich (Abschn. 11.4.2)? Was sind die Chancen von Weiterbildungsmaßnahmen, und an welche Grenzen stoßen sie (Abschn. 11.4.3)?

11.4.1 Definition

Fort- und Weiterbildung ist die Wiederaufnahme organisierten Lernens, nachdem die erste Bildungsphase abgeschlossen ist und zwischenzeitlich eine Berufstätigkeit aufgenommen wurde (vgl. Kokavecz & Holling, 1999).

Anbietervielfalt. Der Weiterbildungsmarkt ist durch eine Anbietervielfalt geprägt und unterliegt marktwirtschaftlichen Gesetzen. Etwa 44 % der Anbieter sind Privatwirtschaft und öffentlichem Dienst zuzuordnen. Die anderen Anbieter repräsentieren private, staatliche, kommunale und öffentlich-rechtliche Träger, wie z. B. Hochschulen oder Kammern (Kokavecz & Holling, 1999). PE-Maßnahmen sind Teil jener beruflichen Weiterbildungsmaßnahmen, die betrieblich veranlasst und finanziert sind:

(1) Zunächst führt *Ausbildung* zu einem Basisberuf.

(2) *Weiterbildung* baut auf diesem auf und führt zu einer Spezialisierung.

(3) *Fortbildung* aktualisiert hingegen Kenntnisse im Basisberuf (von Rosenstiel, 2007).

In der organisationalen Praxis lassen sich die drei Formen jedoch kaum voneinander unterscheiden, weshalb im Folgenden nur von »Weiterbildungsmaßnahmen« gesprochen wird.

11.4.2 Inhalte, Methoden und Verfahren

Inhalte und Methoden betrieblicher Weiterbildungsmaßnahmen sind sehr unterschiedlich. Es gibt formelle und informelle PE-Maßnahmen. Die *formellen* Maßnahmen sind intendiert und von Entscheidungsträgern in Organisationen bewusst eingeführte Maßnahmen. Ein Beispiel ist die → Potentialanalyse von Mitarbeitern durch Vorgesetzte (vgl. zum Überblick Schuler, 2004). Die *informellen* Maßnahmen umfassen Lernen durch zufällige Gegebenheiten in der Arbeitsplatzsituation, beispielsweise wenn unerwartete Störungen auftreten und diese gemeinschaftlich oder durch eine Einzelperson konstruktiv bewältigt werden.

Potentialanalyse als Beispiel einer formellen PE-Maßnahme. In einem mittelständischen Unternehmen wird das Potential eines leitenden Angestellten analysiert, Empfehlungen werden abgeleitet. Dazu werden verschiedene → Kriteriumsvariablen festgelegt, die in ihrer Bedeutung für die Gesamtpotentialanalyse gewichtet sind (z. B. Kooperationsfähigkeit als wichtiges Merkmal sozialer Kompetenz). Jedes Kriterium ist anhand konkreter Handlungsbeispiele und unter Angabe von Beobachtungssituationen und konkreten Messkriterien definiert. Der Ausprägungsgrad des jeweiligen Kriteriums für den Mitarbeiter wird intervallskaliert angegeben (1 = extrem unterdurchschnittlich ausgeprägt bis 6 = extrem überdurchschnittlich ausgeprägt). Aus dieser Einschätzung leiten sich Vorschläge für Qualifizierungsmaßnahmen zur Verbesserung mangelnder Kooperationsfähigkeit ab, etwa Trainingsangebote zu Kooperationstechniken, Konfliktlösung, Rhetorik und Körpersprache. In diesem Sinne ist Potentialanalyse angewandte Eignungsdiagnostik im Rahmen der Personalentwicklung.

Die vielfältigen PE-Maßnahmen können nach unterschiedlichen Kriterien geordnet und voneinander unterschieden werden. Wesentliche Unterscheidungsmerkmale sind dabei folgende (vgl. von Rosenstiel, 2007):

▶ Inhaltsorientierte, prozessorientierte und vermischte Techniken

▶ Unterscheidungen der Maßnahmen nach Zweck, Zielen, Ausbildungsort, Merkmalen des Auszubildenden und Ausbildungsmethoden

▶ Unterschiedliche Lehr- und Lernverfahren: darbietende Lehrverfahren (z. B. Vortrag, medienunterstützte Informationsvermittlung), Gesprächsverfahren (z. B. Lehrgespräch, Diskussion,

Kleingruppenarbeit), aktivierende Verfahren (z. B. Gruppen- und Partnerarbeit, Fallstudien, Projektmethoden, Übungen)

Es lassen sich folgende Schritte zur Entwicklung eines PE-Programms am Beispiel eines Lernprogramms benennen (modifiziert nach von Rosenstiel, 2007):

(1) Analyse der Ausgangsbedingungen
(2) Festlegung der Lernziele
(3) Ableitung von Kriterien zur Überprüfung des Lernerfolgs
(4) Entwicklung eines Lernprogramms, das zeitlich, inhaltlich und methodisch auf die Lernziele abgestimmt ist
(5) Durchführung des Lernprogramms
(6) Transfersicherung
(7) Evaluation des Lernerfolgs

Tabelle 11.2 Entwicklungsschritte eines PE-Programms (modifiziert nach von Rosenstiel, 2007). Beispiel: Training zu Präsentations- und Moderationstechniken für die Mitarbeiter einer Vertriebsabteilung. Das analytische Vorgehen entspricht in der Grundstruktur der Problemlöseheuristik von Montada (vgl. Tab. 11.1).

Schritte	Leitfragen
Schritt 1: Analyse der Ausgangsbedingungen	Für welche Zielgruppe ist ein solches Training notwendig und warum? Warum besteht ein Fortbildungsbedarf bei Präsentations- und Moderationstechniken? Inwiefern liegt dies an personalen Ursachen (z. B. mangelnde Sicherheit bei Kundenkontakt und Produktpräsentation) oder an strukturellen Bedingungen (z. B. mangelnde Vorbereitungszeit für externe Präsentationen)? Welche dieser Ursachen werden durch ein Training behoben?
Schritt 2: Festlegung der Lernziele	Welches Oberziel mit welchen Zwischenzielen umfasst das Training? Wo bestehen Mängel an theoretischen Kenntnissen, wo Probleme bei der Anwendung?
Schritt 3: Überprüfung des Lernerfolgs	Mittels welcher Methoden (z. B. Wissenstests, Befragung) lässt sich überprüfen, ob sich das theoretische Wissen durch das Training verbessert hat? Wie lässt sich die praktische Umsetzung des Wissens evaluieren (z. B. höhere Umsatzzahlen, aber auch größere Sicherheit im Umgang mit den Techniken als Selbsteinschätzung)?
Schritt 4: Entwicklung eines Lernprogramms	Mittels welcher Trainingsbausteine lassen sich die verschiedenen Zwischenziele erreichen? Welche theoretischen Abschnitte der Wissensvermittlung und welche aktiven Elemente (z. B. Übungen) sollte das Training in welcher Reihenfolge umfassen?
Schritt 5: Durchführung des Lernprogramms	Wer soll das Training im welchem Kontext durchführen (on, near oder off the Job)? Welcher Zeitrahmen ist anzusetzen?
Schritt 6: Transfersicherung	Wie werden die Umsetzung und Beibehaltung des Gelernten in der Praxis gewährleistet? Stehen die Trainer auch nach Abschluss des Trainings für Hilfestellungen zur Verfügung?
Schritt 7: Evaluation des Lernerfolgs	Entspricht die Evaluation des Lernerfolgs methodischen Standards (z. B. Einschluss von Experimental- und Kontrollgruppe, multimodale Erhebung der Variablen, Follow-up-Erhebung)?

Wie diese Einzelschritte in der Praxis exemplarisch aussehen könnten, zeigt Tabelle 11.2. Es soll ein Training zu Präsentations- und Moderationstechniken für die Mitarbeiter einer Vertriebsabteilung entwickelt werden.

11.4.3 Potentiale und Grenzen von Weiterbildungsmaßnahmen

Potentiale. Lebenslanges Lernen steht im Zentrum des Konzepts von Weiterbildungsmaßnahmen in Organisationen. Der Lernprozess wird dabei als interaktiver Prozess verstanden, denn Lernende haben für die Planung und Durchführung der Weiterbildungsveranstaltungen zahlreiche Funktionen. Der Lehr- und Führungsstil sollte daher auch bei innerbetrieblichen Maßnahmen flexibel sein. Die Evaluation (nicht nur summativ, sondern auch prozessorientiert) der Weiterbildungsveranstaltung ist somit in fast allen größeren Unternehmen ein fester Bestandteil der Fortbildung. All dies dient dazu, Angebot und Nachfrage einander anzupassen und die intrinsische Motivation der Veranstaltungsteilnehmer zu fördern.

Die Gedächtnis-, Motivations- und Lernpsychologie erklärt umfassend, welche Maßnahmen bezüglich ihres Lernerfolgs wirksam sind. Es wurden zahlreiche Bedingungsfaktoren in ihrer Wirksamkeit für den Erfolg von Lehren und Lernen untersucht, z. B. Fachwissen und Motivation des Lehrenden, didaktische Konzepte, Führungsverhalten und Führungsstil, Teamverhalten, Motivation des Lernenden, Persönlichkeitsvariablen aller Beteiligten, Lernklima, äußere Bedingungen (z. B. Räumlichkeiten, Arbeitsmaterialien, Arbeitszeiten, Gruppengröße). Aus der Pädagogischen Psychologie lassen sich zahlreiche Erkenntnisse für die Umsetzung dieses Grundlagenwissens in die Praxis gewinnen.

Grenzen. Es klafft eine Lücke zwischen den theoretischen Forderungen und wissenschaftlichen Erkenntnissen auf der einen Seite und der organisationalen Praxis der Weiterbildungsmaßnahmen auf der anderen Seite. Trotz gesetzlicher und tarifvertraglicher Regelungen lässt sich diese Lücke (vor allem mangelnde Qualitätssicherung) in der Praxis nicht immer schließen. Zwei exemplarische Kritikpunkte:

(1) Weiterbildungsmaßnahmen sind nicht für alle Mitarbeiter gleichermaßen zugänglich. Trotz der populären Forderung nach lebenslangem Lernen ist z. B. höheres Alter eine Weiterbildungsbarriere (Kokavecz & Holling, 1999).

(2) Der Lerntransfer ist oftmals gering (vgl. Abschn. 11.3.3).

11.5 Das strukturierte Mitarbeitergespräch als exemplarische PE-Maßnahme

Das strukturierte Mitarbeitergespräch wird im Folgenden als wichtige und in großen Unternehmen weit verbreitete PE-Maßnahme exemplarisch herausgegriffen. Welche Ziele und Inhalte verfolgt das strukturierte Mitarbeitergespräch (Abschn. 11.5.1)? Wie sollten Zielvereinbarungen gestaltet sein, damit sie leistungsförderlich sind (Abschn. 11.5.2)? Wie sollte ein Feedback als Kernelement strukturierter Mitarbeitergespräche im Idealfall gegeben werden (Abschn. 11.5.3)? Und welche Potentiale und Stolpersteine sind mit dieser Gesprächsform verbunden (Abschn. 11.5.4)?

11.5.1 Ziele und Inhalte

Verbreitung. Mitarbeiterbeurteilung und das strukturierte Mitarbeitergespräch dienen der Mitarbeiterförderung und zählen damit zur PE im erweiterten Sinne. Laut einer Studie von Bungard und Mitarbeitern setzen 93 % der 100 größten deutschen Unternehmen das Mitarbeitergespräch als systematische Feedback-Methode ein (Bungard & Steiner, 2005). Diese breite Anwendung des Instruments zeigt seine hohe Bedeutung in der Praxis.

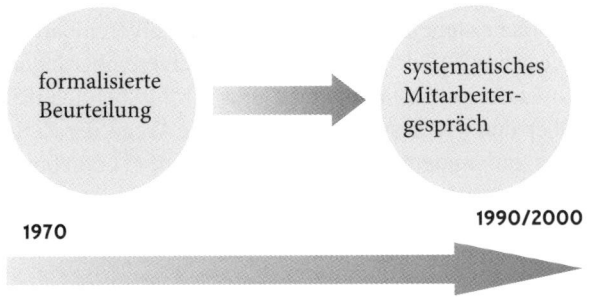

Abbildung 11.2 Von der formalisierten Beurteilung zum Mitarbeitergespräch. Die formalisierten Beurteilungssysteme dienten unterschiedlichen Zwecken, z. B. zielgerichteter Personalentwicklung, optimalem Einsatz von Weiterbildungen, Optimierung des Einsatzes der Mitarbeiter, Klärung von Eignungsfragen, Hilfen zur Mitarbeiterführung oder leistungsbezogener Entgeltfestlegung. Sie bewährten sich nicht in der Praxis, sodass sich das systematische Mitarbeitergespräch als Alternative herausbildete

Von der formalisierten Beurteilung zum Mitarbeitergespräch. Zu Beginn der 1970er Jahre fanden in Deutschland Bemühungen, systematische Instrumente zur Mitarbeiterbeurteilung zu entwickeln und einzusetzen, ihren Höhepunkt (Leonhardt, 1991). Fast jedes größere Unternehmen hatte dazu ein eigenes Beurteilungssystem entwickelt. Im Zentrum stand die Frage nach seinen Gütekriterien, da vor allem die → Validität oftmals gering war. Es zeigten sich weitere Schwierigkeiten in der Praxis, wie mangelnde Berücksichtigung von Rahmenbedingungen, Behinderung von Offenheit oder die mündliche, mehr oder weniger informelle Mitteilung wichtiger Informationen. All dies führte oftmals zu einem »strategischen« Einsatz der Instrumente, indem die eigentliche Beurteilung unstandardisiert oder zu einem Zeitpunkt stattfand, der eine anschließende Personalentscheidung nicht zuließ. Daher wurde nach alternativen Beurteilungsinstrumenten gesucht. Als ein Instrument der PE nutzt das systematische Mitarbeitergespräch die Vorteile des Feedbacks im Sinne der Mitarbeiterbeurteilung und der Zielvereinbarung. Es vermeidet jedoch die Nachteile der schriftlichen Bewertung, weshalb es als Alternative zunehmend Verbreitung fand und seit den 1990er Jahren bis heute zum Standard gehört (vgl. Abb. 11.2).

Ziele des Mitarbeitergesprächs (Leonhardt, 1991)
▶ Aufbau eines Dialogs zwischen Vorgesetztem und Mitarbeiter
▶ Stärkung und Verbesserung der Zusammenarbeit durch Reflexion (Qualität der persönlichen Arbeitsbeziehung wird überprüft)
▶ Stärkung von Motivation und Eigenverantwortung des Mitarbeiters

Inhalte und Mittel
▶ Standortbestimmung: Orientierung über erwartete Leistungen, Analyse der Zielerreichung für den abgelaufenen Betrachtungszeitraum
▶ Analyse von Ursachen für Abweichung von der Zielerreichung (Stärken- und Schwächeprofil des Mitarbeiters, wobei diese → Potentialanalyse anhand expliziter Kriterien erfolgt; vgl. Abschn. 11.4.2 für ein Beispiel)
▶ Zukünftige Zielfestlegung (zumeist für ein Jahr, schriftlich fixiert)
▶ Ableitung und Vereinbarung von PE-Maßnahmen zur Förderung der Zielerreichung

---

Im Zentrum des Mitarbeitergesprächs stehen Zielvereinbarungen und Feedback. Beide haben wesentliche Funktionen für die Mitarbeitermotivation (vgl. Abschn. 12.1: Zielsetzungstheorie von Locke, Job-Characteristics-Modell von Hackman und Oldham). Es dient der Förderung eines kooperativen Klimas. Aus Sicht der Organisation bietet es eine wichtige Informationsgrundlage für zukünftige Personalplanungen und -entscheidungen.

11.5.2 Zielvereinbarungen

Im Zentrum des strukturierten Mitarbeitergesprächs stehen die Festlegung von Zielvereinbarungen und die Analyse von Zielerreichungen. Dies kann Teil der Führung durch Zielvereinbarungen sein (→ Management by Objectives). Ziele müssen im Zuständigkeits- und Einflussbereich des Mitarbeiters liegen. Sie machen Aussagen über den Zielzustand, nicht über die Wege der Zielerreichung. Zielformulierungen sollten (1) klar und eindeutig, (2) nachvollziehbar, (3) ergebnisorientiert, (4) messbar, (5) herausfordernd, aber erreichbar (Methode der dosierten Diskrepanz) sein.

Das SMART-Modell

Ziele werden *SMART* formuliert (vgl. Hager, 2003)

▶ **S** – spezifisch, konkret, eindeutig, verständlich

▶ **M** – messbar, das Ergebnis sollte sich in einer quantifizierten Zahl ausdrücken

▶ **A** – anspruchsvoll

▶ **R** – realistisch (A und R gemeinsam entsprechen dem Konzept der dosierten Diskrepanz im Sinne einer herausfordernden Höhe des Ziels, das aber sowohl vom Mitarbeiter als auch vom Vorgesetzten als erreichbar bewertet wird; dies setzt Empowerment voraus und fördert Motivation)

▶ **T** – terminiert (Ziele gelten für bestimmte Bewertungszeiträume; es gibt einen Zeitpunkt für das Endergebnis, für ein Zwischenergebnis und für Feedback)

Bewertungen von Zielerreichungen sollten einvernehmlich geschehen. Ziel ist Konsensfindung im Rahmen des Mitarbeitergesprächs. Bei Dissens sollten Regeln formuliert sein, wie man mit diesem umgeht, z. B. Einschluss höherer Vorgesetzter.

11.5.3 Feedback

Feedback ist ein wichtiges und mächtiges Element des strukturierten Mitarbeitergesprächs. Im Unterschied zu unsystematischen Formen alltäglichen Feedbacks wird hier das Feedback als systematisches Instrument eingesetzt. Um seinen Nutzen voll auszuschöpfen, sollte man Feedback-Regeln einhalten – jeweils angepasst an die spezifische Situation (vgl. zum Überblick Schuler, 2004).

Feedback-Regeln im Kontext eines Mitarbeitergesprächs:

  (1) Gute Vorbereitung – Vor allem negative Kritik muss gut durchdacht sein: Was ist das Ziel der Rückmeldung von negativen Einschätzungen?
  (2) Konkrete und verhaltensnahe Formulierung (Veranschaulichung durch Beispiele)
  (3) Direktes Ansprechen (und Anschauen) des Mitarbeiters (Vermeidung der Formulierung »man«)
  (4) Vermittlung des persönlichen Eindrucks von der Situation (Ich-Formulierungen)
  (5) Trennung von beschreibenden und bewertenden Rückmeldungen

(6) Einschluss positiver und negativer Rückmeldungselemente (u. U. Sandwich-Methode: erst Positives, dann Negatives mit Optimierungsmöglichkeiten, zuletzt Positives)

(7) Schaffung einer entspannten Atmosphäre

(8) Anwendung des »Vier-Augen-Prinzips« (nur Anwesenheit der Beteiligten)

(9) Dialogische statt monologische Gesprächsführung

(10) Gemeinsame Auswertung, kooperative Einigung auf Optimierungsmaßnahmen

(11) »Feedback als Geschenk« – gelassene Grundhaltung des Feedback-Nehmers, Wertschätzung durch den Feedback-Geber, Förderung einer unaggressiven, kooperativen Feedback-Kultur (mit Annäherung an soziale Umkehrbarkeit, sodass der Vorgesetzte ebenfalls Feedback erhält)

360°-Feedback. Das 360°-Feedback ist zurzeit eine der populärsten Feedback-Methoden. Dieses Verfahren ist ein Oberbegriff für vielfältige Einzeltechniken. Gemeinsam ist diesen, dass im Sinne einer hohen Interraterreliabilität Bewertungen von Vorgesetzten, Mitarbeitern, Kollegen und Außenpersonen (z. B. Kunden) eingehen. Dazu steht eine Vielfalt unterschiedlicher Instrumente zur Verfügung. Besonders bekannt ist das Instrument »Benchmarks«. Es dient der Entwicklung von Führungskräften – das ist der Bereich, in dem Feedback-Methoden zuerst systematisch angewendet wurden. Es setzt sich aus 22 Skalen mit jeweils mehreren Items zusammen (vgl. Schuler, 2004; Weinert, 2004). Die Mehrzahl der Skalen umfasst Fähigkeiten und Perspektiven von Führungskräften (z. B. Einfalls- und Ideenreichtum; Itembeispiel: »Trifft auch unter Druck und auf der Basis unvollständiger Informationen gute Entscheidungen«). Ein kleiner Teil der Skalen misst mögliche Mängel und Fehler der Führungskräfte (z. B. Probleme mit Mitarbeitern; Itembeispiel: »Wählt seine Mitarbeiter nicht sehr klug aus«) (Weinert, 2004).

11.5.4 Potentiale und Stolpersteine

Potentiale

Strukturierte Einschätzungen des Vorgesetzten über seine Mitarbeiter sind oftmals geprägt von Effekten der Eindrucksbildung, die in der Sozialpsychologie Gegenstand umfassender Forschung sind. Es kommt zu einer vorschnellen und verzerrten Eindrucksbildung, zur selektiven Wahrnehmung, zur einseitigen Verfestigung des Ersteindrucks (primacy effect), zur Überbewertung letzter Eindrücke (recency effect) etc. Systematische Mitarbeitergespräche können diese problematischen Prozesse reduzieren, indem die eigene Eindrucksbildung reflektiert, mitgeteilt und ggf. korrigiert wird (vgl. auch Abschn. 7.3.4). Auf diesen Reflexions-, Mitteilungs- und Korrekturprozess wird relativ viel Zeit verwandt. Dadurch werden Arbeitsbeziehungen verbessert und neue, angemessene Verhaltensweisen ausgebildet. Bei Erfolg sollten Arbeitsleistung und Zufriedenheit aller Beteiligten verbessert werden (Leonhardt, 1991).

Stolpersteine

▶ Die Implementierung systematischer Mitarbeitergespräche muss durch Entwicklung einer entsprechenden Organisationskultur mitgetragen werden. Die Organisationsziele müssen so formuliert sein, dass sie im Einklang mit den Entfaltungsmöglichkeiten ihrer Organisationsmitglieder stehen.

- Im Sinne interaktionistischer Prozesse sollten Zielformulierung und -erreichung in Kooperation zwischen Mitarbeitern und Vorgesetzten erfolgen. Dazu ist eine angstfreie und weitgehend sozial umkehrbare Situation förderlich.
- Das systematische Mitarbeitergespräch erfordert vom Vorgesetzten viel kommunikative und soziale Kompetenzen. Er sollte verschiedene Rollen flexibel einnehmen können, darunter Vorgesetzter, Koordinator, Berater und Unterstützer.
- Personalräte haben bei der Einführung von PE-Maßnahmen Informations-, Mitwirkungs- und Mitbestimmungsrechte. Die Einführung des systematischen Mitarbeitergesprächs ist mitbestimmungspflichtig. Das Instrument sollte in der Breite und Tiefe des Unternehmens über einen Zeitraum von mehreren Jahren verankert werden.
- Metastudien zeigen, dass Feedback ein hilfreiches Instrument ist, wenn – vor allem bei negativer Kritik – die Beurteilung zugleich genutzt wird, um über zukünftige Ziele und Entwicklungsmöglichkeiten zu sprechen.

Um die Potentiale strukturierter Mitarbeitergespräche zu nutzen, sind diese professionell vorzubereiten, durchzuführen und zu evaluieren. Darüber hinaus müssen sie in eine entsprechende Organisationskultur eingebettet sein. Beispielsweise sind strukturierte Mitarbeitergespräche vor allem dann wirkungsvoll, wenn die Vorgesetzten ebenfalls in ein Feedbacksystem einbezogen sind. Das bedeutet, dass das Feedback über alle Hierarchiestufen hinweg implementiert wird und die dem Feedback zugrunde liegende Zielerreichung für alle Beteiligten Auswirkungen auf Beförderung und Gehalt hat (z. B. in großen internationalen Beraterfirmen üblich) (Leonhardt, 1991).

11.6 Zukunft der Personalentwicklung

PE umfasst die Weiterbildung sowie die systematische Mitarbeiterförderung eines Unternehmens. Sie ist damit auf die berufliche Qualifikation und ihre Verbesserung ausgerichtet. Diese Qualifikationen sind nicht auf fachliche Kenntnisse beschränkt, sondern umfassen viele andere soziale Kompetenzen, Lernfähigkeiten, Motivation sowie die Fähigkeit, mit kognitiven und emotionalen Belastungen umzugehen (Coping-Strategien).

Durch Einführung neuer Technologien, durch Werte- und Einstellungswandel (vgl. Abschn. 1.4), durch veränderte Arbeitsplatzbedingungen, die eine erhöhte Qualifikation erfordern, aber auch durch den zunehmenden Konkurrenzkampf auf dem Arbeitsmarkt und zwischen Unternehmen wird PE zu einem immer zentraleren Gebiet von Arbeits- und Organisationspsychologen. Bereits Ende der 1980er Jahre wurden die Weiterbildungskosten in der privaten Wirtschaft höher geschätzt als die staatlichen Ausgaben für die Hochschulausbildung (vgl. Holling & Liepmann, 2004). Dieser Trend hat sich weiter fortgesetzt. Doch nach wie vor werden viele Bereiche der PE von Vertretern anderer Fächer bedient, etwa den Betriebswirtschaftlern. Ein weiteres Vordringen der Psychologie ist aber wahrscheinlich. Denn das gesamte Repertoire an psychologischen Methoden kommt hier zum Einsatz, z. B.

- psychologische Interventionsmethoden der Beratung, Förderung, Schulung, des Coachings und Trainings (wobei diese in der Praxis nicht immer klar voneinander abgrenzbar sind),
- Unterrichtsmethoden, von traditionellen Vortragstechniken bis hin zur Durchführung von Rollen- oder Gruppenspielen und
- methodische Kenntnisse zur Absicherung der Wirksamkeit der Personalentwicklung.

Daher kann die PE nicht nur als inhaltlich wichtiges, sondern auch als finanzkräftiges Arbeitsfeld für Arbeits- und Organisationspsychologen bewertet werden.

11.7 Kernpunkte und Übungsaufgaben

Kernpunkte

▶ In weiter Definition schließt Personalentwicklung (PE) die Organisationsentwicklung (OE) mit ein. Dies ist aber nicht sinnvoll: Zwar sind PE- und OE-Maßnahmen miteinander verschränkt, doch lassen sich Unterschiede zwischen ihnen ausmachen. Prinzipiell setzen OE-Maßnahmen auf höherer systemischer Ebene an.

▶ Eine anwendungsorientierte PE erfüllt unterschiedliche Zwecke und kann sowohl von Mitarbeitern als auch vom Management eines Unternehmens gefordert werden: Effiziente und zielgerichtete PE-Maßnahmen dienen den singulären Interessen von Mitarbeitern (z. B. persönliche Weiterentwicklung). Sie dienen letztendlich aber auch der Wirtschaftlichkeit und Leistungsfähigkeit des Unternehmens.

▶ Bei der Durchführung der PE-Maßnahmen wird – wie bei allen Maßnahmen in Organisationen – ein idealtypischer Verlauf von der Analyse bis zur Evaluation vorgeschlagen. Montada entwickelte eine besonders detaillierte Heuristik zur Lösung von Praxisproblemen – sie lässt sich auf (fast) alle psychologischen Probleme in Organisationen anwenden.

▶ Aus-, Fort- und Weiterbildung stehen im Kern der PE. Weiterbildung bedient sich dabei, genau wie die PE insgesamt, unterschiedlicher Methoden. Allerdings wird ihr Potential für das Lernen in und von Organisationen oftmals nicht ausgeschöpft, z. B. aufgrund von Planungsfehlern oder Qualitätsmängeln der Weiterbildungsangebote.

▶ Der mangelnde Transfer (carry over) des Gelernten auf den Arbeitsalltag ist ein spezifisches Problem der Praxis. Es werden daher Bedingungen diskutiert, die den Transfer in die Praxis erleichtern (z. B. realitätsnahe und anforderungsbezogene Konzeption der Maßnahmen, geringe zeitliche Distanz zur Anwendung im Arbeitsalltag).

▶ Eine weit verbreitete Einzelmaßnahme der PE ist das strukturierte Mitarbeitergespräch. Die wichtigsten Elemente des Gesprächs sind Zielvereinbarungen und Feedback. Damit seine Chancen genutzt werden, muss die Implementierung des systematischen Mitarbeitergesprächs gut vorbereitet und seine Durchführung professionell sein (indem z. B. der Vorgesetzte hohe kommunikative und soziale Kompetenzen besitzt).

▶ PE ist eines der wichtigsten Aufgabenfelder von Arbeits- und Organisationspsychologen und zugleich eine große Chance für Unternehmen, damit diese zukunftsfähig sind und mit der »Ressource Mensch« (Humanressource) verantwortungsvoll umgehen.

Übungsaufgaben

▶ Was bedeutet »die Entwicklung von Personal«, und welche Kompetenzen bringt die Psychologie zur Bewältigung dieser Aufgabe mit?

▶ Welche Möglichkeiten bestehen, um sich auch als Berufsanfänger für das Aufgabenfeld der Weiterbildung theoretisch und praktisch zu qualifizieren?

▶ Sie sollen eine Führungskraft bei der Durchführung und Evaluation eines strukturierten Mitarbeitergesprächs coachen. Wie würden Sie vorgehen? Welche Informationen sind unbedingt zu vermitteln?

Weiterführende Literatur

Anwendungsbezogener Überblick: Becker & Schwarz (2002).
Vertiefung: Personalentwicklung: Sarges et al. (2004); Sonntag (2006).
Innovative Ansätze: Greif (2008); Hamborg & Holling (2003).

12 Bedingungen und Wirkungen von Arbeit

Was Sie in diesem Kapitel erwartet

Im Verlauf der arbeitswissenschaftlichen Entwicklung wurden in der Arbeits- und Organisationspsychologie Modelle und Theorien zur wissenschaftlichen Beschreibung und Erklärung des Arbeitsverhaltens und Arbeitshandelns entwickelt, die unterschiedlichen zeitgeschichtlichen Strömungen und Schulen verpflichtet sind. Im vorliegenden Kapitel werden drei Ansätze vorgestellt, denen in der arbeits- und organisationspsychologischen Forschung besondere Bedeutung zukommt: (1) motivationstheoretische Ansätze, die sich der Frage der Arbeitsmotivation und Arbeitszufriedenheit widmen, (2) verhaltenstheoretische Ansätze, die vor allem der Frage der Belastung und Beanspruchung bzw. der Stressexposition und Stressreaktion nachgehen und (3) handlungstheoretische Ansätze, in deren Mittelpunkt die kognitive Handlungssteuerung und Handlungsregulation stehen. Damit wird zunächst ein grundlagenorientierter Blick auf das Arbeitsverhalten und Arbeitshandeln eingenommen, der insbesondere darauf zielt, Bedingungen und Wirkungen von Arbeit in ihren Wechselwirkungen systematisch zu beschreiben. Aus einer anwendungsorientierten Perspektive werden die hier vorgestellten Modellvorstellungen und Befunde zur Begründung von Strategien der Mitarbeiterführung, zur Konzeption von Instrumenten zur Arbeitsanalyse und von Maßnahmen der Arbeitsgestaltung herangezogen.

12.1 Arbeitsmotivation

Zunächst sollen zwei Begriffe unterschieden werden: Mit Motiven ist die Bereitschaft verbunden, auf eine gegebene Situation konsistent zu reagieren (Fischer & Wiswede, 2002). Im konzeptuellen Kern von Motiven stehen Ziele, z. B. der hohe Anreizwert von Macht beim Machtmotiv. Motivation bezeichnet hingegen die Initiierung, Steuerung und Aufrechterhaltung psychischer und physischer Aktivitäten, die dazu dienen, ein Ziel zu erreichen (z. B. Macht zu erlangen). Motivation umfasst damit sowohl die Bereitschaft zur Zielübernahme als auch die Befähigung zur überdauernden Zielbindung. Sie stellt eine Voraussetzung für zielorientiertes Verhalten dar.

Intrinsische und extrinsische Motivation. Grundsätzlich lassen sich intrinsische und extrinsische Motivation unterscheiden. Intrinsische Motivation bedeutet Aktivität aus eigenem Antrieb, weil eine Aufgabe als herausfordernd erlebt wird. Die erlebte Zielerreichung schafft neue Verhaltensbereitschaft. Extrinsische Motivation dagegen resultiert aus äußeren Anreizen, z. B. Belohnungen. Motivationskonflikte erfordern willkürliche Anstrengungen zur Emotions- und Aufmerksamkeitskontrolle (Volition). Im Konfliktfall ist die Person in der Lage, ihre Aufmerksamkeit auf zielkonforme Situationsaspekte auszurichten (Aufmerksamkeitskontrolle) und/oder selbstregulierend eine zielförderliche Stimmung herbeizuführen (Emotionskontrolle), um die ursprüngliche Zielbindung aufrechtzuerhalten (vgl. Heckhausen & Heckhausen, 2006).

Arbeitsmotivation. Arbeitsmotivation ist ein psychischer Zustand, der erwünschte produktive Arbeitshandlungen fördert. Entsprechend der in Abbildung 12.1 dargestellten vereinfachenden Modellvorstellung kann sich eine hohe Arbeitsmotivation in verschiedenen Handlungen und Emotionen zeigen: in regelmäßiger Anwesenheit, hohem Leistungsniveau, in Zufriedenheit, Stolz und Identifizierung mit der Organisation. Geringe oder fehlende Arbeitsmotivation kann sich auf der individuellen Ebene in häufiger Abwesenheit, niedrigem Leistungsniveau, Ärger, Desinteresse und Fluktuation ausdrücken. Arbeitsmotivation wird immer dann zu einem Thema, wenn die Motivstruktur des Einzelnen nicht in Einklang damit steht, wie jemand durch die jeweilige Arbeitstätigkeit seine Bedürfnisse befriedigen kann. Dabei gehen zeitliche Schwankungen oder gelegentliche Einbrüche in der Arbeitsmotivation zumeist auf situativ variable Bedingungen zurück (z. B. Tageszeitschwankungen, punktuell hohe Arbeitslast, wenig Pausen).

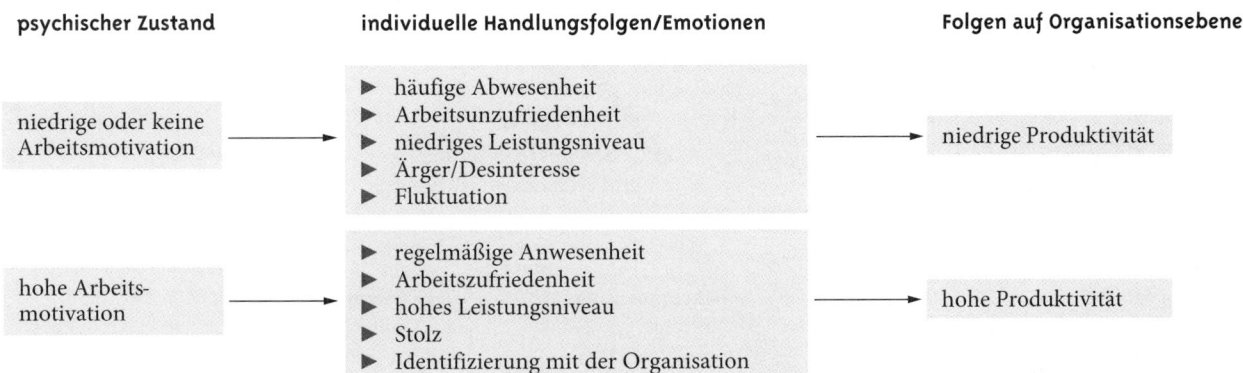

Abbildung 12.1 Ausmaß der Arbeitsmotivation und ihre positiven und negativen individuellen und organisationalen Auswirkungen (nach Kleinbeck, 1996)

Theorien helfen dabei, Arbeitsmotivation zu erklären. Es lassen sich Inhalts- und Prozesstheorien voneinander unterscheiden, die nachfolgend erklärt und durch exemplarische Theorien illustriert werden (vgl. Semmer & Udris, 2007).

Inhaltstheorien

Inhaltstheorien (auch Bedürfnistheorien genannt) beschäftigen sich mit den Faktoren, die zur Arbeit motivieren – dabei liegen die Schwerpunkte auf personalen Faktoren, Motiv-Inhalten und Merkmalen der Arbeit (Arbeitsinhalte). Sie fragen danach, welche Bedürfnisse zu Arbeitsverhalten motivieren, und berücksichtigen beispielsweise die Wirksamkeit von Be- und Entlohnungen. Beispiele für die Inhalt-Ursache-Theorien sind die Theorie der gelernten Bedürfnisse von McClelland (1961), das Modell der Bedürfnishierarchie von Maslow (1943) oder auch das Job-Characteristics-Modell von Hackman und Oldham (1976). Die letzten beiden Modelle werden aufgrund ihrer großen Popularität nachfolgend vorgestellt.

Maslow. Das Modell der Bedürfnishierarchie ist ein Beispiel für die Betrachtung von Motiv-Inhalten (vgl. Abb. 12.2). Es ist humanistisch geprägt und postuliert fünf Ebenen von Bedürfnissen. Dabei geht Maslow davon aus, dass Bedürfnisse höherer Stufen erst dann motivationale Kraft entfalten, wenn die Bedürfnisse auf darunter liegenden Stufen befriedigt sind (Progressionsprinzip). Bedürfnisse beinhalten zudem nur so lange motivationale Kraft, wie sie unbefriedigt sind und daher das Prinzip der Homöostase gestört ist (Defizitprinzip). Von höchster zu niedrigster Stufe lauten die fünf Bedürfnisse wie folgt (vgl. Weinert, 2004):

▶ Bedürfnis nach Selbstaktualisierung und -verwirklichung
▶ Bedürfnis nach Anerkennung, Achtung und Wertschätzung
▶ Bedürfnis nach sozialem Kontakt und Zuneigung

▶ Bedürfnis nach Sicherheit, Recht, Ordnung und Freiheit von Bedrohung

▶ Physiologische bzw. existenzielle Bedürfnisse, wie Essen und Trinken

Das Modell von Maslow wird vor allem in zweierlei Hinsicht kritisiert: (1) weil es simplifiziert und z. B. keine Aussagen über spezifische Handlungssituationen oder die parallele Aktivierung unterschiedlicher Motive macht, (2) weil es aufgrund des hierarchischen Modells elitäres Denken propagiert, indem z. B. Selbstverwirklichung erst dann als Motivationsquelle angenommen wird, wenn alle anderen Motive (die auch Defizitmotive genannt werden) befriedigt sind.

Abbildung 12.2
Die Motivationspyramide bzw. Bedürfnispyramide von Maslow (1943). Die Bedürfnisse der Stufen II bis V haben einen Sättigungsgrad und sind prinzipiell zu befriedigen (Defizitmotive). Das Bedürfnis nach Selbstaktualisierung und -verwirklichung (Stufe I) wird hingegen als Expansionsmotiv bezeichnet, weil hier keine Sättigung zu erwarten ist

Hackman und Oldham. Das Job-Characteristics-Modell (»Modell der Arbeitscharakteristika«) nach Hackman und Oldham ist ebenfalls eine Inhalts- bzw. Bedürfnistheorie. Es macht Aussagen darüber, unter welchen Bedingungen Menschen eine hohe intrinsische Arbeitsmotivation ausbilden (vgl. Abb. 12.3). Die fünf Kernmerkmale des Modells (Variabilität, Ganzheitlichkeit, Bedeutung, Autonomie und Feedback) bestimmen drei »kritische« Erlebniszustände: erlebte Sinnhaftigkeit, Verantwortlichkeit und die Kenntnis der Ergebnisse der eigenen Arbeit. Alle drei Zustände wirken sich positiv auf intrinsische Motivation, Arbeitszufriedenheit und Leistungskriterien aus. Hackman und Oldham gehen davon aus, dass jede Arbeitstätigkeit ein bestimmtes Motivationspotential besitzt (»MPS-Wert«). Der MPS-Wert berücksichtigt alle fünf Kernmerkmale der Arbeit. Er ist somit ein operationalisiertes Maß, mit dem die Qualität einer Arbeitssituation bewertet werden kann. Mit seiner Hilfe lässt sich einschätzen, wie hoch das Potential ist, einen Mitarbeiter durch eine spezifische Arbeitsplatzsituation zu motivieren. Dadurch werden unterschiedliche Arbeitsplatzbedingungen hinsichtlich ihrer Motivationsmöglichkeiten miteinander vergleichbar.

Zur Operationalisierung des Motivationspotentials haben Hackman und Oldham einen Job-Diagnostic-Survey (JDS) entwickelt. Ist der Wert des Motivationspotentials gering ausgeprägt, so wird dies als Hinweis gedeutet, dass Arbeitsgestaltungsmaßnahmen notwendig sind. Die Kernvariablen des Modells geben Aufschluss darüber, in welchem Bereich die Arbeit optimiert werden sollte. Empirische Studien zeigen u. a., dass die Bedeutsamkeit der Arbeit und die Übernahme von Selbstverantwortung für das Arbeitsergebnis internale Arbeitsmotivation gut erklären und vorhersagen können (vgl. Weinert, 2004). Hierbei bestehen enge Bezüge zum Konzept der »unvollständigen Tätigkeiten« von Hacker (vgl. Hacker, 1973; 1998). Diese Tätigkeiten sind nicht ganzheitlich oder anfordernd, sie erfordern zu wenig Kooperation und fördern kaum Lernmöglichkeiten (vgl. Abschn. 12.3). Daher ist bei diesen unvollständigen Tätigkeiten ein geringer MPS-Wert zu erwarten.

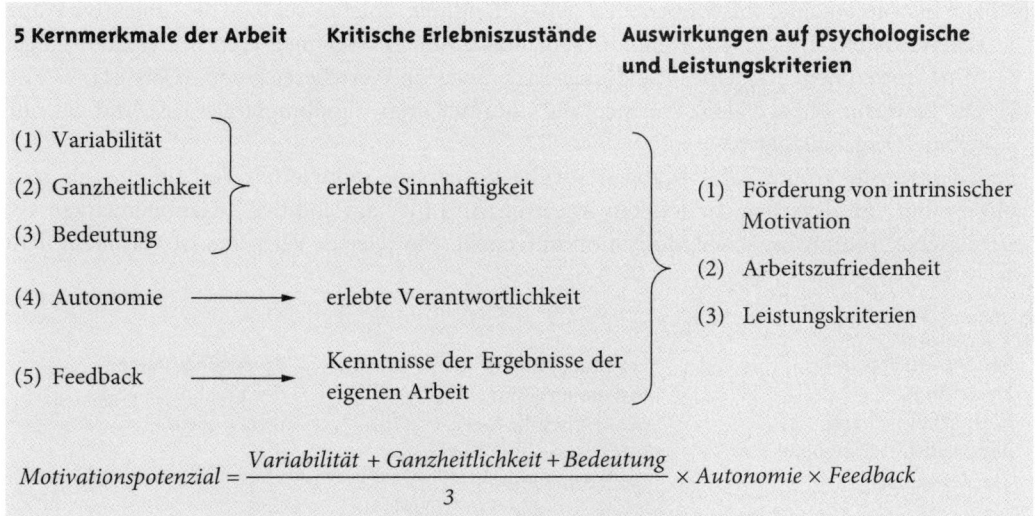

Abbildung 12.3 Job-Characteristics-Modell von Hackman und Oldham (nach Brandstätter, 1999). Es berücksichtigt fünf Kernmerkmale der Arbeit: Variabilität, Ganzheitlichkeit, Bedeutung, Autonomie und Feedback. Diese führen zu kritischen Erlebniszuständen, die ihrerseits Auswirkungen auf psychologische und Leistungskriterien haben

Inhaltstheorien fragen danach, welche Kräfte zur Arbeit motivieren. Als allgemein bestätigt gilt die Bedeutung der intrinsischen Motivation aufgrund unmittelbaren aufgaben- und lösungsbezogenen Feedbackerlebens. Individuell herausfordernde und ganzheitlich gestaltete Arbeitsinhalte und Arbeitsprozesse werden als Voraussetzung für intrinsische Motivation betrachtet (Semmer & Udris, 2007).

Prozesstheorien

Die genannten Inhaltstheorien spezifizieren nicht die Mechanismen, die von Bedürfnissen oder Werten hin zu Handlungen führen. In diese Lücke stoßen die nachfolgend beschriebenen Prozesstheorien. Diese beschäftigen sich mit den kognitiven Prozessen, die zwischen dem Motiv und dem aktiven Handeln stehen. Sie betonen den subjektiven Wert von Handlung oder Handlungsfolgen, die subjektive Wahrscheinlichkeit von Handlungsergebnissen und die Zielorientierung von Handlungen (Semmer & Udris, 2007). Drei besonders populäre Prozesstheorien sind Vrooms VIE-Theorie (1964), das Modell von Porter und Lawler (1968) sowie die Zielsetzungstheorie von Locke (1968) – alle werden im Folgenden vorgestellt.

Modell von Vroom. Vroom (1964) beschreibt menschliches Verhalten als in Lernprozessen erworbenes Entscheidungsverhalten. In einem Wert-Erwartungs-Modell (valence-instrumentality-expectancy) wird Motivation als Prozess definiert, der die Wahl zwischen verschiedenen Handlungsalternativen bestimmt. Die Valence-Instrumentality-Expectancy-Theorie (VIE-Theorie) erklärt, warum und in welchem Maß das Individuum bereit ist, eine bestimmte Handlungsalternative zu ergreifen. Die Bereitschaft für ein bestimmtes Verhalten wird aufgrund dreier Variablen ermittelt (vgl. Abb. 12.4):

(1) Die Erwartung (expectancy) bzw. subjektive Wahrscheinlichkeit, dass eine Handlung zu einem oder mehreren spezifischen unmittelbaren Ergebnissen führt (Wahrscheinlichkeit eines Handlungsergebnisses im Wertebereich zwischen 0 bis 1)

(2) Die Instrumentalität (instrumentality) eines Handlungsergebnisses bzw. die subjektive Wahrscheinlichkeit, mit der ein Handlungsergebnis zu einer oder mehreren mittelbaren Folgen führt (Instrumentalität eines Handlungsergebnisses im Wertebereich von –1 bis +1)

(3) Die Bewertung bzw. Valenz (valence) der unmittelbaren Handlungsergebnisse und der mittelbaren Ergebnisfolgen

Die Theorie von Vroom gilt – bezogen auf die Vorhersage motivierten Verhaltens – als recht gut bestätigt. Im Gegensatz zu anderen Ansätzen wird hier das additive Zusammenwirken von extrinsischer und intrinsischer Motivation unterstellt. Motiviertes Verhalten ist vor allem dann

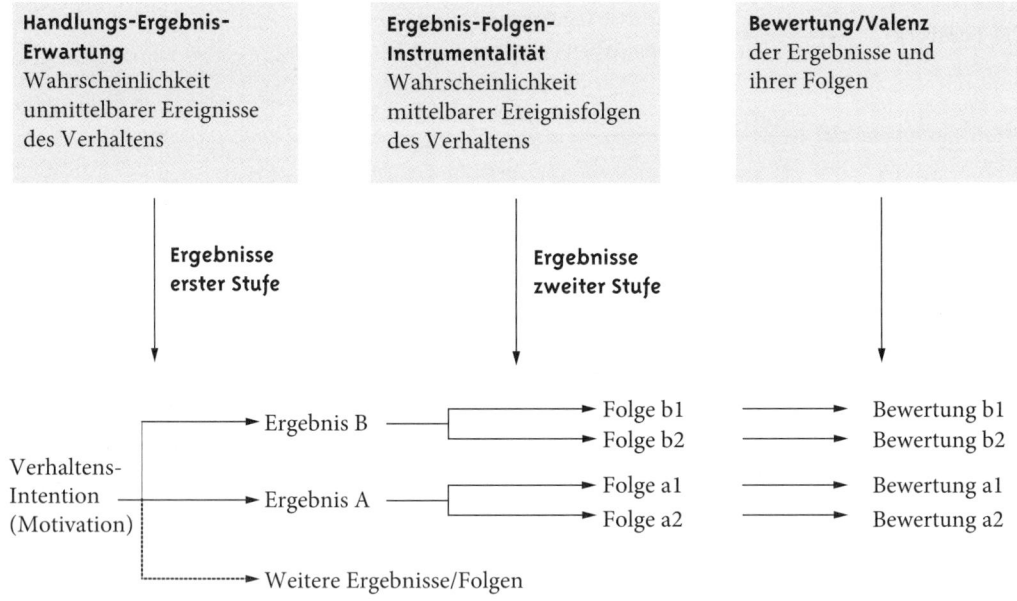

Abbildung 12.4
VIE-Theorie von Vroom (nach Semmer & Udris, 2007). Der Theorie zufolge ist Motivation ein Produkt aus Bewertungen, Instrumentalisierungs- und Ergebniserwartungen

Motivation als Ergebnis subjektiver Erwartungen und Bewertungen:
$F = \Sigma$ [Folgen-**V**alenz * Ergebnis-Folgen-**I**nstrumentalisierung * (Handlungs-**E**rgebnis-**E**rwartung)]

Motivation (Intention für eine Arbeitshandlung) = monoton steigende Funktion der Produktsumme aus der Höhe der Erwartung, dass die Handlungsausführung zu den Ergebnissen erster Stufe führt und den Valenzen dieser Ergebnisse
Valenz eines Ergebnisses erster Stufe = monoton steigende Funktion der Produktsumme aus den Valenzen aller Ergebnisse zweiter Stufe und der subjektiven Wahrscheinlichkeit, diese zu erreichen

hoch ausgeprägt, wenn Ergebnisse und Folgen einer Handlung für die handelnde Person deutlich vorhersehbar sind. Die Arbeitsleistung selbst sagt die Theorie weniger gut vorher (vgl. Semmer & Udris, 2007).

Modell von Porter und Lawler. Das Modell von Porter und Lawler (1968) gehört ebenfalls zu den Wert-Erwartungs-Theorien. Im Zentrum des Modells steht hier – im Gegensatz zur Theorie von Vroom – die eigentliche Arbeitsdurchführung bzw. -leistung. Die Erwartungskomponente umfasst zwei Wahrscheinlichkeiten, die miteinander verknüpft werden:

(1) Anstrengungs-Leistungs-Erwartung – die Erwartung, durch erhöhte Bemühung ein Ziel zu erreichen (effort-performance expectancy)

(2) Leistungs-Ergebnis-Erwartung – die Erwartung, dass gute Arbeitsleistung zu den gewünschten Zielen führt (performance-outcome expectancy)

Da Leistung und Belohnung Rückwirkungen auf das Selbstwertgefühl und auf zukünftige Erwartungen haben, wird das Modell auch als Zirkulationsmodell bezeichnet. Es enthält darüber hinaus eine größere Zahl von Einzelvariablen, die in ihrer Komplexität hier nicht alle wiedergegeben werden können. Das Modell von Porter und Lawler ist eine der komplexesten Prozesstheorien und wurde – trotz Detailkritik – in seinen wesentlichen Annahmen und Postulaten bestätigt. Eine ausführliche Diskussion findet sich bei Weinert (2004).

Zieltheorie nach Locke. Die Zieltheorie von Locke (vgl. Locke, 1968) betont die motivationale Wirkung von spezifischen Zielen. Es wird propagiert, dass die Ziele und Intentionen einer Person die wesentlichen kognitiven Determinanten für das Arbeitsverhalten sind. Durch Ziele werden Aufmerksamkeiten gelenkt, Ziele helfen Aufgaben nachhaltig zu verfolgen und Ziele erleichtern die Entwicklung von Aufgabenstrategien (vgl. Weinert, 2004) (vgl. auch Abschn. 11.5.2 und Abschn. 11.5.3 zu Zielvereinbarungen und zum Feedback). Die zentrale These lautet: Je anspruchsvoller das Ziel, desto höher die Leistung. Allerdings bestätigt sich diese Annahme nur, wenn das Ziel von den Bearbeitern akzeptiert worden ist. Weitere Voraussetzungen, damit Ziele jemanden zu hoher Anstrengung und Leistung motivieren, sind Zielklarheit, Zielschwierigkeit und Feedback über Zielerreichung (vgl. zum Überblick Staehle et al., 1999).

!

Die Prozesstheorien fragen danach, wie Motivation erzeugt wird. Sie gehen nicht wie die Inhaltstheorien davon aus, dass alle Menschen in ihrem Handeln von den gleichen Motiven geleitet werden, sondern betonen subjektive Bewertungen und Urteile und ermöglichen damit eine angemessene Modellierung. Dennoch lässt sich die Stärke der Prozesstheorien, keine exakten Inhalte und Motive vorauszusetzen, auch als Schwäche deuten, weil in darin inhaltliche Aussagen, z. B. über Zielsetzungen, fehlen (vgl. Semmer & Udris, 2007).

Anwendung der Attributionstheorien.
Über die Inhalts- und Prozesstheorien hinaus werden allgemeine theoretische Konzepte zur Erklärung der Arbeitsmotivation angewendet. Hierzu gehören u. a. attributionstheoretische Erklärungen von Motivation (vgl. Weinert, 2004). Diese kognitiven Theorien gehen davon aus, dass Menschen eigenes Verhalten, Verhalten anderer sowie Ereignisse und Verhaltensergebnisse in ihrer Umwelt beobachten und Erklärungen dafür suchen, warum sich jemand auf eine bestimmte Weise verhält bzw. warum bestimmte Ereignisse eintreten (Weinert, 2004). Arbeitsmotivation wird daher auf Prozesse der subjektiven Ursachenzuschreibung (Attribution) von Mitarbeitern oder Führungskräften zurückgeführt.

Beispiel

(1) Ein Mitarbeiter einer Organisation erlebt immer wieder, dass sein Bemühen um ein gutes Arbeitsergebnis erfolglos bleibt. Ist er einmal erfolgreich, so attribuiert er diesen Erfolg nicht internal und stabil (auf eigene Fähigkeiten), sondern external (auf Zufallsbedingungen oder auf die Unterstützung durch Dritte). Dieses ungünstige Attributionsmuster führt dazu, dass die Bereitschaft abnimmt, sich für die Arbeit zu engagieren. Die Attribution wirkt in der Folge im Sinne sich selbst erfüllender Prophezeiungen.

(2) Der Chef beobachtet die schlechte Arbeitsleistung eines Mitarbeiters. Er kann die mangelnde Leistung unterschiedlich attribuieren. Je nachdem, wie er attribuiert, wird er unterschiedlich reagieren, z. B. mit unterstützenden Maßnahmen (wenn er äußere Zustände für den Misserfolg verantwortlich macht) oder mit Sanktionen (wenn er mangelnden Einsatz als Ursache ansieht und dafür keine Rechtfertigungsgründe sieht) (vgl. Weinert, 2004).

Die Motivationsmodelle werden nicht nur zur wissenschaftlichen Erklärung von Handeln und motiviertem Verhalten genutzt, sondern auch zur Entwicklung von Instrumenten, um in der Praxis Arbeitsmotivation aufrechtzuerhalten oder zu fördern und Arbeit motivationsförderlich zu gestalten.

Prüfung der Motivationsmodelle

Es gibt konkurrierende Modelle zur Arbeitsmotivation. Diese wenden allgemeine sozialpsychologische Verhaltens- und Entscheidensmodelle auf die spezifische Arbeitssituation an (z. B. die Attributionstheorie) oder sind für Arbeitsaufgabe bzw. -kontext spezifiziert (z. B. das Job-Characteristics-Modell). Es steht noch aus, die Gültigkeit der verschiedenen Modelle empirisch zu klären. Dazu ist es notwendig, Motivation zu operationalisieren. Es stehen u. a. folgende Messmethoden zur Verfügung (vgl. von Rosenstiel, 2007; Staehle et al., 1999):

(1) Introspektion (Selbstbeobachtung), z. B. Einsatz von Fragebogen
(2) Verhaltensbeobachtungen durch Fremdbeobachtungen
(3) Analyse von Verhaltensergebnissen, z. B. Leistungsmessungen.

Zudem besteht die Möglichkeit, physiologische Daten zu erheben (z. B. Messung von Blutdruck und Herzfrequenz), um indirekt auf Motivation zu schließen. Allerdings wird diese Methode im organisationspsychologischen Kontext sehr selten verwandt, da sie aufwändig ist und die Ergebnisse uneindeutig zu interpretieren sind.

12.2 Arbeitszufriedenheit

Arbeitszufriedenheit. Arbeitszufriedenheit liegt vor, wenn Mitarbeiter positive Gefühle erleben und eine positive Einstellung gegenüber ihrer Arbeitstätigkeit zeigen (vgl. Weinert, 2004). Während mit Arbeitsmotivation die Bereitschaft zu zielorientiertem Arbeitshandeln beschrieben wird, richtet sich der Begriff der Arbeitszufriedenheit auf die kognitive Strukturierung der Arbeitssituation und damit verbundene Empfindungen. Arbeitszufriedenheit umfasst drei Komponenten (vgl. Weinert, 2004):

(1) Emotional-affektive Komponente. Im Vordergrund stehen Zufriedenheit und Wohlfühlen bei und mit der Arbeit.

(2) Kognitive bzw. Einstellungskomponente. Die Arbeit wird positiv bewertet, z. B. als interessant, herausfordernd, spannend.

(3) Behavorial-verhaltensmäßige Komponente. Es zeigt sich positives Verhalten gegenüber der Arbeit, wie hohe Anwesenheiten, geringe Krankenstände und Fluktuation. Dies ist allerdings ein indirektes Maß von Arbeitszufriedenheit, das Spielraum für die Wirksamkeit von Störvariablen und somit auch für Interpretationen lässt.

Verwandte Konzepte. Konzeptuell kann Arbeitszufriedenheit auch als ein Teilgebiet der Arbeitsmotivation gesehen werden. In vielen Modellen tauchen Elemente beider Konstrukte auf. Arbeitsmotivation und Arbeitszufriedenheit scheinen einander wechselseitig zu beeinflussen (vgl. Abschn. 12.2). Die Darstellung einzelner Konzepte von Arbeitsmotivation und Arbeitszufriedenheit zeigt allerdings auch, dass sich bestimmte Konstrukte operational wenig unterscheiden. Arbeitszufriedenheit ist zudem von der Identifikation mit der Arbeit und vom Organisationsklima abzugrenzen, obgleich oder gerade weil empirische Forschungsergebnisse auf enge Zusammenhänge hinweisen. Außerdem ist eine Abgrenzung zum Konstrukt des Organisationsklimas sinnvoll. Auch sind Zusammenhänge augenscheinlich. Allerdings ist Arbeitszufriedenheit ein Merkmal individueller Evaluation, während das Organisationsklima ein deskriptives, über die Wahrnehmung der Mitarbeiter aggregiertes Merkmal der Organisation ist. Iteminhalte der jeweiligen Messinstrumente ähneln einander jedoch häufig, sodass die ermittelten statistischen Zusammenhänge zwischen Arbeitszufriedenheit und Organisationsmerkmal oftmals irreführend sind. Zwei Modelle, die von ihren Autoren vornehmlich als Modelle der Arbeitszufriedenheit klassifiziert werden, seien exemplarisch vorgestellt: die Zwei-Faktorentheorie von Herzberg (1966) und das Modell der Arbeitszufriedenheit von Lawler (1977).

Theorie von Herzberg. Die Zwei-Faktoren-Theorie von Herzberg (1966) basiert auf empirischen Erhebungen wie der »Pittsburgh-Studie«, bei der Buchhalter und Ingenieure mithilfe eines teilstrukturierten Interviews über ihre angenehmen bzw. unangenehmen Arbeitssituationen befragt wurden (Herzberg et al., 1959). Herzberg untersuchte die Frage, welche situativen Bedingungen erfüllt sein müssen, damit sich der arbeitende Mensch an seinem Arbeitsplatz zufrieden fühlt. Dazu erfasste er mit der Methode der kritischen Ereignisse (»critical incident technique«) persönliche Erinnerungen der Befragten an Arbeitssituationen, in denen diese außergewöhnlich zufrieden oder unzufrieden waren. Die Situationsschilderungen wurden inhaltsanalytisch zusammengefasst und faktorenanalytisch überprüft. Die Untersuchungsergebnisse Herzbergs zeigten, dass unterschiedliche Aspekte im Zusammenhang mit guten und schlechten Arbeitserlebnissen genannt werden: Faktoren, die mit hoher Zufriedenheit einhergehen, betreffen primär Aspekte des Arbeitsinhalts wie Verantwortlichkeit und Leistungsergebnis. Faktoren, die besonders häufig mit Unzufriedenheit einhergehen, betreffen Aspekte der Arbeitsumwelt wie Unternehmenspolitik, Führungsstil oder soziale Beziehungen (vgl. Staehle et al., 1999). Herzberg bezeichnet Faktoren, die Zufriedenheit herstellen können, als »Content factors« oder »Satisfiers« (Motivatoren). Faktoren, die hingegen nur Unzufriedenheit verhindern, nennt er »Context factors« oder »Dissatisfiers« (Hygienefaktoren). Im Unterschied zu klassischen Ansätzen, die ein eindimensionales Kontinuum von Zufriedenheit bis Unzufriedenheit unterstellen, müssen nach Herzberg zwei Kontinuen unterschieden werden. Wenn in einer Organisation Anstrengungen unternommen werden, die Hygienefaktoren zu verbessern (beispielsweise durch ein angenehmes Klima), kann nur unterstützt werden , dass die Mitarbeiter nicht unzufrieden sind. Zufriedenheit wird dagegen gefördert, wenn die »Motivatoren« verbessert werden (beispeilsweise durch eine herausfordernde und interessante Arbeitsaufgaben).

Der Theorie Herzbergs liegt implizit ein Orientierung am humanistischen Menschenbild zugrunde: Zufriedenheit wird im Sinne der Selbstverwirklichung und des persönlichen Wachstums verstanden. Das methodische Vorgehen Herzbergs wird heute kritisch beurteilt (vgl. Brandstätter & Frey, 2004): Die Methode der Datenerhebung macht Attributionsfehler wahrscheinlich: Unangenehme Situationen wie schlechte Arbeitsbedingungen werden tendenziell eher äußeren Ursachen zugeschrieben (external attribuiert), während angenehme Situationen wie z. B. der eigene Leistungserfolg eher persönlichen Ursachen zugeschrieben (internal attribuiert) werden. Zudem können Gedächtniseffekte zu Verzerrungen führen. Die Ergebnisse der Faktorenanalyse lassen sich kaum replizieren. Dennoch werden in der Praxis bis heute Gestaltungsempfehlungen mit den Ergebnissen Herzbergs begründet. Die Theorie ist deskriptiv und leicht verständlich, sie entspricht sozialen Erwartungen und stößt deshalb auf rasche Akzeptanz (vgl. von Rosenstiel, 2007).

Modell von Lawler. Das Modell der Arbeitszufriedenheit von Lawler baut auf dem Motivationsmodell von Porter und Lawler auf (vgl. Abschn. 12.1). In ihm bestimmen vier Faktoren die Arbeitszufriedenheit (vgl. Weinert, 2004):

(1) Wahrgenommene persönliche Investitionen in die Arbeit
(2) Wahrgenommene Investitionen und Ergebnisse der Bezugspersonen
(3) Wahrgenommene Charakteristika der Arbeit
(4) Wahrgenommene Höhe der Belohnung, wobei diese auch nichtmonetäre Anreize (z. B. Lob, Anerkennung) meint

Die Grundaussage: Arbeitszufriedenheit hängt von der Bilanz zwischen erwarteter und tatsächlicher Belohnung des Beschäftigten ab. Entspricht die Belohnung den Erwartungen, dann folgt eine hohe Zufriedenheit; ist die Belohnung hingegen geringer als erwartet, so folgt hieraus Unzufriedenheit.

Messung der Variablen

Empirische Studien zur Arbeitszufriedenheit unterscheiden sich häufig hinsichtlich Messniveau und Untersuchungsvariablen. Es existieren viele standardisierte Fragebogen wie die »Skala zur Messung der Arbeitszufriedenheit« von Fischer oder den »Arbeits-Beschreibungs-Bogen« (ABB) von Neuberger und Allerbeck (vgl. Fischer, 1991; 2006), mit deren Hilfe das Ausmaß individueller Arbeitszufriedenheit ermittelt werden kann. Die wesentlichen Methoden, um Arbeitszufriedenheit zu erfassen, sind (vgl. Weinert, 2004)

▶ Selbstbeschreibungen,
▶ Skalen zur Selbstbeurteilung von Verhaltenstendenzen,
▶ Fremdbeurteilungen der Reaktionen und des Verhaltens der Beschäftigten am Arbeitsplatz,
▶ Mitarbeitergespräche und Interviews sowie
▶ die Methode der »kritischen Ereignisse« am Arbeitsplatz als spezifische Methode, mit der man überprüft, wie effizient bzw. ineffizient die Handlungen des Beschäftigten sind, um ein spezifisches Arbeitsziel zu erreichen.

Arbeitszufriedenheit und -motivation sind konzeptuell und operational eng miteinander verbunden. Dennoch unterscheiden sich die Konzepte: Arbeitsmotivation wird tendenziell als ein grundlegender allgemeiner Motivationszustand, Arbeitszufriedenheit dagegen meist kontextspezifisch erfasst (vgl. Semmer & Udris, 2007). Trotz einer langen Forschungstradition wurden die Zusammenhänge zwischen Arbeitsmotivation, Arbeitszufriedenheit und Arbeitsleistung bislang nicht eindeutig geklärt. Grundsätzlich wird von einer Wechselwirkung zwischen Zufriedenheit und Motivation ausgegangen, die von zahlreichen Moderatorvariablen wie z. B. (Erwerbs)Alter, sozioökonomischem Status, formaler Bildung, Lebenssituation, Selbstwirksamkeitsüberzeugung, Wertorientierung und kultureller Identität beeinflusst ist.

Vorbehalte und Lösungen. Das Konzept der Arbeitszufriedenheit ist ein ausschließlich subjektiver und relativer Indikator: Zufriedenheit am Arbeitsplatz ist dynamisch. Arbeitszufriedenheit verändert sich mit neuen Erfahrungen. Diese führen zu veränderten Erwartungen und einer Anpassung des individuellen Anspruchsniveaus. Zufriedenheitsurteile können »Selbstschutzfunktionen« oder motivationale Funktionen haben (vgl. Fischer, 2006). Solche dynamischen Aspekte werden bei der statischen Erfassung von Arbeitszufriedenheit nicht berücksichtigt. Zudem bleibt oftmals unklar, welche Form der Arbeitszufriedenheit gemessen wird. Beispielsweise beziehen sich Antworten wie beim »Arbeits-Beschreibungs-Bogen« (ABB) auf unterschiedliche Zeitabschnitte oder unterschiedliche Aspekte der Arbeit (z. B. die Zufriedenheit im letzten Jahr oder in den letzten Tagen, die Gesamtzufriedenheit oder die Zufriedenheit mit bestimmten Teilaspekten der Arbeit). Die Messungen lassen daher einen hohen Interpretationsspielraum zu. Die Korrelationen mit Maßen der Arbeitsleistung streuen und sind insgesamt eher gering. Es werden daher ergänzende Analysen der objektiven Arbeitsbedingungen sowie präzisere Fassungen von Arbeitszufriedenheit gefordert.

Arbeitszufriedenheit als Ergebnis individueller Anspruchs-Regulation. Eine genauere Fassung von Arbeitszufriedenheit zeigt das Anspruchs-Regulations-Modell von Bruggemann (vgl. Bruggemann et al., 1975). Bruggemann et al. verstehen Arbeitszufriedenheit als Ergebnis kognitiver Vergleichsprozesse. Das Modell bildet ab, wie unterschiedliche Qualitäten von Arbeitszufriedenheit oder Arbeitsunzufriedenheit zustande kommen. Es unterscheidet vier Formen der Arbeitszufriedenheit und zwei Formen der Arbeitsunzufriedenheit. Es wird angenommen, dass die Person eigene Bedürfnisse und Erwartungen (Soll) und die Möglichkeiten ihrer Realisierung in der Arbeitssituation (Ist) kontinuierlich miteinander vergleicht. Das erste Resultat aus einem solchen Vergleich führt zu diffuser Unzufriedenheit oder stabilisierender Zufriedenheit. Dies verursacht weitere Regulationsbemühungen der Person, die nun mit ihren verfügbaren Strategien versucht, den gegebenen Ist-Zustand oder das eigene Anspruchsniveau zu verändern. Aus der entsprechenden Regulation resultieren verschiedenen Formen der Arbeitszufriedenheit oder Arbeitsunzufriedenheit (vgl. Abb. 12.5). Ein Beispiel: Die fixierte Arbeitsunzufriedenheit resultiert aus einer negativen Differenz zwischen Anspruch und Ist-Zustand, wenn die Person an den eigenen Ansprüchen festhält, aber keinen Versuch unternimmt, die Situation zu verbessern. Es ist naheliegend, eine Wechselwirkung der jeweiligen Zufriedenheitsqualität mit Arbeitsmotivation, subjektiver Kontrolle und Selbstwirksamkeit anzunehmen. Im Beispiel ist fixierte Arbeitsunzufriedenheit vielleicht mit einem Mangel an Problemlösestrategien, mit der Erfahrung der Hilflosigkeit und geringer individueller Flexibilität verbunden. Die Person hält an Erwartungen fest, ohne Möglichkeiten der Situationskontrolle zu erlangen. Motivation zur Arbeit wird daher eher unwahrscheinlich, da wenig subjektive Kontrolle erlebt wird. Konstruktive Arbeitsunzufriedenheit kann demgegenüber durchaus als motivationale Kraft wirken: Die Person ist bereit, beispielsweise durch besondere Anstrengungen Veränderungen herbeizuführen.

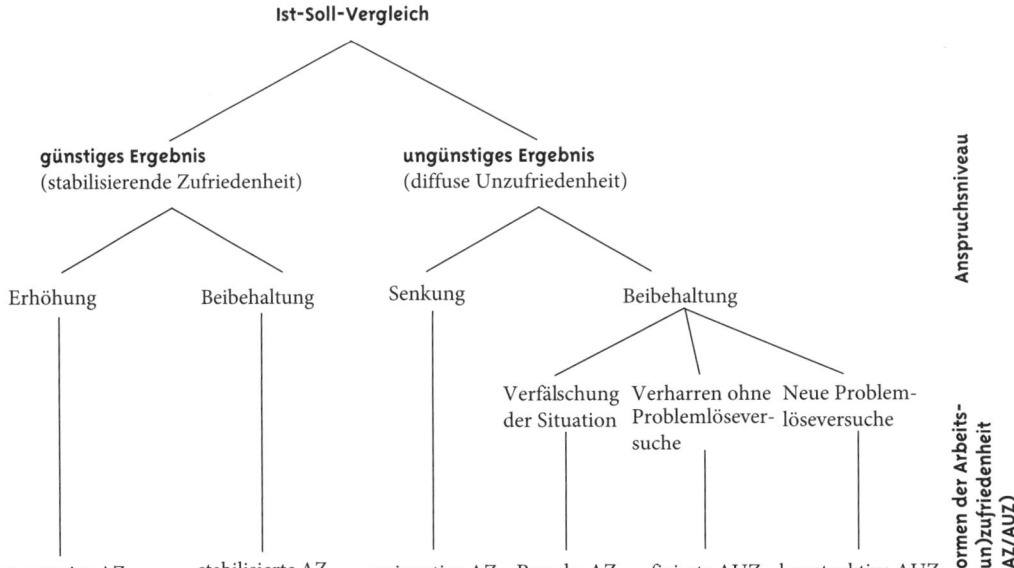

Abbildung 12.5
Formen der Arbeitszufriedenheit von Bruggemann (nach von Rosenstiel, 2007)

Das Anspruchs-Regulationsmodell der Arbeitszufriedenheit von Bruggemann bildet die Genese unterschiedlicher Zufriedenheitsqualitäten ab. Ein Ist-Soll-Vergleich zwischen individuellen Erwartungen und tatsächlichen Bedingungen führt zu einem subjektiv günstigen oder ungünstigen Ergebnis. Je nach individuellem Anspruchsniveau und verfügbaren eigenen Coping-Strategien resultieren sechs Formen von Arbeitszufriedenheit bzw. Arbeitsunzufriedenheit: progressive, stabilisierte, resignative und Pseudo-Arbeitszufriedenheit (AZ) sowie fixierte und konstruktive Arbeitsunzufriedenheit (AUZ). Einige empirische Studien bestätigen vor allem die Differenzierung von progressiver, stabilisierter und resignativer Arbeitszufriedenheit sowie konstruktiver Arbeitsunzufriedenheit.

12.3 Beanspruchung und Stress

Die Beanspruchung einer Person ergibt sich aus dem Arbeitsauftrag, ihrer individuellen Belastbarkeit und den Arbeitsbedingungen, unter denen sie Arbeit leistet. Als Beanspruchung bzw. Stressreaktion wird die Reaktion der Person auf Belastungen bzw. Stressoren beschrieben. Arbeitsbelastungen können sowohl psychische Belastungen umfassen (z. B. monotone Arbeit, Übermüdung, Angst) als auch physische Belastungen (z. B. Lärm, schwere körperliche Arbeit) (vgl. Hacker, 1998, 1999). Psychophysiologischen bzw. biopsychologischen Untersuchungen zufolge können Stressoren leistungsstimulierend (Eustress) *oder* beeinträchtigend und gesundheitsschädlich wirken (Disstress). In der Arbeits- und Organisationspsychologie werden allerdings im Zusammenhang mit dem Stresskonzept nur beeinträchtigende bzw. potenziell schädigende Aspekte behandelt.

Veränderte Belastungen. Veränderte Arbeitsformen und -bedingungen führen dazu, dass sich die Bedeutung der psychischen gegenüber physischen Beanspruchungsarten verschoben hat (vgl.

Hacker, 1999). So steigt in der Tendenz die Bedeutung der psychischen Arbeitsanforderungen, z. B. aufgrund von Angst um den Arbeitsplatz oder auch durch Verdichtung und Flexibilisierung von Arbeitsprozessen. Entsprechend fokussieren ältere Studien physikalisch-körperliche Belastungsfaktoren (wie Arbeiten unter Lärm, Nässe, Kälte, Hitze, Zugluft, Arbeiten in gebückter Körperhaltung, in Rauch, Staub, Gasen oder Dämpfen) (vgl. Frieling & Sonntag, 1999). In neueren Studien werden hingegen vermehrt soziale und emotionale Belastungen untersucht, wie sie z. B. durch Arbeit in hoher sozialer Dichte entstehen oder auch im Dienstleistungssektor, bei dem Freundlichkeit und Kontrolle eigener Gefühle gefordert sind (vgl. von Rosenstiel, 2007).

Behavioristisches Belastungs-Beanspruchungsmodell. Das klassische Belastungs-Beanspruchungsmodell der Ergonomie beruht auf Reiz-Reaktions-Annahmen. Arbeitsgegenstand, Arbeitsumwelt und Arbeitsmittel wirken als Belastung auf den Organismus. Unterschieden werden direkt messbare Belastungsgrößen (z. B. physikalische oder chemische Reize) und indirekt messbare Belastungsgrößen (z. B. Zeitdruck oder Kooperationserfordernisse). Die Person reagiert je nach individueller Belastbarkeit mit unterschiedlicher Beanspruchung (z. B. Ermüdung). Gleiche Belastungen können zu unterschiedlicher Beanspruchung, unterschiedliche Belastungen zu gleicher Beanspruchung führen. Der Definition der DIN EN ISO 10075 entsprechen diesen Modellannahmen:

(1) Belastung. Die Gesamtheit aller erfassbaren Einflüsse, die von außen auf den Menschen zukommen und psychisch auf ihn einwirken.
(2) Psychische Beanspruchung. Die unmittelbare (nicht langfristige) Auswirkung psychischer Belastung im Individuum in Abhängigkeit von seinen jeweiligen überdauernden und augenblicklichen Voraussetzungen, einschließlich individueller Bewältigungsstrategien.

Psychischer Stress

Von den verschiedenen Formen der Arbeitsbeanspruchung spielt arbeitsbedingter Stress eine besonders große Rolle. Er wird daher nachfolgend genauer betrachtet (vgl. zum Überblick Zapf & Semmer, 2004). Stress ist als Zustand definiert, bei dem das körperliche oder psychische Wohlbefinden durch innere oder äußere Einflüsse als gefährdet wahrgenommen wird. Der Begriff Stress kann je nach Kontext den Stimulus bzw. Stressor, die Stressreaktion oder das Stressgeschehen insgesamt beschreiben (vgl. von Rosenstiel, 2007).

Stress als Stimulus. Es werden physische, soziale und/oder psychische Faktoren ausgemacht, die für die Spannungsreaktion im Individuum verantwortlich sind. Vor allem in der Untersuchung von Dienstleistungsprozessen gewinnen psychosoziale Stressoren an Bedeutung. Berufe mit hoher Interaktionsintensität beinhalten besondere soziale und emotionale Regulationserfordernisse. In den einschlägigen Forschungsarbeiten werden z. B. organisationale Ungerechtigkeit oder Mobbing als Stressoren untersucht (vgl. Zapf & Semmer, 2004).

Stress als Response. Die spezifische Reaktion des Individuums auf den äußeren Umweltreiz steht im Vordergrund. Dies befördert eine persönlichkeits- bzw. differentialpsychologische Sicht. Die zentrale Frage lautet: Gibt es spezifische, überdauernde Persönlichkeitsmerkmale, die erklären können, wie jemand auf bestimmte Stressbedingungen mit Stresssymptomen reagiert? Als Beispiel kann die Diskussion von »Typ A- und B-Verhalten« dienen (obgleich diese Unterscheidung kontrovers diskutiert wird, ist sie nach wie vor populär): Diese Typenkategorisierung von Friedman und Rosenman (1974) entstammt der Forschung zu Stress und koronaren Herzerkrankungen. Typ A-Verhalten ist durch eine starke Konkurrenzorientierung und Reizbarkeit geprägt. Es wird in Verbindung mit Ehrgeiz, Strebsamkeit (auch nach materiellem Wohlstand) und Karriereorientierung gebracht. Typ B ist hingegen von einem eher zwanglosen Stil geprägt.

Stress als Interaktion. In der Analyse, wie Personen stresshafte Bedingungen verarbeiten, geht man davon aus, dass die Reaktion situations- und personenspezifisch ist und über die Zeit variiert. Dafür finden sich viele empirische Belege. Ein Beispiel: Die Herz-Kreislaufmortalität ist ab 50 Jahren vor allem dann drastisch erhöht, wenn gleichzeitig folgende Bedingungen bestehen:

(1) Überdurchschnittliche Arbeitsintensität mit eingeschränkten Tätigkeitsspielräumen.

(2) Unzureichende Möglichkeiten zur unterstützenden Kooperation (vgl. Hacker, 1999). Fragen der Interaktion von arbeitsbedingten Stressoren, Freizeitverhalten und Gesundheitsindikatoren werden auch im Konzept der Salutogenese (vgl. Udris, 2006) und in Konzepten zum organisationalen Stress (Katz, 1964; McGrath, 1976) behandelt.

Das transaktionale Stressmodell von Lazarus und Launier

Im transaktionalen Stressmodell von Lazarus und Launier (1981) wird Stress als spezifisches interaktionales Geschehen abgebildet. Das Modell geht von der Annahme aus, dass bestimmte Anforderungen aus der Umwelt spezifische Bewältigungsprozesse erfordern (vgl. Spieß, 2005). Hinsichtlich der Reaktion werden drei transaktional aufeinander bezogene Bewertungschritte unterschieden:

(1) Primäre Bewertung (primary appraisal). Es wird eingeschätzt, wie bedrohlich oder negativ das Reizgeschehen erlebt wird.

(2) Sekundäre Bewertung (secondary appraisal). Die Einschätzung der eigenen Bewältigungsfähigkeiten und -möglichkeiten steht im Vordergrund.

(3) Neubewertung (re-appraisal). Die Gesamtsituation wird aufgrund der Bewertungsprozesse und Bewältigungsversuche erneut eingeschätzt.

Das Modell unterscheidet problembezogene und emotionsbezogene Bewältigungsstrategien (Copingstrategien). Problembezogene Copingstrategien setzen bei den ursächlichen Stressoren an. Die Person versucht etwa, ungünstige Arbeitsbedingungen (z. B. Schichtarbeit) zu verändern. Emotionsbezogene Copingstrategien beziehen sich darauf, wie sich die Person fühlt und wie sie mit belastenden Emotionen umgeht. Möglicherweise lassen sich die ursächlichen Stressoren nicht völlig verändern, werden aber als weniger belastend erlebt, weil z. B. Entspannung oder soziale Unterstützung bei Familie und Freunden gesucht wird.

Welche Stressoren veranlassen Coping-Bemühungen? In der Literatur wird eine Vielzahl von Stressoren in der Arbeitswelt diskutiert: Aufgabenschwierigkeit, Belastungen, Rollenkonflikte, Enge, Lärm und maschinenbedingte Vibrationen, Hitze, Kälte, schlechte Lichtverhältnisse, zwischenmenschliche Beziehungen, Isolation. Diese können im materiell-technischen Bereich (z. B. Lärm), im sozialen Bereich (z. B. Isolation oder hohe Interaktionsintensität) oder in der Person selbst (z. B. Rollenkonflikte, Ängste) auftreten (vgl. McGrath, 1976; Semmer & Udris, 2007; Zapf & Semmer, 2004).

Es sind vor allem Fehlpassungen zwischen personalen Ressourcen einerseits und situativen Anforderungen (im Sinne eines geringen Person-Environment-Fit, vgl. Abschn. 10.1 und 9.2) und psychischen Belastungen andererseits, die letztendlich verantwortlich dafür sind, dass reversible und irreversible Schädigungen oder Beeinträchtigungen auftreten.

Stresswirkungen. Unter welchen Bedingungen stellt Stress ein besonders hohes Risiko dar (vgl. Spieß, 2005)? Ein Unternehmen muss unter folgenden Bedingungen ein erhöhtes Interesse daran haben, Risiken zu vermindern und die entsprechenden Bedingungen zu verbessern:

(1) Die Stresssituation ist chronisch.
(2) Ständige Anstrengungen und Aufmerksamkeiten sind erforderlich.
(3) Die Mitarbeiter haben das Gefühl, den Forderungen nicht gewachsen zu sein.
(4) Die Probleme übertragen sich auf andere Lebensbereiche.

Bezogen auf die Arbeitswelt können Stressoren zahlreiche Auswirkungen haben:

▶ Auf emotionaler Ebene kommt es zu Belastungsgefühlen.
▶ Damit gehen physiologische Veränderungen einher, z. B. kurzfristige Pulserhöhungen oder langfristige Ausschüttung von Stresshormonen.
▶ Auf Verhaltensebene zeigen sich Stresssymptome, z. B. verstärktes Suchtverhalten, wie Nikotinabusus.
▶ Auf kognitiver Ebene sind Informationsverarbeitung und andere kognitive Prozesse beeinträchtigt, z. B. verlangsamte Denkprozesse.
▶ Auf der Ebene des Gesamtsystems des Organismus sind Gesundheitsbeeinträchtigungen als Einschränkung des psychosozialen Wohlbefindens zu erwarten (entsprechend der Gesundheitsdefinition der Weltgesundheitsorganisation), bis hin zum Burnout-Syndrom.

Messung der Stressoren. Da die verschiedenen Ansätze Stress unterschiedlich definieren, sind auch die Instrumente und Methoden zur Erfassung von Stressoren vielfältig. Sie umfassen (vgl. Dunckel, 1999; Zapf & Ohly, 2009; Zapf & Dormann, 2006)

▶ physiologische Daten, z. B. Erregungs- bzw. Aktivierungsniveau durch Veränderungen im Kreislauf, Atmung, biochemische Abläufe, elektrophysiologische Daten,
▶ Selbstauskünfte, z. B. durch Einsatz der Skala zur Allgemeinen Zentralen Aktiviertheit (AZA) von Bartenwerfer (1969) oder des Instruments zur stressbezogenen Arbeitsanalyse (ISTA) von Semmer (1984), die schwerpunktmäßig bei den Arbeitsbedingungen ansetzen, die zu Stressentstehung und -vermeidung beitragen sowie
▶ (Verhaltens)Beobachtungen, z. B. eher makroskopische Veränderungen in der Aggressionsrate, Leistungsschwankungen; oder mikroskopisch verbale, non- und paraverbale Hinweise auf Stressbelastungen.

> **!**
>
> Entsprechend des neueren biopsychosozialen Gesundheitsbegriffs hat Stress negative Auswirkungen auf den gesamten Organismus, insbesondere auf physiologische Funktionen, Emotionen, Kognitionen und Verhalten. Um die verschiedenen Wirkungen von Stress zu erfassen, ist Stress daher multimodal zu erheben (z. B. mittels physiologischer Daten, Selbstauskünften und Verhaltensbeobachtungen).

12.4 Die psychische Regulation des Arbeitshandelns

Der handlungstheoretische Ansatz in der Arbeitspsychologie wurde wesentlich durch die Arbeiten zur Handlungsregulationstheorie von Hacker (1973, 1998, 2009) geprägt. Tätigkeits- und handlungstheoretische Ansätze erklären Arbeitshandeln auf der Grundlage kognitiver Prozesse:

▶ Antizipation von Handlungsziel, -weg und -mitteln. Ein angestrebtes Handlungsergebnis wird kognitiv antizipiert. Die Person kennt sowohl mögliche Handlungsergebnisse als auch zielführende Mittel und Wege.

▶ Prinzip der Rückkoppelung. Die Rückmeldung über erreichte Teil- und Zwischenergebnisse im Handlungsprozess befähigt die Person dazu, gezielt und koordiniert zu handeln.

Hacker (1973) konzentriert seine Überlegungen ursprünglich auf den Prozess der kognitiven Handlungssteuerung in Mensch-Maschine-Systemen. Unter Handlung versteht er die kleinste psychologische Einheit des willentlich gesteuerten Verhaltens. Handlungen sind auf ein bewusstes Ziel ausgerichtet, sie umfassen Teilzielschritte und Teilzielebenen, beinhalten die kognitive Vorwegnahme ihres Zieles und folgen der Logik einer hierarchisch-sequentiellen Handlungsregulation. Handlungen erfordern die sequentielle Abfolge einzelner teilzielorientierter Handlungsschritte auf unterschiedlich komplexen Ebenen. Das Prinzip der hierarchisch-sequentiellen Handlungsregulation lässt sich am Bild einer Pyramide veranschaulichen. Entlang dieser Pyramide werden Teilzielschritte so organisiert, dass eine kontinuierliche Annäherung an das übergeordnete Ziel erfolgt. Im ursprünglichen Modell verläuft die Handlungsregulation auf drei Ebenen: der sensumotorischen Ebene der automatisierten, nicht-bewusstseinspflichtigen Operationen, der perzeptiv-begrifflichen Ebene der Zeichenerkennung und der intellektuellen Ebene der komplexen Planung. Oesterreich (1981) formuliert darauf aufbauend ein Fünf-Ebenen-Modell der Handlungsregulation:

(1) Auf der untersten Ebene werden Abfolgen von Arbeitsbewegungen reguliert, für die es keiner Planung bedarf (sensu-motorische Regulation).

(2) Auf der zweiten Ebene wird das Vorgehen durch vorausschauendes Planen bestimmt (Handlungsplanung).

(3) Auf der dritten Ebene wird eine Abfolge von Teilzielschritten und Zwischenergebnissen bis hin zum Endergebnis geplant (Teilzielplanung).

(4) Auf der vierten Ebene werden parallel verlaufende Teilzielplanungen miteinander koordiniert (Koordination mehrerer Handlungsbereiche).

(5) Auf oberster Ebene werden neue Handlungsbereiche und Möglichkeiten für neue Tätigkeiten erschlossen.

Arbeitshandeln wird als Interaktion zwischen Person und Situation verstanden.

▶ Die Person erhält aus der Situation Aufträge. Die Situation setzt dem Handeln Hindernisse entgegen und stellt besondere Erfordernisse an die Person. Hindernisse und Erfordernisse begrenzen den Chancenraum zur Entwicklung individueller Handlungspläne.

▶ Die Person verändert zielorientiert die gegebene Situation. Störungen im Handlungsprozess werden von der handelnden Person korrigiert, indem ein geeigneter alternativer Weg zum Ziel eingeschlagen wird.

▶ Mit wachsender Arbeitserfahrung entwickelt die Person aufgaben- und situationsadäquate Handlungsmuster bzw. Handlungspläne (operative Abbildsysteme), die sich dynamisch mit der individuellen Arbeitserfahrung verändern. Sie befähigen die Person, Handlungsverläufe zu antizipieren (kognitives Probehandeln).

Handlungskompetenz. Persönlichkeitsentwicklung im Sinne der Humankriterien wird möglich, weil die Arbeitstätigkeit Freiheitsgrade aufweist, d. h., die Person kann Tätigkeits-, Entscheidungs- und Interaktionsspielräume nutzen, sammelt Erfahrungen mit unterschiedlichen (Teil-) Tätigkeiten und erlebt aufgabenbezogene Kooperationserfordernisse. Im Zuge der Arbeit lernt sie, zunehmend komplexere Tätigkeiten zu bewältigen (vgl. Hacker, 1998).

Restriktive Arbeitsbedingungen. Das beschriebene Handlungsregulationsmodell beinhaltet nicht nur Hypothesen, wie Menschen tatsächlich handeln, sondern auch normative Vorgaben, wie Menschen handeln sollen. Modellkonformes, ideal organisiertes Handeln zeichnet sich durch selbstständige Zielsetzung, Handlungsvorbereitung und Ziel-Mittel-Entscheidung sowie situationsadäquate Antizipation aus. Arbeitstätigkeiten, die diese Merkmale nur unzureichend aufweisen, werden als unvollständig oder restriktiv bezeichnet. Ein Beispiel hierfür sind partialisierte Tätigkeiten in der automatisierten industriellen Fertigung oder im Bereich der Dateneingabe. Charakteristisch für eine solche Tätigkeit sind folgende Defizite:

▶ Aktivitätsdefizit. Es bestehen kaum Möglichkeiten, aktiv und selbstveranlasst einzugreifen.
▶ Entscheidungsdefizit. Es fehlen Möglichkeiten, über das eigene Vorgehen zu entscheiden. Internale Ursachenzuschreibung und Verantwortungsübernahme werden nicht unterstützt.
▶ Kooperationsdefizit. Zusammenarbeit mit anderen ist nicht oder kaum erforderlich, soziale Unterstützung und soziale Kompetenz werden nicht gefördert.
▶ Kreativitätsdefizit. Die Arbeitstätigkeit erfordert keine eigene Problemlösung oder Kreativität.
▶ Lerndefizit. Vorhandene Qualifikationen werden nicht genutzt, Lernen und Veränderung sind nicht vorgesehen.

Verglichen mit unvollständigen Tätigkeiten wird vollständiges Handeln als effizienter und zugleich weniger beanspruchend beschrieben (vgl. Hacker, 1998). Für die Qualität von Arbeitsaufgaben werden daher Ganzheitlichkeit, Anforderungsvielfalt, Kooperationserfordernis und Lernmöglichkeiten als Qualitätskriterien abgeleitet.

Merkmale vollständiger Aufgaben

(1) Selbstständiges Setzen von Zielen
(2) Selbstständiges Planen zur Handlungsvorbereitung
(3) Organisation und Entscheidung über Mittel und Teilhandlungen

(4) Feedback im Zuge der Ausführung und Möglichkeit zur Korrektur
(5) Feedback über das Resultat und Qualitätskontrolle
(vgl. Ulich, 2004; 2007)

!

Extreme Arbeitsteilung führt zu Defiziten in der Aufgaben- und Prozesswahrnehmung, zu Monotonieerleben und Ermüdung, zu Beeinträchtigungen des Wohlbefindens, zu Verlust an Motivation und Arbeitszufriedenheit, zu Kontrollverlusten und intellektuellen Leistungseinbußen. Regulationserfordernisse und Handlungsspielräume, Transparenz, Kooperationserfordernisse und soziale Kontakte eröffnen hingegen Lernchancen und können persönlichkeits- und leistungsförderlich wirken (vgl. Hacker, 2009).

12.5 Ableitungen für die Praxis

Aus den bisherigen Theorien lassen sich praktische Empfehlungen ableiten, wie Leistungsverhalten unterstützt werden kann bzw. wie sich Motivation und Zufriedenheit fördern lassen oder was getan werden kann, um Stress und Belastungen besser zu bewältigen. Diese Empfehlungen betreffen Vorgesetzte und Mitarbeiter in gleicher Weise, z. B. kann motivierendes Verhalten von Vorgesetzten trainiert werden oder die Arbeitsmotivation der einzelnen Mitarbeiter unterstützt werden. Ebenso sind Stress und Stressmanagement nicht auf eine Personengruppe beschränkt, sondern betreffen jede Hierarchiestufe einer Organisation. Nachfolgend wird zunächst die Förderung von Motivation und Zufriedenheit (Abschn. 12.5.1), anschließend der Abbau von Stress und Belastungen (Abschn. 12.5.2) betrachtet.

12.5.1 Förderung von Motivation und Zufriedenheit

Die Förderung von Motivation und Zufriedenheit soll hier am Beispiel der Zwei-Faktoren-Theorie von Herzberg (vgl. Abschn. 12.2) und der Zielsetzungstheorie von Locke (vgl. Abschn. 12.1) erläutert werden. Obgleich Herzbergs Theorie kritisch diskutiert wird (vgl. von Rosenstiel, 2007), ist zu würdigen, dass durch sie konkrete Empfehlungen zur Arbeitsgestaltung begründet werden – jeweils abgeleitet von empirischen Befunden.

Grundansätze. Arbeitszufriedenheit lässt sich vor allem fördern, indem man die Motivationsfaktoren vermehrt – entsprechend der Unterscheidung von Hygiene- und Motivationsfaktoren. Arbeits*un*zufriedenheit lässt sich abbauen, indem die Hygienebedürfnisse erfüllt werden – dies führt dann aber nicht zu Arbeitszufriedenheit, sondern lediglich zu einem neutralen Zustand (vgl. Weinert, 2004). Als Veranschaulichung wird genannt, dass keimfreies Wasser lediglich Krankheit vermeidet, aber nicht aktiv gesundheitsförderlich ist.

Konkrete Empfehlungen. Auf der Basis der Grundansätze von Herzberg (vgl. Abschn. 12.2) sowie der Zielsetzungstheorie von Locke (vgl. Abschn. 12.1) werden folgende konkrete Empfehlungen zur Förderung von Arbeitsmotivation und -zufriedenheit formuliert (vgl. von Rosenstiel, 2007):

▶ Klare Vorgabe der Aufgaben und eine Rückmeldung über den Grad der Zielerreichung. Mitarbeiter sollten durch Zielvereinbarungen (Management by Objectives) und nicht durch Zielvorgaben gefördert werden (vgl. Abschn. 11.5.2 zu Zielvereinbarungen).

▶ Anerkennung der Leistung der Mitarbeiter. Vorgesetzte sollten Leistung anerkennen und positive sowie negative Kritik als systematisches Führungsmittel einsetzen (vgl. Abschn. 11.5.3 zu Feedback). Die Anerkennung kann auf unterschiedliche Weise ausgedrückt werden, z. B. verbal (Lob), durch höheres Entgelt oder Aufstiegsmöglichkeiten mit erweitertem Verantwortungsfeld.

▶ Weder Über- noch Unterforderung. Die Arbeit sollte mit den jeweiligen internalen Kontrollüberzeugungen des Mitarbeiters übereinstimmen und zugleich vorhandene Fähigkeiten und Potentiale erfordern. Hieraus folgt u. a. auch die Forderung nach einem erweiterten Handlungsspielraum sowie nach Persönlichkeitsentfaltung und -bildung (vgl. Abschn. 14.2).

▶ Förderung von Eigenverantwortung. Durch das Prinzip der Delegation können Rechte und Verantwortungen des einzelnen Mitarbeiters entsprechend seiner Qualifikationen und im Umfang der Arbeiten zugewiesen werden (vgl. Abschn. 12.5).

Kritik Sprengers. Ohne Anspruch auf Wissenschaftlichkeit kritisiert Sprenger (2002) provokant das weit verbreitete Anreizsystem in Unternehmen mittels Lob, Prämien, Boni, leistungsvariablen Einkommen, aber auch »psychologischer Mitarbeiterführung«. Er kritisiert u. a. den Missbrauch von lerntheoretischen Erkenntnissen, den instrumentalisierten und oftmals ungerechten Einsatz von Prämien und Belohnungen, manipulative Mitarbeitergespräche, die mangelnde Berücksichtigung intrinsischer Quellen von Motivation, fehlende innere Anteilnahme und mangelnde Wertschätzung der Mitarbeiter.

Zwar sind die kausalen Zusammenhänge zwischen Motivation, Zufriedenheit und Leistung in nichtexperimentellen Settings noch nicht ausreichend belegt (vgl. Abschn. 12.1), doch gibt es eine lange Tradition zur Motivationsforschung, innerhalb derer vielfältige Erklärungsansätze zur Bildung und Förderung von Motivation entwickelt und auch auf den Arbeitskontext bezogen wurden. Diese sind differenzierter als ein eingeschränkter verhaltensorientierter Ansatz, der letztlich auf die Kontingenztheorie beschränkt ist, und sie leiten sich aus den vielfältigen Motivationstheorien ab (vgl. Abschn. 12.1). Daher gibt es von Seiten der Arbeits- und Organisationspsychologie vielfältige Möglichkeiten, einer von Sprenger beschriebenen Praxis entgegenzuwirken.

12.5.2 Regulation von Stress und Belastungen

Der jeweiligen Belastung durch Arbeit steht eine individuelle und spezifische Belastbarkeit gegenüber. Bei einem Ungleichgewicht zwischen Belastung und Belastbarkeit gibt es zwei Lösungsmöglichkeiten. Diese berücksichtigen verschiedene situationsbezogene und personale Ressourcen (vgl. Semmer & Udris, 2007; Udris & Frese, 1988; von Rosenstiel, 2007).

(1) Es kann bei den Belastungen angesetzt werden, z. B. durch Maßnahmen der Arbeitsgestaltung (vgl. Kap. 14), die die Belastung verringern. Im Wesentlichen geht es hierbei um die Erweiterung des Handlungsspielraumes und damit um die Möglichkeit, die eigene Arbeitssituation zu beeinflussen (z. B. Variationsmöglichkeiten des Arbeitstempos, Bestimmung über die Reihenfolge, in der Dinge erledigt werden etc.) (vgl. Abschn. 14.2 zu den psychologischen Ansätzen der Arbeitsgestaltung).

(2) Die individuelle Belastbarkeit kann erhöht werden, z. B. durch Weiterbildungsmaßnahmen und psychologische Trainings. Darüber hinaus hilft eine valide Selektion bei der Personalauswahl, eine Fehlpassung zu vermeiden. Es sind alle personenbezogenen Ressourcen relevant, wie die Verbesserung von Coping-Strategien, aber auch der Gesundheitszustand, Selbstvertrauen, Optimismus, Problemlösefähigkeit, berufliche und soziale Fähigkeiten. Es ist überdies vor allem die soziale und emotionale Unterstützung durch Personen im und außerhalb des Arbeitskontextes, die die Belastbarkeit fördert und das Stresserleben verringert (vgl. auch Spieß, 2005).

Prävention. Unter dem Blickwinkel arbeitsbedingter Belastungen ist die Gestaltung von Arbeitsplätzen und -systemen darauf auszurichten, Disstress und gesundheitsbeeinträchtigende Belastungen zu vermeiden. Dabei wird zwischen Maßnahmen der primären, sekundären und tertiären Prävention unterschieden (vgl. von Rosenstiel, 2007).

▶ Bei der primären Prävention wird die Arbeitssituation umstrukturiert und somit die Ursache von Stress objektiv beseitigt (vgl. Abschn. 14.2).

▶ Bei der sekundären Prävention bleibt die äußere Situation unverändert, allerdings wird beim Individuum angesetzt, indem der Mitarbeiter z. B. seine Coping-Strategien optimiert, um mit der objektiv unveränderten Situation besser fertig zu werden. Dies kann beispielsweise durch ein Training positiver Verhaltenskompetenzen geschehen (vgl. Übersicht zum Verhaltenstraining).

▶ Bei der tertiären Prävention treten aufgrund eines geringen Person-Environment-Fits (vgl. Abschn. 10.1) bereits Stresssymptome auf. Diese werden verringert, z. B. indem der betroffene Mitarbeiter sozial unterstützt wird.

Ursachen und Folgen von Stress sind im Einzelfall diagnostisch zu klären. Auf dieser Basis sind Entscheidungen zu fällen, bei welchen personen- und situationsbezogenen Faktoren anzusetzen ist. Der Königsweg ist die Primärprävention, bei der versucht wird, das Auftreten von Stresssymptomen zu vermeiden. Im Sinne der interaktionistischen Sicht sollten Umwelt- und Personvariablen in ihrer Wechselwirkung berücksichtigt werden.

Verhaltenstraining. Es existieren zahlreiche Trainings zur Stressbewältigung in Arbeitssituationen, wobei sich eine Tendenz hin zur Ressourcenorientierung findet. Als Beispiel kann das Training positiven Verhaltens von Niebel (1987) dienen. Grundkonzept dieses Trainings sind »positive Verhaltensmöglichkeiten« wie die Fähigkeit, positive und befriedigende soziale Beziehungen aufzubauen, eine positive Haltung sich selbst und anderen Menschen gegenüber zu entwickeln, intrinsische Kontrollüberzeugungen sowie positive Erfolgserwartungen zu fördern. Menschen, die positive Verhaltensmöglichkeiten besitzen, sollten in der Lage sein, sich kooperativ zu verhalten und zu einem guten Organisationsklima und betrieblicher → Effektivität beizutragen. Daher sind positive Verhaltensmöglichkeiten zu fördern. Durch das Training soll ein Überwiegen positiver gegenüber negativer Alltagserfahrungen erreicht werden. Erste empirische Daten sprechen dafür, dass das Training erfolgreich ist.

!

Behavioristische Theorien erklären Verhalten im Sinne von Reiz-Reaktions-Ketten. In der Arbeits- und Organisationspsychologie werden Stressoren und Stressreaktionen oft behavioristisch erklärt. Handlungstheoretische Ansätze befassen sich dagegen mit der Erklärung und Vorhersage zielorientierten Arbeitshandelns. Eine zentrale kognitionstheoretische Annahme der Handlungstheorien ist das Prinzip der Rückkoppelung bzw. des (teil)zielorientierten Feedbacks, die notwendig sind, um gezielt und koordiniert handeln zu können. Motivationstheoretische Ansätze schließlich erklären Verhalten als Folge spezifischer Verhaltensbereitschaften, die Zielübernahme und Zielbindung betreffen. Für die Praxis sind theoretische Kenntnisse über Motivation, Zufriedenheit und Belastungen im Kontext der Arbeit in mehrfacher Hinsicht sehr relevant: Sie helfen, in der Praxis Sachverhalte und motivationale Zustände zu erklären und in der gewünschten Richtung zu verändern.

12.6 Kernpunkte und Übungsaufgaben

Kernpunkte

▶ Da Arbeit ein wichtiger Bestandteil menschlichen Lebens ist, haben das Erleben und die Qualität von Arbeitstätigkeiten weitreichende Wirkungen auf das menschliche Wohlbefinden und die menschliche Gesundheit insgesamt.

▶ Auswirkungen zeigen sich entsprechend des neueren biopsychosozialen Gesundheitsbegriffs biologisch (z. B. physiologische Reaktionen), psychologisch (z. B. Zufriedenheit und Wohlbefinden, aber auch Stresserleben) und sozial (z. B. soziale Anerkennung, Affiliation, Isolation).

▶ Die biopsychosozialen Wirkungen von Arbeit können förderlich oder belastend sein, weshalb in diesem Kapitel sowohl Arbeitsmotivation und -zufriedenheit als positiv besetzte Begriffe als auch übermäßige Beanspruchung und Stress als negativ besetzte Begriffe behandelt wurden. In allen drei Feldern (Arbeitsmotivation, -zufriedenheit und Belastungserleben) liegen konkurrierende definitorische Ansätze und Modelle vor.

▶ Modelle der Arbeitsmotivation umfassen Inhalts- und Prozesstheorien, die spezifische Vor- und Nachteile haben und sich daher ergänzen. Darüber hinaus gibt es allgemeine theoretische Erklärungsmodelle (z. B. die Attributionstheorie), die auf Fragen der Arbeitsmotivation angewandt werden.

▶ Das eindimensionale Konzept der Arbeitszufriedenheit wird vielfältig kritisiert, weshalb das Modell von Bruggemann vorgestellt wurde – es differenziert unterschiedliche Formen von Arbeitszufriedenheit und ihrer Genese.

▶ Es findet sich eine Verschiebung von arbeitsbedingten Belastungen weg von physischen und hin zu psychischen Belastungen. Es werden primäre, sekundäre und tertiäre Präventionen von Belastungen sowie Stress im Kontext der Arbeit unterschieden. Aufgrund zahlreicher negativer Stresswirkungen ist ein vorrangiges Ziel, Stresssymptome gar nicht erst entstehen zu lassen und damit die Notwendigkeit tertiärer Prävention zu vermeiden.

- Arbeitsbedingte Transparenz sowie Planungs-, Entscheidungs- und Kooperationserfordernisse eröffnen Lernchancen und können so sowohl leistungs- als auch persönlichkeitsförderlich wirken.
- Es lassen sich Antworten auf praktisch interventionsorientierte Fragen ableiten, wie sich Arbeitsmotivation und -zufriedenheit fördern und Stressreaktionen vermeiden lassen.

Übungsaufgaben

- Wie sind Arbeitszufriedenheit und -motivation zu definieren, und wie lässt sich jedes der Konstrukte empirisch erfassen?
- Welche Theorien machen Aussagen darüber, wie Arbeitsmotivation und -zufriedenheit zustande kommen? Wie lassen sich Motivation und Zufriedenheit auf der Basis der Theorien fördern?
- Welche Schlussfolgerungen lassen sich aus dem Modell von Bruggemann für die Praxis ableiten?
- Welche Formen arbeitsbedingter Stressoren und Stressreaktionen lassen sich unterscheiden, und wie können diese gemessen werden? Inwiefern stellt Stress – auch aus Sicht eines Unternehmens – ein besonderes Risiko dar?
- Welche Ansätze gibt es, um übermäßige Beanspruchung zu verringern?
- Zeigen Sie an einigen fiktiven Praxisbeispielen, inwiefern theoretische Kenntnisse über Arbeitsmotivation, Arbeitszufriedenheit und arbeitsbedingte Beanspruchung praxisrelevant sind.

Weiterführende Literatur

Stress: Allenspach & Brechbühler (2005); Gebert (1981); Maslach & Leiter (2001).

Motivation und Zufriedenheit: Fischer (2006); Kleinbeck & Kleinbeck (2009); Wegge & Schmidt (2004).

Identifikation: Dick (2003).

13 Arbeitsanalyse

Was Sie in diesem Kapitel erwartet

Die Analyse von Arbeitsaufgaben, -prozessen und -systemen und ihre Auswirkungen auf die Leistungsfähigkeit und Leistungsbereitschaft stehen traditionell im Zentrum arbeitspsychologischer Untersuchungen. Maßnahmen zur Gestaltung von Arbeitsinhalten, Arbeitsprozessen und Arbeitssystemen gehen im Idealfall vom Ergebnis systematischer Arbeitsanalysen aus. Was sind die Anlässe für Arbeitsanalysen? Welche Zielsetzungen werden verfolgt und welche Verfahrensweisen sind möglich? Im vorliegenden Kapitel werden grundlegende Konzepte der Arbeitsanalyse und deren Vorgehensweisen und Zielsetzungen vorgestellt. Ausgewählte arbeitsanalytische Verfahren veranschaulichen das praktische Vorgehen.

13.1 Arbeitsanalyse im Zeichen des Strukturwandels

Da sich die Bedeutung und die Bedingungen der Erwerbsarbeit über die Zeit sehr verändert haben, unterliegt auch die Arbeitsanalyse einem historischen Wandel. Um die aktuelle Situation zu verstehen, ergibt es daher Sinn, den Blick auf diesen historischen Wandel zu richten (Abschn. 13.1.1), um auf dieser Basis den aktuellen Stand der Arbeitsanalyse zu bestimmen (Abschn. 13.1.2).

13.1.1 Historische und aktuelle Positionen

Arbeit und Technikentwicklung. Die Entwicklung der Arbeitsanalyse ist eng mit der Entwicklung der technischen Arbeitsbedingungen verbunden. Mit veränderter Arbeitstechnologie verändern sich Arbeitsbedingungen und damit der Gegenstand der Arbeitsanalyse. Im Zeitalter der Manufaktur war eine Beschäftigung mit den psychischen Aspekten von Arbeit wenig relevant. Arbeit war in den alltäglichen Lebensvollzug integriert. Zum Gegenstand psychologischer Betrachtung wurde Arbeit in der zweiten Hälfte des 18. Jahrhunderts. Die Einführung der Maschinenarbeit führte zu einer Reduzierung der körperlichen Anforderungen für den Menschen, aber auch zu einer fortschreitenden Simplifizierung der Arbeitstätigkeit auf gleichartige Handgriffe. Mit der Entwicklung von Fließbandanlagen und dem Ziel der industriellen Massenproduktion erfolgte in einem weiteren Schritt die Verknüpfung von Produktionstechnologie und Transportsystemen. Grundlage dazu bildete eine Aufteilung der Arbeit in einzelne Arbeitsschritte nach tayloristischen Prinzipien (s. Abschn. *Taylorismus*). Die Arbeit wurde taktgebunden mit genauen Zeitvorgaben und präzisen Vorgaben von Mitteln organisiert. Ein nächster Entwicklungsschritt ist in der Automatisierung (wissenschaftlich-technische Revolution) zu sehen. Mit fortschreitender Automatisierung wurde der Mensch von Routinearbeiten entlastet und aus der engen Taktbindung entlassen. Die automatisierte Fertigung brachte stattdessen eine Zunahme von Kontroll- und Überwachungsaufgaben und entsprechendem Qualifizierungsbedarf mit sich. Informations- und biotechnologischer Fortschritt führen aktuell zu weiteren Veränderungen in der Arbeitswelt. Mit dem Strukturwandel werden in der → Dienstleistungsgesellschaft neue Arbeitswelten geschaffen, die vor allem mentale und psychische Anforderungen an den Menschen stellen.

Ermüdungsforschung. In den Anfängen der wissenschaftlichen Arbeits- und Organisations-psychologie steht die Frage im Mittelpunkt, wie sich Leistungsbedingungen auf Leistungen auswirken. Ende des 19. Jahrhunderts werden in der Ermüdungsforschung erste experimentelle Untersuchungen zur Leistungsfähigkeit nach körperlicher Anstrengung durchgeführt. Diese Untersuchungen finden jedoch kaum Resonanz in der Arbeitswelt. Anders wird es erst mit den Studien Taylors (1911), die nachhaltig die Gestaltung der Arbeitsorganisation in Industriegesellschaften beeinflussten.

Taylorismus. Die Studien von Taylor tragen dem Stand der industriellen Entwicklung in den USA vor dem Ersten Weltkrieg Rechnung. Die Produktionskapazitäten waren rapide gewachsen, die Märkte übersättigt. Taylors Prinzipien des Scientific Managements bzw. der wissenschaftlichen Betriebsführung (1911) zielen daher auf eine Steigerung der → Effizienz und eine Senkung der Personalkosten. Auf der Grundlage der »Time-and-Motion-Studies« entwickelte Taylor technokratische Vorgaben zur Rationalisierung der Ablauforganisation von Arbeit. Unter »wissenschaftlicher Betriebsführung« verstand er die systematische Erfassung und optimale Gestaltung der menschlichen Arbeit nach Art, Qualität und Zeit sowie deren Planung und Entlohnung. Effiziente Arbeitsprozesse sollten folgende Merkmale aufweisen:
(1) Die Lösung des Arbeitsprozesses von den Fertigkeiten des Arbeiters. Der Arbeitsprozess soll unabhängig von handwerklicher Tradition und Erfahrung und unabhängig von individuellen Qualifikationen des Arbeiters gestaltet sein.
(2) Die Trennung von Vorstellung und Ausführung. Planungsleistungen werden ausschließlich im Management, Ausführungsleistungen im Tätigkeitsbereich der Arbeiter erbracht.
(3) Die systematische Vorausplanung des Arbeitsprozesses in allen Teilschritten. Arbeitsprozesse sind so partialisiert, dass verbindliche Vorgabezeiten und knappe Instruktionen möglich sind.

Human-Relations-Bewegung. Die Hawthorne-Studien werden als Ausgangspunkt der Human-Relations-Bewegung interpretiert, bei der soziale Beziehungen und Bedürfnisse am Arbeitsplatz im Zentrum des Interesses stehen (vgl. von Rosenstiel, 2007). Die bekannten Experimente wurden von Mayo et al. in den 1920er und 1930er Jahren in den Hawthorne-Werken der Western Electric Co. (USA) durchgeführt. Im Mittelpunkt stand zunächst der vom Taylorismus und Behaviorismus vermutete direkte, lineare Zusammenhang zwischen Leistungsbedingungen und Leistungsverhalten. In einzelnen Experimenten wurde untersucht, welchen Einfluss unterschiedliche Arbeitsbedingungen, wie z. B. die experimentelle Variation der Beleuchtungsstärke auf die Arbeitsleistung hatten. Von besonderer Bedeutung war der Befund, dass eine Verbesserung der Leistung nicht unbedingt von äußeren Umgebungsbedingungen abhängt, sondern augenscheinlich auch von sozialer Zuwendung und informellen Gruppennormen (vgl. Greif, 2007). Als sich die Leistung einer untersuchten Gruppe selbst bei verschlechterten Beleuchtungsbedingungen verbessert, werden dieses und andere vergleichbare, scheinbar paradoxe Ergebnisse (der »Hawthorne-Effekt«) von Mayo auf die vom Versuchsleiter erzeugte angenehme Atmosphäre zurückgeführt. Dies förderte die Annahme, dass eine Verbesserung der zwischenmenschlichen Beziehungen am Arbeitsplatz Arbeitsmotivation und -zufriedenheit erhöhen kann. Heute gilt der »Hawthorne-Effekt« als ein Mythos und die Annahme eines eindeutig linearen Zusammenhangs zwischen Arbeitszufriedenheit und Arbeitsleistung als widerlegt. Soziale Bedürfnisse wurden im Human-Relations-Ansatz überbewertet und gesicherte Erkenntnisse der wissenschaftlichen Betriebsführung vernachlässigt. Die Annahme, in einem Arbeitsbetrieb könne soziale Harmonie hergestellt werden, wird zudem der realen Arbeitswelt nur selten gerecht. Allerdings wurden die Studien zum Auslöser, in der organisationspsychologischen Forschung neben objektiven Arbeitsplatzbedingungen auch psychologische Variablen (z. B. subjektive Urteile über die Arbeitssituation) und soziale Beziehungen zu untersuchen (vgl. Weinert, 2004).

Humanisierung des Arbeitslebens. Mit dem »Forschungsprogramm zur Humanisierung des Arbeitslebens« des damaligen Bundesministeriums für Forschung und Technologie (heute Bundesministerium für Bildung und Forschung) wurde in Deutschland 1974 die Qualität des Arbeitslebens zum Gegenstand öffentlicher Diskussion. Im Mittelpunkt stand die Auseinandersetzung mit den negativen Auswirkungen der Partialisierung in der Industriearbeit und dem Menschenbild des homo oeconomicus. Für die Unternehmenspraxis ergaben sich aus dem Verzicht auf ein gültiges Menschenbild und auf ein verbindliches Modell der Unternehmensorganisation weitreichende Konsequenzen. Es wurde von einer Vielfalt unterschiedlicher menschlicher Bedürfnisse und Wertorientierungen ausgegangen (»complex man«). Von Unternehmen und Unternehmensleitung wurde in erster Linie Flexibilität und eine individualisierte Gestaltung von Arbeit gefordert. Auch wenn bis heute in der Arbeitswelt häufig noch am Menschenbild des homo oeconomicus festgehalten wird, so ist doch unumstritten, dass tayloristische Strategien heute nur noch kurzfristige Erfolge erzielen können, langfristig aber Eigenverantwortlichkeit und Qualitätsbewusstsein der Mitarbeiter maßgeblich sind. Zudem hat auch die Ökonomie die Emotionalität des Menschen »entdeckt« (vgl. Gallenmüller-Roschmann, 2005). Das Prinzip der Partialisierung verlor Anfang der 1990er Jahre an Bedeutung, zugunsten eines Leitbilds moderner Arbeit, das wesentlich von Gruppenarbeit, Partizipation, Selbstorganisation, Flexibilität und flacher Führungshierarchie geprägt ist.

Arbeitssicherheit, Gesundheits- und Umweltschutz. In der arbeitswissenschaftlichen Literatur spielen Arbeitsbedingungen unter dem Blickwinkel von Arbeitssicherheit, Gesundheitsschutz und Umweltschutz eine wichtige Rolle (z. B. Umgang mit Gefahrstoffen). Es wird gefordert, über Arbeitsschutzverordnungen und technische Ansätze hinaus psychologische Ansätze verstärkt zu beachten (vgl. Wenninger, 1999). Einen Beitrag zum Arbeits- und Gesundheitsschutz im Betrieb leistet das Onlineportal »Gefährdungsbeurteilung« (BAuA) der Bundesanstalt für Arbeitsschutz und Arbeitsmedizin, das Unternehmen bei der Durchführung von Gefährdungsanalysen unterstützt (http://www.baua.de). Die Datenbank bietet Handlungshilfen zur Evaluation von Arbeitsschutzzielen und Handlungsfeldern, die den Qualitätsgrundsätzen der von Bund, Ländern und Unfallversicherungsträgern gemeinsam getragenen, bundesweit geltenden Arbeitsschutzstrategie (GDA) entsprechen.

Neue Qualität der Arbeit – Salutogenese. Menschengerechte Arbeit und die Entwicklung der Humanressourcen gehören zu den Querschnittsthemen der Bildungs- und Wirtschaftspolitik. Die europäische Richtliniensetzung im Arbeitsschutz fordert die Vermeidung psychischer Über- und Unterforderung und eine menschengerechte Gestaltung der Arbeit. In jüngster Zeit hat sich das betriebliche Gesundheitsmanagement als integrativer Interventionsansatz zur Überprüfung und Optimierung organisationaler Prozesse und Strukturen entwickelt. Der Ertrag von Arbeitsanalysen soll sich nicht mehr auf die Reduktion von Belastungen beschränken, sondern ausgehend von salutogenetischen (gesundheitsfördernden) Ansätzen gezielt Empfehlungen zur ressourcenorientierten Problemlösung vorbereiten. Die »Initiative Neue Qualität der Arbeit (INQA)«, eine Gemeinschaftsinitiative aus Bund, Ländern, Sozialpartnern, Sozialversicherungsträgern, Stiftungen und Unternehmen befasst sich seit 2002 mit Themen wie mitarbeiterorientierter Unternehmenskultur, lebenslangem Lernen, Gesundheitsförderung oder alterns- und altersgerechten Arbeitsbedingungen. INQA fördert Projekte im Bereich der Arbeitsanalyse und Arbeitsgestaltung. Zu den Projekten zählen u. a. die Erstellung eines Work-Ability-Index und die Entwicklung der

Datenbank »Gute Praxis«. Insgesamt gesehen wird für die Arbeitswelt ein »neues Denken« gefordert: Arbeitsplätze sollen sicher, gesund und zugleich wettbewerbsfähig sein. Anders als in der traditionellen defizitorientierten Arbeitsmedizin wird eine Präventionskultur gefordert, in der psychische Fehlbelastungen von Vornherein verringert und Gesundheitskompetenzen vermittelt werden (vgl. Badura & Hellmann, 2003). Im Mittelpunkt steht weniger die Frage, welchen Sachverhalten der Mensch nicht gewachsen ist, sondern vielmehr die Frage, welche Fähigkeiten der Mensch entwickeln kann. Der klassischen Belastungsanalyse wird damit ein ressourcenorientierter Ansatz entgegengestellt, der sich auf die Förderung personaler, sozialer und strukturaler Ressourcen wie beispielsweise Motivation, Kommunikation und Kooperation richtet. Investitionen in die Arbeitsgestaltung werden daher auch als nachhaltige Investition in die Mitarbeitermotivation verstanden.

13.1.2 Gegenstand der psychologischen Arbeitsanalyse

Definition. Gegenstand der psychologischen Arbeitsanalyse ist die Analyse und Bewertung von Arbeitstätigkeiten und Arbeitsbedingungen sowie deren Wirkung auf das Individuum (vgl. Nerdinger et al., 2008). Zur psychologischen Arbeitsanalyse können unterschiedliche wissenschaftliche Methoden der Datenerhebung eingesetzt werden. Unterscheiden lassen sich bedingungsbezogene und personenbezogene Fragestellungen. Im ersten Fall interessieren vorrangig objektiv gegebene, von der individuellen Ausführung unabhängige Merkmale der Arbeit, im zweiten Fall eher subjektive Reaktionen auf gegebene Arbeitsanforderungen.

Klassifikation. Verfahrensweisen der Arbeitsanalyse lassen sich hinsichtlich mehrerer Aspekte klassifizieren (zum Überblick vgl. Dunckel, 1999):
► Zweck der Arbeitsanalyse (z. B. Belastungsanalyse oder Ermittlung von Qualifizierungsbedarf, vgl. Abschn. 13.2)
► Analysekonzept und theoretische Fundierung des Verfahrens (vgl. Abschn. 13.3)
► Geltungsbereich des Verfahrens (z. B. Dienstleistungs- oder Produktionsbereich, vgl. Abschn. 13.4)
► Strukturiertheit und Standardisierung, Aufwand und Umfang des Verfahrens (vgl. Abschn. 13.4)
► Verfahrensanwender (Arbeitswissenschaftler, Psychologen, Praktiker)
Grundsätzlich beanspruchen arbeits- und organisationspsychologische Verfahren den Anspruch, dass ihre Qualität testtheoretischen Gütekriterien Rechnung trägt. Die Reliabilität der eingesetzten Methoden soll zuverlässige und replizierbare Analyseergebnisse sicherstellen. Die Validität soll gewährleisten, dass eine Methode auch tatsächlich erfasst, was sie zu erfassen beansprucht. In der Praxis gehen Entscheidungsträger davon aus, dass die ihnen referierten Ergebnisse zuverlässig und valide sind. Überprüfung und Nachweis der entsprechenden Gütekriterien werden allerdings vorrangig von wissenschaftlicher Seite und weniger im Auftrag der Praxis geleistet.

!

Arbeitstätigkeiten können anhand unterschiedlicher Merkmale beschrieben und abgebildet werden. Relevante Merkmale leiten sich aus den jeweiligen Modellannahmen zur Arbeitstätigkeit bzw. zum Arbeitshandeln ab (vgl. Kap. 12). Verfahren der Arbeitsanalyse sollen Arbeitstätigkeiten reliabel und valide erfassen.

13.2 Auftrag und Ziele

Beispiel

In einem Krankenhaus soll ein neues Pflegekonzept eingeführt werden. Aus Kostengründen werden zum selben Zeitpunkt Sekretariatsstellen auf einigen Stationen eingespart. Die Patientendokumentation soll künftig direkt und online durch qualifizierte Pflegekräfte erfolgen. Das neue Pflegekonzept erfordert es, Abläufe in der Pflege nicht mehr ausschließlich funktionsorientiert, sondern patientenorientiert zu organisieren. Zu den zentralen Aufgaben der Pflegekraft gehören nun neben der pflegerischen Versorgung auch die Beziehungsarbeit und das Gespräch mit dem Patienten sowie die formale Dokumentation der Pflegearbeit. Insgesamt steht das neue ganzheitliche Pflegekonzept für Qualität und Humanität. Dennoch zeigen sich rasch Schwierigkeiten: Die Pflegekräfte klagen über ungleiche Arbeitsbelastung und motivationale Probleme. Einigen fallen die Patientendokumentation und die Arbeit mit dem EDV-System schwer. Andere klagen, dass sich informell eine besondere Arbeitsteilung eingeschlichen habe: So mancher erfülle nur noch unzureichend die alten pflegerischen Anforderungen und führe stattdessen ausführliche Gespräche mit Patienten oder Angehörigen. Die Pflegeleitung klagt darüber, dass immer mehr Mitarbeiter sich darauf verlassen würden, dass die Arbeit von anderen erledigt werde (Verantwortungsdiffusion). Die Mitarbeiter würden zudem deutliche Motivationsverluste zeigen.

Worin unterscheidet sich die aus dem alten Pflegekonzept vertraute Arbeitstätigkeit von der im neuen Konzept geforderten? Wie lässt sich die besondere Beanspruchung der Pflegekräfte im Beispiel erklären? Welche Entwicklungserfordernisse, Entwicklungschancen und Spielräume eröffnen ein spezielles Pflegekonzept und das damit verbundene Verständnis von Pflegearbeit für die Mitarbeiter, welche Anforderungen resultieren aus einem solchen Konzept? Hätte eine prospektive Folgenabschätzung dazu beitragen können, die geschilderten Schwierigkeiten zu vermeiden? Und schließlich: Wie lässt sich Pflegearbeit grundsätzlich systematisch in ihren Anforderungen und Abläufen sowie der mit ihr verbundenen emotionalen Regulation, psychischen Handlungsregulation, Handlungskontrolle und Handlungsmotivation beschreiben?

Ziele. Arbeitsanalysen sind im Idealfall der Ausgangspunkt zur Bewertung und Gestaltung menschlicher Arbeit. Erfasst werden die Bedingungen, unter denen Arbeitsaufträge zu erfüllen sind, wie diese Aufträge subjektiv wahrgenommen werden und welche konkreten Tätigkeiten erledigt werden. Psychologische Arbeitsanalysen dienen dazu, funktionsorientiert und personenbezogen Merkmale zu identifizieren, die ein effizienteres und menschengerechteres Arbeiten ermöglichen. Die Ermittlung von Arbeitsinhalten, Arbeitsprozessen und Arbeitssystemen kann unterschiedlichen Verwertungsinteressen unterliegen (vgl. Frieling, 1999; von Rosenstiel, 2007; Weinert, 2004; Nerdinger, Blickle & Schaper, 2008):

▶ Reduktion vorhandener Belastungen und Beanspruchungen. Arbeitsanalysen liefern Daten zu Gefährdungspotentialen am Arbeitsplatz und zur Bewertung der ergonomischen Gestaltungsgüte des Arbeitsplatzes.

▶ Ermittlung von Qualifizierungsbedarf. Die Analyse des Arbeitsverhaltens liefert objektive Daten zum tätigkeitsspezifischen Trainings- und Schulungsbedarf.

▶ Ermittlung von Schwachstellen in der Arbeitsorganisation. Arbeitsanalysen ermitteln kritische Stellen im Arbeitsablauf, z. B. wenn nach der Einführung neuer Arbeitstechniken neben den erwünschten positiven Konsequenzen auch unerwünschte Reaktionen auftreten.

▶ Ermittlung von Koordinationserfordernissen. Daten aus Arbeitsanalysen zeigen Grenzen und Schnittstellen einzelner Tätigkeiten auf (Koordination von Einzeltätigkeiten, gemeinsame

Zielausrichtung voneinander abhängiger Tätigkeiten, Abgrenzung von Verantwortungsbereichen) und liefern objektive Hinweise zur Rollen- und Beziehungsdefinition.

▶ Prospektive Gestaltung von Arbeitabläufen. Aus Arbeitsanalysen können Gestaltungsempfehlungen zur Entwicklung neuer, innovativer Arbeitstechniken abgeleitet werden.

▶ Ermittlung von Anforderungen beziehungsweise Eignungsvoraussetzungen. Arbeitsanalysen liefern anforderungsbezogene Daten zur Entwicklung eignungsdiagnostischer Verfahren (vgl. Abschn. 10.1). Anforderungsbezogene Daten können darüber hinaus Hinweise auf Arbeitstätigkeiten für »leistungsgewandelte« Mitarbeiter geben, die aufgrund ihres Gesundheitszustandes innerbetrieblich an einen Arbeitsplatz mit geringerer physischer oder psychischer Belastung umgesetzt werden sollen.

▶ Klassifizierung von Arbeitstätigkeiten: Arbeitsanalysen liefern Hinweise auf ähnliche Arbeitstätigkeiten. Sie können dazu beitragen, valide Arbeitsbeschreibungen zur Festlegung von Pflichten, Aufgaben und Rechten von Mitarbeitern vorzubereiten oder im Kontext der Lohnfindung leistungs- und anforderungsgerechte Entgeltsysteme und Anreizsysteme zu entwickeln.

▶ Technikfolgenabschätzung und Evaluation: Arbeitsanalysen liefern Vergleichsdaten zur umfassenden Evaluation von Arbeit im Zuge des Strukturwandels (z. B. im Social Impact Assessment).

13.3 Analysekonzepte

Unterschiedliche Konzepte der Arbeitsanalyse korrespondieren mit Menschenbildern ihrer Zeit (vgl. Abschn. 2.3, Abschn. 13.3). Zur Zeit Taylors liegt der Fokus der Arbeitsanalyse auf der Identifikation einzelner Arbeitsschritte in partialisierten Arbeitsprozessen. Zeitaktuelle Ansätze richten sich auf die Identifikation von Freiheitsgraden bzw. individuellen Lern- und Entwicklungschancen in der Arbeit und tragen damit der Überzeugung Rechnung, der Mensch sei ein autonomes, sich und seine Umwelt gestaltendes Subjekt. Arbeitsanalysen können auf die Analyse interindividueller (»kollektiver«) und/oder individueller Arbeitsorganisation gerichtet sein (vgl. Schüpbach, 2004). Hinsichtlich ihrer Menschenbildannahmen und ihres grundlegenden Konzeptes lassen sich Arbeitsanalysen folgendermaßen klassifizieren:

▶ Funktionsorientierte Verfahren erfassen in der Regel unter vorwiegend arbeitswissenschaftlichen Gesichtspunkten Merkmale von Arbeitsaufgaben und Arbeitsbedingungen. Die Analysen erfolgen bedingungsbezogen (vgl. Tab. 13.1).

▶ Autonomieorientierte Verfahren (vgl. Tab. 13.1) liefern zwar auch Bedingungsanalysen, stellen allerdings psychologische Aspekte wie Handlungsspielraum oder Entwicklungschancen in den Vordergrund.

▶ Personbezogene Verfahren wie die subjektive Arbeitsanalyse sind vorrangig darauf gerichtet, Belastungen und Beanspruchungen aus subjektiver Perspektive zu ermitteln.

▶ Verfahren zu Merkmalen der Teamarbeit und der Kommunikationsqualität orientieren sich oftmals an sozialpsychologischen Modellannahmen. Gegenstand der Analysen sind ergebnisorientierte und beziehungsorientierte Merkmale der Kooperation und Kommunikation.

▶ Soziotechnische Systemanalysen sind daher darauf gerichtet, möglichst umfassend die Merkmale des technischen und des sozialen Systems einer Organisation zu ermitteln.

Standardisierung. Einen systematischen Überblick über standardisierte Verfahren der Arbeitsanalyse bietet Dunckel (1999) mit dem »Handbuch psychologischer Arbeitsverfahren« an. All-

Tabelle 13.1 Gegenüberstellung von funktions- und autonomieorientierter Analysekonzeption (nach Kirchler & Hölzl, 2002)

Analysemodell	Funktionsorientierte, »analytische« Arbeitsanalyse	Autonomieorientierte »synthetische« Arbeitsanalyse
Menschenbild	Passiv-reaktiv, external motiviert	Aktiv-autonom, intrinsisch motiviert, internale Kontrolle
Organisations-modell	Zentrale Steuerung aller Abläufe, technische Prozesse kontrollieren den Menschen	Dezentrale Steuerung, Selbstregulation innerhalb des gegebenen Rahmens, der Mensch kontrolliert technische Prozesse
Wissenschaftliche Grundlage	Behavioristische Modellannahmen, technische Steuerungsmodelle	Tätigkeits- und handlungstheoretische Modellan-nahmen, soziotechnischer Systemansatz
Aufgaben- und Tätigkeitsmerkmale	Trennung von Planung und Ausfüh-rung (Partialisierung), Monotonie, psychische Sättigung, quantitative und qualitative Über- und Unterfor-derung, Kontrollverlust	Einheit von Planung und Ausführung (Ganzheit-lichkeit), Entscheidungs- und Interaktionsspiel-räume, Partizipation, Anforderungsvielfalt, soziale Unterstützung, Lern- und Entwicklungschancen
Gesundheits-konzept	Verhindern von Erkrankung	Entwicklung von Kompetenzen und Coping-Res-sourcen
Analyseziel	Identifikation optimaler Arbeitsvoll-züge, effiziente Partialisierung	Optimale Abstimmung von Mensch, Technik, Organisation, menschengerechte Aufgaben- und Prozessgestaltung
Analysestrategie	Partialisierte Betrachtung, bedingungsbezogene Analyse	Ganzheitliche Betrachtung, bedingungs- und/oder personenbezogene Analyse
Analyse-dimensionen	Strukturelle, linear verknüpfte Merkmale	Prozessmerkmale, Handlungsspielräume, Lern-chancen
Analysemethoden	Experimentelle Analysen	Beobachtungsinterview, systematische Beobach-tung

gemein zugänglich ist außerdem die Online-Toolbox »Instrumente zur Erfassung psychischer Belastungen« der Bundesanstalt für Arbeitsschutz und Arbeitsmedizin (http://www.baua.de), die eine Übersicht über Verfahren zur Erfassung psychischer Belastung nach DIN ISO 10072-Teil 1 bereitstellt. Zu den wichtigsten unstandardisierten Verfahren der Arbeitsanalyse (vgl. Frieling, 1999) gehört die Dokumentenanalyse, darunter Arbeitsplatzbeschreibungen, freie Berichte von Stelleninhabern und die Analyse der Ausbildungsprogramme. Als Beispiele für halbstandardisier-te Verfahren in der Arbeitsanalyse können Beobachtung, Interviews, die »critical incident tech-nique« (CIT), das Beobachtungsinterview und die Analyse von Arbeitstagebüchern angeführt werden. Zu den standardisierten Arbeitsanalyseverfahren zählen Checkliste und Fragebogen. In der Praxis der Arbeitsanalyse findet das (halb)standardisierte Beobachtungsinterview besonders häufig Anwendung.

13.4 Verfahrensweisen und Instrumente

Der Arbeitsanalyse stehen verschiedene Verfahrensweisen und Instrumente zur Verfügung. Nach einer Einführung in die wissenschaftlichen Methoden der Datenerhebung (Abschn. 13.4.1) werden folgende Einzelmethoden betrachtet: funktionsorientierte Verfahren (Abschn. 13.4.2), autonomieorientierte Verfahren (Abschn. 13.4.3), personenbezogene Verfahren (Abschn. 13.4.4) sowie Verfahren zur Teamarbeit und Kommunikation (Abschn. 13.4.5).

13.4.1 Wissenschaftliche Methoden der Datenerhebung

Feld- und Laborforschung. Laborexperimentelle Untersuchungen gelten heute in der organisationspsychologischen Forschung eher als Ausnahme. Im Bereich der arbeitsanalytischen Forschung wird experimentell auf der Basis von Mensch-Maschine-Systemen z. B. zu Gesetzen der Signalerkennung oder zur Kompatibilität von Stell- und Bedienteilen mit mentalen Abbildern geforscht. Simulationen, die eine präzise Abbildung komplexer Arbeitsaufgaben und Arbeitsumwelten ermöglichen (z. B. im Fahrzeugsimulator), gewinnen hier an Bedeutung. Aus organisationspsychologischer Perspektive werden das Erleben und Verhalten des arbeitenden Menschen unter realen Ausführungsbedingungen z. B. im Kassenbereich eines Supermarktes oder im Cockpit eines Flugzeugs eher mit den Methoden der Feldforschung untersucht. Dies führt einerseits dazu, dass die gewonnenen Untersuchungsergebnisse besser der jeweiligen organisationalen Realität entsprechen, andererseits kann so der Einfluss von Drittvariablen nur unzureichend kontrolliert werden.

Befragung, Experten- und Gruppeninterview. Der Einsatz standardisierter Fragebögen setzt auch in Arbeitsanalysen eine gute Kenntnis der untersuchten Sachverhalte voraus. Will man z. B. die Verhaltensbereitschaft zum sicheren Verhalten am Arbeitsplatz standardisiert erheben, müssen potentielle Gefahren oder potentielle Bedingungen für sicheres Verhalten bereits vor Einsatz des Fragebogens bekannt sein. Mithilfe der standardisierten Befragung lassen sich effizient vergleichbare Daten ermitteln. In halbstandardisierten Befragungsinstrumenten ist entweder die Fragestellung oder die Antwortreaktion nicht-standardisiert. Nicht-standardisierte Fragen werden vorgelegt, wenn mit der Frage auf eine vorangegangene Reaktion des Untersuchungsteilnehmers eingegangen werden soll. Die nicht-standardisierte Frage z. B. nach individuellen Belastungen wird daraufhin standardisiert beantwortet (z. B. anhand der Kategorien »sehr belastend« – »weniger belastend« – »nicht belastend«). In Pilotstudien tritt zur Hypothesengenerierung an die Stelle der halbstandardisierten oder standardisierten Befragung häufig das explorative Gespräch mit den Experten oder Beschäftigten. Daten zu Fragen im Kontext von Arbeitsgruppen werden auch mithilfe des Gruppeninterviews oder der Gruppendiskussion erhoben. Gruppeninterviews erfordern ein hohes Maß an gegenseitigem Vertrauen. Vor allem die Dokumentation der Beiträge durch Video- oder Tonbandaufzeichnungen löst in Organisationen oft das Misstrauen der Untersuchungsteilnehmer und der Auftraggeber aus.

Beobachtungsmethoden. Zahlreiche arbeitswissenschaftliche Verfahren zur ergonomischen Gestaltungsgüte von Arbeitsplätzen und zur Analyse von Ausführungsbedingungen enthalten Verfahrensteile zur systematischen Beobachtung. Beobachtungsdaten liefern vor allem Informationen über Handlungsabläufe und Kommunikationsstrukturen. Als Methode ist hier beispielsweise die Netzplantechnik zu nennen, die Handlungssequenzen systematisch in zeitlich-logischer Abfolge abbildet. Relativ detaillierte Einzeltätigkeiten und Handlungsabläufe werden auch mit dem Arbeitstagebuch praxisnah erfasst, indem die Untersuchungsteilnehmer zur systematischen Selbstprotokollierung angehalten werden. Eine spezifische Variante stellt die Critical Incident Technique (CIT) nach Flanagan (1954) dar. Mit ihr werden Experten oder Vorgesetzte über mehr oder weniger erfolgreiches Verhalten ihrer Mitarbeiter befragt. Ein Ereignis gilt als kritisch, wenn sich der Beobachter über das Ziel der beobachteten Handlung im Klaren war und deren Konsequenzen beobachten konnte. Mithilfe der CIT sollen möglichst objektivierbare Daten erhoben werden.

Physikalische und physiologische Meßmethoden. Physiologische Messungen spielen in arbeits- und organisationspsychologischen Untersuchungen eine eher untergeordnete Rolle. Dies liegt auch an den erforderlichen Messvorrichtungen, die in der Regel nur in der Laborforschung Anwendung finden, den Mitarbeiter in der Praxis aber in seiner Arbeitstätigkeit behindern würden. Zudem finden physiologische Messungen auch wenig Akzeptanz, da betroffene Mitarbeiter häufig den Missbrauch der medizinisch relevanten Daten befürchten. Dennoch gibt es eine Reihe von Fragestellungen, die die Ermittlung grundlegender physiologischer Kenngrößen erfordern: z. B. die Flimmerverschmelzungsfrequenz als Maß visueller Belastung, die neuropsychologische Ableitung zur Messung von Korrelaten emotionaler Reaktionen und mental-informatorischer Belastungen, Muskelaktivitätspotentiale als Hinweis auf das Ausmaß körperlicher Anstrengung oder kardiovaskuläre Kennwerte als generelle Belastungsindikatoren.

13.4.2 Funktionsorientierte Verfahren

Auftrags- und Bedingungsanalyse

Bedingungsbezogene Analysen zielen auf die Erfassung der objektiven, von der jeweiligen Person unabhängigen Bedingungen und Merkmale der Arbeitstätigkeit. Sie stehen idealerweise am Beginn einer Arbeitsanalyse und umfassen Daten aus Dokumentenanalysen, Experteninterviews und Beobachtungsinterviews. Die Analysen sind vor allem relevant, wenn es um hoch standardisierte und hoch strukturierte Arbeitstätigkeiten geht. Arbeitsbedingungen werden als äußere, technisch oder prozedural bestimmte Gegebenheiten verstanden, die die Arbeitstätigkeit und das Arbeitsergebnis unmittelbar beeinflussen. Diese Grundannahme entspricht der Tradition der von Taylor (1911) durchgeführten »Time-and-Motion-Studies«, die darauf zielten, überflüssige Bewegungen in der Arbeitshandlung zu identifizieren. Die Wirkung äußerer Arbeitsbedingungen ist aber nicht nur unmittelbar, sondern auch durch deren psychische Verarbeitung bestimmt. Bedingungsbezogene Verfahren erfassen daher nur einen Teil der leistungsrelevanten Tätigkeitsmerkmale.

Beispiel 1: Aufgabeninventare. Ein Beispiel für ein funktionsorientiertes Verfahren sind standardisierte Aufgabeninventare (z. B. EXPLOJOB von Joerin & Stoll, 2006). Die Inventare sind häufig organisationsübergreifend, aber speziell für ein Cluster ähnlicher Arbeitsplätze (vgl. Schuler & Funke, 2004) konstruiert. Es werden Aktivitäten beschrieben, die für die jeweiligen Arbeitsplätze spezifisch sind. Ein Aufgabeninventar umfasst daher häufig mehrere hundert Aufgaben. Mitarbeiter oder Führungskräfte können die einzelnen Aufgaben bezogen auf mehrere Aspekte anhand von Ratingskalen bewerten – z. B. Bedeutung der Aufgabe, ihre Häufigkeit, ihre Schwierigkeit, der Trainingsaufwand, die Konsequenzen bei Fehlern in der Ausführung der Aufgabe. Solche Klassifikationen sind z. B. hilfreich, wenn es darum geht, Anforderungsähnlichkeiten zu identifizieren, um Schulungsbedarf oder Entgeltgerechtigkeit einzuschätzen.

Beispiel 2: Fragebogen zur Arbeitsanalyse (FAA) von Frieling und Hoyos (1978). Der FAA gilt als klassisches Standardverfahren auf der Grundlage des S-R-Modells. Er wurde als Expertenverfahren auf der Basis des Professional and Managerial Position Questionnaire (PMPQ) von Mitchell & McCormick (1980) zur detaillierten Ermittlung von Anforderungen entwickelt. Mithilfe des FAA lassen sich Anforderungsähnlichkeiten klassifizieren. Die Datenerhebung erfolgt im Rahmen eines 1- bis 2-stündigen Beobachtungsinterviews über 221 Items zu den Bereichen (1) Informationsaufnahme und -verarbeitung, (2) Arbeitsausführung, (3) arbeitsrelevante Beziehungen und (4) Umgebungseinflüsse bzw. besondere Arbeitsbedingungen. Die einzelnen Items sollen von einem Experten in zielgruppenorientierter Sprache kommuniziert werden.

Verfahren zur Gefährdungsanalyse

Beispiel 1: Fragebogen zur Sicherheitsdiagnose (FSD) von Hoyos und Ruppert (1993). Der FSD erfasst verhaltensbedingte Ursachen für Unfälle im Arbeitssystem und bewertet das Unfallrisikopotential bei körperlicher Arbeit in Industrie und Dienstleistung. Er ist auf der Grundlage eines Gefahrenkonzeptes entwickelt, das davon ausgeht, dass Gefährdungen unter günstigen Bedingungen durch präventives Verhalten kontrolliert werden können. Mithilfe von 149 Items werden Merkmale der Arbeitstätigkeit, Gefahren und Gefährdungen, die Wahrnehmung von Gefahrensignalen, die Beurteilung und Antizipation von Gefahren, präventive Verhaltensweisen wie Planen, Zusammenarbeit und Verständigung ermittelt. Grundsätzlich kann der FSD zur präventiven Gefährdungs- und Sicherheitsanalyse, zur Analyse von Einzelunfällen und zur Ermittlung von Unfallschwerpunkten eingesetzt werden. Das Verfahren kann von Sicherheitsfachkräften bzw. Sicherheitsbeauftragten im Unternehmen eingesetzt werden und ermöglicht die Ableitung von sicherheitsfördernden Gestaltungsvorschlägen.

Beispiel 2: Screening psychischer Arbeitsbelastungen (SPA) von Metz und Rothe (2003). Das Verfahren dient der Belastungsanalyse im Rahmen von Gefährdungsanalysen gemäß Arbeitsschutzgesetz von 1996. Mit einer Online-Version können Arbeitgeber arbeitsbezogene psychische Belastungen ermitteln lassen, um auf deren Basis das Risiko individueller Beanspruchung und Gefährdung einzuschätzen. Die Analyse umfasst neben bedingungsbezogenen auch autonomieorientierte Aspekte wie den Entscheidungsspielraum.

13.4.3 Autonomieorientierte Verfahren

Autonomieorientierte Arbeitsanalysen richten sich auf die Passung von Mensch, Organisation und Technik. Sie können stärker bedingungs- oder stärker personenbezogen konzipiert sein. Da die Analysen sowohl die Arbeitsbedingungen als auch das mit der Arbeit verbundene Autonomiepotential zum Gegenstand haben, schlagen Hacker und Matern (1980) sieben Analyseschritte vor:

(1) Analyse betrieblicher Rahmenbedingungen
(2) Erfassung der Funktionsteilung zwischen Mensch und Maschine
(3) Auflistung der Merkmale des zu bearbeitenden Produkts und der zu steuernden Prozesse
(4) Erfassung der Kommunikation, die bei Arbeitsteilung zwischen verschiedenen Personen notwendig ist
(5) Beschreibung der Struktur der Arbeitsaufträge
(6) Feststellung objektiver Freiheitsgrade bei der Auftragsbewältigung
(7) Erfassung der Häufigkeit, mit der identische Arbeitsaufträge bearbeitet werden

Psychologische Tätigkeitsanalyse. Wenn die Ergebnisse der Bedingungsanalyse für eine differenzierte Beschreibung der Arbeitstätigkeit nicht ausreichen, werden zusätzlich psychologische Tätigkeitsanalysen durchgeführt. Diese bilden Arbeitstätigkeiten als zielgerichtete, psychisch regulierte Tätigkeiten ab. Gegenstand der Analysen sind meist mentale Abbilder, die Ausgangszustand, Ausführungsschritte, Ausführungsbedingungen und Zielzustand repräsentieren. Dabei wird untersucht, inwieweit eine Arbeitstätigkeit ermöglicht, erfahrungsbezogen zu lernen und Handlungspläne zu entwickeln. Psychologische Tätigkeitsanalysen sind handlungsregulationstheoretisch (Hacker, 1998) bzw. handlungstheoretisch begründet. Ulich (2005) schlägt für die psychologische Tätigkeitsanalyse drei Hauptschritte vor:

(1) Stichprobenartige Erfassung der Teiltätigkeiten durch Beobachtungsinterviews und anschließende Befragung

(2) Entwicklung eines Kategoriensystems zur differenzierten und präzisen Erfassung aller vorkommenden Teiltätigkeiten und Überprüfung des Kategoriensystems auf Brauchbarkeit

(3) Sorgfältige Tätigkeitsbeobachtungen über einen angemessenen Zeitraum (z. B. über die Dauer einer Arbeitsschicht oder mehrerer Arbeitschichten) auf der Grundlage des Kategoriensystems

Verfahren zur Ermittlung von Regulationserfordernissen in der Arbeitstätigkeit (VERA) von Volpert et al. (1983). Die theoretische Grundlage für das VERA ist das Modell der hierarchisch-sequentiellen Handlungsorganisation nach Oesterreich (1981). Der Handlungsspielraum der Arbeitstätigkeit wird im Beobachtungsinterview über fünf Regulationsebenen ermittelt (sensumotorische Regulation, Handlungsplanung, Teilzielplanung, Koordination mehrerer Handlungsbereiche, Erschließen neuer Handlungsbereiche). Auf den Ebenen werden in unterschiedlichem Maße Beobachtungsdaten und/oder Interviewdaten erhoben. Zur sensumotorischen Regulation werden beispielsweise Beobachtungsdaten erhoben, zur Ebene der Koordination mehrerer Handlungsbereiche wird die Begründung für einzelne Handlungsschritte dagegen erfragt. Zur Ebene neuer Handlungsbereiche werden Beobachtungsdaten (z. B. Diskussionsverhalten in einer Besprechungsrunde) und Interviewdaten erhoben sowie Dokumentenanalysen erstellt. Zur Verfahrensfamilie gehören weitere Verfahren wie das Verfahren zur Analyse der Regulationshindernisse der Arbeitstätigkeit (RHIA) von Leitner et al. (1987), das RHIA/VERA-Büroverfahren von Leitner et al. (1993) sowie das Verfahren RHIA/VERA-Produktion von Oesterreich et al. (2000). Analysen auf der Grundlage der RHIA/VERA-Skalen werden inzwischen auch zur Erfassung von psychischen Belastungen im Unterricht eingesetzt, die sich auf Belastungen wie Unterrichtsstörungen, fehlende Unterstützung durch die Schulleitung, Zeitdruck, fehlende Erholungspausen, soziale Konflikte und auf Beanspruchungsfolgen wie emotionale Erschöpfung und Gereiztheit richten (vgl. Krause, 2002; Krause et al., 2008).

Tätigkeitsbewertungssystem (TBS) von Hacker et al. (1995). Das TBS zählt ebenfalls zu den klassischen Verfahren der autonomieorientierten, bedingungsbezogenen Analyse. Das Verfahren ist handlungstheoretisch begründet. Auf der Grundlage der Analyseergebnisse sollen die Lern- und Gesundheitsförderlichkeit von Arbeitstätigkeiten in der Fertigung bzw. die Beeinträchtigungsfreiheit und Persönlichkeitsförderlichkeit der Arbeitsanforderungen beurteilt werden. Mithilfe eines Beobachtungsinterviews werden Arbeitstätigkeiten hinsichtlich der Kriterien der unvollständigen Tätigkeit (vgl. Abschn. 12.1 und 12.4) analysiert. Das TBS umfasst sechs Teile: die Einordnung der Tätigkeit nach Fertigungsart bzw. Fertigungsprinzip (Teil 0), die organisatorischen und technischen Bedingungen, die den Grad der Vollständigkeit von Tätigkeiten bestimmen (Teil A), soziale Kooperation und arbeitsbedingte Kommunikation (Teil B), Verantwortung und Einflussmöglichkeiten (Teil C), psychische Prozesse und Repräsentationen (Teil D) sowie geforderte und tatsächlich anwendbare Qualifikationen (Teil E). Die Analyse beinhaltet folgende Fragen:

▶ Gibt es Möglichkeiten zur lernabhängigen Erweiterung der Qualifikation?
▶ Fordert die Tätigkeit Eigenaktivität, werden Vorgehensweisen eigenständig gewählt?
▶ Ist eine eigenständige Zielsetzung erforderlich, die gelegentlich schöpferische Betätigung einschließt?
▶ Bestehen Erfordernisse bzw. Möglichkeiten der Kooperation und Kommunikation mit Kollegen?
▶ Welche Form der Leistungsanerkennung als Bestätigung der Persönlichkeit liegt vor?
▶ Inwieweit fordert die Tätigkeit Verantwortungsübernahme für einzelne Arbeitsabschnitte im Gesamtprozess?

Die Analyseergebnisse des TBS bereiten Empfehlungen zur Gestaltung effektivitätssteigernder und gesundheits- und persönlichkeitsförderlicher Arbeitstätigkeiten vor. Zur Verfahrensfamilie gehören u. a. das TBS-GA (L) von Rudolph et al. (1987) und weiter entwickelte Varianten wie das TBS-GA (A) von Richter und Hacker (2003).

Tätigkeitsanalyseinventar (TAI) von Frieling et al. (1993). Das TAI umfasst eine umfangreiche Sammlung verschiedener Teilverfahren über insgesamt 2055 Items, die der Belastungs- und Gefährdungsermittlung, der Evaluation von Veränderungsprozessen und der Ermittlung von Qualifikationsanforderungen dienen. Dem Verfahren liegen das Belastungs-Beanspruchungskonzept und die Handlungsregulationstheorie zugrunde. Erfasst werden kognitiv-informatorische Belastungen bzw. Informationsaufnahme und Informationsbearbeitung, Qualifikationsanforderungen, bereits erfolgte und zu erwartende (technische) Veränderungen. Je nach Fragestellung kann das TAI modular in der industriellen Fertigung, im Dienstleistungsbereich und im kaufmännischen Bereich eingesetzt werden. Die Datenerhebung erfolgt durch Experteninterviews. Aus den Untersuchungsergebnissen lassen sich organisatorische, technische und ergonomische Gestaltungsempfehlungen sowie aufgabenbezogene Ausbildungsinhalte und Lernziele ableiten. Das Planungskonzept Technik-Arbeit-Innovation (PTAI) von Kannheiser et al. (1993) stellt eine Weiterentwicklung des TAI dar.

Arbeitsanalyse von Arbeit im Haushalt (AVAH) von Resch (1999). Das AVAH-Verfahren ermöglicht, Alltagsarbeiten im Haushalt einer handlungsregulationstheoretisch begründeten Analyse zu unterziehen. Es werden Daten zu Regulationserfordernissen, zur Zeitflexibilität und zu Haushaltungs- und Betreuungsarbeit erhoben sowie eine Zuordnung der Tätigkeiten zu Arbeit oder Freizeit ermittelt. Der modulare Aufbau des Verfahrens ermöglicht es auch hier, Analysen an die jeweilige Fragestellung anzupassen. Die Analyseergebnisse sollen eine Grundlage für die Entwicklung von Gestaltungsempfehlungen zur Hausarbeit bieten (Resch, 2003).

Tätigkeits- und Arbeitsanalyseverfahren für das Krankenhaus (TAA-KH-S) von Büssing et al. (2002). Das TAA-KH-S basiert auf tätigkeitstheoretischen und handlungstheoretischen Überlegungen. Es ist modular aufgebaut und dient der Analyse und Bewertung der Arbeit im Krankenhaus auf unterschiedlichen Organisationsebenen (Station, Abteilung, Gesamtorganisation). Der Schwerpunkt des Verfahrens liegt auf der Pflegearbeit. In der Praxis wird ein Belastungs-Screening erstellt, das Hinweise auf Maßnahmen der Arbeitsgestaltung im Sinne des Arbeitsschutzgesetzes geben kann.

Instrument zur Analyse psychischer Belastungen am Arbeitsplatz (IAPB) von Michel et al. (2009). Das IAPB soll Belastungsfaktoren sowohl bedingungs- und personenbezogen messen. Die theoretische Grundlage des Verfahrens ist das Demand-Control-Modell von Karasek und Theorell

(1990). Ermittelt werden acht Belastungs- und Anforderungsdimensionen (Arbeitskomplexität, Handlungsspielraum, Variabilität, Zeitspielraum, Verantwortungsumfang, Arbeitsunterbrechungen, Konzentrations- und Kooperationserfordernisse). Die Durchführung der Analyse besteht aus zwei Schritten (Beobachtung und Bewertung) und liegt in der Hand eines Analyseteams. Getestet ist das Verfahren bislang für den Dienstleistungsbereich.

> **!**
>
> Psychologische Tätigkeitsanalysen werden in der Regel standardisiert durchgeführt. Es ist vorher festzulegen, welche Informationen einzuholen sind. Um ein solches systematisches Vorgehen zu gewährleisten, ist eine kooperative Zusammenarbeit von unabhängigen, externen Experten (z. B. Arbeits-, Organisationspsychologen, Ingenieure) und von »Experten der Praxis« (zumeist der beteiligte Stelleninhaber) zu befürworten.

13.4.4 Personenbezogene Verfahren

Fragebogen zur subjektiven Arbeitsanalyse (SAA) von Udris und Alioth (1980). Der Fragebogen SAA ermittelt die subjektive Qualität der Arbeitsanforderungen und Arbeitsbedingungen. Das Verfahren orientiert sich an den Humankriterien der Schädigungslosigkeit und Persönlichkeitsförderlichkeit. Zugrunde liegen die Konzepte »Entfremdung« (Selbstregulation, Transparenz, soziale Unterstützung) und »Beanspruchung« (quantitative und qualitative Über- und Unterforderung). Der Fragebogen umfasst insgesamt 50 Items zu Handlungsspielraum, Transparenz, Verantwortung, Qualifikation, sozialer Struktur und Arbeitsbelastung. Eine Weiterentwicklung des SAA ist der Fragebogen zur subjektiven Arbeitsanalyse SALSA zur Ermittlung salutogenetischer Bedingungen (personale, organisationale und soziale Ressourcen).

Irritationsskala zur Erfassung arbeitsbezogener Beanspruchungsfolgen (IS) von Mohr et al. (2007). Die IS misst psychische Beanspruchung und Irritation. Sie umfasst nur 8 Items und ist sowohl für die arbeits- und gesundheitspsychologische Forschung als auch für den branchen- und hierarchieübergreifenden Einsatz in der Praxis (z. B. bei Lehrkräften) geeignet. Dem Verfahren liegt das Konstrukt der Irritation zugrunde, die als früher Indikator für psychosomatische Beeinträchtigungen gilt. Irritation wird als ein Zustand psychischer Beeinträchtigung definiert, der aus dem Ungleichgewicht zwischen wahrgenommener Umweltanforderung und persönlichen Coping-Ressourcen resultiert. Erfasst werden sowohl kognitive als auch emotionale Irritationen, d. h. sowohl wiederkehrende Gedanken im Sinne verstärkter Zielerreichungsbemühungen als auch Gereiztheitsreaktionen. Für den Fragebogen liegen Adaptationen in 14 verschiedenen Sprachen vor.

Diagnose gesundheitsförderlicher Arbeit (DigA) von Ducki (2000). Die DigA dient der Detailanalyse von belastenden und gesundheitsförderlichen Arbeitsmerkmalen. Das ressourcenorientierte Verfahren basiert auf stresstheoretischen und handlungstheoretischen Annahmen und berücksichtigt Erkenntnisse zur Salutogenese. Das Verfahren ist nicht ausschließlich personenbezogen, sondern ermittelt personen- und bedingungsbezogene Daten zu Zeitdruck, Unterbrechungen, Arbeitsinhalten, aufgabenbezogener Kommunikation, somatischen Beschwerden, Befindensbeeinträchtigungen, psychischer Erschöpfung, Gereiztheit, Ängstlichkeit, Selbstwirksamkeit, Arbeitsfreude und Lernen in der Freizeit. Bislang fand die DigA eher in der Forschung als in der Praxis Anwendung, obgleich sie zur Schwachstellen- und Potentialanalyse eingesetzt werden kann.

13.4.5 Verfahren zu Teamarbeit und Kommunikation

Unterliegen kooperative Arbeitsformen besonderen Bedingungen? Welche Merkmale kooperativer Arbeitsformen sind geeignet, Einzelarbeit von kooperativen Arbeitsformen differenziell zu beschreiben? Im Mittelpunkt der Teamdiagnostik stehen sowohl strukturelle Aspekte wie Teamgröße oder technische Ausstattung als auch informelle Merkmale wie Wertorientierungen oder Verhaltensstile. Psychologische Diagnosen sollen zuverlässige Informationen über die wahrgenommene Gruppensituation zur Verfügung stellen und für Gruppenprozesse sensibilisieren. Die Ergebnisse der Analysen sollen Impulse zur Reflexion gemeinsamer Ziele beitragen.

Fragebogen zur Erfassung der Kommunikation in Organisationen (KomminO) von Sperka und Rózsa (2007). Der KomminO ist ein breit anwendbares Screeningverfahren und erfasst differenziert die subjektive Beurteilung der internen Kommunikation am Arbeitsplatz mit dem Vorgesetzten, Kollegen und unterstellten Mitarbeitern. Das Verfahren liefert zuverlässige Daten zur Beurteilung der organisationsinternen Kommunikation. Es kann im Rahmen von Mitarbeiterbefragungen als diagnostischer Einstieg oder zur Begleitung von OE-Maßnahmen eingesetzt werden.

Fragebogen zur Erfassung des Organisationsklimas (FEO) von Daumenlang et al. (2004). Dem FEO liegt das Zweifaktorenmodell des Führungsverhaltens (Consideration and Initiating Structure) zugrunde. Er kann sowohl in profitorientierten Organisationen als auch in Non-Profit-Organisationen eingesetzt werden und erfasst zwölf Dimensionen des Organisationsklimas (Vorgesetztenverhalten, Kollegialität, Bewertung der Arbeit, Arbeitsbelastung, Organisation, berufliche Perspektiven, Entgelt, Handlungsraum, Einstellung zum Unternehmen, Interessenvertretung, Mitarbeiterbewertung). Das Verfahren liefert vor allem für einzelne Abteilungen und Arbeitsgruppen zuverlässige Daten und kann zur Evaluation von PE- und OE-Maßnahmen eingesetzt werden.

Fragebogen zur Arbeit im Team (FAT) von Kauffeld (2004). Der FAT liefert Daten zum Stand der Gruppenentwicklung bei unterschiedlichen Teams (Führungskreise, Projektgruppen, Fertigungsgruppen) im Unternehmen. Der vergleichsweise kurze Fragebogen (24 Items) bildet in Anlehnung an die Kasseler Teampyramide die Dimensionen Zielorientierung, Aufgabenbewältigung, Zusammenhalt und Verantwortungsübernahme des Teams ab. Im Ergebnis wird eine Stärken-Schwächen-Analyse ermittelt, die Anhaltspunkte zur Ableitung von Teamentwicklungsmaßnahmen bietet. Im Sinne eines Benchmarkings sind Teamvergleiche oder Veränderungsmessungen über mehrere Messzeitpunkte möglich.

Beispiel 4: Teamklima Inventar (TKI) von Brodbeck et al. (2001). Mithilfe des TKI soll das Klima für Innovation und Leistung in sozialen Arbeitskontexten gemessen werden. Das Verfahren umfasst vier Modelldimensionen (Vision, Aufgabenorientierung, partizipative Sicherheit, Unterstützung für Innovation). Im Rahmen der OE stellt es zuverlässige Daten zum Benchmarking oder zur Gestaltung von Teamentwicklungsmaßnahmen zur Verfügung.

Arbeitsanalysen können auf organisationaler, interindividueller (»kollektive Arbeitsanalyse«) und individueller Ebene (vgl. Schüpbach, 2004) ansetzen. Je nach Zielsetzung der Arbeitsanalyse werden unterschiedliche Schritte vorgeschlagen. Die Methoden und Verfahren zur Durchführung von Arbeitsanalysen sind entsprechend vielfältig. Sie reichen von »hausgemachten« Verfahren bis hin zu aufwändig entwickelten, theorieorientierten Verfahren, die sich nach Anwendungsfeld und theoretischer Ausrichtung unterscheiden. Ertragreiche Analysen sollten sowohl bedingungsbezogen als auch personenbezogen erfolgen, um Hinweise für die Gestaltung gesundheitsförderlicher Arbeit und Hinweise für die Entwicklung wirksamer persönlicher Arbeitsstrategien zu geben. Legt man die soziotechnische Systemanalyse zugrunde (vgl. Abschn. 2.5), so wird eine differenzierte Analyse von Primär- und Sekundäraufgaben der Organisation möglich. In der Praxis greift die Qualitätssicherung oft zu kurz: Arbeitsanalysen werden häufig unstandardisiert und ohne Berücksichtigung einer idealen Schrittfolge durchgeführt.

13.5 Soziotechnische Systemanalyse

Soziotechnischer Systemansatz. Der soziotechnische Systemansatz (vgl. Abschn. 2.5 und Abschn. 14.2.4) nimmt innerhalb der systemtheoretischen Ansätze eine Sonderstellung ein. Er wurde am Tavistock-Institut in Untersuchungen zum englischen Kohlebergbau, zur indischen Textilindustrie und zu Projekten der »industriellen Demokratie« in Norwegen entwickelt (Alioth, 1980; Emery & Thorsrud, 1982). Mit dem Modell des soziotechnischen Systems werden technisch-organisatorische und sozial-interaktionale Aspekte einer Organisation abgebildet. Organisationen werden als offene, dynamische und selbstregulierende Systeme aus technischem und sozialem Teilsystem verstanden, die mit ihrer Umwelt in Interaktion stehen und in denen der Mensch gestaltend wirkt. Das soziale Teilsystem besteht aus den Organisationsmitgliedern mit ihren individuellen und gruppenspezifischen, physischen und psychischen Bedürfnissen, Erwartungen und Kompetenzen. Das technische Subsystem besteht aus den technologischen und räumlichen Arbeitsbedingungen (Betriebsmittel, Anlagen, Werkzeuge). Die Verknüpfung beider Teilsysteme erfolgt auf der Grundlage der Arbeitsrollen, die die Funktionen der Mitarbeiter und die erforderlichen kooperativen Interaktionen bestimmen. Die Funktionalität eines soziotechnischen Systems bezieht sich auf dessen Primäraufgaben (Produktion oder Dienstleistung) und Sekundäraufgaben (Systemerhaltende Aufgaben wie z. B. Personalservice, technische Wartungsdienste oder Management). Grundsätzlich wird unterstellt, dass die Person durch technisch und sozial vermittelte Arbeitserfahrung soziotechnische Handlungskompetenz erlangen kann.

Analyseebenen. Die soziotechnische Systemanalyse zielt darauf, Merkmale zu identifizieren, die eine gemeinsame Optimierung des technischen und sozialen Teilsystems mit allen seinen Input-, Output- und Transformationsprozessen ermöglichen. Arbeitsanalysen gelten im soziotechnischen Systemansatz sowohl zur Vorbereitung von Maßnahmen der Arbeitsgestaltung als auch von Maßnahmen der OE für unverzichtbar. Für die Arbeitsanalyse bietet der Ansatz ein Rahmenkonzept, das strukturelle, soziale und technologische Merkmale aus der Mikro- und aus der Makroperspektive situativ auf mehreren Ebenen erschließt (vgl. Trist, 1990):
(1) Ebene des Arbeitssystems
(2) Ebene der gesamten Organisation
(3) Ebene der ökonomischen und gesellschaftlichen Umwelt der Organisation
Differenzierte Diagnosen umfassen nach Hill (1971) acht Teilanalysen:
(1) Scanning des Organisationssystems und seiner Umwelt (z. B. Struktur, Input, Output)
(2) Beschreibung der Arbeitsabläufe
(3) Schwachstellenanalyse
(4) Analyse des sozialen Systems (z. B. hierarchische Ordnung, Positionen und Arbeitsrollen, Rollenzuweisungen, Gruppierungen, unterstützende Handlungen, soziale Bedürfnisse)
(5) Analyse der Rollenwahrnehmung (Rollenerwartungen und Rollenverhalten)

(6) Analyse der Erhaltungssysteme

(7) Analyse der Zuliefer- und Abnehmersysteme

(8) Einschätzung der Einflüsse der Unternehmenspolitik und des Umweltsystems

Komplementäre Analyse und Gestaltung von Produktionsaufgaben in soziotechnischen Systemen (KOMPASS) von Grote et al. (1999). Das Verfahren zielt darauf, den optimalen Automatisierungsgrad zur Gestaltung menschengerechter Mensch-Maschine-Systeme (komplementäre Systemgestaltung) zu bestimmen. Es geht von der Grundannahme aus, dass auch in automatisierten Produktionsprozessen Eingriffe des Menschen im Sinne kreativer Problemlösung erforderlich sind. In die Analyse gehen Merkmale des Arbeitssystems (z. B. Ganzheitlichkeit, Regulationserfordernisse und Regulationsmöglichkeiten, Autonomie der Arbeitsgruppen, Unabhängigkeit des Arbeitssystems), Merkmale der Arbeitstätigkeit (z. B. Ganzheitlichkeit, Anforderungsvielfalt, Kommunikationserfordernisse, Lernmöglichkeiten, Zeitelastizität) und Merkmale der Mensch-Maschine-Interaktion (z. B. Kopplung, Prozesstransparenz, Flexibilität) ein. Das Verfahren ist sowohl zur Anwendung durch Arbeitswissenschaftler als auch durch Praktiker konzipiert. Die Systemanalyse erstreckt sich in der Regel über einen Tag. Mehrere Tage zur Ableitung von Gestaltungsmöglichkeiten sollten sich anschließen.

Mensch-Technik-Organisations-Analyse (MTO-Analyse) von Strohm und Ulich (1997). Gegenstand der modular konzipierten MTO-Analyse sind ganzheitliche Untersuchungen von Organisationssystemen auf der Grundlage eines Mehr-Ebenen-Ansatzes. In die Analyse werden Merkmale des Unternehmens insgesamt (z. B. Unternehmensziele, Unternehmensstrategien), der Organisationseinheit (z. B. Arbeitsteilung, Vollständigkeit der Primäraufgabe), der Arbeitsgruppe (z. B. kollektive Regulation) und des Individuums (z. B. Erwartungen, Beanspruchungen, Ressourcen) sowie der soziotechnischen Geschichte des Unternehmens mit einbezogen. Auf der Grundlage der Analyse wird ein Stärken-Schwächen-Profil erstellt, das auch prospektiv Gestaltungsmaßnahmen begründen kann.

13.6 Chancen und Grenzen

Übliche Praxis

Im Arbeitsalltag werden psychologische Arbeitsanalysen oft als aufwändig in Entwicklung und Durchführung wahrgenommen. Auf den Einsatz bestehender, standardisierter Verfahren wird häufig dennoch verzichtet. Stattdessen erstellen beispielsweise Experten aus der Praxis ein Anforderungsprofil für einen Arbeitsplatz weitgehend intuitiv auf der Grundlage eigener Erfahrungen. Intuitive Vorgehensweisen sind jedoch aus mehreren Gründen problematisch: Zum einen wird ihre Fehlerbehaftung nicht systematisch kontrolliert. Zum anderen liefern Arbeitsanalysen – ob intuitiv oder wissenschaftlich entwickelt – die Grundlage für weitreichende Entscheidungen. Die Ergebnisse anforderungsbezogener Analysen dienen als Grundlage zur Entwicklung von Verfahren zur Eignungsdiagnose und Personalauswahl. Die Ergebnisse bedingungsbezogener und autonomieorientierter Verfahren bieten Entscheidungshilfen zur Arbeitsgestaltung. Prospektive Arbeitsanalysen können darüber hinaus frühzeitig und grundlegend Gestaltungserfordernisse aufzeigen. Führungskräfte, Mitarbeiter, Arbeitswissenschaftler und Psychologen bringen sich mit unterschiedlichen Perspektiven als »Experten« im Bereich der Arbeitsanalyse ein. Wissenschaftliche Expertise kann hier zur Qualitätssicherung beitragen. Im Kontext der ISO-Zertifizierung finden standardisierte Verfahren heute zunehmend mehr Akzeptanz, als dies bislang der Fall war.

Probleme und Grenzen

In der Praxis treffen Arbeitsanalysen nicht selten auf Vorbehalte sowohl der Arbeitnehmer als auch der Arbeitgeber. Die erfolgreiche Durchführung von Analysen setzt grundsätzlich voraus, dass alle Betroffenen über die geplante Untersuchung wie z. B. die Beobachtung von Arbeitstätigkeiten vorab weitreichend bzw. zufriedenstellend informiert sind. Oftmals befürchten Arbeitnehmer Rationalisierungsmaßnahmen, wenn Arbeitsprozesse vor Ort einer genauen »Kontrolle« unterzogen werden. Ängste, Misstrauen und Missverständnisse verfälschen Beobachtungen und Ergebnisse. Sie sollen daher mit Blick auf die Qualität der vorgelegten Analyse möglichst von vornherein vermieden werden. Aus wissenschaftlicher Perspektive stellt sich in vielen Untersuchungen das Problem der selektiven Wahrnehmung. Die Aufzeichnung und Dokumentation von Beobachtungsdaten unterliegt technischen, rechtlichen und ethischen Beschränkungen: Verdeckte Videoaufzeichnungen sind in der Arbeitsanalyse aus ethischen und rechtlichen Gründen nicht akzeptabel. Die Durchführung einer Analyse kann eine – vom realen Arbeitsalltag abweichende – zusätzliche Ausleuchtung erfordern. Die Anwender von Arbeitsanalysen müssen sorgfältig geschult sein. In den meisten Fällen werden zur Arbeitsanalyse Beobachtungsinterviews eingesetzt, sodass Anwender sowohl in der Methode der Beobachtung als auch in der Interviewtechnik geschult sein sollten.

Traditionelle Verfahren der Arbeitsanalyse werden zudem hinsichtlich der sich wandelnden sozioökonomischen und technologischen Bedingungen kritisiert (vgl. Weinert, 2004):

► Sie können den Status quo verfestigen anstatt zu erwünschten Veränderungen beizutragen.
► Sie berücksichtigen nicht oder nicht ausreichend strategische Planungen der Organisation.
► Teamarbeit und Wechselwirkungen zwischen verschiedenen Mitarbeitern werden unzureichend beachtet.
► Kooperationsverhalten, das nicht direkt der Arbeitserfüllung dient, wird weitgehend vernachlässigt.
► Psychologische Variablen wie individuelle Erwartungen, Motive und Werte werden wenig berücksichtigt.

Um die Vorteile der Arbeitsanalyse zu nutzen, ist es notwendig, veränderte Arbeitsbedingungen und Arbeitsformen wie Telearbeit, Team-, Projektarbeit oder virtuelle Arbeitsorganisation zu berücksichtigen. Arbeitsanalysen sollten flexibler auf Veränderungen in einem Arbeitsbereich reagieren können. Fakultatives, kooperatives Verhalten zwischen Mitarbeitern sollte mehr Berücksichtigung finden. Angesichts der raschen technischen Entwicklungen sollten (strategische) Arbeitsanalysen in stärkerem Maße auch im Bereich der prospektiven Arbeitsgestaltung und der Technikfolgeneinschätzung eingesetzt werden können (vgl. Weinert, 2004).

13.7 Kernpunkte und Übungsaufgaben

Kernpunkte

► Die Anfänge der wissenschaftlichen Forschung zu Arbeitsplätzen werden durch die Time-and-Motion-Studies und die Hawthorne-Studien markiert.
► Arbeitsanalysen liefern Informationen für verschiedene Zielsetzungen (Arbeitsgestaltung, OE, Anforderungsprofile, prospektive Arbeitsgestaltung). Sie ermitteln Arbeitsanforderungen, Arbeitsbedingungen, Arbeitsbelastungen und Qualifikationserfordernisse.
► In Abhängigkeit von der jeweiligen Zielsetzung der Arbeitsanalyse werden unterschiedliche idealtypische Vorgehensweisen und Instrumentarien vorgeschlagen.
► Ein eigenständiges, theoretisches Rahmenmodell zur Analyse von Arbeitstätigkeiten bietet der soziotechnische Systemansatz, in dem sich Arbeitsanalyse auf Merkmale des sozialen und tech-

nischen Teilsystems richtet. Darüber hinaus werden heute neue Konzepte zur strategischen Arbeitsanalyse gefordert.

▶ Im Kontext der ISO-Zertifizierung dienen Arbeitsanalysen zunehmend der Qualitätssicherung.

▶ Die gängige Praxis weicht oftmals aus pragmatischen Gründen von idealtypischen Vorgaben ab.

Übungsaufgaben

▶ Worin unterscheiden sich die wesentlichen Konzepte der Arbeitsanalyse?

▶ Inwiefern können Gefährdungsanalysen sowohl funktionsorientiert als auch autonomieorientiert ausgerichtet sein?

▶ Welchen Widerständen begegnen Arbeitsanalysen in der Praxis, worin liegt ihr Nutzen?

▶ Welche Theorien und Modellannahmen liegen Arbeitsanalysen zugrunde?

Weiterführende Literatur

Verfahren: Dunckel (1999); Kauffeld (2001); Resch (2003); Sarges et al. (2010).

14 Arbeitsgestaltung

Was Sie in diesem Kapitel erwartet

Die Gestaltung von Arbeit dient ökonomischen und sozialen Verwertungsinteressen. Im Mittelpunkt steht dabei, Arbeitsleistung mit Blick auf den ökonomischen Ertrag zu steigern, Arbeitsmotivation, Leistungsbereitschaft und Arbeitszufriedenheit mit Blick auf Lebensqualität und Produktivität positiv zu beeinflussen, Stressreaktionen und Belastungserleben zu verringern, die Arbeitssicherheit an »Risikoarbeitsplätzen« zu verbessern oder Arbeitsleistung gerecht zu entlohnen. Im folgenden Kapitel wird gezeigt, dass die Kriterien humaner Arbeit und ökonomische Kriterien einander nicht ausschließen müssen. Dazu wird zunächst menschengerechte Arbeit als Leitkonzept begründet. Orientiert an den Kriterien humaner Arbeit schließt sich daran eine Darstellung grundlegender Maßnahmen zur Arbeitsgestaltung und zur psychologischen Arbeitsstrukturierung an.

14.1 Das Leitkonzept der »menschengerechten Arbeit«

»Menschengerechte« bzw. »humane« Arbeit ist zum Leitbild für die Bewertung und Gestaltung von Arbeit geworden. Dennoch gibt es unterschiedliche Auslegungen, da Arbeitsgestaltung an verschiedenen Kriterien ausgerichtet werden kann (Abschn. 14.1.1). Neben klassischen Qualitätskriterien (Abschn. 14.1.2) gewinnt die Orientierung an Aspekten nachhaltiger Kompetenzentwicklung an Bedeutung (Kap 14.1.3).

14.1.1 Standpunkte

Beispiel

Nach seiner Zufriedenheit mit der Arbeit befragt, antwortet jemand: »Alles ist gut – ich habe ein gesichertes Einkommen«. »Gut« ist seine Arbeit für ihn vielleicht, weil sie ihm regelmäßige Existenzsicherung verspricht und andere Erwartungen zum Zeitpunkt der Frage für ihn weniger wichtig sind. In einem anderen Falle mag die Antwort lauten: »Alles ist gut – ich stehe immer wieder vor spannenden Herausforderungen«. »Gut« ist Arbeit hier möglicherweise, weil sie Chancen zu persönlichem Wachstum eröffnet. Wo also lassen sich angesichts individueller Präferenzen allgemein verbindliche Bewertungskriterien ansetzen?

Der subjektive Wert der Arbeit. Unser Alltagsverständnis von Arbeit ist von unterschiedlichen Traditionen beeinflusst und daher nicht frei von Ambivalenz. In der Schöpfungsgeschichte des Alten Testamentes gilt Arbeit als Fluch nach dem Sündenfall, aber auch als Auftrag Gottes, sich die »Erde untertan« zu machen. In der griechischen Polis ist Arbeit die Pflicht der Sklaven. Im Neuen Testament mahnt Paulus die Christen zur Arbeit: »Wer nicht arbeitet, soll auch nicht essen« (2. Brief an die Thessalonicher 3, 10). Im Calvinismus gilt Arbeit als streng gebotene Pflicht, deren Erfolg für göttliches Wohlgefallen steht. Die Fabrik-Ordnungen des 19. Jahrhunderts sprechen demgegenüber eine andere Sprache: Sie zeigen Arbeitsbedingungen auf, die von physischer Gefährdung, Hilflosigkeit und Hoffnungslosigkeit geprägt sind. Erst im Laufe des 20. Jahrhunderts verbessert sich die sozioökonomische Situation der Industriearbeiter. Mit dem Wandel der Wirtschafts- und Lebensverhältnisse rücken beispielsweise Arbeitnehmerschutz, Sozialversicherung und Tarifvertragswesen in den Mittelpunkt sozialpolitischer Bestrebungen. Auch in der katholischen Soziallehre wird in den 1980er Jahren eine laboristische Wirtschafts- und Sozialordnung entworfen, die den Wert des Menschen in den Mittelpunkt stellt und sich an drei normativen Kriterien orientiert (Nell-Breuning, 1985):

▶ Personalität. Jeder Mensch ist als Person wertvoll, deren Selbstverwirklichung nicht nur innerweltlich erfolgt. Der Mensch wird daher als Ziel und Träger aller gesellschaftlichen Vorgänge und Organisationen gesehen.

▶ Solidarität. Würde und Gerechtigkeit sollen nicht gefährdet werden. Die Gemeinschaft soll keine Person in einem würdelosen Zustand belassen. Arbeit wird in ihrer Wertigkeit nicht auf einen Marktwert reduziert, sondern auch hinsichtlich des Gemeinwohls wertgeschätzt.

▶ Subsidiarität. Eingriffe in die individuelle Verantwortlichkeit der Person sollen nahe am Betroffenen subsidiär, zeitlich und umfänglich beschränkt zum Zweck der Hilfe erfolgen.

Zusammenfassend zeigt sich, dass unsere Sicht der Arbeit technisch-materiellen, historischen, gesellschaftlichen und individuellen Einflüssen unterworfen ist. In technisch-materieller Hinsicht ist die Person Teil eines Mensch-Maschine-Systems. In sozialer Hinsicht gestaltet,und bewertet die Person die eigene Arbeit und wird ihrerseits durch die Arbeitsaufgabe und das Arbeitssystem (z. B. durch Hierarchisierung, Lohnsystem, Koordination, Einflussnahme, Kompromisse) verändert. Gesellschaftliche Deutungen wie Wohlstand, Wirtschaftswachstum, Nachhaltigkeit oder Selbstbestimmung beeinflussen soziale Einstellungen zur Arbeit und deren Gestaltungsspielraum.

Begründung verbindlicher Wertkriterien: Empirische Befunde zur Qualität von Arbeit und individuelle Erfahrungen oder Erwartungen können durchaus im Widerspruch zueinander stehen.
Kriterien zur Bewertung von Arbeit bedürfen daher einer besonderen Begründung.

▶ Aus humanistischer Sicht werden Kriterien häufig *dogmatisch-elitär* begründet: Als unanfechtbare Prämisse wird gesetzt, dass der Mensch ein schöpferisches und entwicklungsfähiges Wesen ist. Daraus leitet sich ab, dass Arbeit grundsätzlich so gestaltet sein muss, dass sie Kreativität, Lernchancen und Wohlbefinden garantiert.

▶ *Dialogisch-emanzipatorisch* werden Kriterien begründet, wenn Bewertungskriterien in einem gemeinsamen Prozess der Ziel- und Begründungssuche von allen Betroffenen ausgehandelt werden. Das Ergebnis dieses Prozesses steht aufgrund der geforderten Partizipation ständiger Kritik und Revision offen. Unterstellt wird, dass alle Betroffenen ausreichende kommunikative Kompetenz aufweisen und der Prozess der Ziel- und Begründungssuche vor manipulativem Missbrauch geschützt ist.

▶ Richt- und Grenzwerte, Normen und Verbote, wie sie beispielsweise im Arbeitsschutz Geltung finden, sind in der Regel *pragmatisch-positivistisch* begründet. Die betreffenden Kriterien orientieren sich an empirisch unstrittigen Erkenntnissen zu arbeitsbedingten Schädigungen oder Beeinträchtigungen. Da das Fehlen von Schädigung oder Erkrankung oder die subjektive Zufriedenheit der Betroffenen als ausreichende Qualitätsmaße gelten, werden häufig nicht unmittelbar wahrnehmbare Schädigungen, aber auch Ressourcen im Bewertungsprozess vernachlässigt.

14.1.2 Qualitätskriterien

Humankriterien

Die Kriterien humaner Arbeit tragen wissenschaftlichen Erkenntnissen der Ergonomie, der Psychophysiologie, der Arbeitsmedizin, der technisch orientierten Arbeitspsychologie und der sozialwissenschaftlich orientierten Organisationspsychologie Rechnung. Es werden 6 Kriterien zur Bewertung von Arbeit angeführt (vgl. Abschn. 2.2.2).

(1) »Human gestaltete« Arbeit darf den Menschen nicht irreversibel schädigen – sie muss erträglich sein (Schädigungslosigkeit).

(2) »Human gestaltete« Arbeit muss ausführbar sein, Ausführungsbedingungen sollen anthropometrischen und ergonomischen Maßen entsprechen (Ausführbarkeit).

(3) Die »human gestaltete« Arbeitsaufgabe und Arbeitsumgebung müssen beeinträchtigungsfrei und zumutbar sein. Die Person soll Handlungs- und Tätigkeitsspielräume qualifikations- und zielangemessen nutzen können (Zumutbarkeit und Beeinträchtigungsfreiheit).

(4) »Human gestaltete« Arbeit muss persönlichkeitsförderlich organisiert sein. Sie soll Lernerfordernisse bzw. Lernchancen eröffnen und Zufriedenheit ermöglichen.

(5) »Human gestaltete« Arbeit muss sozialverträglich sein. Sie soll Interaktions- und Partizipationserfordernisse beinhalten (Sozialverträglichkeit).

(6) »Human gestaltete« Arbeit muss gesellschafts- und umweltverträglich sein. Sie soll sich in sozialer und ökologischer Hinsicht am Prinzip der Nachhaltigkeit orientieren und in ihrer Gestaltung ethisch begründen lassen (Gesellschafts- und Umweltverträglichkeit).

DIN-Normen. Die DIN EN ISO 9241-2 zur Bildschirmarbeit spiegelt den heutigen Stand der arbeitswissenschaftlichen Erkenntnisse zur humanen Arbeitsgestaltung wider. Angelehnt an die Kriterien humaner Arbeitsgestaltung werden in der Norm die Aspekte (1) Benutzerorientierung, (2) Vielseitigkeit, (3) Ganzheitlichkeit, (4) Bedeutsamkeit, (5) Handlungsspielraum, (6) soziale Rückmeldung und (7) Entwicklungsmöglichkeiten aufgeführt:

(1) Benutzerorientierung heißt, dass die Gestaltung der Arbeitsaufgabe die Erfahrungen und Fähigkeiten der Beschäftigten berücksichtigen soll, sodass weder Überforderung noch Unterforderung zu beeinträchtigenden psychischen Belastungen führen. Eine möglichst gute Übereinstimmung zwischen Person und tätigkeitsspezifischen Anforderungen lässt sich durch Qualifizierungsmaßnahmen und/oder sogenannte Individualisierungskonzepte herstellen. Letztere überlassen es dem Beschäftigten zum Beispiel beim flexiblen Einsatz von Computersystemen weitgehend selbst, wie er seine Arbeit ausführt.

(2) Vielseitig ist Arbeit, wenn vielerlei Kenntnisse, Fertigkeiten und Fähigkeiten eingesetzt werden müssen/können. Vielseitigkeit verhindert Monotonieeffekte, wie sie bei ständig gleichartigen Aufgaben auftreten.

(3) Ganzheitlich gestaltete Aufgaben umfassen planende, ausführende und kontrollierende Elemente und ermöglichen es dem Beschäftigten, den Anteil seiner Tätigkeit an der Gesamtleistung zu erkennen. Es wird sichergestellt, dass die zu erledigenden Aufgaben als ganzheitliche Arbeitseinheiten erkennbar sind. Die beschäftigte Person erhält aus dem Arbeitsfortschritt selbst Rückmeldung zum eigenen Leistungsbeitrag. Diese unmittelbar erfahrbare Rückmeldung ermöglicht Selbstregulation und intrinsische Motivation. In Abstimmung mit anderen wird durch ganzheitlich gestaltete Aufgaben bzw. vollständige Tätigkeiten (Hacker, 1998, 2009) selbstständige Zielsetzung und eigenverantwortliches Arbeiten möglich.

(4) Das Kriterium der Bedeutsamkeit meint, dass die zu erledigenden Aufgaben einen bedeutsamen Beitrag zur Gesamtleistung des Systems darstellen. Eine bedeutsame Aufgabenstellung

umfasst hinreichende Informationen über die erforderliche Qualität und Menge der Arbeitsergebnisse und die Terminierung des Arbeitsprozesses.

(5) Über Handlungsspielraum zu verfügen, bedeutet für Beschäftigte, selbst über Details der Arbeitsweise und der Arbeitsorganisation entscheiden zu können. Handlungsspielraum bezieht sich auf die Möglichkeit, eine Situation selbstbestimmt zu beeinflussen. Bereits das Wissen um vorhandene Handlungsspielräume vermag dabei, Stressreaktionen entgegenzuwirken, während einengende Vorschriften oder eine starke Systemabhängigkeit als Stressoren wirken. Arbeitsplätze, an denen die Beschäftigten über große Handlungsspielräume verfügen, ermöglichen es, eigenständig Ziele zu setzen, Entscheidungen zu treffen und Planungen zu entwickeln. Arbeitspsychologische Forschungsergebnisse zeigen, dass Arbeitsplätze mit angemessenen Handlungsspielräumen als gesundheitsförderlich gelten. Beschäftigte an entsprechend gestalteten Arbeitsplätzen zeigen häufiger aktives Verhalten im Arbeits- und im privaten Leben als Beschäftigte an restriktiven Arbeitsplätzen.

(6) Soziale Rückmeldung durch Kollegen und Führungskräfte über die Qualität des Leistungsbeitrags setzt Arbeit voraus, die Kooperation und Kommunikation erfordert. Die Möglichkeit zur sozialen Interaktion bewirkt, dass Probleme gemeinsam bewältigt und Belastungen besser verarbeitet werden. Soziale Rückmeldung im Arbeitsleben ist grundsätzlich ein Ausdruck sozialer Unterstützung.

(7) Entwicklungsmöglichkeiten bietet menschengerecht gestaltete Arbeit, wenn sie angemessene neue Lernchancen und Herausforderungen bereithält. Beschäftigte sollen ihre Qualifikationen nutzen und weiterentwickeln können. Arbeit soll grundsätzlich so gestaltet sein, dass der Beschäftigte Handlungskompetenz entwickeln kann.

!

Arbeitswissenschaftliche Forschungsergebnisse haben inzwischen in einschlägigen Verordnungen und Normen Niederschlag gefunden (Arbeitsschutzgesetz, Bildschirmarbeitsverordnung, DIN EN ISO 9241, DIN EN ISO 10075). Formale Normen werden dem Anspruch nachhaltiger Gesundheits- und Persönlichkeitsförderlichkeit allerdings nur annähernd gerecht. In der betrieblichen Praxis bieten sie normative Vorgaben, die eine Einordnung und Bewertung von Arbeitsaufgaben, Arbeitsprozessen und Arbeitsumgebung ermöglichen. Im Mittelpunkt psychologisch begründeter Bewertung und Gestaltung stehen dagegen die Humankriterien und dabei besonders die Erweiterung des Handlungsspielraumes bzw. die Persönlichkeitsförderlichkeit.

14.1.3 Ressourcenorientierung

Überwindung des tayloristischen Prinzips. Veränderungen in Arbeitsprozessen und Organisationsstrukturen erfolgen aus verschiedenen Gründen. Es kann darum gehen, Arbeitsmotivation und -zufriedenheit zu steigern (vgl. Abschn. 12.4.1), Stressreaktionen und Beanspruchungen zu verringern (vgl. Abschn. 12.4.2), Gefahrenpotentiale zu vermindern, Kosten einzusparen oder auch sich als Unternehmen attraktiv und wettbewerbsfähig zu positionieren. In aktuellen Management- und Organisationskonzepten wird die Fähigkeit der Person zu Innovation und Kreativität als Ressource für den wirtschaftlichen Erfolg betrachtet. In Forschung und Praxis nimmt das Interesse an ressourcenorientierten Ansätzen zu.

► Die Gestaltung von Arbeit richtet sich nicht mehr ausschließlich auf die Reduktion von Belastungen, sondern auch auf die Stärkung der Leistungsfähigkeit und Gesundheit.

► Zunehmend werden flexible, alterns- und altersgerechte Arbeitsmodelle gefordert.

► Vor dem Hintergrund des raschen technologischen Wandels und der Globalisierung rücken Fragen arbeitsbezogener Lernkulturen (Vermittlung von Spezialwissen und Coping-Strategien) in den Vordergrund.

Handlungskompetenz. Die Bedeutung von Entscheidungs- und Kontrollspielräumen konnte in vielen Studien belegt werden (vgl. Hacker, 1998). Beispielsweise konnten Karasek und Theorell (1990) zeigen, dass hohe Arbeitsanforderungen vor allem dann zu Stresssymptomen führen, wenn sie mit geringem Entscheidungs- und Kontrollspielraum verbunden sind (vgl. auch Siegrist & Theorell, 2006).

Motivation und Leistung. Arbeitsmotivation, Arbeitszufriedenheit und Arbeitsleistung werden zweifellos auch durch die Art der Arbeitsaufgabe, des Arbeitsinhalts und der Arbeitsbedingungen beeinflusst. Humanistisch orientierte Autoren wie Maslow (1943), Herzberg (1959) und McGregor (1960) gingen davon aus, dass das Streben nach Selbstverwirklichung zu den Bedürfnissen des Menschen zählt. Herzberg referierte in empirischen Untersuchungen, dass u. a. der Aufgabeninhalt, die Möglichkeit zur Weiterentwicklung und die Möglichkeit zur Eigenverantwortung motivierend wirken. Das damit angestoßene Konzept des »Job Enrichment« gilt als beispielhafte Maßnahme zur Humanisierung der Arbeit (Abschn. 14.2.3).

Coping-Ressourcen. Die fünfte Erwerbstätigkeitbefragung in Deutschland (Bundesanstalt für Arbeit, 2005/2006) zeigt, dass psychische bzw. psychosoziale Belastungen wie Kontrollverlust, Zeitdruck, Rollenambiguität, Mobilitätserwartungen und Migrationsfolgen im Vergleich zu körperlichen Belastungen kontinuierlich zunehmen. Stressmanagement und Gesundheitsförderung am Arbeitsplatz gelten heute europaweit als große Herausforderung für den Gesundheitsschutz (vgl. Ulich, 2005). In Konzepten zur Arbeitsgestaltung wird daher die Bedeutung sozialer und individueller Coping-Ressourcen zunehmend betont. Menschengerechte Arbeitsgestaltung zielt vor diesem Hintergrund darauf, dem Menschen ein höheres Maß an Selbstbestimmung und Selbstwirksamkeit zu ermöglichen (vgl. Kickbusch, 2006). Diese explizite Ressourcenorientierung geht über die Frage hinaus, welche Risikofaktoren Menschen in der Arbeitswelt krank machen, und stellt Kriterien wie Selbstwirksamkeitserwartung, Handlungskompetenz und soziale Unterstützung in den Vordergrund.

!

Während im Mittelpunkt der traditionellen Arbeitsgestaltung noch die Regulation der Arbeitsanforderungen und Belastungen stand, rücken heute persönliche Leistungsfähigkeit und Leistungsbereitschaft, alterns- und altersgerechte Arbeitsgestaltung, die Förderung von Coping-Strategien im Umgang mit Instabilität und Innovation, Eigenverantwortung und lebenslanges Lernen in den Vordergrund. Mit Blick auf nachhaltige Arbeitssysteme verbinden sich heute Fragen einer ressourcenorientierten Nachhaltigkeitsforschung mit der klassischen arbeitswissenschaftlichen Forschung zur Humanisierung der Arbeitswelt.

14.2 Maßnahmen der Arbeitsgestaltung

Verschiedene Maßnahmen der Arbeitsgestaltung werden zunächst systematisiert (Abschn. 14.2.1), bevor auf die drei klassischen Methoden der Arbeitsgestaltung eingegangen wird: Job Rotation und Job Enlargement (Abschn. 14.2.2) sowie Job Enrichment (Abschn. 14.2.3). Doch auch die

Einführung teilautonomer Arbeitsgruppen (Abschn. 14.2.4), Arbeitszeitflexibilisierung (Abschn. 14.2.5) und die alterns- und altersgerechte Arbeitsgestaltung (Abschn. 14.2.6) repräsentieren wichtige Maßnahmen, wie man Arbeit und Arbeitssysteme gestalten kann.

14.2.1 Systematik

Arbeitsgestaltung und Arbeitsstrukturierung. Arbeitsgestaltung umfasst die organisatorische und technische Gestaltung eines Arbeitssystems und dessen relevanter Umweltfaktoren insgesamt, die auf das Zusammenwirken von Mensch, Technik, Information und Organisation gerichtet sind (vgl. REFA, 1991). Sie zielt darauf, gute Bedingungen zur Erfüllung der Arbeitsaufgabe sicherzustellen. Arbeitsstrukturierung bzw. psychologische Arbeitsstrukturierung gilt als Teil der Arbeitsgestaltung und zielt explizit auf die Veränderung der Arbeitsorganisation. Da sich Arbeitsanforderungen verändern, ist psychologische Arbeitsstrukturierung als dynamischer Prozess mit dem Ziel der Anpassung der Arbeitsbedingungen an die Qualifikationen und Bedürfnisse der Arbeitenden zu sehen. Fundierte Arbeitsanalysen zum Ist-Zustand unterstützen die Entscheidung für Gestaltungsmaßnahmen (vgl. Frieling, 1999).

Ebenen der Arbeitsgestaltung. Maßnahmen der Arbeitsgestaltung betreffen unterschiedliche Ebenen:
(1) Ergonomisch-technische Arbeits- und Arbeitsplatzgestaltung (Gestaltung von Werkzeugen, Bedienteilen, Anzeigen, Signalen, Messwertdarstellung, Gestaltung von Arbeitsstühlen, Arbeitstischen)
(2) Individuelle und kollektive Arbeitsorganisation bzw. psychologische Arbeitsstrukturierung (Gestaltung von Tätigkeits-, Entscheidungs- und Interaktionsspielräumen)
(3) Flexibilisierung der Arbeitszeit

Ziele psychologischer Arbeitsstrukturierung. Ansätze zur psychologischen Arbeitsstrukturierung sind eng mit dem Konzept des Handlungsspielraums von Ulich (1972) und dem Konzept der Freiheitsgrade von Hacker (1973) verbunden. Das klassische Ziel psychologischer Arbeitsstrukturierung ist es, Arbeit persönlichkeitsförderlich zu gestalten. Dieses Grundverständnis trägt spezifischen Grundannahmen Rechnung (Ulich, 2007):

▶ Der Mensch wird als handelndes Subjekt betrachtet, das inter- und intraindividuelle Unterschiedlichkeit zeigt.
▶ Individuelle Motive, Bedürfnisse und Kompetenzen verändern sich. Diesen intraindividuellen Differenzen trägt eine *dynamische* Arbeitsgestaltung Rechnung.
▶ Interindividuelle Differenzen erfordern unterschiedliche Arbeitsformen. Die *flexible* Arbeitsgestaltung schafft Arbeitsstrukturen, die individuelle Arbeitsweisen ermöglichen. Die *differentielle* Arbeitsgestaltung schafft Organisationsstrukturen, die eine individuelle Wahl zwischen Arbeitssystemen ermöglichen.

Maßnahmen psychologischer Arbeitstrukturierung. Maßnahmen zur psychologischen Arbeitsstrukturierung unterscheiden sich darin, in welchem Ausmaß sie zur Erweiterung des Handlungsspielraums (Alioth, 1983) hinsichtlich (1) Tätigkeitsspielraum, (2) Entscheidungs- und Kontrollspielraum und (3) Interaktionsspielraum beitragen (vgl. Abb. 14.1).

▶ Job Rotation zur Erweiterung des Tätigkeitsspielraums auf der Ebene ausführender Aufgaben (individuelle, horizontale Arbeitsstrukturierung)

- ▶ Job Enlargement zur sequentiellen Erweiterung des Tätigkeitsspielraums auf der Ebene ausführender Aufgaben (individuelle horizontal-sequentielle Arbeitsstrukturierung)
- ▶ Job Enrichment zur Erweiterung des Tätigkeitsspielraums und des Entscheidungs- und Kontrollspielraums (individuelle, vertikale Arbeitsstrukturierung zur Bereicherung ausführender Aufgaben um Planungs- und Kontrollaufgaben)
- ▶ Teilautonome Arbeitsgruppen zur Erweiterung des Tätigkeitsspielraums, des Entscheidungs- und Kontrollspielraums und des Interaktionsspielraums (kollektive Arbeitsstrukturierung zur Bereicherung ausführender und planender Aufgaben um Kooperationserfordernisse)

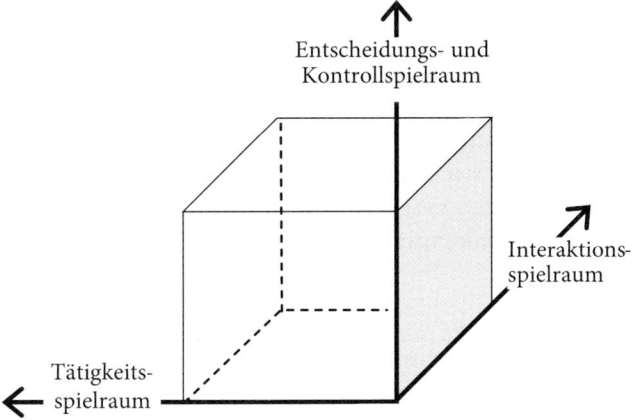

Abbildung 14.1 Dimensionen des Handlungsspielraums nach Alioth (1983). Der Handlungsspielraum ist ein Maß für die Vollständigkeit der Tätigkeit. Der Tätigkeitsspielraum umfasst die Vielfalt der Operationen bzw. der subjektiv unterschiedlichen Tätigkeiten mit gleichem Anforderungsniveau. Der Entscheidungs- und Kontrollspielraum bildet das Ausmaß der ergänzenden Planungs- und Kontrolltätigkeiten ab. Der Interaktionsspielraum bemisst die Kooperations- und Kommunikationserfordernisse der Tätigkeit

14.2.2 Job Rotation und Job Enlargement

Job Rotation. Unter Job Rotation wird verstanden, dass ein Arbeitnehmer während eines Arbeitstages oder einer Arbeitswoche zwischen verschiedenen Arbeitsaufgaben wechselt, um zwar unterschiedliche, aber im Anforderungsniveau vergleichbare, eher einfache Tätigkeiten zu übernehmen. Mitarbeiter rotieren planmäßig zwischen verschiedenen Arbeitspositionen. Job Rotation oder Arbeits(platz)wechsel wirkt vor allem arbeitsbedingter Monotonie oder psychischer Sättigung entgegen. Erweitert wird ausschließlich der Tätigkeitsspielraum, das heißt, der Mitarbeiter wechselt zwischen verschiedenen Arbeitsplätzen bzw. Arbeitspositionen, er übernimmt nicht mehr nur eine einzige Teiltätigkeit, sondern im Wechsel mehrere Teiltätigkeiten. Aus handlungsregulationstheoretischer Sicht unterscheiden sich die übertragenen Arbeitsaufgaben allerdings nicht hinsichtlich der erforderlichen psychischen Regulationsebene. Um den erwünschten Belastungsausgleich zu erzielen, müssen allerdings einige Voraussetzungen erfüllt sein:
- ▶ Die verschiedenen Tätigkeiten müssen tatsächlich subjektiv unterschiedlich wahrgenommen werden.
- ▶ Der Arbeitswechsel darf nicht zu schnell erfolgen.
- ▶ Der Mitarbeiter sollte den Wechsel selbst planen und absprechen können.

Insgesamt wird die Maßnahme eher kritisch bewertet: Im Einzelfall kann Job Rotation Trainings- und Einarbeitungskosten erhöhen. Der Mitarbeiter muss für jede der Tätigkeiten ein ausreichendes Leistungsniveau erreichen. Entsprechendes Training findet »off the job« in Lern- und Ausbildungszentren oder »on the job« als Anleitung durch Kollegen und Vorgesetzte am Arbeitsplatz statt. Lernbereite Mitarbeiter erfahren möglicherweise Motivationsverluste, da die verschiedenen Arbeitspositionen subjektiv kaum unterschiedlich erlebt werden. Als Vorteil wird diskutiert, dass die Mitarbeiter durch Job Rotation Erfahrungen an verschiedenen Arbeitspositionen sammeln, Prozesse besser kennenlernen und vor allem vielfältiger – auf gleichem Anforderungsniveau – einsetzbar sind (vgl. Weinert, 2004).

Heute ist der Begriff Job Rotation – wenngleich nicht im Sinne einer Arbeitsstrukturierungsmaßnahme – auch im Bereich der PE gebräuchlich. Hier spricht man von Job Rotation, wenn ein einzelner Mitarbeiter planmäßig innerhalb einer bestimmten Zeitspanne über Arbeitsplätze anderer Abteilungen oder Bereiche wechselt. Das Ziel dieses Wechsels ist in der Regel, dem Mitarbeiter möglichst umfassende Orientierung über alle Tätigkeiten eines Bereichs zu vermitteln und ihn auf Führungsaufgaben vorzubereiten.

Job Enlargement. Bei der Aufgabenerweiterung findet keine Rotation zwischen verschiedenen Arbeitspositionen bzw. Teiltätigkeiten statt, sondern innerhalb derselben Arbeitsposition werden zusätzliche bislang vorgelagerte oder nachfolgende Teilaufgaben übernommen. Der Mitarbeiter wird in die Lage versetzt, mehrere Arbeitsschritte auszuführen. Er soll dadurch mehr Einblick in die Interdependenz mehrerer aufeinander folgender Arbeitschritte erhalten. Auch hier ist die Bewertung eher kritisch: In der Regel wird wiederum nur eine Erweiterung des Tätigkeitsspielraumes erreicht (vgl. von Rosenstiel, 2007), es wird bedingt Einblick in Qualitätserfordernisse einzelner Arbeitsschritte vermittelt. Wie Job Rotation wirkt auch Job Enlargement der Monotonie entgegen. Der handlungsregulationstheoretische Ertrag der Maßnahme ist eher gering, obgleich sich durch den sequentiell erweiterten Handlungsablauf mehr aufgabenbezogene Regulationserfordernisse als durch Job Rotation für die Person ergeben. Ob sich Motivationsgewinne erzielen lassen, steht in Frage (vgl. Weinert, 2004).

Ertrag. Job Rotation und Job Enlargement zielen im Sinne Alioths (1983) auf die Erweiterung des Tätigkeitsspielraums ab. Die Auswirkungen und Konsequenzen von Arbeitswechsel und Arbeitserweiterung für den Arbeitenden bestehen zunächst darin, dass er eine abwechslungsreichere und weniger ermüdende Tätigkeit ausführt. Je nach Ausmaß und Qualität der verlangten Tätigkeiten kann sich auch die Qualifikation erhöhen. Die Begründung für Arbeitswechsel und Arbeitserweiterung liegt auf der Hand: Leistungsminderung durch Übermüdung und Monotonie, Fehleranfälligkeit und erhöhter Unfallgefahr werden vorgebeugt. Außerdem kann mit steigendem Grad an Abwechslung in der Arbeitstätigkeit auch eine erhöhte Arbeitsmotivation verbunden sein. Handlungsregulationstheorethisch führt Job Enlargement dazu, dass die bisher übernommenen Teiloperationen kognitiv besser erfasst und bezüglich Schwierigkeit und Bedeutung besser eingeschätzt werden können. Insgesamt werden die betroffenen Arbeitskräfte umfangreicher qualifiziert und vielfältiger einsetzbar. Für das Unternehmen ergibt sich daraus, dass einerseits die für Fehlzeiten und Fluktuationen einzuplanende Personalreserve geringer ausfallen kann, andererseits Einarbeitungskosten und Investitionskosten zur Anpassung der Arbeitsplätze anfallen.

14.2.3 Job Enrichment

Job Enrichment. Bei den Maßnahmen des Job Enrichment wird nicht nur der Tätigkeitsspielraum, sondern auch der Entscheidungs- und Kontrollspielraum erweitert. Der Mitarbeiter übernimmt neben Ausführungsarbeiten auch aufgabenbezogene Planungs-, Dispositions-, Steuerungs- und Kontrollaufgaben. Der Handlungsspielraum wird nicht nur horizontal, sondern auch vertikal erweitert bzw. »bereichert« hinsichtlich Tätigkeitsspielraum (Vielfalt einzelner Teiltätigkeiten), Entscheidungs- und Kontrollspielraum (Planungsaufgaben) und Interaktionsspielraum (Kooperationserfordernissen, Kommunikation). Erhält der Mitarbeiter darüber hinaus regelmäßiges Feedback, sprechen positive Forschungsbefunde für die Sinnhaftigkeit des Job Enrichment (vgl. Weinert, 2004). Job Enrichment kann auch in wirtschaftlicher Hinsicht von Vorteil sein. So zeigen Bespiele in der öffentlichen Verwaltung, dass auch verkürzte und flexibilisierte Arbeitszeiten mit Job Enrichment einhergehen. Die Folgen der Arbeitsbereicherung sind vielfältig:

▶ Ganzheitlich gestaltete Arbeitsaufgaben fördern die Einsicht in Arbeitsprozesse und Sinnhaftigkeit der Aufgabe.
▶ Arbeitsmotivation und Innovationsbereitschaft können unterstützt werden.
▶ Störungen im Arbeitsablauf können häufiger dezentral vom Mitarbeiter beseitigt werden.
▶ Anforderungen an PE und Personalauswahl nehmen zu, um Überforderungen vorzubeugen.
▶ Mitarbeiter müssen kontinuierlich lern- und veränderungsbereit sein.

Bewertung von Arbeitsgestaltungsmaßnahmen. Unter dem Blickwinkel des Handlungsspielraumes lässt sich erklären, warum einige populäre Arbeitsgestaltungsmaßnahmen (z. B. Einführung flexibler Bürosysteme) aus psychologischer Sicht problematisch sind: Flexible Bürosysteme (Großraumsysteme, flexible Arbeitsplätze, »E-Place« als elektronische Arbeitsplätze etc.) werden eingeführt, um Kosten zu sparen. Sie gehen jedoch oftmals mit einer verringerten Arbeitsmotivation und Arbeitsleistung und erhöhten Fehlzeiten einher (vgl. Hellbrück & Fischer, 1999). Eine psychologische Erklärung ist, dass durch sie Handlungsspielräume und Selbstkontrolle verringert werden. Idealerweise erweitern Maßnahmen zur Arbeitsgestaltung jedoch sowohl den Handlungsspielraum des Mitarbeiters als auch die Flexibilität des Arbeitssystems bzw. der Organisation.

14.2.4 Einführung teilautonomer Arbeitsgruppen

Horizontale und vertikale Erweiterung des Handlungsspielraums. Auf der Gruppenebene entspricht das Konzept der teilautonomen Arbeitsgruppe der Maßnahme des Job Enrichment. Das Prinzip der teilautonomen Arbeitsgruppen besteht darin, dass bestimmte Arbeitskomplexe nicht mehr dem einzelnen Arbeitenden, sondern einer Arbeitsgruppe übertragen werden. Durch die Einführung teilautonomer Arbeitsgruppen werden nicht nur der Tätigkeitsspielraum und der Entscheidungs- und Kontrollspielraum, sondern auch der Interaktionsspielraum erweitert. Dazu wird kleinen funktionalen Einheiten aus drei bis zehn Personen eine ganzheitliche Arbeitsaufgabe zugewiesen. Der Arbeitsgruppe wird kontinuierlich eine komplexe Aufgabe (Produktherstellung oder Dienstleistung) überantwortet. Sie erhält innerhalb betrieblicher Vorgaben »Teilautonomie« bzw. aufgabenbezogene Entscheidungskompetenz (vgl. Bungard & Antoni, 2007). Dies betrifft vor allem die Regulation der gruppeninternen Prozesse. Die Lösung aufgabenbezogener Probleme wird in die gemeinsame Verantwortung der Arbeitsgruppe gelegt. Mit dieser Abkehr von der partialisierten Arbeitsorganisation des Taylorismus werden strukturelle Veränderungen in der Organisation notwendig. Im Unterschied zum Fertigungsteam ist die teilautonome Arbeitsgruppe Teilsystem einer flachen Organisationshierarchie (→ Lean Management). Die unterste Führungsebene wird in der Regel zugunsten der Gruppenorganisaton (→ »Enthierarchisierung«) eingespart. Traditionelle Macht- und Autoritätsstrukturen werden zugunsten von Selbstregulation und Selbstkontrolle verändert. Entsprechend verändern sich auch die Rollenerwartungen an Führungskräfte (Vorarbeiter, Meister) der unteren Hierarchieebene. Der Abbau formaler Führung kann zudem gruppendynamische Prozesse in Gang setzen, die informelle Rollenzuweisungen begünstigen. Der Begriff »teilautonome Arbeitsgruppe« ist in der Praxis nicht gebräuchlich, wenn von Gruppenarbeit gesprochen wird. Im wissenschaftlichen Sprachgebrauch bezeichnet er weniger eine besondere Variante der Gruppenarbeit als vielmehr eine grundlegende Variante des Job Enrichment.

Merkmale teilautonomer Arbeitsgruppen (vgl. Antoni, 1996)

▶ Teilautonomie
▶ Selbstorganisation
▶ Ganzheitliche Arbeitsaufgabe
▶ Integration indirekter Tätigkeiten
▶ Flexibler Arbeitseinsatz

▶ Weiterbildung der Mitglieder
▶ Mehrfachqualifikation
▶ Streben nach Verbesserung und Anpassung an geänderte Bedingungen

Soziotechnische Systeme

Arbeitsgestaltung. Im soziotechnischen Systemansatz kommt der psychologischen Arbeitsstrukturierung besondere Bedeutung zu, weil hier der Aufgabenzusammenhang und die Selbstregulation programmatische Prinzipien der Systemgestaltung darstellen. Gestaltungsziel ist die gemeinsame Optimierung des sozialen und technischen Teilsystems im Sinne der Primäraufgabe (vgl. Abschn. 13.5). Soziotechnische Systemgestaltung fordert daher explizit die gemeinsame Optimierung von Technologie, Organisation und menschlicher Arbeitsleistung. Auch die Arbeitsgestaltung orientiert sich an diesem Anspruch (vgl. Ulich et al., 1989):

▶ Organisationseinheiten (teilautonome Arbeitsgruppen) sind relativ unabhängig voneinander organisiert und erfüllen ganzheitliche Aufgaben.
▶ Arbeitsergebnisse werden quantitativ und qualitativ auf die Organisationseinheit zurückgeführt, um Aufgabenorientierung, Motivation und Qualitätsbewusstsein zu unterstützen (Einheit von Produkt und Organisation).
▶ Es werden innere Aufgabenzusammenhänge geschaffen, die von den Organisationseinheiten wechselseitige Kooperation und Unterstützung erfordern.
▶ Störungen und Fehler werden dezentral in den Arbeitsgruppen behoben.
▶ Vorgesetzte stellen die Selbstregulation der Arbeitsgruppe sicher und steuern die Interaktion zwischen Organisationseinheiten (Grenzregulation).

Analyse und Gestaltung soziotechnischer Systeme. Frieling (1999) veranschaulicht, welche Gestaltungsmöglichkeiten sich aus dem soziotechnischen Systemansatz ergeben (vgl. Abb. 14.1):

(1) Personales Teilsystem. Im Zentrum stehen individuelle Qualifikationen, berufsbiographische Besonderheiten und aktuelle Befindlichkeiten. Es geht um das arbeitende Individuum, seine individuellen Merkmale und Leistungsvoraussetzungen.

(2) Technisches Teilsystem. Arbeitstätigkeit wird unter technischem Blickwinkel analysiert (z. B. Art der eingesetzten Technologie bzw. Arbeitsmittel, Werkzeuge, technische Anlagen, physikalisch-chemische Prozesse etc.). Gestaltungsspielräume sind auf dieser Ebene technologisch bestimmt.

(3) Organisatorisches Teilsystem. Zentral sind Arbeitsorganisationen und Organisationsstrukturen. Diese machen Aussagen darüber, wie Arbeit geteilt und Personen zugeordnet wird. Es geht z. B. um Fragen der Zentralisierung bzw. der Dezentralisierung, des In- oder Outsourcings, des Lean Managements, der Arbeitszeitsysteme oder der Gruppenarbeit.

(4) Personales und technisches Teilsystem. Im Zentrum steht die systematische Beobachtung oder Befragung von Personen, die Arbeitstätigkeiten im technischen Bereich verrichten, z. B. mit Werkzeugen, technischen Anlagen, Fahrzeugen und Maschinen. Es geht um die Analyse von Mensch-Maschine-Systemen, um die Wechselwirkung von Person und Technik. Welche Aufgaben sollten durch Menschen und welche durch die Technik übernommen werden, und welche Folgen haben entsprechende Entscheidungen auf unterschiedliche Variablen (z. B. Produktivität)?

(5) Technisches und organisationales Teilsystem. In diese Ebene fällt die Analyse der Produktgestaltung, da diese wichtige Auswirkungen auf die Arbeitsorganisation hat, etwa dann, wenn es darum geht, ob Produkte in der Vor- oder Endmontage zusammengebaut werden sollen.

(6) Personales und organisationales Teilsystem. Durch welche organisatorischen Rahmenbedingungen lässt sich das personale Teilsystem → effizient gestalten? Durch welche personalen Entscheidungen (Human Resource Management) kann das organisationale System optimal unterstützt werden?

(7) Arbeitstätigkeit: Die Wechselwirkung von personalem, technischem und organisationalem Teilsystem mündet in der Arbeitstätigkeit. Im Vordergrund stehen Humankriterien zur Bewertung von Arbeitstätigkeiten.

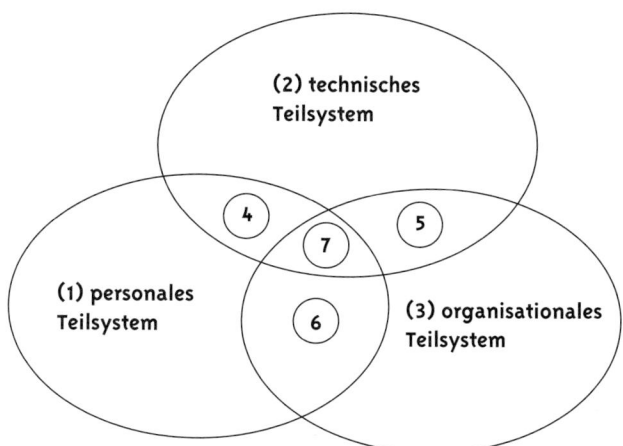

Abbildung 14.2 Sieben Ebenen zur Analyse und Gestaltung von Arbeit entsprechend der soziotechnischen Systemanalyse (nach Frieling, 1999). Diese unterscheidet ein personales (1), technisches (2) und organisationales Teilsystem (3). Aus den Schnittmengen zwischen den drei großen Teilsystemen ergeben sich das personale und technische Teilsystem (4), das technische und organisationale Teilsystem (5), das personale und organisationale Teilsystem (6) und die Arbeitstätigkeit (7)

Evaluation. Aufbauend auf einigen Voruntersuchungen, die bereits zu Beginn der 50er Jahre (Tavistock-Untersuchungen im britischen Bergbau) stattfanden, führte der Arbeitswissenschaftler Einar Thorsrud in kleinen schwedischen und norwegischen Unternehmen Feldstudien bzw. -experimente durch, in denen Arbeitsgruppen in unterschiedlichen Ausmaß Entscheidungsbefugnisse überlassen wurden. Im deutschen Sprachraum wurden Anfang der 1970er Jahre u. a. von der Firmengruppe Pieroth Modellversuche unternommen. Am bekanntesten wurden allerdings die einschlägigen Maßnahmen zur Gruppenarbeit bei Volvo und Fiat. Mittlerweile gibt es relativ umfangreiche Forschung zur Einführung teilautonomer Arbeitsgruppen. Die Ergebnisse der Arbeiten sind uneinheitlich: Zum Teil werden deutlich positive Effekte, wie Produktivitätssteigerung und Rückgang von Fluktuation und Fehlzeiten berichtet. Für viele andere → Kriteriumsvariablen lässt sich statistisch keine Verbesserung belegen (vgl. zum Überblick Antoni, 1996).

14.2.5 Arbeitszeitflexibilisierung

Die Gestaltung und Flexibilisierung der Arbeitszeit (vgl. Mülder & Störmer, 2002) kann als eine begleitende und ergänzende Maßnahme psychologischer Arbeitsgestaltung betrachtet werden. Mehr noch als andere Maßnahmen der Arbeitsgestaltung wurde die Entwicklung von Arbeitszeitmodellen weniger vom Konzept der humanen Arbeit als vielmehr von ökonomischen und technologischen Überlegungen angestoßen. Flexibilisierte Arbeitszeiten sollen zum einen die

Entkoppelung von Arbeitszeit, Betriebszeit und Verkehrszeiten ermöglichen und zum anderen kapazitätsorientiert Personal zur Verfügung stellen.

Zeitsouveränität. Obgleich die Flexibilisierung der Arbeitszeit aus den genannten Gründen nicht explizit als Maßnahme psychologischer Arbeitsstrukturierung gilt, ist die individuelle Kontrolle über den eigenen Arbeitseinsatz und die Arbeitszeit eine wesentliche Komponente des individuellen Handlungsspielraums bzw. des individuellen Entscheidungs- und Kontrollspielraums in der Arbeitswelt. Die Entwicklung betrieblicher Arbeitszeitmodelle wird heute oft Projektgruppen übertragen, in der betroffene Mitarbeiter, Führungskräfte, Unternehmensleitung, Controller, Personalservice und Personalvertreter orientiert am gesetzlichen Arbeitsrahmen spezifische Betriebs- bzw. Dienstvereinbarungen zur Arbeitszeitflexibilisierung vorbereiten. Arbeitszeitmodelle können vielfältig gestaltet werden. Zentrale Gestaltungsparameter sind

► die Verteilung der Arbeitszeit,
► die Länge der Arbeitszeit,
► die Lage der Arbeitszeit und
► das Volumen der Arbeitszeit (Arbeitsstunden).

Gemeinsam ist allen Zeitmodellen der Verzicht auf eine starre, allgemein verbindliche Tages-, Wochen-, Jahres- oder Lebensarbeitszeit. In der Diskussion stehen hier regelmäßig die Flexibilisierung der Öffnungszeiten für den Einzelhandel oder die Ausweitung der Samstags- und Sonntagsarbeit. Mit Blick auf die psychologische Arbeitsstrukturierung eröffnen Zeitmodelle wie das rollierende Zeitsystem, die Schichtarbeit, das Bandbreitenmodell, die gestaffelte Arbeitszeit, die Teilzeitarbeit und die Gleitzeitarbeit für das Individuum eher wenig Handlungsspielraum, während das Baukasten-System, die variable Arbeitszeit, das Modell der Jahresarbeitszeit und das Modell der Lebensarbeitszeit sowie die Möglichkeit zum Sabbatical subjektiv bedeutsam Handlungsspielräume unterstützen können (vgl. Wagner, 1995; Eyer, 2000; Büssing & Seifert, 2001; Ulich, 2005).

14.2.6 Alters- und alternsgerechte Arbeitsgestaltung

Aufgrund der demografischen Entwicklung in den modernisierten Gesellschaften gewinnen Ansätze zu einer alters- und alternsgerechten Arbeitsgestaltung heute zunehmend an Bedeutung (vgl. Kruse & Packebusch, 2006). Dennoch beschränken sich viele dieser Ansätze auf »defensive« Maßnahmen, die das Ausscheiden aus dem Erwerbsleben (z. B. Altersteilzeitregelungen) oder die Vermeidung einseitig hoher Belastungen (z. B. Versetzung in belastungsärmere Arbeitsbereiche) betreffen. Arbeitszeitgestaltung würde dementsprechend auf eine altersbezogene Verringerung von Nachtschichten und/oder eine bedürfnisgerechte Pausengestaltung zielen. Prospektive Arbeitsgestaltung wäre dagegen darauf gerichtet, Arbeit so zu gestalten und Mitarbeiter im Laufe ihrer Erwerbsbiographie so zu qualifizieren, dass ältere Mitarbeiter als Erfahrungs- und Kompetenzträger Wertschätzung erfahren und länger als bisher am Arbeitsleben teilhaben können. Grundsätzlich lassen sich zur alters- und alternsgerechten Arbeitsgestaltung unterschiedliche Ansätze diskutieren, die Arbeitsorganisation, Arbeitszeit und organisationale Rahmenbedingungen betreffen:

► Klassische Konzepte der Arbeitsgestaltung und Personalentwicklung
► Konzepte der Gesundheitsförderung (Gesundheitszirkel, Stressmanagement, Fitnessangebote)
► Konzepte der Arbeitsorganisation in altersgemischten Teams
► Konzepte der kulturellen Entwicklung (Wertfragen, Unternehmens- und Führungskultur)

> Psychologische Arbeitsstrukturierung zielt darauf ab, Belastungen zu reduzieren und den Erwerb sozio-technischer Handlungskompetenz zu ermöglichen. Arbeit wird im Idealfall so gestaltet, dass Aufgaben eigenständige Zielsetzung und Entscheidung erlauben, Kooperation erfordern und intrinsisch motivieren. Differentielle Arbeitsgestaltung trägt darüber hinaus der interindividuellen Unterschiedlichkeit und dynamische Arbeitsgestaltung der intraindividuellen Unterschiedlichkeit Rechnung. Insgesamt gesehen soll psychologische Arbeitsgestaltung dazu beitragen, einen möglichst hohen Person-Environment-Fit zu erreichen (s. auch Abschn. 9.3 und 12.3). Grundsätzlich unterliegt Arbeitsgestaltung dabei auch kulturellen Rahmenbedingungen. Konzepte der Arbeitsgestaltung sind daher immer auch von kulturellen Standards und Wertorientierungen geprägt.

14.3 Chancen und Grenzen

Chancen der Arbeitsgestaltung

Die Gestaltung von Arbeitsplätzen, -systemen, -prozessen und -umgebungen ist in wirtschaftlicher, rechtlicher und humaner Hinsicht von großer Bedeutung: In wirtschaftlicher Hinsicht werden Arbeitsabläufe so gestaltet, dass die Arbeit schnell und mit geringem Aufwand geleistet werden kann (vgl. Abschn. 2.2.2). Bezogen auf die Schädigungsfreiheit nehmen Arbeitsplatzsicherheit, Gesundheits- und Umweltschutz eine zentrale Position ein. Dem trägt in Deutschland u. a. auch das Arbeitsschutzgesetz Rechnung. So sind Arbeitgeber gesetzlich gezwungen, Arbeitsplätze bezüglich ihrer Gefährdungsmerkmale zu bewerten. Aus psychologischer Perspektive wird der Entwicklung individueller Kompetenz besondere Bedeutung beigemessen. Arbeit soll so gestaltet sein, dass sie Lern- und Kooperationschancen eröffnet. Heute steht die Arbeitsgestaltung zudem vor dem Hintergrund veränderter Informationstechnologien und veränderter Geschäfts- und Arbeitsformen wie z. B. virtualisierter Dienstleistungen auf dem Prüfstand (vgl. von Rosenstiel, 2007; Schüpbach & Zölch, 2007). Zugleich stoßen die grundlegenden Wandlungsprozesse in Gesellschaft und Wirtschaft auch für die Arbeitsgestaltung neue Entwicklungen an. In den Vordergrund rücken Aspekte der nachhaltigen Kompetenzentwicklung, der alters- und alternsgerechten Arbeitsgestaltung, der Entwicklung interkultureller Kooperation, der Gestaltung virtueller Kooperation sowie der Gestaltung von Dienstleistungsprozessen.

Grenzen der Arbeitsgestaltung in der Praxis

Im Gegensatz zur wissenschaftlich orientierten Arbeitsanalyse geht es bei der Arbeitsgestaltung meist darum, Praxisprobleme unter relativ hohem Zeitdruck zu lösen. Häufig tritt an die Stelle differenzieller und dynamischer Arbeitsgestaltung eine ausschließlich am monetären Gewinn orientierte Prozessgestaltung. Gleichwohl ist es in den wenigsten Fällen sinnvoll, sich diesem Zeitdruck uneingeschränkt zu beugen. Vielmehr sollte – wann immer es möglich ist – einem systematischen Vorgehen der Vorzug gegeben werden. Um Arbeitsplätze nachhaltig in humaner und wirtschaftlicher Weise effizient zu gestalten, ist es notwendig, verschiedene Ebenen der Organisation integrativ zu betrachten: die organisationale Ebene, die kollektive bzw. interindividuelle sowie die individuelle Ebene. Vielfältige Variablen und komplexe Wechselwirkungen sind bei der Gestaltung von Arbeitstätigkeiten zu berücksichtigen. Daher lassen sich sicherlich nicht alle Maßnahmeneffekte gleichermaßen kontrollieren. Dennoch ist es bei spezifischen Fragestellungen möglich, vergleichende experimentelle Untersuchungen im Rahmen prospektiver Arbeitsgestaltung durchzuführen (vgl. Frieling, 1999).

14.4 Kernpunkte und Übungsaufgaben

Kernpunkte

▶ Arbeitsgestaltung umfasst alle technischen, ergonomischen und organisatorischen Maßnahmen zur Gestaltung der Arbeitsinhalte, der Arbeitsorganisation, der Arbeitsmittel, der Arbeitsprozesse, des Arbeitsplatzes und der Arbeitsumgebung. Klassische Maßnahmen zur psychologischen Arbeitsstrukturierung sind Job Rotation, Job Enlargement und Job Enrichment sowie die Einführung teilautonomer Arbeitsgruppen.

▶ Psychologische Arbeitsgestaltung bzw. Arbeitsstrukturierung geschieht vor allem unter dem Blickwinkel der Erweiterung des Handlungsspielraums und der Kompetenzentwicklung. Theoretisch begründet wird dies kontrolltheoretisch, motivationstheoretisch, handlungs(regulations)- und tätigkeitstheoretisch.

▶ Selbstregulation und Kompetenz sind programmatische Ziele moderner, humaner Arbeitsgestaltung. Der Gestaltung ganzheitlicher Arbeitsaufgaben kommt besondere Bedeutung zu, weil partialisierte Arbeitsstrukturen tendenziell negative Auswirkungen auf Wohlbefinden, Zuverlässigkeit und Motivation zeigen. Zudem soll eine dynamische und eine flexible, differenzielle Arbeitgestaltung interindividuelle und intraindividuelle Unterschiede berücksichtigen.

▶ Idealerweise sollte Arbeitsgestaltungsmaßnahmen eine Arbeitsanalyse vorausgehen. In der Praxis ist dies jedoch nicht immer gewährleistet. Neben praktischen Schwierigkeiten (Zeit- und Kostenaufwand) liegt dies auch an konzeptuellen Einwänden gegen Arbeitsanalysen und deren unzulängliche Passung an neue Technologien und Dienstleistungsprozesse.

▶ Ökonomische und humane Ziele der Arbeitsgestaltung müssen einander nicht ausschließen, sondern sollten integrativ Berücksichtigung finden.

Übungsaufgaben

▶ Nach welchen Kriterien und anhand welcher theoretischen Perspektiven können Arbeitstätigkeiten gestaltet werden?

▶ Wie ist der psychologische Ertrag unterschiedlicher Maßnahmen der Arbeitsgestaltung zu beurteilen?

▶ Warum ist die Erweiterung des Handlungsspielraums ein psychologisch bedeutsames Ziel der Arbeitsgestaltung? Bei welchen Methoden der Arbeitsgestaltung spielt sie eine besondere Rolle?

▶ Überlegen Sie, unter welchen Voraussetzungen Konzepte der Arbeitsgestaltung von einer Kultur auf eine andere übertragen werden können.

▶ Diskutieren Sie, welche neuen Herausforderungen sich für die Arbeitsanalyse und die Arbeitsgestaltung durch den Fortschritt der Informations- und Biotechnologie ergeben.

Weiterführende Literatur

Vertiefung: Kirchler & Hölzl (2002); Ulich (2005); Ulich (2001).
Modelle von Gesundheit und Krankheit: Franke (2010).
Teilautonome Arbeitsgruppen: Antoni (1996).
Reorganisation der Pflegearbeit: Büssing (1997).

Abschluss:
Verbindung von Wissenschaft und Praxis

Herausforderungen
der Arbeits- und Organisationspsychologie
(Kap.1)

niedrig   Schwerpunkt

Organisationale Ebene
Organisationsanalyse und -steuerung

Theoretischer Blick (Kap. 2)

Empirisch-analytischer Blick: Organisations-analyse (Kap. 3)

Interventionsorientierter Blick: Organisationentwicklung (Kap. 4)

mittel

Interindividuelle Ebene
Das Individuum im Kontext mit anderen/der Gruppe

Führung, Macht und Motivierung (Kap. 5)

Gruppen und Gruppen-arbeit (Kap. 6)

Kommunikation und Information (Kap. 7)

Konflikte und Mediation (Kap. 8)

Individuen und ihre Sozialisation in Organisationen (Kap. 9)

hoch

Individuelle Ebene
Arbeit, Verhalten, Erleben von Individuen in Organisationen/am Arbeitsplatz

Personalauswahl (Kap. 10)

Personalentwicklung (Kap. 11)

Bedingungen und Wirkungen von Arbeit (Kap. 12)

Arbeitsanalyse (Kap. 13)

Arbeitsgestaltung (Kap. 14)

Forschungsaktivitäten (Kap. 15)

Organisationspsychologie

Arbeitspsychologie

15 Forschung und Praxis

Was Sie in diesem Kapitel erwartet

Im Großteil der Kapitel dieses Buches wurden spezifische Forschungserfordernisse formuliert. Im vorliegenden Schlusskapitel werden diese Erfordernisse im Hinblick auf Praxiserfordernisse resümiert. Dazu werden zunächst Wertfragen arbeits- und organisationspsychologischer Forschung sowie Ebenen und Schwerpunkte aktueller Forschungsschwerpunkte dargestellt. Anschließend wird die Analyse der Kluft zwischen Forschung und Praxis mit ihren Ursachen und Überwindungsmöglichkeiten analysiert. Das Kapitel schließt mit der Forderung nach einem Dialog zwischen Forschung und Praxis.

15.1 Wertfragen arbeits- und organisationspsychologischer Forschung

Wertproblematik im Allgemeinen. Häufiges Ziel arbeits- und organisationspsychologischer Forschung im Feld ist, die Leistung der einzelnen Mitarbeiter zu steigern und damit die Produktivität der Organisation zu erhöhen. Humankriterien werden oftmals zur Erreichung der ökonomischen Kriterien instrumentalisiert (vgl. von Rosenstiel, 2007). Daher ist es bei jedem arbeits- und organisationspsychologischen Forschungsprojekt unbedingt nötig, nicht nur allgemeine ethische Richtlinien psychologischer Forschung zu beachten, sondern

▶ arbeits- und organisationspsychologische Forschung zu hinterfragen,
▶ Normen und Werte zu explizieren, die den Forschungsfragen zugrunde liegen,
▶ ggf. über ökonomische Ziele hinaus auch psychologischen Zielformulierungen einen eigenständigen Platz zuzuweisen, der letztlich Selbstzweck sein darf.

Um die Frage nach dem Nutzen arbeits- und organisationspsychologischer Forschung zu beantworten, müssen Bewertungskriterien festgelegt werden. Diese sind u. a. Lösung von Praxisproblemen und Fragestellungen aus der Praxis, aber auch allgemeine Erkenntnisgewinne, Mehrung von Grundlagenwissen, innovative Kraft und Anregung neuer Forschungsparadigmen und -zugänge sowie Anregung gesellschaftspolitischer Diskussion (vgl. von Rosenstiel, 2007).

Auftragsforschung. Arbeits- und organisationspsychologische Forschung entsteht u. a. aus Fragestellungen der Praxis. Oftmals wird sie durch externe Anfragen, primär aus dem Management von Organisationen, initiiert. Daher stellt sich bei Auftragsforschung in besonderer Weise die Frage, in welchem Dienst die Forschung steht. Ethisch relevante Entscheidungen sind reflektiert zu fällen, z. B. wie man mit unklaren oder differierenden Zielsetzungen umgehen sollte; wie man sich verhalten sollte, wenn offene Evaluationsziele nicht den eigentlichen Interessen entsprechen und es noch verdeckte Ziele des Managements gibt etc.

15.2 Forschungsebenen und -schwerpunkte

Forschungsebenen. Die Arbeits- und Organisationspsychologie dient u. a. dazu, psychologische Probleme und Fragestellungen bei der Arbeit und in Organisationen zu analysieren, sie zu erklären und Beiträge zu ihrer Lösung zu leisten. Zur Erreichung dieser Ziele stehen der Arbeits- und Organisationspsychologie – neben der spezifischen Forschungsform der technologischen Forschung – zwei Forschungsebenen zur Verfügung (Kleinbeck & Przygodda, 1993):

(1) Grundlagenforschung. Theorien, Methoden und Erkenntnisse werden entwickelt, die letztlich das Verständnis für menschliches Handeln in der Arbeitswelt verbessern. Neben der organisationspsychologischen Grundlagenforschung wird dabei auf die allgemeine psychologische Grundlagenforschung zurückgegriffen.

(2) Anwendungsforschung. Techniken werden bereitgestellt, mit deren Hilfe sich praktische Probleme im Arbeitskontext und in Organisationen lösen lassen, wie z. B. Techniken und Methoden zur Gestaltung von Arbeitsbedingungen und ihrer Organisation, zur Beratung und Verhaltensmodifikation (z. B. in Form von Aus-, Fort- und Weiterbildungen) oder auch zur Eignungsdiagnostik, einschließlich der Personalauswahl.

Spannungen zwischen den Forschungsebenen. Es bestehen Spannungen zwischen Grundlagen- und Anwendungsforschung, die auf unterschiedliche Validitäten zurückzuführen sind: Während Grundlagenforschung hoch intern valide ist, hat die Anwendungsforschung den Vorteil einer hohen externen Validität.

Forschungsschwerpunkte. Die Forschungsschwerpunkte seien anhand der Grundstruktur des Buches erläutert:

(1) Auf der individuellen Ebene gibt es relativ viel Forschung, die nah an praktischen Fragestellungen ist, da diese Ebene in starkem Maße Grundlagenforschung umfasst: Das einzelne Individuum steht im Vordergrund. Laborexperimentelle Methoden sind – etwa im Kontext der Arbeitsplatzgestaltung – oftmals die Methode der Wahl.

(2) Auf interindividueller Ebene dominiert ebenfalls die Laborforschung, da in der Praxis zu viele Moderatorvariablen zu berücksichtigen wären. Es findet sich hier jedoch eine größere Kluft zwischen Theorie und Praxis als auf der Ebene des Individuums. Diese Kluft wird umso größer, je umfassender die Zahl der Moderatorvariablen sowie je komplexer das zu untersuchende System ist, da beides zu kaum mehr zu realisierenden Untersuchungsplänen führen würde.

(3) Auf organisationaler Ebene ist die Kluft zwischen Theorie und Praxis am größten. Hierfür gibt es unterschiedliche pragmatische Gründe, die die Forschung vor Ort erschweren (vgl. Abschn. 15.3).

Analyse aktueller Forschungsprojekte. Bei Greif und Bamberg (1994) finden sich sieben Forschungsschwerpunkte der Arbeits- und Organisationspsychologie. Hiervon können sechs der individuellen oder der interindividuellen Ebene zugerechnet werden (anwendungsorientierte Grundlagenforschung, Analyse von Aufgabentätigkeit und Arbeitsorganisation, Gestaltung von Arbeitsbedingungen und Arbeitstätigkeit, Einstellung zur Arbeit, Wertewandel, Personalauswahl und Berufseignungsdiagnostik, Personalentwicklung). Nur ein Forschungsschwerpunkt zielt auf die organisationale Ebene (Organisationsstrukturen und Organisationsprozesse) ab. Dies illustriert, dass es von der Einzelbetrachtungs- zur Systemebene stetig weniger Forschung gibt.

15.3 Ursachen für die Kluft zwischen Theorie und Praxis

Mit zunehmender Komplexität des Forschungsgegenstandes weitet sich die Kluft zwischen praktischen Herausforderungen und empirischer Forschung (vgl. Abschn. 15.2). Für diese Kluft sind eine Reihe von Ursachen verantwortlich (vgl. Bungard, 2007; Hoyos & Frey, 1999b).

Finanzielle Barrieren der Drittmittelforschung. Öffentlich-rechtliche Institutionen (z. B. Deutsche Forschungsgemeinschaft, Bundesministerium für Forschung und Technologie) finanzieren vorrangig grundlagenwissenschaftliche Forschung. Anwendungsorientierte Forschung mit spezifischen Problemen → interner Validität, wie sie vor allem auf organisationaler Ebene zu finden ist, ist oftmals auf privatwirtschaftliche Förderung angewiesen. Neben spezifischen Vorteilen (schnellere Bewilligung, größere Freiheiten bei der Studiengestaltung etc.) birgt diese Förderung jedoch Gefahren, allen voran die Gefährdung der unabhängigen Wissenschaftlichkeit.

Gesetzlich geschützter Rahmen. Studien, die innerhalb von Organisationen durchgeführt werden, müssen arbeitsrechtlichen Vorschriften und Bestimmungen genügen, die u. a. im Betriebsverfassungs- und Personalvertretungsgesetz festgeschrieben sind und Informations-, Mitwirkungs- und Mitbestimmungsrechte umfassen (vgl. Abschn. 11.5.4). Oftmals scheitert die Durchführung einer Studie an einer mangelnden Genehmigung, oder es kommt zu erheblichen Verzögerungen bis zu ihrer Durchführung.

Unterschiedliche Zeithorizonte. Wissenschaftliche Programme sind zumeist auf mehrere Jahre ausgerichtet, während die praktische Lösung eines Problems in Organisationen so schnell wie möglich (oftmals innerhalb von Wochen) erwartet wird. Daher steht die Anwendungspraxis der Arbeits- und Organisationspsychologie unter hohem Handlungsdruck. Oft kann mit Forschungsprojekten erst begonnen werden, wenn sich die personalen und situativen Rahmenbedingungen in der Organisation bereits entscheidend verändert haben und z. B. durch Vorstandswechsel neue Ansprechpartner vor Ort sind, die nicht an der Vorbereitung des Projekts beteiligt waren.

Methodische Schwierigkeiten. Auf organisationaler Ebene ist die Variablenzahl hoch, sodass die Möglichkeiten ihrer Kontrolle oder Manipulierung sinken. Zudem erreichen Ergebnisse der experimentellen organisationspsychologischen Forschung oftmals nicht ihr Anwendungsfeld.

Motivationale Probleme. Studien in Organisationen bedürfen der Unterstützung durch die an der Untersuchung beteiligten Personen: Sie müssen durch das Management unterstützt werden. Darüber hinaus müssen die Probanden (Mitarbeiter, Führungskräfte etc.) zur Mitarbeit und relativen Offenheit bereit sein, damit z. B. Selbstauskünfte nicht beschönigt oder mit verdeckten Zielen gegeben werden. Beides bedarf oftmals aktiver Überzeugungsarbeit.

Anderes soziales Umfeld. Organisationen sind durch ihre Organisationskultur geprägt (vgl. Abschn. 3.4). Beispielsweise ist die Sprache im Anwendungsalltag auf Probleme bezogen, während in der Wissenschaft Abstraktion und Verallgemeinerungen zentrale Ziele sind. Feldforscher sind daher darauf angewiesen, sich in einem anderen sozialen Umfeld »zu sozialisieren«.

15.4 Forderung nach einem Dialog zwischen Forschung und Praxis

Laut Kaminski (1990) lassen sich psychologische Erkenntnisse prinzipiell auf zwei Forschungswegen erlangen:

(1) Auf der Basis einer zunächst theoretischen und empirischen, grundlagenorientierten Erschließung des Gegenstandsfeldes, um darauf aufbauend in einem späteren Schritt Interventionen zu entwickeln und umzusetzen.

(2) Auf der Basis einer Handlungs- bzw. Aktionsforschung, bei der unmittelbar mit eingreifendem Handeln begonnen wird, um ein Interventionsziel zu erreichen.

Vor- und Nachteile. Der Vorteil des systematischen Vorgehens von Grundlagen- zur Anwendungsforschung liegt in einer hohen inhaltlichen und methodischen Absicherung der Interventionen. Darüber hinaus wird auf diese Weise das Problem verringert, dass Grundlagenforschung zwar intern valide, aber nicht auf die Praxis übertragbar ist. Der Forschungsweg der Handlungsforschung wird mit geringerem Aufwand und schnellerem Ergebnis begründet. → Effektivität und Zeitersparnis sind im Kontext organisationalen Geschehens zentrale Bewertungskomponenten. Dennoch ist ein Abwägen von Geschwindigkeit und Effektivität einerseits und Absicherung sowie höherem Erkenntnisgewinn andererseits notwendig.

Aus den bisherigen Ausführungen lässt sich folgern, dass sich Forschung und Anwendungspraxis der Arbeits- und Organisationspsychologie einander mehr annähern sollten. Dies kann auf beiden Forschungswegen geschehen – durch systematische Forschung wie durch Handlungsforschung.

Systematische Forschung. Diese Forschung folgt dem idealtypischen Vorgehen zur Lösung von Praxisproblemen, etwa bei der OE (vgl. Kap. 4), der PE (vgl. Kap. 11) oder der Arbeitsanalyse (vgl. Kap. 13), die zugleich systematische Grundlage der Arbeitsplatzgestaltung ist. In allen Fällen werden auf der Basis von Theorien Bedingungsanalysen durchgeführt, Prognosen erstellt und über Interventionen entschieden, die umgesetzt und evaluiert werden. Beitrag der Forschung kann es sein, diese Schritte im Sinne einer formativen Evaluation zu begleiten, indem sie z. B. anwendungsrelevante Theorien sowie Evaluationskenntnisse zur Verfügung stellt. Ein solches systematisches und wissenschaftlich fundiertes Vorgehen findet sich beim bereits mehrfach herangezogenen Praxisbeispiel von Bungard et al. (1996) (vgl. Abschn. 3.2 sowie 4.3.2).

Handlungsforschung. Auch bei der Handlungsforschung können wissenschaftlicher Anspruch und Praxis zusammenlaufen, vor allem, indem Interventionen in der Praxis wissenschaftlich begleitet und evaluiert werden. Dadurch lassen sich Erkenntnisse ableiten, die wiederum in Theorien eingehen und so die Grundlagen befruchten können.

Evaluation. Gemeinsames Bestimmungsstück beider Forschungswege ist somit die wissenschaftliche Evaluation. Dabei sind hier die Begriffe der Evaluation und der Evaluationsforschung gleichzusetzen (vgl. Koch & Wittmann, 1990), denn es geht darum, wissenschaftliche Forschungsmethoden und -techniken explizit einzusetzen, um zu einer Bewertung zu gelangen. Das Evaluationsobjekt kann sehr unterschiedlich sein – es kann z. B. um die Bewertung einer Technik, einer Methode, einer Zielvorgabe, eines Projekts, eines Produkts, eines Systems, einer Struktur oder auch eines Forschungsprogramms in der Organisation gehen (vgl. Bortz & Döring, 2003). Ziel der wissenschaftlichen Evaluation ist es, diese Evaluationsobjekte zu überprüfen, zu verbessern oder über sie zu entscheiden, z. B. ob ein bestimmtes Training wieder aus dem PE-Programm genommen werden sollte (Wottawa & Thierau, 1990). Dadurch werden

► Handlungsentscheidungen in Organisationen legitimiert,
► Arbeitsfelder der Arbeits- und Organisationspsychologie stabilisiert und
► wissenschaftliche Erkenntnisse erweitert.

Zur Umsetzung des Evaluationsvorhabens steht das Wissens- und Methodenspektrum der allgemeinen qualitativen und quantitativen Methodenlehre zur Verfügung. Hierzu gehören Entscheidungen über das geeignete Analyseniveau und das Untersuchungsdesign, die Wahl der Stichprobe, die Festlegung der Erhebungsmethode, die von Interviews über Fragebögen, Beobachtungen, nichtreaktiven Messverfahren bis hin zu experimentellen Simulationen reichen (vgl. Wottawa & Thierau, 1990). Bei der Realisierung wissenschaftlicher Evaluation in der Praxis sind Barrieren wie Zeit- und Kostenaufwand oder motivationale Barrieren (z. B. Sorge vor negativem Evaluationsergebnis oder Kontrollverlust) zu überwinden. Auch werden Ziel-, Kriterien-, Design- und Auswertungsdilemmata diskutiert, die die Validität in Frage stellen (vgl. Bungard et al., 1996). Wege, wie sich diese Barrieren überwinden lassen, zeigen praxisnahe Empfehlungen und Vorbilder (vgl. z. B. Bühner, 2004; Bungard et al., 1996).

> Die wechselseitige Annäherung von Forschung und Praxis befördert den Dialog zwischen beiden. Dazu sollte die Forschung ihre Erkenntnisse und Wissensbestände so aufbereiten, dass sie für die Praxis tauglich sind. Und in der Praxis tätige Arbeits- und Organisationspsychologen sollten Fragen an die Wissenschaft und Widrigkeiten bei der Umsetzung von Empfehlungen (z. B. zu Evaluationsvorhaben) mitteilen.

15.5 Kernpunkte und Übungsaufgaben

Kernpunkte

▶ Arbeits- und Organisationspsychologie ist ein Anwendungsfach, das der Lösung von Problemen und Herausforderungen in der Arbeitswelt und in Organisationen dient. Damit werden Probleme und Fragestellungen »vor Ort« behandelt und gelöst (vgl. Abschn. 1.2). Dazu greift das Fach auf eigene umfangreiche Forschung zurück. Diese Forschung ist daher immer wertbezogen. Auch wenn es sich nicht um direkte Auftragsforschung handelt, ist zu hinterfragen, wie Forschungsfragen zustande kommen, wem die Forschung nutzt, welche Normen und Werte den Fragen zugrunde liegen und auf welche Ziele sie letztlich ausgerichtet sind.

▶ Grundlagen- und Anwendungsforschung der Arbeits- und Organisationspsychologie stehen in einem Spannungsverhältnis zueinander, da sie auf unterschiedlichen Validitäten beruhen. Grundlagenforschung ist vor allem auf Arbeitsebene, häufig auf der Ebene der Mensch-Maschine-Interaktion und somit auf der individuellen Ebene von Organisationen angesiedelt. Hierzu wird am umfangreichsten geforscht. Auf organisationaler Ebene existiert hingegen am wenigsten Forschung. Hier ist die Kluft zwischen Praxis und Forschung am größten.

▶ Für die Kluft zwischen Forschungstheorie und Praxis sind unterschiedliche Ursachen verantwortlich, z. B. finanzielle Barrieren der Drittmittelforschung, Organisationen als gesetzlich geschützter Rahmen, unterschiedliche Zeithorizonte und soziale Umfelder in Forschung und Praxis sowie methodische und motivationale Schwierigkeiten.

▶ Zur Überwindung dieser Kluft wird die Vertiefung des Dialogs zwischen Forschung und Praxis gefordert. Ein wesentlicher Brückenschlag kann hierzu die wissenschaftliche Evaluation von Praxisprojekten sein, die Teil des in diesem Buch oftmals spezifizierten systematischen und theoriegeleiteten Vorgehens zur Lösung praktischer Probleme ist.

Übungsaufgaben

▶ Welche ethischen Fragestellungen sind in der arbeits- und organisationspsychologischen Forschung »vor Ort« relevant, und wie ist mit ihnen umzugehen?

- ► Welche Forschungsschwerpunkte lassen sich innerhalb der Arbeits- und Organisationspsychologie unterscheiden, und welche Gründe sind für die unterschiedliche Quantität an Forschung verantwortlich?
- ► Welche Perspektiven ergeben sich für künftige Forschungsfragen?
- ► Wie lässt sich der Dialog zwischen Forschung und Praxis fördern?

Weiterführende Literatur

Anwendungsbezogene Forschung: Bungard (2007).
Wertfragen: Cohen-Carash & Spector (2001); Colquitt et al. (2001); Greenberg & Colquitt (2005).

Literatur

Alioth, A. (1980). Entwicklung und Einführung alternativer Arbeitsformen. Schriften zur Arbeitspsychologie. Bern: Huber.

Alioth, A. (1983). Die Gruppe als Kern der Organisation. In Gottlieb Duttweiler Institut für wirtschaftliche und soziale Studien (Hrsg.). Arbeit – Beispiele für Humanisierung (S. 113–127). Olten: Walter.

Allenspach, M. & Brechbühler, A. (2005). Stress am Arbeitsplatz. Bern: Huber.

Antoni, C.H. (1996). Teilautonome Arbeitsgruppen. Weinheim: Beltz PVU.

Ardelt-Gattinger, E. (Hrsg.). (1998). Gruppendynamik: Anspruch und Wirklichkeit der Arbeit in Gruppen. Göttingen: Verlag für Angewandte Psychologie.

Badura, B. & Hehlmann, T. (Hrsg.). (2003). Betriebliche Gesundheitspolitik: Der Weg zur gesunden Organisation. Berlin: Springer.

Baldwin, T.T. & Ford, J.K. (1988). Transfer of training: A review and directions for future research. Personnel Psychology, 41, 63–105.

Bartenwerfer, H.G. (1969). Einige praktische Konsequenzen aus der Aktivierungstheorie. Zeitschrift für experimentelle und angewandte Psychologie, 16, 195–222.

Barthel, E. & Stehle, W. (1990). Biographisches Profil erfolgreicher Mitarbeiter im Versicherungsaußendienst. In H. Schuler & W. Stehle (Hrsg.), Biographische Fragebogen als Methode der Personalauswahl (S. 80–90). Göttingen: Hogrefe.

Becker, H. & Langosch, I. (2002). Produktivität und Menschlichkeit. Organisationsentwicklung und ihre Anwendung in der Praxis. Stuttgart: Enke.

Becker, M. (1993). Personalentwicklung. Die personalwirtschaftliche Herausforderung der Zukunft. Bad Homburg: Gehlen.

Becker, M. (2002). Personalentwicklung. Bildung, Förderung und Organisationsentwicklung in Theorie und Praxis. Stuttgart: Schäffer-Poeschel.

Becker, M. & Schwarz, V. (2002). Personalentwicklung in Theorie und Praxis. Forschungsstand und weiterführende Forschungsfragen. In M. Becker, V. Schwarz & A. Schwertner (Hrsg.), Theorie und Praxis der Personalentwicklung (S. 6–44). München: Hampp.

Bender, N. & Gallenmüller, J. (1993). Training kommunikativer Kompetenz. In R. Wakenhut (Hrsg.), Materialien zur innerbetrieblichen Kommunikation (Eichstätter Berichte zur Wirtschaftspsychologie Nr. 7). Eichstätt: Katholische Universität Eichstätt-Ingolstadt.

Blake, R.R. & Mouton, J.S. (1964). The Managerial Grid: The Key to Leadership Excellence. Houston: Gulf Publishing Co.

Blickle, G. & Witzki, A. (Hrsg.). (2006). Themenheft. Stand und Perspektiven der Arbeits- und Organisationspsychologie. Zeitschrift für Arbeits- und Organisationspsychologie, 50 (4).

Bortz, J. & Döring, N. (2003). Forschungsmethoden und Evaluation für Human- und Sozialwissenschaftler. Berlin: Springer.

Brandstätter, V. (1999). Arbeitsmotivation und Arbeitszufriedenheit. In C. Hoyos & D. Frey (Hrsg.), Arbeits- und Organisationspsychologie (S. 344–357). Weinheim: Beltz.

Brandstätter, V. & Frey, D. (2004). Motivation zu Arbeit und Leistung. In H. Schuler (Hrsg.), Organisationspsychologie – Grundlagen und Personalpsychologie. Enzyklopädie der Psychologie. Wirtschafts-, Organisations- und Arbeitspsychologie, Bd. 3 (S. 295–320). Göttingen: Hogrefe.

Brodbeck, F.C., Anderson, N. & West, M. (2001). TKI. Teamklima Inventar. Göttingen: Hogrefe.

Brodbeck, F.C. & Frey, D. (1999). Gruppenprozesse. In C. Hoyos & D. Frey (Hrsg.), Arbeits- und Organisationspsychologie (S. 358–372). Weinheim: Beltz.

Bruggemann, A., Groskurth, P. & Ulrich, E. (1975). Arbeitszufriedenheit. Bern: Huber.

Bühner, M. (2004). Einführung in die Test- und Fragebogenkonstruktion. München: Pearson Studium.

Bundesanstalt für Arbeitsschutz und Arbeitsmedizin (BAuA) (2007). Erwerbstätigenbefragung 2005/2006, BAuA 3, 3ff.

Büssing, A. (1997). Von der funktionalen zur ganzheitlichen Pflege. Reorganisation von Dienstleistungsprozessen im Krankenhaus. Göttingen: Hogrefe.

Büssing, A. (2007). Organisationsdiagnose. In H. Schuler (Hrsg.), Organisationspsychologie (S. 557–600). Bern: Huber.

Büssing, A., Glaser, J. & Höge, T. (2002). Screening psychischer Belastungen in der stationären Krankenpflege (Belastungsscreening TAA-KH-S). Handbuch zur Erfassung und Bewertung psychischer Belastungen bei Beschäftigten im Pflegebereich. Bremerhaven: Verlag für neue Wissenschaft.

Büssing, A. & Seifert, B. (Hrsg.). (2001). Sozialverträgliche Arbeitszeitgestaltung. Mering: Hampp.

Bungard, W. (2007). Organisationspsychologische Forschung im Anwendungsfeld. In H. Schuler (Hrsg.), Organisationspsychologie (S. 121–142). Bern: Huber.

Bungard, W. & Antoni, C.H. (2007). Gruppenorientierte Interventionstechniken. In H. Schuler (Hrsg.), Organisationspsychologie (S. 439–475). Bern: Huber.

Bungard, W., Holling, H. & Schultz-Gambard, J. (1996). Methoden der Arbeits- und Organisationspsychologie. Weinheim: Beltz.

Bungard, W. & Steiner, S. (2005). Feedback-Kultur in deutschen Unternehmen – Ergebnisse einer Expertenstudie der umsatzstärksten Unternehmen. In W. Bungard & I. Jöns (Hrsg.), Feedbackinstrumente im Unternehmen. Grundlagen, Gestaltungshinweise, Erfahrungsberichte (295–314). Wiesbaden: Gabler.

Chmiel, N. (Hrsg.). (2008). An Introduction to Work and Organizational Psychology: An European Perspective. Oxford: Blackwell-Publishing.

Cohen-Carash, Y. & Spector, P. E. (2001). The role of justice in organizations: A meta-analysis. Organizational Behavior and Human Decision Processes, 86 (2), 278–321.

Cohen, M.D., March, J.G. & Olson, J:P. (1972). A garbage can model of organizational choice. Administrative, Science Quarterly, 17, 1–25.

Colquitt, J.A., Conlon, D.E., Wesson, M.J., Porter, C.O.L.H. & Ng, K.Y. (2001). Justice at the millennium: A meta-analytic review of 25 years of organizational justice research. Journal of Applied Psychology, 86 (3), 425–445.

Cornelißen, W. (Hrsg.). (2005). Gender-Datenreport. 1. Datenreport zur Gleichstellung von Frauen und Männern in der Bundesrepublik Deutschland. Berlin: Bundesministerium für Familie, Senioren, Frauen und Jugend.

Daumenlang, K., Müskens, W. & Harder, U. (2004). FEO. Fragebogen zur Erfassung des Organisationsklimas. Göttingen: Hogrefe.

(Destatis Statistisches Bundesamt), Gesellschaft Sozialwissenschaftlicher Infrastruktureinrichtungen (GESIS) & Wissenschaftszentrum Berlin für Sozialforschung (WZB). (Hrsg.). (2008). Datenreport. Ein Sozialbericht für die Bundesrepublik Deutschland. Bonn: Bundeszentrale für politische Bildung.

Deutsche Shell (Hrsg.). (2006). Jugend 2006: Eine pragmatische Generation unter Druck. 15. Shell Jugendstudie. Frankfurt: Fischer.

Dick, R. van (2003). Commitment und Identifikation in Organisationen. Göttingen: Hogrefe.

Dick, R. van & West, M.A. (2005). Teamwork, Teamdiagnose, Teamentwicklung. Göttingen: Hogrefe.

Ducki, A. (2000). Diagnose gesundheitsförderlicher Arbeit (DigA). Eine Gesamtstrategie zur betrieblichen Gesundheitsanalyse. Zürich: vdf Hochschulverlag.

Dunckel, D. (Hrsg.). (1999). Handbuch psychologischer Arbeitsanalyseverfahren. Zürich: vdf Hochschulverlag.

Duncker, C. (2000). Verlust der Werte? Wertwandel zwischen Meinungen und Tatsachen. Wiesbaden: Deutscher Universitätsverlag.

Emery, F. & Thorsrud, E. (1982). Industrielle Demokratie. Bern: Huber.

Engelbrech, G. (2004): Work-Life-Balance und Chancengleichheit. Konzepte, Aktivitäten und Erfahrungen in der Praxis. Personalführung, 9, 54–65.

Elke, G. (1999). Organisationsentwicklung: Diagnose, Intervention und Evaluation. In C. Hoyos & D. Frey (Hrsg.), Arbeits- und Organisationspsychologie (S. 449–467). Weinheim: Beltz.

Eyer, E. (2000). Wirtschaftsmediation als Weg zu neuen Arbeitszeit- und Entgeltsystemen. In C. Antoni, E. Eyer & J. Kutscher (Hrsg.), Das flexible Unternehmen. Arbeitszeit, Gruppenarbeit, Entgeltsystem (Kap. 06.12). Wiesbaden: Gabler.

Esslinger, A.S. & Schobert, D.B. (Hrsg.). (2007). Erfolgreiche Umsetzung von Work-Life-Balance in Organisationen: Strategien, Konzepte, Maßnahmen. Wiesbaden: Deutscher Universitäts-Verlag.

Felfe, J. (2009). Mitarbeiterführung. Göttingen: Hogrefe.

Felfe, J. & Liepmann, D. (2008). Organisationsdiagnostik. Göttingen: Hogrefe.

Fennekels, G.P. (2003). MDF-360°. Multidirektionales Feedback – 360°. Göttingen: Hogrefe.

Fiege, R., Muck, P.M. & Schuler, H. (2006). Mitarbeitergespräche. In H. Schuler (Hrsg.), Lehrbuch der Personalpsychologie (S. 471–525). Göttingen: Hogrefe.

Fisch, R., Beck, D. & Englich, B. (2001). Projektgruppen in Organisationen. Göttingen: Verlag für Angewandte Psychologie.

Fischer, L. (Hrsg.). (1991). Arbeitszufriedenheit. Stuttgart: Verlag für Angewandte Psychologie.

Fischer, L. (2006). Arbeitszufriedenheit. Konzepte und empirische Befunde. Göttingen: Hogrefe.

Fischer, L. & Wiswede, G. (2002). Grundlagen der Sozialpsychologie. München: Oldenbourg.

Fisseni, H.-J. (2003). Persönlichkeitspsychologie. Ein Theorieüberblick. Göttingen: Hogrefe.

Fiedler, F.E. (1971). Leadership. New York: General Learning Press.

Flanagan, J. C. (1954). The critical incident technique. Psychological Bulletin, 51, 327–358.

Frank, R.H., Gilovich, T. & Regan, D.T. (1993). Does studying economics inhibit cooperation? Journal of Economic Perspectives, 7, 159–171.

Franke, A. (2010). Modelle von Gesundheit und Krankheit. Bern: Huber.

French, W.L. & Bell, C.H. (1994). Organisationsentwicklung. Heidelberg: UTB.

Frey, D. (2004). Psychologie und Wirtschaft: eine Erfolgsstory. Psychologie heute, 10, 71–72.

Frey, D., von Rosenstiel, L. & Hoyos, C. (Hrsg.). (2005). Wirtschaftspsychologie. Weinheim: Beltz.

Frey, S., Bente, G. & Frenz, H.-G. (2007). Analyse von Interaktionen. In H. Schuler (Hrsg.), Organisationspsychologie (S. 353–375). Bern: Huber.

Friedlander, F. & Brown, L.D. (1974). Organization Development. Annual Review of Psychology, 25, 313–42.

Friedman, M. & Rosenman, R.H. (1974). Type A behavior and your heart. New York: Knopf.

Frieling, E. (1999). Arbeitsanalyse und Arbeitsgestaltung. In C. Hoyos & D. Frey (Hrsg.), Arbeits- und Organisationspsychologie (S. 468–487). Weinheim: Beltz.

Frieling, E., Facaoaru, C., Benedix, J., Pfaus, H. & Sonntag, K. (1993). Tätigkeitsanalyseinventar (TAI). Landsberg: Ecomed.

Frieling, E. & Hoyos, C.G. (Hrsg.) (1978). Fragebogen zur Arbeitsanalyse. Bern: Huber.

Frieling, E. & Sonntag, K. (1999). Lehrbuch Arbeitspsychologie. Bern: Huber.

Gallenmüller-Roschmann, J. & Maus, D. (2005). Finanzpsychologie. In E. Spieß (Hrsg.), Wirtschaftspsychologie (S. 191–205). München: Oldenbourg.

Gallenmüller-Roschmann, J. (2005). Emotionen. Koreferat zu Katja Gelbrich. Ein Kommentar aus wirtschaftspsychologischer Sicht. In U. Mummert & F.L. Sell (Hrsg.), Emotionen, Markt und Moral (S. 43–52). Münster: LIT Verlag.

Gebert, D. (1981). Belastung und Beanspruchung in Organisationen. Stuttgart: Poeschel.

Gebert, D. (2004). Innovation durch Teamarbeit: Eine kritische Bestandsaufnahme. Stuttgart: Kohlhammer.

Gebert, D. (2007). Organisationsentwicklung. In H. Schuler (Hrsg.), Organisationspsychologie (S. 601–616). Bern: Huber.

Gebert, D. & Rosenstiel, L.V. (2002). Organisationspsychologie. Kohlhammer.

Geiselhart, H. (2001). Das lernende Unternehmen im 21. Jahrhundert. Wiesbaden: Gabler.

Görlich, Y. & Schuler, H. (2007). AZUBI-TH. Arbeitsprobe zur berufsbezogenen Intelligenz. Göttingen: Hogrefe.

Greenberg, J. & Colquitt, J.A. (2005). Handbook of organizational justice. Mahwah: Lawrence Erlbaum.

Greif, S. (2007). Geschichte der Organisationspsychologie. In H. Schuler (Hrsg.), Organisationspsychologie (S. 21–58). Bern: Huber.

Greif, S. (2008). Coaching und ergebnisorientierte Selbstreflexion: Theorie, Forschung und Praxis des Einzel- und Gruppencoachings. Göttingen: Hogrefe.

Greif, S. & Bamberg, E. (Hrsg.). (1994). Die Arbeits- und Organisationspsychologie. Gegenstand und Aufgabenfelder, Lehre und Forschung, Fort- und Weiterbildung. Göttingen: Hogrefe.

Grote, G., Wäfler, T., Ryser, C., Weik, S., Zölch, M. & Windischer, A. (1999). Wie sich Mensch und Technik sinnvoll ergänzen. Die Analyse automatisierter Produktionssysteme mit KOMPASS. Zürich: vdf Hochschulverlag.

Hacker, W. (1973). Allgemeine Arbeits- und Ingenieurpsychologie. Berlin (DDR): Deutscher Verlag der Wissenschaften.

Hacker, W. (1998). Allgemeine Arbeitspsychologie. Bern: Huber.

Hacker, W. (1999). Neue Arbeitsformen – neue Beanspruchungsformen? In M. Kastner (Hrsg.), Gesundheit und Sicherheit in neuen Arbeits- und Organisationsformen (S. 79–89). Herdecke: MAORI.

Hacker, W. (2009). Arbeitsgegenstand Mensch: Psychologie dialogisch-interaktiver Erwerbsarbeit. Lengerich: Pabst Science Publishers.

Hacker, W., Fritsche, B., Richter, P. & Iwanowa, A. (1995). Tätigkeitsbewertungssystem (TBS). Verfahren zur Analyse, Bewertung und Gestaltung von Arbeitstätigkeiten. In E. Ulich (Hrsg.), Mensch – Technik – Organisation (Band 7). Zürich: vdf Hochschulverlag.

Hacker, W. & Matern, B. (1980). Methoden zum Ermitteln tätigkeitsregulierender kognitiver Prozesse und Repräsentationen bei industriellen Arbeitstätigkeiten. In W. Volpert (Hrsg.), Beiträge zur psychologischen Handlungstheorie (S. 29–49). Bern: Huber.

Hackman, J.R. & Oldham, G.R. (1976). Motivation through the design of work: Test of a theory. Organizational Behavior and Human Performance, 16, 250–279.

Hager, B. (2003). Führen durch Zielvereinbarung. In W. Vogelauer & M.E. Risak (Hrsg.), Management-Handbuch für Führungskräfte (Kap. II, S. 23–48). Wien: Manz.

Hamborg, K.C. & Holling, H. (2003). Innovative Personal- und Organisationsentwicklung. Göttingen: Hogrefe.

Heckhausen, J. & Heckhausen, H. (2006). Motivation und Handeln. Berlin: Springer.

Hellbrück, J. & Fischer, M. (1999). Umweltpsychologie. Göttingen: Hogrefe.

Helmig, B. & Purtschert, R. (2006). Nonprofit-Management. Wiesbaden: Gabler.

Hersey, P. & Blanchard, K.H. (1976). Leader effectiveness and adaptability description (LEAD). In J.W. Pfeiffer & J.E. Jones (Hrsg.), The 1976 annual handbook for group facilitators. La Jolla: University Associates.

Hertel, G. (2002). Management virtueller Teams auf der Basis sozial-psychologischer Theorien: Das VIST-Modell. In E.H. Witte (Hrsg.), Sozialpsychologie wirtschaftlicher Prozesse (S. 172–202). Göttingen: Hogrefe.

Herzberg, F. (1966). Work and nature of man. London: Staples Press.

Herzberg, F., Mausner, B.M. & Snyderman, B, (1959). The motivation to work. New York: Wiley.

Hill, P. (1971). Towards a New Philosophy of Management. London: Gower.

Högl, M. & Gemünden, H.G. (2005). Teamarbeit in innovativen Projekten: Eine kritische Bestandsaufnahme der empirischen Forschung. In H.G. Gemünden & M. Högl (Hrsg.), Management von Teams. Theoretische Konzepte und empirische Befunde (S. 1–32). Wiesbaden: Gabler.

Hoff, E.-H. (1994). Arbeit und Sozialisation. In K.A. Schneewind (Hrsg.), Psychologie der Erziehung und Sozialisation (S. 525–552). Göttingen: Hogrefe.

Hoffmann, W.K.H. (2003). Macht im Management. Zürich: vdf Hochschulverlag.

Holling, H. & Liepmann, D. (2007). Personalentwicklung. In H. Schuler (Hrsg.), Organisationspsychologie (S. 345–382). Bern: Huber.

Holling, H. & Müller, G.F. (2004). Theorien der Organisationspsychologie. In H. Schuler (Hrsg.), Organisationspsychologie (S. 49–69). Bern: Huber.

Hornke, L. F. & Winterfeld, U. (Hrsg.). (2004). Eignungsbeurteilungen auf dem Prüfstand: DIN 33430 zur Qualitätssicherung. Heidelberg: Spektrum.

Hossiep, R., Bittner, J.E. & Berndt, W. (2008). Mitarbeitergespräche – motivierend, wirksam, nachhaltig. Göttingen: Hogrefe.

Hossiep, R., Paschen, M. & Mühlhaus, O. (2003). BIP. Bochumer Inventar zur berufsbezogenen Persönlichkeitsbeschreibung. Göttingen: Hogrefe.

Hossiep, R. & Paschen, M. (Hrsg.). (2008). BIP. Business-Focused Inventory of Personality: UK Version. Göttingen: Hogrefe.

Hoyos, C. & Frey, D. (Hrsg.). (1999). Arbeits- und Organisationspsychologie. Weinheim: Beltz.

Hoyos, C. & Frey, D. (1999b). Einführung. In C. Hoyos & D. Frey (Hrsg.), Arbeits- und Organisationspsychologie (S. 5–26). Weinheim: Beltz.

Hoyos, C. & Ruppert, F. (1993). Fragebogen zur Sicherheitsdiagnose (FSD). Göttingen: Hogrefe.

Hurrelmann, K. & Ulich, D. (Hrsg.). (1991). Neues Handbuch der Sozialisationsforschung. Weinheim: Beltz.

Inglehart, R. (1977). The silent revolution. Changing value and political styles among western politics. Princeton: Princeton University Press.

Jahoda, M. (1983). Die sozialpsychologische Bedeutung von Arbeit und Arbeitslosigkeit. In M. Jahoda, Th. Kieselbach & Th. Leithäuser (Hrsg.), Arbeit, Arbeitslosigkeit und Persönlichkeitsentwicklung. Bremer Beiträge zur Psychologie (Reihe A: Psychologische Forschungsberichte) Nr. 23 (S. 1–8). Bremen: Universität Bremen.

Janis, I. (1972). Victims of Groupthink: A Psychological Study of Foreign-Policy Decisions and Fiascoes. Boston: Houghton Mifflin.

Jeck, S. & Temme, K. (2007). Schulpsychologische Beratung bei der Qualitätsentwicklung von Schulen. In T. Fleischer, N. Grewe, B. Jötten, K. Seifried & B. Sieland (Hrsg.), Handbuch Schulpsychologie (S. 341–451). Stuttgart: Kohlhammer.

Joerin, S. & Stoll, F. (2006). EXPLOJOB. Das Werkzeug zur Beschreibung von Berufsanforderungen und -tätigkeiten. Göttingen: Hogrefe.

John, M. & Maier, G.W. (2007). Eignungsdiagnostik in der Personalarbeit. Düsseldorf: Symposion Publishing.

Jonas, K., Keilhofer, G. & Schaller, J. (Hrsg.). (2005). Human Resource Management im Automobilbau. Bern: Huber.

Kals, E. (1999). Der Mensch nur ein zweckrationaler Entscheider? Zeitschrift für Politische Psychologie, 7 (3), 267–293.

Kals, E. & Kärcher, J. (2001). Mythen in der Wirtschaftsmediation. Wirtschaftspsychologie, 2, 17–27.

Kals, E. & Webers, T. (2001). Wirtschaftsmediation als alternative Konfliktlösung. Wirtschaftspsychologie, 2, 10–16.

Kals, E. & Ittner, H. (2008). Wirtschaftsmediation. Göttingen: Hogrefe.

Kaminski, G. (1990). Handlungstheorie. In L. Kruse, C.-F. Graumann & E.-D. Lantermann (Hrsg.), Ökologische Psychologie (S.112–118). Weinheim: Beltz.

Kannheiser, W., Hormel, R. & Aichner, R. (1993). Planung im Projektteam. Handbuch zum Planungskonzept Technik-Arbeit-Innovation (PTAI). Band 1. Mering: Hampp.

Karasek, R. A. & Theorell, T. (1990). Healthy work. Stress, productivity, and the reconstruction of working life. New York: Basic Books.

Katz, D. (1964). Organizational Stress. New York: Wiley.

Katz, D. & Kahn, R.L. (1973). The Social Psychology of Organizations. New York: Wiley.

Kauffeld, S. (2001). Teamdiagnose. Göttingen: Verlag für Angewandte Psychologie.

Kauffeld, S. (2004). FAT. Fragebogen zur Arbeit im Team. Göttingen: Hogrefe.

Kersting, M. (2008). Qualität in der Diagnostik und Personalauswahl – der DIN-Ansatz. Göttingen: Hogrefe.

Kickbusch, I. (2006). Die Gesundheitsgesellschaft. Megatrends der Gesundheit und deren Konsequenzen für Politik und Gesellschaft. Camburg: Verlag für Gesundheitsförderung.

Kieser, A. & Ebers, M. (Hrsg.). (2006). Organisationstheorien. Stuttgart: Kohlhammer.

Kieser, A. & Kubicek, H. (1992). Organisationen. Berlin: De Gruyter.

Kirchler, E. (Hrsg.). (2005). Arbeits- und Organisationspsychologie. Wien: WUV.

Kirchler, E. (2008). Arbeits- und Organisationspsychologie. Stuttgart. UTB.

Kirchler, E. & Hölzl, E. (2002). Arbeitsgestaltung in Organisationen. Wien: Universitätsverlag.

Kirchler, E., Meier-Pesti, K. & Hofmann, E. (2005). Menschenbilder. In E. Kirchler (Hrsg.), Arbeits- und Organisationspsychologie (S. 17–195). Wien: WUV.

Kirchler, E. & Schrott, A. (2003). Entscheidungen in Organisationen. Wien: Universitätsverlag.

Klages, H. (1984). Wertorientierungen im Wandel. Rückblick, Gegenwartsanalyse, Prognosen. Frankfurt am Main: Campus Verlag.

Klages, H. (2001). Brauchen wir eine Rückkehr zu traditionellen Werten? Aus Politik und Zeitgeschichte, 29, (8), 7–14.

Klein, M. (2003). Gibt es die Generation Golf? Eine empirische Inspektion. Kölner Zeitschrift für Soziologie und Sozialpsychologie, 55, 99–115.

Kleinbeck, U. (1996). Arbeitsmotivation. Entstehung, Wirkung und Förderung. Weinheim: Juventa.

Kleinbeck, U. & Kleinbeck, T. (2009) Arbeitsmotivation: Konzepte und Fördermaßnahmen. Lengerich: Pabst.

Kleinbeck, U. & Przygodda, M. (1993). Arbeits- und Organisationspsychologie im Spannungsfeld zwischen experimenteller und angewandter Psychologie – braucht Zukunft Herkunft? In W. Bungard & T. Herrmann (Hrsg.), Arbeits- und Organisationspsychologie im Spannungsfeld zwischen Grundlagenorientierung und Anwendung (S. 75–89). Bern: Huber.

Kleinbeck, U. & Schmidt, K.-H. (2010). Arbeitspsychologie. Enzyklopädie der Psychologie. Wirtschafts-, Organisations- und Arbeitspsychologie. Bd. 1. Göttingen: Hogrefe.

Kleinmann, M. (1997). Assessment-Center. Stand der Forschung. – Konsequenzen für die Praxis. Göttingen: Hogrefe.

Kleinmann, M. & Strauß, B. (2000). Potentialfeststellung und Personalentwicklung. Göttingen: Hogrefe.

Knapp, M.L. (1980). Nonverbal communication in human interaction. New York: Holt, Rinehart & Winston.

Koch, U. & Wittmann, W. (Hrsg.). (1990). Evaluationsforschung. Berlin: Springer.

Kokavecz, I. & Holling, H. (1999). Fort- und Weiterbildung. In C. Hoyos & D. Frey (Hrsg.), Arbeits- und Organisationspsychologie (S. 596–607). Weinheim: Beltz.

Krause, A. (2002). Psychische Belastung im Unterricht – Ein aufgabenbezogener Untersuchungsansatz. Analyse der Tätigkeit von Lehrerinnen und Lehrern. Dissertationsschrift, Universität Flensburg.

Krause, A., Schüpach, H., Ulich, E. & Wülser, M. (Hrsg.). (2008). Arbeitsort Schule. Organisations- und arbeitspsychologische Perspektiven. Wiesbaden: Gabler.

Kruse, A. & Packebusch, L. (2006). Alter(n)sgerechte Arbeitsgestaltung. In B. Zimolong & U. Konradt (Hrsg.), Ingenieurspsychologie (S. 425–460). Enzyklopädie der Psychologie. Bd. 2. Göttingen: Hogrefe.

Kühlmann, T.M. & Franke, M. (1989). Organisationsdiagnose. In E. Roth (Hrsg.). Enzyklopädie der Psychologie (Serie 3: Arbeits-Organisations-Wirtschaftspsychologie. Bd. 3: Organisationspsychologie, S. 631–652). Göttingen: Hogrefe.

Kühlmann, T.M. & Stahl, G.K. (2006). Problemfelder des internationalen Personaleinsatzes. In H. Schuler (Hrsg.), Lehrbuch der Personalpsychologie (S. 673–697). Göttingen: Hogrefe.

Kultusministerkonferenz (KMK) (2006). Gesamtstrategie der Kultusministerkonferenz zum Bildungsmonitoring. Beschluss vom 02. 06. 2006.

Lawler, E.E. (1977). Motivierung in Organisationen. Ein Leitfaden für Studenten und Praktiker. Bern: Haupt.

Lazarus, R. S. & Launier, R. (1981). Stressbezogene Transaktion zwischen Person und Umwelt. In J.R. Nitsch (Hrsg.), Stress. Theorien, Untersuchungen, Maßnahmen, (S. 213–260). Bern: Huber.

Leitner, S., Ostner, I. & Schranzenstaller, M. (2004) (Hrsg.). Wohlfahrtsstaat und Geschlechterverhältnis im Umbruch. Was kommt nach dem Ernährermodell? Wiesbaden: Verlag für Sozialwissenschaften.

Leitner, K., Lüders, E., Greiner, B., Ducki, A., Niedermeier, R. & Volpert, W. (1993). Analyse psychischer Anforderungen und Belastungen in der Büroarbeit. Das RHIA/VERA-Büro-Verfahren. Göttingen: Hogrefe.

Leitner, K., Volpert, W., Greiner, B., Weber, W. G. & Hennes, K. (1987). Analyse psychischer Belastung in der Arbeit – Das RHIA-Verfahren. Köln: Verlag TÜV Rheinland GmbH.

Leonhardt, W. (1991). Das »Mitarbeitergespräch« als Alternative zu formalisierten Beurteilungssystemen. In H. Schuler (Hrsg.), Beurteilung und Förderung beruflicher Leistung (S. 91–105). Stuttgart: Verlag für Angewandte Psychologie.

Leventhal, G.S. (1976). What Should Be Done with Equity Theory? New Approaches to the Study of Fairness in Social Relationships. In K.J. Gergen (Eds.), And Others, Social Exchange Theory. New York: John Wiley & Sons.

Leventhal, G.. (1980). What should be done with equity theory? New approaches to the study of fairness in social relations. In K.J. Gergen, M.S.Greenberg, & R.H. Willis (Eds.), Social Exchange Theory (pp. 27–55). New York: Plenum Press.

Lienert, G.A. (Hrsg.). (1967). DBP, Drahtbiegeprobe. Göttingen: Hogrefe.

Lienert, G.A. & Raatz, U. (1994) Testaufbau und Testanalyse. Weinheim: Beltz.

Lippitt, G.L. & Lippitt, R. (2006). Beratung als Prozess: was Berater und ihre Kunden wissen sollten. Lund: Rosenberger Fachverlag.

Locke, E.A. (1968). Toward a Theory of Task Motivation and Incentives, Organizational Behaviour and Human Performance, 3, 157–189.

Locke, E.A. & Latham, G.P. (1991). Self – Regulation through Goal Setting. Organizational Behavior And Human Decision Processes, 50, 212 – 247.

Luhmann, N. (1987) Soziale Systeme. Grundriss einer allgemeinen Theorie. Frankfurt/M.: Suhrkamp.

Luthans, F. (1985). Organizational behavior. New York: McGraw-Hill.

McClelland, D.C. (1961). The Achieving Society. Princeton: Van Nostrand.

McGrath, J.E. (1976). Stress and behavior in organization. In M.D. Dunenette (Eds.), Handbook of industrial and organizational psychology (pp. 1351–1396). Chicago: Rand McNally.

McGregor, D. (1960). The human side of enterprise. New York: McGraw Hill.

McKenna, E. (2006). Business Psychology and Organisational Behavior. A Student's Handbook. New York: Psychology Press.

Malik, F. (2009). Systemisches Management, Evolution, Selbstorganisation. Bern: Haupt.

Mandel, W. (2007). Der Wertewandel in der Arbeitswelt. Ursachen, Theorien und Folgen. Saarbrücken: VDM Verlag Dr. Müller.

March, J.G. & Simon, H.A. (1958). Organizations. New York: Wiley.

Maslach, C. & Leiter, M.P. (2001). Die Wahrheit über Burnout: Stress am Arbeitsplatz und was Sie dagegen tun können. Berlin: Springer.

Maslow, A.H. (1943). A Theory of Human Motivation, Psychological Review, 50, 370–96.

Maslow, A.H. (1970). Motivation and Personality. New York: Harper & Row.

Mayo, E. (1933). Human Problems of an Industrial Civilization. New York: Macmillan.

Metz, A.M. & Rothe, H.J. (2003). Screening psychischer Arbeitsbelastungen (SPA). Potsdam: Universität Potsdam.

Michel, A., Menzel, L. & Sonntag, K. (2009). Beanspruchung erkennen, Fehlbelastung vermeiden: Instrument zur Analyse von psychischen Belastungen am Arbeitsplatz. Personalführung, 42 (7), 40–47.

Miller, D.T. & Ratner, R.K. (1996). The power of the myth of self-interest. In L. Montada & M.J. Lerner (Eds.), Current societal concerns about justice (pp. 25–48). New York: Plenum Press.

Mintzberg, H. (1975). The manager's job: Folklore and fact. Harvard Business Review 53, 49–58.

Mitchell, J.L. & McCormick, E.J. (1980). Professional and Managerial Position Questionnaire. North Logan, UT: PAQ Services, Inc.

Mohr, G., Rigotti, T. & Müller, A. (2007). IS. Irritations-Skala zur Erfassung arbeitsbezogener Beanspruchungsfolgen. Göttingen: Hogrefe.

Montada, L. (1991). Grundlagen der Anwendungspraxis (Berichte aus der Arbeitsgruppe »Verantwortung, Gerechtigkeit, Moral«, Nr. 62). Trier: Universität Trier, Fachbereich I – Psychologie.

Montada, L. (1992). Eine pädagogische Psychologie der Gefühle. Kognitionen und die Steuerung erlebter Emotionen. In H. Mandl, M. Dreher & H.-J. Kornadt (Hrsg.), Entwicklung und Denken im kulturellen Kontext (S. 229–249). Göttingen: Hogrefe.

Montada, L. & Kals, E. (2001). Mediation. Lehrbuch für Psychologen und Juristen. Weinheim: Beltz.

Moser, K. & Schmook, R. (2006). Berufliche und organisationale Sozialisation. In H. Schuler (Hrsg), Lehrbuch der Personalpsychologie (S. 231–253). Göttingen: Hogrefe.

Müller-Jentsch, W. (2007). Strukturwandel der industriellen Beziehungen. »Industrial Citizenship« zwischen Markt und Regulierung. Wiesbaden: Verlag für Sozialwissenschaften.

Musch, J., Rahn, B. & Lieberei, W. (2001). BPM. Bonner-Postkorb-Module. Göttingen: Hogrefe.

Nell-Breuning, O.von (1985). Gerechtigkeit und Freiheit. Grundzüge katholischer Soziallehre. München: Günter Olzog Verlag.

Nerdinger, F. W., Blickle, G. & Schaper, N. (2008). Arbeits- und Organisationspsychologie. Berlin: Springer.

Neubauer, R. (1990). Frauen im Assessment-Center – ein Gewinn? Zeitschrift für Arbeits- und Organisationspsychologie, 34, 29–36.

Neubauer, A.C. & Freudenthaler, H.H.(2001). Emotionale Intelligenz: Ein Überblick. In E. Stern & J. Guthke (Hrsg.), Perspektiven der Intelligenzforschung (S. 205–232). Lengerich: Pabst.

Neuberger, O. (1994). Personalentwicklung. Stuttgart: Enke.

Neuberger, O. (2002). Führen und führen lassen. Stuttgart: Lucius & Lucius.

Niebel, G. (1987). Training positiven Verhaltens. In J.C. Brengelmann, L. von Rosenstiel & G. Bruns (Hrsg.), Verhaltensmanagement in Organisationen (S. 123–135). Frankfurt/M.: Lang.

Nork, M.E. (1989). Management Training. Mering: Hampp.

Oesterreich, R. (1981). Handlungsregulation und Kontrolle. München: Urban & Schwarzenberg.

Oesterreich, R., Leitner, K. & Resch, M. (2000). Analyse psychischer Anforderungen und Belastungen in der Produktionsarbeit. Das Verfahren RHIA/VERA-Produktion. Handbuch. Göttingen: Hogrefe.

Opaschowski, H.-W. (2006). Das Moses-Prinzip. Die 10 Gebote des 21. Jahrhunderts. Gütersloh: Gütersloher Verlagshaus.

O'Reilly, C.A., III, Chatman, J. & Caldwell, D.F. (1991) People and Organizational Culture: A Profile Comparison Approach to Assessing Person-Organization Fit, Academy of Management Journal, 34 (3), 487.

Pawlik, K. (1991). The psychology of global environmental change: Some basic data and an agenda for cooperative international research. International Journal of Psychology, 26, 547–563.

Petersen, T. & Mayer, T. (2005). Der Wert der Freiheit – Deutschland vor einem neuen Wertewandel? Freiburg im Breisgau: Herder.

Pongratz, H.J. & Voß, G.G. (2003). Arbeitskraftunternehmer. Erwerbsorientierungen in entgrenzten Arbeitsformen. Berlin: edition sigma.

Porter, L.W. & Lawler, E.E. (1968). What job attitudes can tell us about employee motivation. Harvard Business Review, 46 (1), 118–126.

REFA (1991). Anforderungsermittlung. Arbeitsbewertung. Leipzig: Fachbuchverlag.

Reichwald, R. & Möslein, K. (1999). Organisation: Strukturen und Gestaltung. In C. Hoyos & D. Frey (Hrsg.), Arbeits- und Organisationspsychologie (S. 29–49). Weinheim: Beltz.

Reimann, G., Frenzl, T., Michalke, S. & Pepper, M. (2008) Verbreitung und Akzeptanz der DIN 33430. Eine Stellungnahme. Zeitschrift für Personalpsychologie, 7 (4), 178–180.

Resch, M. (1999). Arbeitsanalyse im Haushalt. Erhebung und Bewertung von Tätigkeiten außerhalb der Erwerbsarbeit mit dem AVAH-Verfahren. Zürich: Verlag der Fachvereine.

Resch, M. (2003). Analyse psychischer Belastungen. Verfahren und ihre Anwendungen im Arbeits- und Gesundheitsschutz. Bern: Huber.

Richter, R. (2005). Die Lebensstilgesellschaft. Wiesbaden: Verlag für Sozialwissenschaften.

Richter, G. & Hacker, W. (2003). Tätigkeitsbewertungssystem – Geistige Arbeit für Arbeitsplatzinhaber. TBS-GA (A). Zürich. Vdf-Hochschulverlag

Rodler, C. & Kirchler, E. (2002). Führung in Organisationen. Wien: WUV.

Rolff, H.G., Buhren, C.G., Lindau-Bank, D. & Müller, S. (2000). Manual Schulentwicklung. Handlungskonzept zur pädagogischen Schulentwicklungsberatung (SchuB). Weinheim: Beltz.

Rosenstiel, L.v. (1999). Führung und Macht. In C. Hoyos & D. Frey (Hrsg.), Arbeits- und Organisationspsychologie (S. 412–428). Weinheim: Beltz.

Rosenstiel, L.v. (2007). Kommunikation in Arbeitsgruppen. In H. Schuler (Hrsg.), Organisationspsychologie (S. 387–414). Bern: Huber.

Rosenstiel, L.v., Molt, W. & Rüttinger, B. (2005). Organisationspsychologie. Stuttgart: Kohlhammer.

Rosenstiel, L.v. (2007). Grundlagen der Organisationspsychologie. Basiswissen und Anwendungshinweise. Stuttgart: Schäffer-Poeschel.

Rosenstiel, L.v. & Lang-von Wins, T. (Hrsg.) (2000). Perspektiven der Potentialbeurteilung. Göttingen: Hogrefe.

Rotter, J.B. (1966). Generalized expectancies for internal versus external control of reinforcement, Psychological Monographs, 80.

Roßteutscher, S. (2004). Von Realisten und Konformisten – Wider die Theorie der Wertsynthese. Kölner Zeitschrift für Soziologie und Sozialpsychologie, 56, 407–431.

Rudolph, E., Schönefelder, E. & Hacker, W. (1987). Tätigkeitsbewertungssystem Geistige Arbeit. TBS-GA. Handanweisung. Berlin: Psychodiagnostisches Zentrum.

Sarges, W. & Scheffer, D. (Hrsg.) (2008). Innovative Ansätze für die Eignungsdiagnostik. Göttingen: Hogrefe.

Sarges, W., Wottawa H. & Roos, C. (2004). Handbuch wirtschaftspsychologischer Testverfahren, Band I. Personalpsychologische Instrumente (2. Aufl.). Lengerich: Pabst.

Sarges, W., Wottawa H. & Roos, C. (2010). Handbuch wirtschaftspsychologischer Testverfahren, Band II. Organisationspsychologische Instrumente. Lengerich: Pabst.

Schäfer, N. (1997). Organisationspsychologie für die Praxis. Berlin: Verlag Wissenschaft & Praxis.

Scherer, A.G. (2001). Kritik der Organisation oder Organisation der Kritik? – Wissenschaftstheoretische Bemerkungen zum kritischen Umgang mit Organisationstheorien. In A. Kieser (Hrsg.), Organisationstheorien (S. 1–38). Stuttgart: Kohlhammer.

Scherm, M. & Sarges, W. (2002). 360°-Feedback. Göttingen: Hogrefe.

Schluchter, W. (2009). Max Weber-Gesamtausgabe. Band I/24: Wirtschaft und Gesellschaft. Entstehungsgeschichte und Dokumente. Tübingen: Mohr Siebeck.

Schneewind, K.A. (1982). Persönlichkeitstheorien. Darmstadt: Wissenschaftliche Buchgesellschaft.

Schneider, S. (1999). Die betriebliche Einarbeitung neuer Mitarbeiter: Ein Phasenmodell. Akademie, 1, 9–12.

Scholl, W. (2007). Grundkonzepte der Organisation. In H. Schuler (Hrsg.), Organisationspsychologie (S. 515–556). Bern: Huber.

Schüpbach, H. & Zölch, M. (2007). Analyse und Bewertung von Arbeitstätigkeiten. In H. Schuler (Hrsg.), Organisationspsychologie (S. 197–220). Bern: Huber.

Schuler, H. (2000). Psychologische Personalauswahl. Göttingen: Verlag für Angewandte Psychologie.

Schuler, H. (2002). Das Einstellungsinterview. Göttingen: Hogrefe.

Schuler, H. (Hrsg.). (2004). Beurteilung und Förderung beruflicher Leistungen. Göttingen: Hogrefe.

Schuler, H. (Hrsg.). (2006) Lehrbuch der Personalpsychologie. Göttingen: Hogrefe.

Schuler, H. (Hrsg). (2007). Lehrbuch Organisationspsychologie. Bern: Huber.

Schuler, H. & Funke, U. (2004). Diagnose beruflicher Eignung und Leistung. In H. Schuler (Hrsg.), Organisationspsychologie (S. 289–344). Bern: Huber.

Schuler, H. & Sonntag, K. (2007). Handbuch der Arbeits- und Organisationspsychologie. Handbuch der Psychologie. Bd. 6. Göttingen: Hogrefe..

Schulz von Thun, F. (2001). Miteinander reden. Störungen und Klärungen (Band 1). Reinbek: Rowohlt.

Schulz von Thun, F., Ruppel, J. & Stratmann, R. (2006). Kommunikation für Führungskräfte. Reinbek: Rowohlt.

Semmer, N. (1984). Streßbezogene Tätigkeitsanalyse: Psychologische Untersuchungen zur Analyse von Streß am Arbeitsplatz. Weinheim: Beltz.

Semmer, N. & Udris, I. (2007). Bedeutung und Wirkung von Arbeit. In H. Schuler (Hrsg.), Organisationspsychologie (S. 157–196). Bern: Huber.

Siegrist, J. & Theorell, T. (2006). Socio-economic position and health: the role of work and employment. In J. Siegrist & M. Marmot (Eds.), Social inequities in health. New evidence and policy implications (p. 73–100). Oxford: Oxford University Press.

Simon, H.A. (1976). Administrative behavior. A study of decision-making processes in administrative organizations. New York: MacMillan (erstmals 1945).

Sonntag, K-H. (Hrsg.) (2006). Personalentwicklung in Organisationen. Psychologische Grundlagen, Methoden und Strategien. Göttingen: Hogrefe.

Sonntag, K. & Schaper, N. (1999). Personale Verhaltens- und Leistungsbedingungen. In C. Hoyos & D. Frey (Hrsg.), Arbeits- und Organisationspsychologie (S. 298–312). Weinheim: Beltz.

Sperka, M. & Rózsa, J. (2007). KOMMINO. Fragebogen zur Erfassung der Kommunikation in Organisationen. Göttingen: Hogrefe.

Spieß, E. (2005). Wirtschaftspsychologie. München: Oldenbourg.

Spieß, E. & von Rosenstiel, L. (2010). Organisationspsychologie. München: Oldenbourg Verlag.

Sprenger, R.K. (2002). Mythos Motivation. Frankfurt/M.: Campus.

Staehle, W.H., Conrad, P. & Sydow, J. (1999). Management. Eine verhaltenswissenschaftliche Perspektive. München: Vahlen.

Staufenbiel, T. & Rösler, F. (1999). Personalauswahl. In C. Hoyos & D. Frey (Hrsg.). Arbeits- und Organisationspsychologie (S. 488–509). Weinheim: Beltz.

Steiner, I.D. (1972). Group processes and productivity. New York: Academic Press.

Strohm, O. & Ulich, E. (1997). Unternehmen arbeitspsychologisch bewerten. Ein Mehr-Ebenen-Ansatz unter besonderer Berücksichtigung von Mensch, Technik, Organisation. Zürich: vdf Hochschulverlag.

Stumpf, S. & Thomas, A. (2003). (Hrsg.). Teamarbeit und Teamentwicklung. Göttingen: Verlag für Angewandte Psychologie.

Taylor, F.W. (1911). The principles of scientific management. New York: Wiley.

Taylor, F.W. (1913). Die Grundsätze wissenschaftlicher Betriebsführung. München: Oldenbourg.

Thornton, G.C., Gaugler, B.B., Rosenthal, D.B., & Bentson, C. (1992). Die prädiktive Validität des Assessment Centers – eine Metaanalyse. In H. Schuler & W. Stehle (Hrsg.), Assessment Center als Methode der Personalentwicklung. (S. 36–77). Göttingen: Verlag für Angewandte Psychologie.

Trist, E.L: (1990). Sozio-technische Systeme: Ursprünge und Konzepte. Organisationsentwicklung, 8, 10–26.

Tuckman, B. W. (1965). Developmental sequences in small groups Psychological. Bulletin. Psychological Bulletin, 63, 348–399.

Tuckman, B.W., & Jensen, M.A.C. (1977). Stages of small group development revisited. Group and Organizational Studies, 2, 419- 427.

Udris, I. (2006). Salutogenese in der Arbeit – ein Paradigmenwechsel? Wirtschaftspsychologie, Sonderheft zur Salutogenese in der Arbeit, 8 (2/3), 4–13.

Udris, I. & Alioth, A. (1980). Fragebogen zur subjektiven Arbeitsanalyse (SAA). In E. Martin, I. Udris, U. Ackermann &

K. Ögerli (Hrsg.), Monotonie in der Industrie (S. 49–68). Bern: Huber.

Udris, I: & Frese, M. (1988). Belastung, Stress, Beanspruchung und ihre Folgen. In D. Frey, C. Hoyos & D. Stahlberg (Hrsg.). Angewandte Psychologie (S. 427–447). Weinheim: Beltz.

Ulich, E. (1972). Arbeitswechsel und Aufgabenerweiterung. REFA-Nachrichten, 25, 265–275.

Ulich, E. (2001). Beschäftigungswirksame Arbeitszeitmodelle. Zürich: vdf Hochschulverlag.

Ulich, E. (2005). Arbeitspsychologie. Stuttgart: Schäffer-Poeschel.

Ulich, E. (2007). Gestaltung von Arbeitstätigkeiten. In H. Schuler (Hrsg.), Lehrbuch Organisationspsychologie. Bern: Verlag Hans Huber.

Ulich, E. (2008). Psychische Gesundheit am Arbeitsplatz. In Berufsverband Deutscher Psychologinnen und Psychologen (Hrsg.), Psychische Gesundheit am Arbeitsplatz in Deutschland (S. 8–15). Berlin: Bundesgeschäftsstelle.

Ulich, E.; Troy, N. & Alioth, A. (1989). Technologie und Organisation. In E. Roth (Hrsg.), Organisationspsychologie (S. 119–141). Enzyklopädie der Psychologie. Bd. 3. Göttingen: Hogrefe.

Van de Ven, A.H. & Ferry, D.L. (1980). Measuring and assessing organizations. New York: John Wiley.

Volpert, W., Oesterreich, R., Gablenz-Kolakovic, S., Krogoll, T. & Resch, M. (1983). Verfahren zur Ermittlung von Regulationserfordernissen in der Arbeitstätigkeit (VERA). Köln: Verlag TÜV Rheinland GmbH.

Vroom, V.H. (1964). Work and motivation. New York: Wiley.

Vroom, V.H. & Yetton, P.W. (1973). Leadership and decision-making. Pittsburgh, PA: University of Pittsburgh Press.

Wagner, D. (Hrsg.). (1995). Arbeitszeitmodelle. Flexibilisierung und Individualisierung. Göttingen: Hogrefe.

Wakenhut, R. (1993). Wirtschaftspsychologie. In A. Schorr (Hrsg.), Handwörterbuch der Angewandten Psychologie (S. 736–742). Bonn: Verlag Deutscher Psychologen.

Walenta, C. & Kirchler, E. (2005). Führung. In E. Kirchler (Hrsg.), Arbeits- und Organisationspsychologie (S. 411–484). Wien: WUV.

Watzlawick, P., Beavin, J.H. & Jackson, D.D. (2000). Menschliche Kommunikation. Bern: Huber.

Weber, M. (1921). Wirtschaft und Gesellschaft. Grundriss der verstehenden Soziologie. Köln: Kiepenheuer und Witsch.

Weber, M. (1922). Wirtschaft und Gesellschaft. Grundriss der verstehenden Soziologie. Tübingen: Mohr.

Wegge, J. (2004). Führung von Arbeitsgruppen. Göttingen: Hogrefe.

Wegge, J. & Schmidt, K.-H. (2004) Förderung von Arbeitsmotivation und Gesundheit. Göttingen: Hogrefe.

Weinert, A.B. (2004). Organisations- und Personalpsychologie. Weinheim: Beltz.

Wenninger, G. (1999). Arbeits-, Gesundheits- und Umweltschutz. In C. Hoyos & D. Frey (Hrsg.), Arbeits- und Organisationspsychologie (S. 105–121). Weinheim: Beltz.

Wiemann, J.M. & Giles, H. (1996). Interpersonale Kommunikation. In W. Stroebe, M. Hewstone & G.M. Stephenson (Hrsg.), Sozialpsychologie. Eine Einführung (S. 331–361). Berlin: Springer.

Wiendieck, G. (1993). Einführung in die Arbeits- und Organisationspsychologie. Studienbriefe der Fernuniversität Hagen. Fachbereich Erziehungs-, Sozial- und Geisteswissenschaften. Hagen: FernUniversität.

Wiendieck, G. (1994). Arbeits- und Organisationspsychologie. Berlin/München: Quintessenz.

Winterhoff-Spurk, P. (2002). Organisationspsychologie. Stuttgart: Kohlhammer.

Wottawa, H. & Thierau, H. (1990). Evaluation. Bern: Huber.

Wübbelmann, K. (2005) Handbuch Management-Audit. Göttingen: Hogrefe.

Wüstner, K. (2006). Arbeitswelt und Organisation. Ein interdisziplinärer Ansatz. Wiesbaden: Gabler.

Wunderer, R. (2003). Führung und Zusammenarbeit. Eine unternehmerische Führungslehre. München: Luchterhand.

Yukl, G. (1998). Leadership in organisations. New Jersey: Prentice Hall.

Zapf, D. & Dormann, C. (2006). Gesundheit und Arbeitsschutz. In H. Schuler (Hrsg.), Lehrbuch der Personalpsychologie (S. 699–728). Göttingen: Hogrefe.

Zapf, D. & Ohly, S. (2009). Prävention in Unternehmen. In M. Jerusalem & J. Bengel (Hrsg.), Handbuch der Gesundheitspsychologie und Medizinischen Psychologie (S. 346–354). Göttingen: Hogrefe.

Zapf, D. & Semmer, N.K. (2004). Stress und Gesundheit in Organisationen. In H. Schuler (Hrsg.), Organisationspsychologie – Grundlagen und Personalpsychologie. Enzyklopädie der Psychologie. Wirtschafts-, Organisations- und Arbeitspsychologie. Bd. 3 (S. 1007–1112). Göttingen: Hogrefe.

Zimolong, B. & Konradt, U. (2006). Ingenieurpsychologie. Enzyklopädie der Psychologie. Wirtschafts-, Organisations- und Arbeitspsychologie. Bd. 2. Göttingen. Hogrefe.

Hinweise zu den Online-Materialien

Zu diesem Lehrbuch gibt es Zusatzmaterialien im Internet. Besuchen Sie unsere Website www.beltz.de Auf der Seite dieses Lehrbuchs (z. B. über die Eingabe der ISBN im Suchfeld oder über den Pfad Psychologie – Lehrbücher – Kals/Gallenmüller-Roschmann erreichbar) finden Sie die Materialien.

Lernen Sie online weiter mit den folgenden Elementen:

▶ **Biographien prägender Persönlichkeiten der Arbeits- und Organisationspsychologie**
▶ **Hilfreiche Links**
▶ **Lernhilfen und Übungen zu den verschiedenen Themen**
▶ **Für Dozentinnen und Dozenten:** Alle Abbildungen im digitalen Format zur Verwendung in der Lehre
▶ **Personenverzeichnis**

Online-Feedback
Über Ihr Feedback zu diesem Lehrbuch würden wir uns freuen:
http://www.beltz.de/psychologie-feedback

Glossar

In diesem Glossar sind nur jene primär wirtschaftswissenschaftlichen und statistischen Fachbegriffe erklärt, die nicht explizit im Text definiert sind.

Akzeptanz von Tests (test acceptance, social validity): Inwiefern wird der Test von denen akzeptiert, die mit seiner Hilfe untersucht werden? Entspricht der Test gesellschaftlichen Normen und Werten?

Augenscheinvalidität (face validity): Einfachste, aber am schlechtesten nachprüfbare Form der → Validität. Sie meint die offensichtliche Plausibilität einer Untersuchung bzw. eines Verfahrens (z. B. eines Tests). Dabei macht der Test für den zu Untersuchenden den Eindruck, plausibel und somit valide zu sein. Literatur: Albert, R. & Koster, C.J. (2002). Empirie in Linguistik und Sprachlehrforschung. Tübingen: Narr.

Behavior setting (kontextabhängige Verhaltensmuster): Umweltausschnitt, der durch charakteristische uniforme Verhaltensmuster und Normen gekennzeichnet ist. Diese werden durch die Teilnehmer nach einem Programm abgewickelt und auf die Umgebung abgestimmt. Literatur: Hellbrück, J. & Fischer, M. (1999). Umweltpsychologie. Göttingen: Hogrefe.

Bombenwurf-Strategie (bombenwurf strategy): Grundlegende Entscheidungen über einen organisationalen Wandel werden vom Management getroffen und ohne jegliche Vorbereitungs- oder Diskussionszeit unter hohem Zeitdruck angeordnet und häufig gegen die erwarteten Widerstände der Mitarbeiter umgesetzt. Häufig verwendete Konzepte sind das → Lean Management, das → Total Quality Management oder das → Business Reengineering. Literatur: von Rosenstiel, L. (2003). Grundlagen der Organisationspsychologie. Stuttgart: Schäffer-Poeschel.

Business (Process) Reengineering: Grundlegendes Überdenken von Unternehmensstrukturen und radikales Neugestalten wesentlicher Unternehmensprozesse. Die grundlegenden Veränderungen dienen dazu, veränderten Anforderungen des Marktes (höhere Kundenanforderungen, verschärfter Wettbewerb, ständiger Wandel) gerecht zu werden und wesentliche Verbesserungen bei ökonomischen Kennzahlen zu erreichen. Gemeinsame Elemente aller Strategien des Business Reengineering sind: Zusammenfassung von Positionen (Mitarbeiter arbeiten nicht in einzelnen Fachressorts, sondern in Prozessteams), Linearisierung (i. S. einer Beschleunigung des Arbeitsablaufs werden mehrere zuvor sukzessive Arbeitsgänge nun simultan durchgeführt), Einsatz moderner Informationstechnologie, mehr Eigenverantwortung für die Mitarbeiter und weniger Überwachungs- und Kontrollbedarf (Veränderung von Führungsstrukturen und Hierarchieabbau). Literatur: Hammer, M. & Champy, J. (1996). Business reengineering. Frankfurt a. M.: Campus. Wank, R. (1995). Lean Management und Business Reengineering aus arbeitsrechtlicher Sicht. Stuttgart: Schäffer-Poeschel.

Change Management (Veränderungsmanagement): Oberbegriff für Managementstrategien, die aufgrund von Umstrukturierungen, Reorganisationsmaßnahmen, Um- oder Ausgründungen tiefgreifende Veränderungen in der Organisationsstruktur mit sich bringen. Strategien des Change Managements sind auf einen hohen Zielerreichungsgrad und positive Evaluationen der Maßnahmen, Ergebnisse und Folgen ausgerichtet. Die Evaluationen finden durch einflussreiche Schlüsselpersonen und -gruppen innerhalb und außerhalb der Organisation (insbesondere der Auftraggeber) statt. Idealerweise beurteilen alle relevanten Personen die Veränderung übereinstimmend als »Erfolg«. Literatur: Greif, S., Runde, B. & Seeberg, I. (2004). Erfolge und Misserfolge beim Change Management. Göttingen: Hogrefe.

Cluster-Organisation (cluster organization): Teamorientierte Organisation mit strategischem Leitungsteam und einander überlappenden technischen und operationalen Teams. Literatur: Weinert, A.B. (2004). Organisations- und Personalpsychologie. Weinheim: Beltz PVU.

Corporate Identity (Unternehmensidentität): Nach innen und außen kommuniziertes Erscheinungsbild eines Unternehmens bezüglich Selbstdarstellung und Verhaltensweise. Es ist Ausdruck einer in die Unternehmensphilosophie bzw. -strategie integrierten Kommunikationsstrategie. Voraussetzung für Corporate Identity ist Klarheit bezüglich Geschäftsprozessen, Produkten und Dienstleistungen sowie Strukturen. Ein umfassendes Corporate Identity-Konzept umfasst alle Kommunikationsmittel eines Unternehmens (z. B. Public Relations, Werbung und Gebäudebeschriftung). Es dient dazu, dem Unternehmen eine unverwechselbare und positive Unternehmensidentität zu verleihen und sich somit von Konkurrenzunternehmen abzugrenzen. Literatur: Pepels, W. (Hrsg.). (2002). Das neue Lexikon der BWL. Berlin: Cornelsen. Sellien, R. (Hrsg.). (1988). Gabler

Wirtschaftslexikon. Wiesbaden: Gabler. Thommen, J.-P. (2002). Betriebswirtschaftslehre. Zürich: Versus.

Critical Incident Technique (Methode der kritischen Ereignisse): Halbstandardisiertes Verfahren der Arbeitsanalyse; von Flanagan entwickelt und von ihm erstmals 1954 vorgestellt. Es basiert auf der Annahme, dass bestimmte Verhaltensweisen (bzw. »kritische Ereignisse«) im Hinblick auf ein bestimmtes Ziel als besonders erfolgreich oder nicht erfolgreich klassifizierbar sind. Dazu wird die befragte Person aufgefordert, aus dem eigenen Erlebnisbereich über wichtige »kritische« Ereignisse in der Vergangenheit zu berichten. Von besonderem Interesse in der Praxis sind wiederkehrende und unverzichtbare Arbeitsinhalte, die z. B. in einer Führungsposition zum Erfolg führen. Literatur: Becker, M. (2002). Personalentwicklung. Stuttgart: Schäffer-Poeschel. Flanagan, J.G. (1954). The critical incident technique. Psychological Bulletin, 51, 327–358. Sellien, R. (Hrsg.). (1988). Gabler Wirtschaftslexikon. Wiesbaden: Gabler.

Effektivität (effectivity, effectiveness): »Die richtigen Dinge tun.« Beispiel: Man möchte schneller von A nach B kommen und nimmt dazu ein geeignetes Fahrzeug. Literatur: Birker, K. (2000). Einführung in die Betriebswirtschaftslehre: Grundbegriffe, Denkweisen, Fachgebiete. Berlin: Cornelsen.

Effizienz (efficiency): »Die Dinge richtig tun.« Beispiel: Man möchte schneller von A nach B kommen und läuft dazu schneller. Literatur: Birker, K. (2000). Einführung in die Betriebswirtschaftslehre: Grundbegriffe, Denkweisen, Fachgebiete. Berlin: Cornelsen.

Empowerment (Ermächtigung): Partizipatives Management, bei dem den Mitarbeitern bewusst mehr Entscheidungsbefugnisse zur Aufgabenerledigung übertragen werden. Geteilt werden Macht, Einfluss oder Kontrolle. Dazu werden Entscheidungsbefugnisse und Ressourcen von der Führungskraft zu den Mitarbeitern gegeben. Motivationale Grundlagen sind Verantwortungsübernahme und das Bedürfnis nach Selbstbestimmung. Literatur: Becker, M. (2002). Personalentwicklung. Stuttgart: Schäffer-Poeschel.

Externe Validität (external validity): Eine Form der → Validität, die erfasst, inwieweit die Ergebnisse einer Untersuchung (z. B. eines Tests) auf andere als die untersuchten Situationen, Zeitpunkte und Populationen generalisierbar sind. Sie umfasst daher die Messung an einem Außenkriterium, weshalb i. S. Brunswicks auch von »ökologischer Validität« gesprochen wird. Die externe Validität sinkt, je unnatürlicher die Untersuchungsbedingungen sind und je weniger repräsentativ die untersuchte Stichprobe für die Grundgesamtheit ist. Sie wächst mit zunehmender Natürlichkeit der Untersuchungssituation (ökologische Validität) und wachsender Repräsentativität der untersuchten Stichprobe. Literatur: Bortz, J. (2005). Statistik für Human- und

Sozialwissenschaftler. Berlin: Springer. Bortz, J. & Döring, N. (2003). Forschungsmethoden und Evaluation für Human- und Sozialwissenschaftler. Berlin: Springer.

Horizontale Organisation (horizontal organization, flat organization): Organisationsform moderner Organisationsdesigns. Statt traditioneller vertikaler Struktur mit verschiedenen Funktionseinheiten existiert eine horizontale Struktur mit Teams, die um Kernprozesse und nicht in Funktionseinheiten angeordnet sind. Literatur: Weinert, A.B. (2004). Organisations- und Personalpsychologie. Weinheim: Beltz PVU.

Impression Management (Eindrucksmanagement): Strategische Selbstdarstellung, die dazu dient, den Eindruck, den man bei anderen Personen auslöst, zu steuern. Die Selbstdarstellung kann unterschiedlichen Zielen dienen, z. B. sich bei anderen einzuschmeicheln, andere einzuschüchtern, eigene Fähigkeiten hervorzuheben etc. Der Begriff geht ursprünglich auf Goffman zurück. Literatur: Bierhoff, H.-W. & Herner, M.J. (2002). Begriffswörterbuch Sozialpsychologie. Stuttgart: Kohlhammer. Goffman, E. (1959). The presentation of self in everyday life. New York: Doubleday.

Interaktionsgerechtigkeit (interactional justice): Form der Gerechtigkeit. Sie ist spezifischer als die → Verfahrensgerechtigkeit. Sie wurde von Folger 1996 eingeführt und bezieht sich auf die Implementation von Verfahrensgerechtigkeit innerhalb einer Gruppe von Personen bzw. zwischen Personengruppen, z. B. als Einhaltung von Höflichkeitsreden. Literatur: Folger, R. (1996). Distributive and procedural justice: Multifaceted meanings and interrelations. Social Justice Research, 9, 395–416.

Interne Validität (internal validity): Eine Form der → Validität, die erfasst, inwiefern die Ergebnisse einer Untersuchung (z. B. eines Tests) in sich logisch eindeutig interpretierbar sind – im Hinblick auf die zu prüfenden Hypothesen. Die interne Validität sinkt mit der Anzahl plausibler Alternativerklärungen für das Ergebnis aufgrund nicht kontrollierter Störvariablen. Literatur: Bortz, J. (2005). Statistik für Human- und Sozialwissenschaftler. Berlin: Springer. Bortz, J. & Döring, N. (2003). Forschungsmethoden und Evaluation für Human- und Sozialwissenschaftler. Berlin: Springer.

Interraterreliabilität (inter rater reliability): Eine Form der → Reliabilität, die den Genauigkeitsgrad (bzw. die Zuverlässigkeit) eines Maßes oder Tests erfasst, der sich rechnerisch ergibt, wenn die Bewertungen durch zwei oder mehr Beurteiler vorgenommen werden.

Kriteriumsvariable (bzw. Kriterium) (criterion variable): Abhängige Variable in Korrelations- und Regressionsanalysen oder Merkmal, das mit einem psychologischen Test vorhergesagt werden soll (z. B. Berufseignung, Schulreife). Die → Validität eines Tests wird als Korrelation des Testergebnisses mit dem Kriterium ermittelt (Kriteriumsvalidität). Literatur: Bortz, J. & Döring, N. (2003). Forschungsmethoden und Evaluation für Human- und Sozialwissenschaftler. Berlin: Springer.

KVP-Team (cip team): Kontinuierlicher Veränderungsprozess (continous improvement process). Hergeleitet aus dem Japanischen, wo er dem KAIZEN-Gedanken entspricht (Kai = Veränderung; Zen = zum Besseren). Demzufolge verändert sich die Welt ständig, so dass alles menschlich Geschaffene im Hinblick auf seine Dauerhaftigkeit in Frage gestellt werden muss. Dieser Gedanke wurde zur Unternehmensphilosophie i. S. einer Perfektionierung aller Unternehmensbereiche. Einige Automobilunternehmen realisieren Ansätze des → Total Quality Managements (TQM), die sie oft mit KVP gleichsetzen bzw. bei denen KVP als wichtiges Element betrachtet wird. Der Begriff des KVP-Teams wird zudem seit den 1990er Jahren im Zusammenhang mit dem → Lean Management benutzt. Literatur: Becker, M. (2002). Personalentwicklung. Stuttgart: Schäffer-Poeschel. Imai, M. (1994). Kaizen. München: Wirtschaftsverlag Langen-Müller-Herbig. Schuler, H. (Hrsg.). (2004). Lehrbuch Organisationspsychologie. Bern: Huber.

Lean Management (»schlankes« Management): Abflachung von Hierarchien als Teilbereich des → Lean Productions. Dadurch sollen Entscheidungsprozesse beschleunigt und unnötige Abstimmungswege vermieden werden. Fach- und Führungslaufbahnen werden getrennt. Fachlich qualifizierte Mitarbeiter erhalten im Rahmen der Fachlaufbahn Aufstiegschancen (z. B. als Referenten, Sach- oder Fachgebietsleiter), ohne dass ihnen notwendigerweise weitere Mitarbeiter zugeordnet werden. In der Führungslaufbahn werden hauptsächlich Aufgaben der Personalführung wahrgenommen. Literatur: Wank, R. (1995). Lean Management und Business Reengineering aus arbeitsrechtlicher Sicht. Stuttgart: Schäffer-Poeschel.

Lean Production (»schlanke« Produktion): Aus Japan stammendes betriebswirtschaftliches Prinzip der schlanken und effizienten Produktion. Der Begriff geht zurück auf eine große Vergleichsstudie am MIT (Massachusetts Institute of Technology) in der Automobilindustrie. Es bezeichnet ein von Toyota nach dem Krieg entwickeltes Produktionssystem, bei dem alle nicht wertschöpfenden Prozesse im Produktionsprozess auf ein unverzichtbares Minimum reduziert werden. Berücksichtigt werden z. B. Liege- und Leerzeiten, Material- und Raumvergeudung, Fehlzeiten, Fluktuation. Üblicherweise umfasst das Lean Production folgende Gestaltungsprinzipien: Fremdvergabe von Aufgaben (→ Outsourcing), Qualitätsstreben, geringe Fertigungstiefe, Just-in-time-Lieferung, Gruppenarbeit und flache Hierarchien. Literatur: Thommen, J.-P. (2002). Betriebswirtschaftslehre. Zürich: Versus. Wank, R. (1995). Lean Management und Business Reengineering aus arbeitsrechtlicher Sicht. Stuttgart: Schäffer-Poeschel. Wiendieck, G. (1994).

Arbeits- und Organisationspsychologie. Berlin/München: Quintessenz.

Management by Objectives (Führen durch Zielvereinbarungen): Das Grundprinzip lautet, Ziele in Unternehmen zu etablieren, die zielführenden Handlungen und Entscheidungen jedoch den beauftragten Personen zu überlassen. Literatur: Pepels, W. (Hrsg.). (2002). Das neue Lexikon der BWL. Berlin: Cornelsen.

Management by Reinforcement (Führen durch Anerkennung): Als grundlegende Führungsprinzipien gelten materielle und immaterielle Belohnung (z. B. leistungsorientierte Entgeltsysteme, Bonus-Programme, etc.)

Moderatorvariable (mediating variable): Variable, die den kausalen Zusammenhang zwischen → Prädiktor- und → Kriteriumsvariable beeinflusst bzw. erklärt.

Netzwerkorganisation (network organization): Sehr flexible Organisationen, die von den Mechanismen des Markts kontrolliert werden. Die üblichen Organisationsebenen fehlen, stattdessen existieren innerhalb der Organisation Teams und geschäftliche Netzwerke. Literatur: Weinert, A.B. (2004). Organisations- und Personalpsychologie. Weinheim: Beltz PVU.

Objektivität (objectivity): Objektivität i. S. des Gütekriteriums eines Tests oder Fragebogens meint Unabhängigkeit von der Person des Testanwenders: Kommen verschiedene Testleiter bei der Datengewinnung, Auswertung und Interpretation des Tests bei gleichen Personen zu gleichen Ergebnissen? Es werden Durchführungs-, Auswertungs- und Interpretationsobjektivität voneinander unterschieden. Literatur: Bortz, J. & Döring, N. (2003). Forschungsmethoden und Evaluation für Human- und Sozialwissenschaftler. Berlin: Springer.

Ökologische Validität (ecological validity): s. → externe Validität

Organisation ohne Grenzen (boundaryless organization): Organisation ohne vertikale und horizontale Grenzen und mit wenig Barrieren zwischen Organisation und Umfeld (z. B. Lieferanten). Literatur: Weinert, A.B. (2004). Organisations- und Personalpsychologie. Weinheim: Beltz PVU.

Outsourcing (Auslagerung): Wirtschaftlich begründete Auslagerung i. S. des externen Bezugs bislang selbst produzierter Leistungen. Man erhofft sich dadurch höhere Flexibilität, reduzierte Kosten sowie eine Konzentration auf Kernkompetenzen der Organisation. In der Praxis wird insbesondere die computergestützte Informationsverarbeitung an Fremdunternehmen übertragen. Outsourcing ist ein übliches Gestaltungsprinzip der → Lean Production. Literatur: Corsten, H. & Becker, J.

(Hrsg.). (1999). Betriebswirtschaftslehre. München: Oldenbourg. Wendt, B. (1993). Gabler Wirtschaftslexikon. Wiesbaden: Gabler.

Potentialanalyse bzw. -beurteilung (potential diagnosis, potential assessment): Einschätzung der Qualifikationsreserven von Mitarbeitern zum Beurteilungszeitpunkt. Die Beurteilung ist u. a. Grundlage von Nachfolge- und Karriereplanung. Literatur: Becker, M., Schwarz, V. & Schwertner, A. (Hrsg.). (2002), Theorie und Praxis der Personalentwicklung. München: Hampp.

Prädiktorvariable (bzw. Prädiktor) (predictor variable): Unabhängige Variablen in Korrelations- und Regressionsanalysen und somit Variablen, die zur Vorhersage eingesetzt werden (z. B. personale Variablen als Prädiktoren von Führungserfolg). Literatur: Bortz, J. & Döring, N. (2003). Forschungsmethoden und Evaluation für Human- und Sozialwissenschaftler. Berlin: Springer.

Praktikabilität (bzw. Ökonomie) von Tests (test practicability): Übersteigt der erzielte Nutzen des Tests die mit seinem Einsatz verbundenen Kosten? Rechtfertigt der Ertrag den Aufwand?

Prozessberatung (process consulting): Spezifische Form der Beratung. Sie ist Bestandteil der Prozessintervention als Maßnahme der Organisationsentwicklung. Der Berater unterstützt eine Gruppe von Personen bei der Analyse und dem Verständnis von Prozessen in der Organisation und der Entwicklung und Umsetzung von Handlungsentscheidungen. Ziel ist die Hinführung zur Selbstdiagnose. Somit hat der Berater lediglich unterstützende Funktion bei der Bestimmung und Lösung der Probleme des Klienten. Der Berater initiiert Lernprozesse. Während sich der Berater mit seinen Interventionen auf den Prozess bezieht, ist der Klient hingegen Experte für die inhaltliche Bestimmung und Lösung des Problems. Literatur: Kauffeld, S. (2001). Teamdiagnose. Göttingen: Verlag für Angewandte Psychologie. Schuler, H. (Hrsg.). (2004). Lehrbuch Organisationspsychologie. Bern: Huber.

Prozessketten (process chains): Allgemeine Serie von Handlungen, Tätigkeiten oder Verrichtungen zur Schaffung von Produkten oder Dienstleistungen. Durch die Aktivitäten wird ein Input (Quelle) in einen Output (Leistung) überführt. Dabei sind Eingabe, Wertschöpfung und Ausgabe quantifizierbar. Prozessketten in Unternehmen werden von Prozessketten zu den Märkten unterschieden. Literatur: Birker, K. (2000). Einführung in die Betriebswirtschaftslehre: Grundbegriffe, Denkweisen, Fachgebiete. Berlin: Cornelsen. Pepels, W. (Hrsg.). (2002). Das neue Lexikon der BWL. Berlin: Cornelsen.

Reliabilität (reliability): Gütekriterium eines Tests oder Fragebogens, das seine Genauigkeit angibt und somit berücksichtigt, wie stark die Messwerte durch Störeinflüsse und Fehler belastet sind: Wie zuverlässig misst ein Verfahren (z. B. ein Test) das, was es zu messen vorgibt? Um die Reliabilität eines Erhebungsinstruments empirisch abzuschätzen, werden vor allem vier Techniken eingesetzt: Testhalbierungsmethode (Split-Half-Reliabilität), Testwiederholungsmethode (Retest-Reliabilität), Paralleltestmethode und interne Konsistenz. Literatur: Bortz, J. & Döring, N. (2003). Forschungsmethoden und Evaluation für Human- und Sozialwissenschaftler. Berlin: Springer.

Stundenglas-Organisation (hourglass organization): Ein kleines Team aus Führungskräften koordiniert die Arbeit vieler Mitarbeiter. Die mittlere Führungsebene fehlt. Literatur: Weinert, A.B. (2004). Organisations- und Personalpsychologie. Weinheim: Beltz PVU.

Tavistock-Gruppe (Tavistock Group): Effizientes Arbeitsorganisationsbeispiel des Tavistock-Instituts im britischen Kohlebergbau. Das Londoner Tavistock-Institut entwickelte Möglichkeiten zur Verringerung der Arbeitsteilung durch Arbeitsgruppen. Sie bilden den Kern der humanistisch ausgerichteten neuen Formen der Arbeitsgestaltung. Aus den empirischen Ergebnissen und Erfahrungen des Instituts entstand der soziotechnische Systemansatz des Tavistock-Instituts (vgl. Kap. 2.5). Literatur: Schuler, H. (2004). Lehrbuch Organisationspsychologie. Bern: Huber.

Taylorismus (taylorism): Der Ingenieur Frederik W. Taylor (1856–1915) optimierte Arbeitsprozesse auf der Basis wissenschaftlicher Zeit- und Bewegungsstudien i. S. der Partialisierung. Typisch war dabei die Trennung von Kopf- und Handarbeit. Literatur: Taylor, F.W. (1911). The principles of scientific management. London: Harper & Brothers.

Total Quality Management (TQM, »umfassendes Qualitätsmangement«): Ein auf das ganze Unternehmen ausgerichtetes Managementsystem zur Erreichung aller erforderlichen Qualitätsziele. Qualitätsverantwortung wird flächendeckend in allen Organisationseinheiten eingeführt. Dazu werden praktisch alle Funktionsbereiche der Unternehmung einbezogen. Total Quality Management wird in ein technisch und ein sozial orientiertes Teilsystem unterschieden: Das technisch ausgerichtete Teilsystem umfasst die aktive qualitätsorientierte Vorgehensweise des Managements, die stark ausgeprägte Orientierung am Kunden, die Prozessorientierung und das Beschaffungs-Qualitätsmanagement. Das soziale Teilsystem umfasst die Ausrichtung aller Mitarbeiter auf den Zielkomplex des Total Quality Managements und die Aufrechterhaltung eines fortlaufenden Prozesses des Bemühens um Verbesserungen. Literatur: Lück, W. (2004). Lexikon der Betriebswirtschaft. München: Oldenbourg.

Toyotismus (toyotism): Durchrationalisierte Formen der Gruppenarbeit. Diese wurden in der japanischen Automobilindustrie (»Toyota«) entwickelt und verwirklicht.

Validität (validity): Korrelation eines Tests oder Fragebogens mit einem Kriterium: Inwiefern misst ein Verfahren bzw. eine Untersuchung (z. B. ein Test) das, was es zu messen vorgibt? Zentrale Gütekriterien einer Untersuchung sind die → interne und → externe Validität. Literatur: Bortz, J. & Döring, N. (2003). Forschungsmethoden und Evaluation für Human- und Sozialwissenschaftler. Berlin: Springer.

Verfahrensgerechtigkeit (procedural justice): Subjektiv wahrgenommene Gerechtigkeit von Entscheidungsverfahren (z. B. Entscheidungen in Unternehmen, Behörden, Vereinen): Unter welchen Bedingungen wird das Zustandekommen eines Ergebnisses und damit das Verfahren selbst als gerecht erlebt? Ein als gerecht empfundenes Verfahren erhöht die Wahrscheinlichkeit der Akzeptanz auch ungünstiger Entscheidungen (»just procedure effect«). Leventhal definiert folgende sechs prozedurale Regeln von Verfahrensgerechtigkeit: 1. Konsistenz der Regelanwendung (Konsistenzregel), 2. Unvoreingenommenheit der entscheidenden Personen (Regel zur Vermeidung von Verzerrungen), 3. Korrigierbarkeit von Entscheidungen (Korrigierbarkeitsregel), 4. Genauigkeit i. S. der Nutzung aller Informationen (Genauigkeitsregel), 5. Repräsentativität i. S. des Einbezugs aller Interessen (Repräsentativitätsregel) sowie 6. ethische Rechtfertigung (Ethikregel). Literatur: Leventhal, G.S. (1980). What should be done with equity theory? New approaches to the study of fairness in social relationships. In K.J. Gergen, M.S. Greenberg & R.H. Willis (Eds.), Social exchange: Advances in theory and research (pp. 27–55). New York: Plenum Press. Montada, L. & Kals, E. (2001). Mediation. Weinheim: Beltz PVU.

Verteilungsgerechtigkeit (distributive justice): Subjektiv wahrgenommene Gerechtigkeit der Verteilung knapper Ressourcen: Nach welchen Kriterien werden die Ressourcen verteilt? Wer hat welche Gewinne, wer welche Verluste? Die Anwendung unterschiedlicher Kriterien und Gerechtigkeitsprinzipien ist möglich, z. B. des Equity-Prinzips, bei dem ein faires Verhältnis von geleistetem Beitrag und erzieltem Ertrag angestrebt wird, aber auch Anwendungen anderer Prinzipien, wie Gleichheits-, Leistungs- oder Bedürfnisprinzip. Literatur: Leventhal, G.S. (1980). What should be done with equity theory? New approaches to the study of fairness in social relationships. In K.J. Gergen, M.S. Greenberg & R.H. Willis (Eds.), Social exchange: Advances in theory and research (pp. 27–55). New York: Plenum Press.

Volvoismus (volvoism): Die schwedische Automobilfirma Volvo gilt als Pionier der Verwirklichung von teilautonomen Arbeitsgruppen, die komplexe Aufgaben ausführen.

Abkürzungen

AG	Arbeits(platz)gestaltung
CIT	Critical Incident Technique
OA	Organisationsanalyse
FAA	Fragebogen zur Arbeitsanalyse
HRM	Human Resource Management
KVP	Kontinuierlicher Verbesserungsprozess (KVP-Teams)
OE	Organisationsentwicklung
PA	Personalauswahl
PE	Personalentwicklung
P-E-Fit	Person-Environment-Fit
RHIA	Analyse der Regulationshindernisse der Arbeitstätigkeit
SAA	Fragebogen zur subjektiven Arbeitsanalyse
TAI	Tätigkeitsanalyseinventar
TBS	Tätigkeitsbewertungssystem
TQM	Total Quality Management
VERA	Verfahren zur Ermittlung von Regulationserfordernissen in der Arbeitstätigkeit

Sachwortverzeichnis